U0158576

本书为国家社会科学基金项目
"城市居住区规划的社会影响评价研究"
（项目编号：13BSH013）成果

同 济 大 学 社 会 科 学 丛 书
SOCIAL SCIENCE SERIES OF TONGJI UNIVERSITY

门洪华　主编

# 城市居住区规划的
# 社会影响评价

SOCIAL IMPACT ASSESSMENT OF URBAN
RESIDENTIAL DISTRICT PLANNING

张俊　著

中国社会科学出版社

**图书在版编目（CIP）数据**

城市居住区规划的社会影响评价 / 张俊著 . —北京：中国社会科学
出版社，2020.10

（同济大学社会科学丛书）

ISBN 978 – 7 – 5203 – 2845 – 6

Ⅰ.①城…　Ⅱ.①张…　Ⅲ.①居住区—城市规划—社会影响—
评价—研究　Ⅳ.①TU984.12

中国版本图书馆 CIP 数据核字（2020）第 102672 号

| | | |
|---|---|---|
| 出 版 人 | 赵剑英 |
| 策划编辑 | 白天舒 |
| 责任编辑 | 孙砚文 |
| 责任校对 | 杨　林 |
| 责任印制 | 王　超 |

| | | |
|---|---|---|
| 出　　版 | 中国社会科学出版社 |
| 社　　址 | 北京鼓楼西大街甲 158 号 |
| 邮　　编 | 100720 |
| 网　　址 | http://www.csspw.cn |
| 发 行 部 | 010 – 84083685 |
| 门 市 部 | 010 – 84029450 |
| 经　　销 | 新华书店及其他书店 |
| 印　　刷 | 北京明恒达印务有限公司 |
| 装　　订 | 廊坊市广阳区广增装订厂 |
| 版　　次 | 2020 年 10 月第 1 版 |
| 印　　次 | 2020 年 10 月第 1 次印刷 |
| 开　　本 | 710 × 1000　1/16 |
| 印　　张 | 33.5 |
| 插　　页 | 2 |
| 字　　数 | 490 千字 |
| 定　　价 | 189.00 元 |

凡购买中国社会科学出版社图书，如有质量问题请与本社营销中心联系调换
电话：010 – 84083683
版权所有　侵权必究

# "同济大学社会科学丛书"
# 编委会名单

**主 编：**

门洪华（同济大学政治与国际关系学院院长、特聘教授）

**编辑委员（姓氏拼音为序）：**

陈 强（同济大学经济与管理学院教授）

程名望（同济大学经济与管理学院副院长、教授）

李 舒（同济大学国家现代化研究院副院长、特聘教授）

门洪华（同济大学政治与国际关系学院院长、特聘教授）

吴为民（同济大学法学院党委书记、研究员）

吴 赟（同济大学外国语学院院长、特聘教授）

朱雪忠（同济大学上海国家知识产权学院副院长、特聘
教授）

# 前　言

## 实施社会影响评价　预防居住空间极化风险

## 一　引入社会影响评价—防止居住空间阶层极化

翻开人类现代的城市居住历史，尤其是发达国家走过的居住历史，我们可以看到，曾经为美好生活而设计的居住区，最后沦为问题社区，贫困集中、犯罪猖獗，虽然建筑的物质空间还可以继续使用，但为了解决社会问题，不得不将成片的居住区炸毁掉。近二十多年，中国进行了大量的城市居住区规划和建设，有效地改善了居民的居住环境，但也产生了居住分异等系列社会问题。理论界对中国城市居住空间分异进行了描述和分析，认为中国城市居住空间的阶层分化已经初现端倪，贫富两个阶层居住隔离显著，虽然不同学者对居住分异的程度判断还略有差异，但都对城市居住分异可能产生的社会后果感到担忧，认为应该及早研究居住分异的演变趋势，提出合理的对策，防止居住空间极化出现。

鉴于中国居住区巨大的建设量以及西方城市居住区发展中出现的问题，有必要对中国居住区规划的社会影响做前瞻性的研究，防止重大社会问题的发生，并为社区建设提供良好的物质空间基础。本书依据社会影响评价的基本研究框架，通过对既有城市居住区规划社会影响的实证研究，发现产生重要社会影响的关键空间规划因素和机制，并提出城市居住区规划社会影响评价的模式和具体的操作路径，不仅预防负面问题，而且正面引导城市居住区建设成具有宜居性和社会可持续性的社区。

## 二 大数据＋实地调研—测度分析 居住空间的社会后果

在综述国内外相关文献的基础上，本书运用大数据和问卷数据测度了上海城市居住分异、社区认同、社区参与和社区冲突的现状。分析了城市居住区规划与居住融合、居住分异；社区认同感高低；社区参与、社区冲突的关系。

本书主要采用了问卷调查和大数据方法。分两轮对上海的居住区进行了实地调查，完成了1800多份问卷。第一轮在2014年完成，在上海调查了13个居住小区，13个居住小区包括内环内、外环外、有商品房、老公房、里弄等多种类型，调查问卷包括居民的社区认同、社区参与、社区冲突、邻里关系等方面的内容，回收有效问卷1040份。对上海万科城市花园等小区进行了实地观察，访谈了居委会干部、街道干部和小区居民。第二轮在2016年上海浦东塘桥、花木街道选择了53个居住小区（包括从20世纪80年代中后期到2010年左右建成的居住小区），发放了800多份问卷，对居住小区的公共服务设施、公共空间与生活、邻里交往与社区安全、社区认同与评价、社区参与、道路交通、社区养老、重点地段改造等方面进行调查，并与街道、居委干部进行了小组访谈，收集居民对规划的需求、态度。

本书应用大数据方法对上海近7000个居住小区的空间分布、面积、房价、户数、容积率等数据进行了收集、处理，并完全数字化导入了GIS和EXCEL，形成了一个研究上海居住区空间结构、形态的基本数据库。

## 三 城市低层次居住空间的分异加速 并呈现高分异状态

研究发现，近十年上海低层次居住空间的分异速度快于高层次居住空间，上海的低层次居住空间分异程度从低于到高于高层次居住空间的分异程度的转变，上海高层次居住空间的分异程度有所下降。本研究数据采集面广，直接使用上海最新的居住小区的房价和面积等数据，因为这些数据是连续数据，可以采用分段分异指数的方法，分析从最低到最高不同居住层次的分异状况。就分异指数来看，根据西方的经验，在0.3—0.6之间属于中等程度，超过0.6就属于高分异现象了。上海住房均价和住房面积最低的10%的居住区的居住分异程度均超过了0.6。对城市中最低层次居住空间的关注是城市社会学的天然职责，低收入居住空间的快速聚集、分异程度的快速提高，尤其是最低层次居住空间的高分异现象更给我们警醒。

## 四　预防具有高社区认同的低层次居住区的居住隔离

社区认同的重要性已经被多数研究所证实。伴随城市化的步伐，在城市郊区新建的居住区增加，人们担心郊区居住区由于远离市中心，生活有诸多不方便，居民的社区认同会比较低。但本研究对上海社区认同的测量显示，郊区低层次居住区的社区认同并不低，一些低层次居住区的社区认同还比较高。本研究发现，虽然是同样的居住区认同水平，但认同的组成和结构并不一样，低层次居住空间更多的是被动的社区认同，而非主动选择的社区认同。高层次居住空间的社区认同是居民在更大的城市网络、更多的社会交往互动的背景下选择的社区认同。而郊区低层次居住区的居民对城市交往空间的选择有限，居民的活动范围退回到居住区后，居民彼此间有较多的社会互动，增加了对社区的了解和喜爱。被动的社区认同虽然在情感、社会支持方面有正面的作用，但这样的社区认同是居民在选择有限，无法与更大城市空间的社会充分联系基础下的结果。对于低层次居住区的高社区认同要有清醒的认识，需要预防具有高社区认同的低层次居住区的居住隔离。怀特在其经典的城市社会学著作《街角社会》中已经指出，科纳维尔并不是人们通常所认为的没有社会组织，恰恰相反，科纳维尔有很好的社会组织，但那里的人很少有能从底层走出去的，原因在于当地的价值观、行为规则与更大的社会是不一致的，当地人很难融入更大的社会结构。

# 五　高密度对低层次居住区的负面社会影响更大

已有的研究一般分析居住区的密度与社区冲突、社区参与的关系。本书采用了三层次居住密度的分析方法，即住宅内人口密度、居住小区居住密度、居住小区周边设施密度。通过此三层次的空间密度分析方法，发现同样的一般意义上的居住区密度，其社区参与和社区冲突呈现不一样的状态。高层次的居住区，因为其优良的区位，其居住区密度，即容积率可能较高，但是每户的面积普遍较大，户均人口较少，在住宅内有充裕的空间满足家庭的居住需要。另外，高层次居住区的外部公共服务设施，比如公园、医院、学校、图书馆、商业中心、地铁等的密度一般较高，因此，居民可以非常便利地使用城市的公共空间和设施。反观低层次居住区，如果与高层次居住区有同样的容积率，其户均面积则要小很多（上海户均面积最高的10%小区，户均面积是162.64平方米，最低的10%小区，户均面积是48.75平方米），而且居住区周边公共服务设施的密度一般较小，居民在自己的住宅内和城市外部的活动空间都不够充裕，因此居民对居住区本身公共空间的使用频率和强度都会增加。一方面是居民参与了社区的交往和互动，另一方面，有限的公共空间和高强度的公共空间使用容易引发社区冲突。根据实地调查，郊区的低层次居住区的居民，尤其是老年居民希望居住区内有更多的室内或半室内的公共空间。本书主张，在居住区规划空间安排时，对于密度等规划指标的考量要结合居住区的区位和居住区的层次。

## 六　低层次居住区规划评价——增交通增设施、降密度降规模

城市空间是非均衡的，城市社会是分层的，在市场经济时代，城市居住区的分层现象更是不可避免。本书将居住区分为低收入居住区、中等收入居住区、高收入居住区三种类型进行评价。城市的底层居民在选择居住空间时受限于自身的经济条件，只能选择区位、密度等条件相对较差的地方居住，当这些地方聚集起社会阶层类似的群体，较低的居住条件和低收入群体的结合，使空间与社会的互相影响加大。

研究提出，在评价低层次居住区规划时应关注以下四个方面的问题：（1）在居住区周边增加便捷交通设施。低收入者的收入与劳动时间密切相关，而过偏的居住区位增加了通勤的交通时间，减少了工作和闲暇时间。便捷的交通既有利于居民的就业、增加生活和闲暇时间，也有利于居民与城市的交往和融合。（2）在居住区周边增加相对较好的教育、医疗和绿化等支撑条件。低层次居住区内的儿童、青少年和老年人对居住区及周边的公共设施依赖程度较高。相对较好的教育条件可以促进阶层的向上流动，防止青少年问题的发生，同时，好的教育资源可以吸引年轻有小孩家庭的入住，丰富居民的人口结构。较好的医疗条件对于老年人的身体和心理健康都有帮助。居住区外部较好的绿化空间既可促进居民与其他社区的居民交往和融合，也可适度减少居住区内有限的公共空间使用所引发的社区冲突。（3）略微降低居住区的容积率，适当增加室内、半室内的公共空间。公共空间是培育社区参与的重要场所，而且公共空间的增加可以在一定程度上缓解基于公共空间争夺的社区冲突。（4）适当降低居住区的规模。过大的居住区规模使居民在享受城市设施时面临更长的距离和更多的时间。国外有研究表明，过大的居住区规模会增加救护车到达的时间，加大抢救的风险和难度。在实地调查时，外迁郊区的老年居民最担心的也是在救命关头抢救的救护车无法到达。此外，过大的居住

区规模不利于居民社区认同的形成。

在规划上保障居住区居民就业、交往、融入城市的机会，居民的社区认同就更可能是主动的认同而不是被动的选择，社区的参与就会有充裕的场所，经过居民互动参与构建的社区和谐会化解一般的社区冲突。

## 七  分类、开放、关键—基于实效的 评价模式和手册

本书将相关评价的原则、程序和方法整理成了《城市居住区规划社会影响评价手册》。这个评价手册是在研究和案例试评价基础上提出的 1.0 版本，通过各种学术和实践交流的渠道将它传播出去，希望有不同地区、不同城市的人员使用它，并不断地修正它，形成一个可升级的良性循环。城市居住区规划的社会影响评价应抓住评价的关键方面、关键问题评价，而不是面面俱到，应以更简单的形式、更低的投入提出更有效的成果来获得社会的认可。

## 八  增加居民参与、政府决策的工具— 预防社会风险

本研究的应用前景，首先是可降低城市居住区规划可能带来的社会风险。本书在实证调查基础上总结的社会影响评价方法可以评估居住区规划对公众的影响，尤其是对社会弱势群体的影响，可减少规划编制与实施过程中的不确定性，促进社会和谐，降低社会风险。其次，为城市居民参与居住区规划提供新的渠道。本书提出的社会影响评价模式强调社会弱势群体的声音有表达的渠道和可能，充分体现科学发展观，落实以人为本的社会发展战略。最后，为城市政府在居住区规划决策上提供辅助工具。居住区规划关系着普通市民的切身利益，但对其产生的社会影响还缺乏深入研究，本书提出的以社会公平为基本原则的评价模式可为政府决策提供参考。

# 目　　录

# 第一章　导论

## 一　研究背景

中国近二十多年进入了城镇化建设的加速期，城镇化水平从1998年的30.4%提升到2018年的59.58%，[①] 年均增长约1.5%。城镇化水平的提高，就是人口居住和生活方式的变迁，人们从农村进入各级别的城镇，城镇则通过新建居住区为市民提供居住场所。从1998年到2017年，中国新增城镇人口4.3亿多，城镇居民人均住房建筑面积相比1978年增加了30.2平方米。[②] 应该说，近二十年中国城市住宅和居住区的建设完成了一项了不起的成就。大量的居住建筑建设后，其使用周期一般都要在50年以上，而中国的经济和社会又处于快速的发展和转型中，过去和当下规划建设的居住区随着时间的推移，会对未来的居民带来什么样的社会影响呢？我们今天规划的城市居住区会成为未来城市问题的源头吗？

翻开人类现代的城市居住历史，尤其是发达国家走过的居住历史，我们可以看到，曾经为美好生活而设计的居住区，最后沦为问题社区，贫困集中、犯罪猖獗，虽然建筑的物质空间还可以继续使用，但为了社会问题的解决，不得不将成片的居住区炸毁掉。一个著名的

---

① 国家统计局：《2018年经济运行保持在合理区间发展的主要预期目标较好完成》，2019年1月21日，http://www.stats.gov.cn/tjsj/zxfb/201901/t20190121_1645752.html。

② 国家统计局：《居民生活水平不断提高消费质量明显改善——改革开放40年经济社会发展成就系列报告之四》，2018年8月31日，http://www.stats.gov.cn/ztjc/ztfx/ggkf40n/201808/t20180831_1620079.html。

事件发生在 1972 年，位于美国密苏里州圣路易斯的普鲁伊特－伊戈（Pruitt-lgoe）公寓被炸毁。设计此居住区的是著名的日裔美籍建筑师山崎石（Minoru Yamasaki），他也是美国纽约世贸大楼的建筑设计师。普鲁伊特－伊戈占地 23 公顷，一共建造了 33 栋 11 层公寓楼，共有 2870 套公寓，此居住区的设计在 1951 年获得了美国建筑师协会的奖励，[1] 但颇为讽刺的是仅十多年后，此居住区就被迫炸毁（见图 1.1）。[2] 对于此标志性事件，被后现代建筑评论家詹克斯（Charles A. Jencks）描述为"现代建筑的死亡"，既然被评论为"现代建筑的死亡"，就不是某一两个建筑和居住区的问题，而是现代建筑普遍存在的问题。詹克斯等将问题的主要症结归结为现代主义的空间设计手

**图 1.1　普鲁伊特－伊戈 1972 年炸毁时照片[3]**

---

① Alexiou, A. S., *Jane Jacobs: urban visionary*, New Brunswick, N. J: Rutgers University Press, 2006, pp. 38 – 39.

② ［美］查尔斯·詹克斯:《后现代建筑语言》，李大夏译，中国建筑工业出版社 1986 年版，第 5 页。

③ Heathcott, Joseph, "Planning Note: Pruitt-lgoe and the Critique of Public Housing", *Journal of the American Planning Association*, Vol. 78, No. 4, 2012, pp. 450 – 451.

段和方式。如今人们常将普鲁伊特－伊戈看作为穷人提供宜居环境的失败案例。① 本以为居住建筑的设计会为居住生活带来希望，但现实的居住状况却让居民绝望。在西方发达国家的居住建设历程中，引发社会问题的建设案例不少，后来都花了更多的代价来弥补当初规划建设缺乏远见、缺乏社会关怀所带来的损失。

近二十多年中国进行了大量的城市居住区规划和建设，有效地改善了居民的居住环境，但也产生了居住分异等系列社会问题。理论界对中国城市居住空间分异进行了描述和分析，认为中国城市居住空间的阶层分化已经初现端倪，贫富两个阶层居住隔离显著，② 虽然不同学者对居住分异的程度判断上还略有差异，但都对城市居住分异可能产生的社会后果感到担忧，认为应该及早研究居住分异的演变趋势，提出合理的对策，防止居住空间极化出现。③

城市居住区规划直接影响了居住的物质空间，是否也影响了居住空间的阶层分化？不同学科背景的学者给出了不同的答案。社会学等专业背景的学者认为居住的阶层分化是社会分层在空间上的显现，防止居住空间的社会极化关键在防止社会贫富的极端分化。城市规划等专业背景的学者认为，居住区规划的价值观和方法一定程度上影响了居住的阶层分化，可以在居住区物质空间的规划上进行干预，防止居住阶层分化加剧。但在如何干预上仍然没有取得共识，传统的观点认为，空间融合是社会融合中关键性的步骤，通过阶层混居，多中心结构等空间规划方式可以促进社会融合。但国内外的一些实证研究表明，空间融合并不一定带来

---

① Heathcott, Joseph, "Planning Note: Pruitt-lgoe and the Critique of Public Housing", *Journal of the American Planning Association*, Vol. 78, No. 4, 2012, pp. 450–451.

② 孙斌栋、吴雅菲：《中国城市居住空间分异研究的进展与展望》，《城市规划》2009年第6期，第73—80页。

③ 李强、李洋：《居住分异与社会距离》，《北京社会科学》2010年第1期，第4—11页；吕露光：《城市居住空间分异及贫困人口分布状况研究——以合肥市为例》，《城市规划》2004年第28卷第6期，第74—77页；苏振民、林炳耀：《城市居住空间分异控制：居住模式与公共政策》，《城市规划》2007年第31卷第2期，第45—49页。

社会融合,<sup>①</sup> 空间的邻近反而会带来阶层的冲突,更何况居住空间的阶层分化有其内在的动力和优点。

在居住空间是否融合陷入争论时,一些学者认为应该转向研究城市低收入弱势群体居住空间的社会影响。国内在此方面的研究成果还比较少,<sup>②</sup> 但国外已有不少的成果,雅各布研究了街道在美国的贫民区非贫民化过程中的作用,认为居住区内好的街道布局形式可以促进社区的转化。<sup>③</sup> 威尔逊于 1987 年出版了《真正的穷人:内城区、底层阶级和公共政策》,认为贫民区里的居民产生各种社会问题,仅仅是因为他们居住在隔离的贫民区,社区的特征通过邻里效应传递给个体并形成相应的社会后果。除了个人特征,家庭背景以及宏观社会经济条件之外,邻里环境的社会后果具有重要且独立的影响。<sup>④</sup>

中国近二十年的城市建设突飞猛进,人民的生活水平有了巨大的变化,建于 20 世纪各个历史年代的城市居住区建筑和环境与居民当前的生活需求已经有很大的差距,引发了一系列的社会问题。老旧居住区普遍存在的问题有:(1)建设标准偏低,居住面积小,户型单一,建筑材料质量差,构造简单,居住环境质量差,不符合现行的居住建筑节能标准等;<sup>⑤</sup>(2)房屋产权关系复杂,低收入群体聚集且规模巨大;<sup>⑥</sup>(3)停车、无障碍出行、休闲等配套空间设施不健全,已经与现有生活水平不协调。比如,随着老龄化的快速到来,没有电梯

---

① 单文慧:《不同收入阶层混合居住模式——价值评判与实施策略》,《城市规划》2001 年第 1 卷第 2 期,第 26—29 页;吴莉萍、黄茜、周尚意:《北京中心城区不同社会阶层混合居住利弊评价——对北太平庄和北新桥两个街道辖区的调查》,《北京社会科学》2011 年第 3 期,第 73—78 页;李志刚、薛德升、魏立华:《欧美城市居住混居的理论、实践与启示》,《城市规划》2007 年第 31 卷第 2 期,第 38—44 页。

② 何深静、刘玉亭、吴缚龙:《中国大城市低收入邻里及其居民的贫困集聚度和贫困决定因素》,《地理学报》2010 年第 12 期,第 1464—1475 页。

③ Jacobs Jane:《美国大城市的死与生》,金衡山译,译林出版社 2006 年版。

④ Wilson, W. J.:《真正的穷人:内城区、底层阶级和公共政策》,成伯清、鲍磊等译,上海人民出版社 2007 年版。

⑤ 韩超:《我国 20 世纪 50—80 年代所建城市住宅改造更新研究》,硕士学位论文,湖南大学,2006 年。

⑥ 杨涛:《柏林与上海旧住区城市更新机制比较研究》,硕士学位论文,同济大学,2008 年。

的多层居住建筑严重地影响了老年人的出行和生活质量，但新增设电梯却是一项非常有难度的工作。

由于居住空间的安排不当，引发了系列的社区问题。（1）社区的碎片化。城市社区存在两套体系结构，一方面是国家权力治理体系的核心化，另一方面是居住的碎片化，国家权力很难真正整合碎片化的社区。① （2）社区居民参与不足。（3）社区冲突。因社区停车场、公共休闲空间争夺引发。② （4）社区归属感不高。③

为了改善老旧居住区的状况，实行了城市居住区的更新规划，20世纪90年代吴良镛院士使用有机更新理论对北京的菊儿胡同进行了改造，获得了"联合国人居奖"等多项奖项和赞誉。但是随着城市开发高潮的到来，中国城市居住区经历了大规模的拆除重建。此后，又有学者提出了小规模、中规模的渐进居住区更新模式。④⑤ 我国的国情及未来的发展趋势决定了城市土地的新开发量将越来越少，而城市旧居住区的更新则存在着很大的需求。⑥ 近十多年来，国内城市居住区渐进性更新已经得到普遍的重视。上海市旧住宅区改造的内容已经开始从粗放型向细致型转变、改造方式从主要以大拆大建模式向综合的改造方式发展。⑦ 近年来上海又探索性地采用了"社区微更新"的模式。

但城市居住区更新中仍存在如下几个问题。（1）城市更新过程中

---

① 李强、葛天任：《社区的碎片化——Y市社区建设与城市社会治理的实证研究》，《学术界》2013年第12期，第40—50页。

② 张俊：《缘于小区公共空间引发的邻里冲突及其解决途径——以上海市83个小区为例》，《城市问题》2018年第3期，第76—81页。

③ 单菁菁：《从社区归属感看中国城市社区建设》，《中国社会科学院研究生院学报》2006年第6期，第125—131页。

④ 方可：《西方城市更新的发展历程及其启示》，《城市规划汇刊》1998年第1期，第59—61页。

⑤ 何深静、于涛方、方澜：《城市更新中社会网络的保存和发展》，《人文地理》2001年第6期，第36—39页。

⑥ 赵民、孙忆敏、杜宁等：《我国城市旧住区渐进式更新研究——理论、实践与策略》，《国际城市规划》2010年第1期，第24—32页。

⑦ 刘勇：《旧住宅区更新改造中居民意愿研究》，博士学位论文，同济大学，2006年。

对历史文化的漠视与忽略。[1]（2）重视居住区内物质空间层面的更新而忽略社会邻里关系，忽略了从和谐的、长远发展的社会性角度去制定相应策略。[2][3]（3）城市更新具有两极化社会空间的危险，既可能导致城市贫困带集中，也会导致弱势群体的空间错配，被排斥在社会之外，与城市资源公平使用相去甚远。[4]（4）城市居住区更新存在非正义现象，比如危房改造的扭曲化、空间与社会的碎片化。[5]（5）我国在 20 世纪末已经步入老龄化社会阶段，但老年人并未受到应有的重视，旧住宅区的各项功能都不能满足老年人的需要。[6][7]

在城市居住区更新中，人们发现了原有居住区规划的不足，以及由此引发的系列社会问题。一些在东部发达城市出现的城市居住问题，也可能在中西部城市出现。但少有学者对东部大城市居住区规划产生的社会后果和影响进行系统研究，并对中西部城市的居住区规划建设提出前瞻性的预警。比如建设四到六层的多层住宅不设电梯在 20 世纪的中国城市非常的普遍，虽然人们爬五楼、六楼的楼梯有些累，但这只是日常生活的一些不便，大家并没有认为有什么严重的问题，而且在当时的经济和社会发展水平上，能够有新房住就很不错了，增加电梯对于建设者和使用者似乎都是超前消费。如果说 20 世纪 90 年代在多层住宅中设置电梯还是超前消费，过于前瞻的话。那么，到了 21 世纪，不论是经济社会的发展水平，还是老龄化的趋势，使我们注意到四层以上住宅不配

① 姜华、张京祥：《从回忆到回归——城市更新中的文化解读与传承》，《城市规划》2005 年第 5 期，第 77—82 页。

② 张伊娜、王桂新：《旧城改造的社会性思考》，《城市问题》2007 年第 7 期，第 97—101 页。

③ 肖洪未：《基于"文化线路"思想的城市老旧居住社区更新策略研究》，硕士学位论文，重庆大学，2012 年。

④ 徐建：《社会排斥视角的城市更新与弱势群体》，博士学位论文，复旦大学，2008 年。

⑤ 何舒文、邹军：《基于居住空间正义价值观的城市更新评述》，《国际城市规划》2010 年第 4 期，第 31—35 页。

⑥ 谷鲁奇：《面向老年人的旧住宅区公共活动空间更新方法研究》，硕士学位论文，重庆大学，2010 年。

⑦ 黄华实：《既有住区适应老年人建筑更新改造设计研究》，硕士学位论文，湖南大学，2012 年。

置电梯已经不符合社会需求了，但强制四层以上的多层住宅建筑配建电梯并没有成为建筑和规划的设计标准，一些不配电梯的多层居住建筑仍然在建造。很显然，当我们意识到了问题，而没有对问题有明确的重视，也没有对问题有前瞻性的处理措施，将来我们会付出更大的代价。一方面，上海已经在为多层无电梯住宅增加电梯而付出更多的代价；另一方面，中国的许多中小城市仍然在继续建设没有电梯的多层住宅（2019 年最新的《住宅项目规范》提高了电梯设置标准）。中国的居住区建设规模之大、范围之广，若在规划规范上有一个细微的偏差，也会在量上有巨大的显现，最终产生不可估量的影响和损失。因此，通过对既有居住区规划的社会影响进行事后评价，从中发现可能会对将来产生不利影响的一些因素，提前预防将是可行的路径。

社会影响评价（Social Impact Assessment，SIA）发源于西方，主要用于大型工程项目的前期评估，旨在防止工程项目的建设过程中和完成后出现较大的社会矛盾和冲突。[1] 社会影响评价在西方已经是一项成熟的研究方法，有系统的评价原则、指标、程序和方法。[2] 但西方的社会影响评价主要集中在工程领域，对于城市化进程中的居住区规划则少有涉及。更何况，国外的社会影响评价始于 20 世纪 60 年代末，[3] 此时西方大规模的居住区建设已经结束，少有大规模的居住区规划建设，因此社会影响评价更多地应用在重大工程项目领域，[4] 虽然西方在城市居住区的空间与社会后果间有很多相关的研究，但并没有将社会影响评价方法直接引向居住区规划建设领域。

---

[1]　Vanclay, F., "International Principles For Social Impact Assessment", *Impact Assessment and Project Appraisal*, Vol. 21, No. 1, 2003, pp. 5 – 12.

[2]　Esteves, A. M., Franks, D., Vanclay, F., "Social Impact Assessment: The State of the Art", *Impact Assessment and Project Appraisal*, Vol. 30, No. 1, 2012, pp. 34 – 42.

[3]　Burdge, R. J., *A Community Guide to Social Impact Assessment*, Social Ecology Press, 1995.

[4]　洪大用、何蓓琦、刘蔚：《以社会影响评价推动双赢》，《中国环境报》2012 年 9 月 10 日第 2 版；李强、刘蔚：《如何推动建立社会影响评价制度?》，《中国环境报》2012 年 10 月 8 日第 2 版；李强、史玲玲：《"社会影响评价"及其在我国的应用》，《学术界》2011 年第 5 期，第 19—27 页。

国内对居住区规划的社会影响评价进行了尝试性的研究，主要借鉴了国外社会影响评价的框架，在项目前期进行评价，[①] 也有研究对具体的居住区规划进行了案例评价的后期研究。[②] 已有的研究在中国居住区规划社会影响评价方面具有开拓性质，但实证调查的范围较小，其有效性还难以确定。国内基于实践提出的"社会稳定风险评估"，主要在事前对规划等重大事项进行稳定风险评估，保证其顺利地实施，对于规划的长期影响并不作重点考虑。对居住区规划进行社会影响后评价，已经引起了学界的重视，但相关研究成果还很少。在低收入居住区规划社会影响评价方面的研究成果更是十分稀有。因此，我们只能从国外借鉴社会影响评价的基本思路和方法，对于中国居住区规划的社会影响评价还需立足国情自主研究。

中国还处于城市化的建设周期，中国的居住区规划和建设还在持续进行，大量的居住区建成后将作长周期的使用。居住区规划的社会影响有些是在项目的规划建设中，但更多的是在规划项目建成后多年才发生，仅作一般的事前、事中评估，不作事后的长期跟踪评估无法发现一些深入的社会矛盾和问题。此外，居住区不仅是居住的空间，还是生活的空间，将对人们的社会交往与生活产生影响。因此，需要及早关注居住区规划的社会影响，前瞻性地研究，防止普遍性的、重大的不利社会影响的发生。对中国居住区规划的社会影响评价应以大量建成区的实地调查为基础，从中长期的角度去理解居住区规划的潜在社会影响。

## 二　研究问题

根据现有的相关设计规范和预期，居住区的使用周期是50—100年，但中国处于快速的转型发展时期，人们的居住需求随着社会发展

---

① 宋永才、金广君：《城市建设项目前期社会影响评价及其应用》，《哈尔滨工业大学学报》（社会科学版）2008年第4期，第21—27页。

② 严荣、颜莉：《大型居住社区的社会影响评价研究——以上海三个大型居住社区为例》，《同济大学学报》（社会科学版）2017年第28卷第5期，第116—124页。

不断提高。现在建设的居住区在未来的数十年仍将是居民的社会交往和生活的空间，其不仅影响居民的个人生活，也将影响居民的社区生活。鉴于中国居住区巨大的建设量，以及西方城市居住区发展中出现的问题，有必要对中国居住区规划的社会影响作前瞻性的研究，防止重大社会问题的发生，并为社区建设提供良好的物质空间基础。因为中国的城市规模、城市人口密度、城市文化与西方的差异，决定了中国城市居住区规划的社会影响评价需要以中国城市居住区发展的历史和现实为基础，通过对居住区空间社会影响的现实评估，对未来的风险提前预判，提前采取措施。

我们希望规划建设的居住区不仅满足居民的居住需求，也能满足居民的社会交往和生活需求，也就是居民能够在居住区有积极的社区参与，与社区居民和谐相处，获得社区认同感。但现实的情况是不少居住区居民的社区参与低，社区认同低，社区还存在大量的社区冲突。在建筑学和城市规划的学科领域，认为居住区的空间规划与社区问题有直接的关系，空间规划会直接影响居民的交往和生活。强调空间对人们行为的影响被称为"物质空间决定论"。与之相对应的另一种理论被称为"社会文化决定论"，持这一立场的更多的是社会科学家，认为社区问题、社会问题表面上看可能是空间所引起的，但若进一步分析可以发现，正是相关的社会问题导致了相应的空间问题，空间本身并不具有独立性，背后的社会文化问题更为关键。

空间问题和社会问题是互相影响、互相生产，并不断循环的过程。单纯地讨论先有空间问题还是先有社会问题，就像讨论先有鸡还是先有蛋的问题，是一个悖论问题。物质空间一旦建成，就有相对的稳定性和持久性，它对人们生活的影响是客观存在的。因此，研究将分析既有居住区的空间规划与社区问题的相关性，发现产生社区问题的关键空间因素，并对可能产生重大社会影响的空间规划进行评估，以期能够在居住区规划中引入具有可操作性的社会影响评价方法，使规划建设的居住区不仅适宜居住，也适宜社区建设，在未来的城市发展中具有社区凝聚力和可持续发展的潜力。

综上，本书的核心研究问题是，依据社会影响评价的基本研究框架，通过对既有城市居住区规划社会影响的实证研究，发现产生重要社会影响的关键空间规划因素和机制，并提出城市居住区规划社会影响评价的模式和具体的操作路径，不仅预防负面问题，而且正面引导城市居住区建设成具有宜居性和社会可持续性的社区。

# 三　研究要义

## （一）研究意义

第一，选择了城市规划领域内合适的规划类别进行社会影响评价研究。首先，城市居住区规划是城市规划中规范性很强的一类规划，对其进行社会影响评价研究具有研究基础好、可比性强的特点。其次，居住区规划与社区研究、社区规划有很好的亲和性，已经有将社会学研究成果引入运用的基础。最后，居住区规划与居民的生活密切相关，低收入等弱势群体的居住问题迫切需要关注。

第二，可降低城市居住区规划可能带来的社会风险。本书在实证调查基础上总结的社会影响评价方法可以评估居住区规划对公众的影响，尤其是对社会弱势群体的影响，可减少规划编制与实施过程中的不确定性，促进社会和谐，降低社会风险。

第三，为城市居民参与居住区规划提供新的渠道。本书提出的社会影响评价模式强调社会弱势群体的声音有表达的渠道和可能，充分体现科学发展观，落实以人为本的社会发展战略。

第四，为城市政府在居住区规划决策上提供辅助工具。居住区规划关系到普通市民的切身利益，但对其产生的社会影响还缺乏深入研究，本书提出的以社会公平为基本原则的评价模式可为政府决策提供参考。

## （二）基本观点

第一，研究中国城市居住区规划的社会影响评价十分迫切。中国城市居住空间阶层分化已经初步显现，为了防止居住空间分化后可能产生的严重社会后果，需要研究居住区规划与社会影响的关系，为规划干预提供理论基础。

第二，中国城市居住区规划的社会影响评价需要关切中国的城市社会特点。低收入群体被排斥在城市优势区位以外居住，社区建设缺乏空间基础，居住区户型结构不适应居家养老等问题在社会影响评价时要高度关注。

第三，城市居住区规划社会影响评价的基本原则是维护社会公平，评价方式的设计体现可操作性、建设性和开放性，将评价的内容集中在问题突出、研究基础可靠的方面。

第四，在研究已有居住区规划与社区认同、参与、冲突的关系上建立居住区规划社会影响评价模式，在试点的基础上逐渐完善，争取进入法定程序。

### （三）创新之处

第一，在后评价的基础上，提出评价模式。通过实地调查研究居住区规划与居住融合—分异、社区认同感高低、社区参与—冲突的关系。发现居住区规划中产生社会影响的关键因素，理解居住区规划的社会影响机制，提出居住区规划的社会影响评价模式。

第二，编制"城市居住区规划社会影响评价手册"供规划管理和设计部门参考。在试评价的基础上与城市规划专家、居民反复沟通，设计操作性、有效性高的评价手册。

## 四　章节简介

本书共 11 章，第一章是导论，简要介绍研究的背景、研究问题、研究意义以及主要观点和创新点。中国在较短的时期内建设了大量的城市居住区，将长期影响居民的个人和社区生活，以社会影响评价作为基本框架对已经建成的城市居住区规划进行实证研究，根据研究的结果提出城市居住区规划社会影响评价的模式和操作手册，引导城市居住区建设成宜居、可持续的社区。

第二章综述了社会影响评价研究和实践的国内外发展现状和趋

势。社会影响评价起源于20世纪六七十年代的美国，在环境影响评价法中社会影响评价占有一席地位，但最初并没有受到足够的重视。在具体实践中，社会影响评价的重要性为大家所发现，国际影响评价协会等专业组织相继成立，并出版了《社会影响评价原则和指南》等专业指导手册。社会影响评价的研究领域从事前到事中再到全过程，研究视角从负面预防到正面引导，研究方法从强调科学、客观的方法到科学与参与等多种混合方法的使用。社会影响评价与城市规划在实践中有交叉的需求。中国在20世纪80年代建设大型工程项目时引入了社会影响评价方法，中国国际工程咨询公司编写出版了《投资项目可行性研究指南》。2013年发布的《咨询工程师（投资）管理办法》中"社会评价"是职业咨询工程师必须考核的一章知识点。目前社会影响评价在中国还处于起步阶段，还没有成熟的规范和制度，但其重要性已经受到多方人士的重视。总的来讲，社会影响评价的实践影响力在扩大，但其正面引导作用的研究和传播还需努力。社会影响评价在城市规划等专业领域的应用还有很大的空间。

第三章综述了西方关于居住空间的社会后果和影响的相关研究。对于居住问题的源头存在空间和社会两种解释路径的争论，实证研究的结果表明，社会结构和社会因素对居住区的社会影响因为空间的差异有所不同。同样的居住区空间布局和结构，因为居住居民的年龄、收入、教育等的差异而产生不同的社会影响。因此，居住空间的社会影响是空间与社会的共同效应。居住区空间在促进社区互动和健康，尤其是各类弱势群体的社区生活上有不可忽视的社会影响和作用。虽然在理想的居住和空间模式上存在同质性和异质性，低参与和高参与，居民迁移和居住更新，封闭和开放，高密度和低密度等方面的争论。但是一些趋势受到了研究者的重视，居住区存在持续的邻里效应，空间规划应预防居住贫困集中和再生产，通过空间规划的优化促进居民的健康，使居民面向更多的生活机会。

第四章是对研究框架和方法的介绍。研究立足于现有居住区社会问题的梳理和分析，它们对未来是历史，对过去是未来。既可以反观曾经的规划和预设，也可以推测未来的走向和趋势。本书比较了两种研究思路，一种是从居住区的空间规划分析社会后果，另一种是从社会后果来分析居住区的空间规划。研究采用了综合两种研究路径的方法，从居住区的社会后果，即居住分异和融合、社区参与和冲突、社区认同高低等方面来分析居住区的区位、密度、规模、空间混合度的作用，目的是尽可能地把握住居住区规划中关键的空间因素、规划过程，以及可能产生的重大的社会后果。在研究的空间范围选择上，以上海为研究的主要对象，因为上海居住区有较好的研究基础，相关资料积累丰富，而且上海的城市化水平高，上海的居住区问题相对于全国其他地方具有先导性。研究方法主要应用了大数据方法、社会调查方法和社会空间辩证法。研究的数据来自统计数据、百度、链家等网站上的大数据和上海 67 个居住区的实地调查。

第五章是城市居住区规划与居住空间分异研究。本部分主要探讨居住区规划与居住空间分异的关系。两者间可能的关系有：（1）规划的职业信仰是追求社会公平和公正，居住区规划会促进居住空间的融合。（2）规划在市场经济下按照商业逻辑追求效率，居住区规划会强化居住空间分异。（3）居住区规划与居住空间分异不直接相关。本部分以上海居住区作为实证研究的对象，使用网络采集到的小区数据，测量了 2018 年上海居住小区户均总价和户均面积的居住分异指数，结果显示上海的居住分异程度已比较明显。城市居住区规划与居住空间分异有比较明显的关系，居住区规划是导致居住空间分异的主要原因之一，在城市层面形成了不同的居住区类型。具体而言，分为区位好的中心城区分布容积率高、户均面积一般或较小、户均总价较高、分异程度一般的中高档居住区；区位较好的城市东部和西部分布容积率低、户均面积大、户均总价高、分异程度高的高档居住区；区位一般的城市北部分布容积率较高、户均面积偏小、户均总价低、分异程度较高的中低档居住区；区位较差的城市南部分布容积率低、户均面积小、户均总价低、分异程度偏高的低档居住区。

第六章是城市居住区规划与居民的社区认同调查研究。居住区的区位、规模、密度、空间混合度都可能影响居民的社区认同感。可能的关系有：（1）区位好的居住区，居民社区认同度高；（2）环境好的居住区，居民社区认同度高；（3）空间混合度高的小区，居民社区认同感高。根据前期研究和判断，形成研究假设，梳理了社区、社区认同等概念，并提出了社区认同测量方法。对上海13个居住区进行了调查和社区认同测量，检验了社区认同测量的信度，得出了13个居住区的社区认同水平。探讨了居民的个体特征、居住区的空间因素、社区组织、社区参与等对社区认同的影响。研究显示小区的空间环境评价和社区认同呈正相关，研究结果支持通过提高小区空间环境质量产生积极社会效果。另外，居民的社区参与也对社区认同有正相关关系，也就是在既有的空间环境下，通过积极的社区建设，可以促进社区认同。

第七章是城市居住区规划与居民的社区参与研究。居住区的公共空间既可能促进居民的社区交往和参与，也可能引发居民使用过程中的冲突，设计不当的公共空间还可能成为犯罪的温床。本部分研究居住区空间规划与居民社区参与、社区冲突的关系。居民的社区参与率与其受教育程度呈负相关，与其年龄阶段呈正相关，受教育程度低的中老年人更愿意参与各类社区活动。而关于邻里交往方面，上海的社区内邻里间上门互动的频率很低，主要交往活动发生在楼梯、过道、公园等户外公共空间；邻里之间的矛盾和冲突较少，邻居仍然是人们守望相助的重要对象之一。在居住区区位方面，上海内环居住区居民的社区参与程度更高，社区公共空间的利用率更高，但存在由空间争夺引发潜在冲突和矛盾的可能性。外环居住区的空间规划更为合理，其用于交往的公共空间面积更大，社区内部商业、娱乐、休闲业务自成体系，不过其人口来源复杂，多数居民的居住时间不久，难以形成对社区的强烈认同感和归属感，居民的整体参与度较低。高容积率的高层建筑在垂直方向的延伸改变了水平方向的有利活动及空间环境延续的特征，但其大面积的绿化、娱乐等场所为社区居民多样化的交往需求创造出了空间条件；容积率次之的多层建筑社区，其内部自有的便利店、棋牌室等小型生活设施有利于推动居民交往互动，但住宅楼宇内部的走廊、电梯等空间的规划仍较为缺失；容积率更低的低层建筑居住区在上海市中心主要为老式里弄，由于有很多共享的公共空间，居民的居住时间较长，无论是互助感知、参与感知还是居民关系的整体感知，都达到较高水平。

第八章是城市居住区规划与社区冲突研究。在高密度的居住环境下，居民共同使用有限的公共空间常引发社区冲突。通过上海居住区实证调查分析，基于公共空间使用的上海居住区的社区冲突存在以下特征。第一，冲突因互动而产生，社区居民的交往一般在居住区的公共空间进行，社会交往越频繁的地方越容易产生社会冲突。第二，社区冲突的类型和程度在空间上分布不均衡，社区冲突因居住区的区位、密度、空间混合程度不同而不同。上海市中心城区居住区因停车位纠纷引起的社区冲突几乎是郊区的两倍，郊区居住区因宠物进电梯引发的社区冲突居多。社区规模和房价对社区冲突水平没有显著影响，而居住区的容积率与社区冲突水平有显著的正相关关系。第三，冲突可控但可能升级，大部分基于居住区公共空间使用产生的社区冲突一般停留在利益冲突上，如果没有及时解决利益纠纷，就可能造成社区冲突扩散升级。

第九章是城市居住区规划的社会影响机制研究。经过实证研究，分析了居住区规划与居住的阶层分化、居民的社区认同、社区参与、社区冲突的关系。传统的解释思路有物质空间决定论和社会文化决定论，本部分从社会空间辩证法的思路研究空间与社会的相互影响，物质空间为社会行动的外在框架，但居民可在既有的外在框架下积极地建构，社区的认同依赖物质环境，但并不为物质环境所完全决定。探讨防止低收入社区在社区认同和参与上形成恶性循环的机制，通过适当的居住区规划的空间干预，促进社区融合、社区参与，避免社区冲突。对于低收入居住区而言，选择公共服务和配套设施相对完善的区位进行低收入居住区的布局可以在就业、教育和文化娱乐等方面为低收入群体提供优质资源，从而在一定程度上阻断和减缓低收入阶层继续向下流动的路径，实现社会阶层的良性流动；对于高档居住区而言，要从资源优化配置的视角进行资源的整合，提高资源的利用率，利用市场机制进行配套服务的筛选和供给，防止公共服务资源在高档居住区的过度配置和集聚，提高公共服务资源的普惠度，彰显公共资源的公共性特点。

第十章是城市居住区规划的社会影响评价模式研究。首先，在上海居住区调研的基础上，整理国内外相关研究资料，提出了城市居住区规划的社会影响评价模式，包括评价的原则、指标体系、方法，然后根据居住区规划的类型学划分，提出不同的程序性评估要点，重在维护低收入群体的利益，体现社会的公平性，此外考虑评价的可操作性、建设性和开放性。研究提出的评价模式具有轻指标重程序、开源、可升级等主要特征，并重视在评价全过程中贯彻评价原则。其次，运用提出的评价模式对四个已经建成的项目进行了试评价，演练评价模式在贯彻评价原则、重程序轻指标、灵活运用评价方法等内容的实际操作过程，对评价模式进行检验与调整。我们认为，基于类型学划分的程序性评估与有侧重的评价是重要的，体现了评价模式的可操作性和开放性。本章设计的城市居住区规划社会影响评价模式主要为规划设计、管理部门和居民提供参考。

第十一章是结论和讨论。本书基于上海的实证调研与相关理论资料，分析了居住区规划的社会影响，得出了一些结论，但更为重要的是，居住区的社会影响是空间和社会共同作用的结果，因此除了重要的指标外，建立评价的程序也非常重要。根据已有的实证研究结果，建立了更加有可操作性、开放性的评价模式和方法，提出的评价模式和方法在社会影响评价基本的原则和框架下强调关键问题、程序和重要影响，为不同规模、不同发展阶段城市，以及未来可能的发展趋势留有升级补充的空间。之所以确立这样的原则，是基于对城市居住区规划社会影响评价在空间和时间上的差异的理解和尊重，虽然研究考虑了多方面的因素，但本书的调研地点在上海，在发达地区，无法涵盖不同区域的差异。而且，居住区的社会影响评价要考虑时间的累积影响及随时间的变化，但鉴于认知和研究的局限性，不可能做出长时间跨度的准确预测。做出一个具有框架性、原则性和可以不断补充的评价手册更符合居住区社会影响评价的实践原则。通过评价手册的交流和推广，在实践中为规划设计、管理部门和居民参考，通过不断的反馈并不断完善，形成操作实践与评价手册互相推动发展的路径。

附录是《城市居住区规划社会影响评价手册》。

# 第二章  社会影响评价的发展趋势

## 一  国外社会影响评价的实践发展

社会影响评价（Social Impact Assessment，SIA）的实践起源于美国。针对环境问题美国在 1969 年出台了《国家环境政策法》（National Environmental Policy Act，NEPA）。这一法案指出环境问题包括社会议题，其中的程序规定（40 CFR 1500）条例（508）指出"人的环境"要"全面解释"，包括"自然环境和人与环境的关系"（40 CFR 1508.14）。各机构不仅需要评估所谓的"直接"效应，而且还要评价"审美、历史性、文化、经济、社会或健康的影响"，"无论是直接的、间接的还是累积的"。[①] 但当时的环境影响评价对社会议题并没有充分的重视，原因在于人们很容易发现环境问题，却难以发现社会问题。在颁布《国家环境政策法》之前，对重大项目的社会后果的分析往往是零散的，缺乏重点。举例来说，当工程项目涉及与建筑有关的影响时，注意力一般集中在经济考虑上。普遍的看法是，金钱可以弥补任何不利影响。即使在其他地方可以找到可比较的项目，也很少有人关心社会影响。对这些影响对不同人口的分配或公平的关注更少。在这个过程中也失去了对社区和邻里的重视，特别忽视了在面临极端生活压力和困难时的社会网络的支持。[②]

---

[①]  Burdge, R. J., Fricke, P., Finsterbusch, K., "Guidelines and Principles for Social Impact Assessment", *Environmental Impact Assessment Review*, Vol. 12, No. 2, 1995, pp. 107 – 152.

[②]  Ibid..

环境评价的最初 10 年，无论是在美国还是在新西兰，社会学家和其他社会科学家迟迟没有给出社会影响层面的定义，反映出将社会层面的因素包容到环境评价过程中面临不少困惑。[①] 1973 年，在美国的阿拉斯加开展了一个输油管项目的环境影响评价。初期专家关注的是输油管的温度对冻土的影响，管道对驯鹿行动轨迹的影响，管道泄漏可能造成的环境影响等，但随着工程的进行，石油开采对于当地因纽特人的生活影响问题开始显现出来。人们对于工程项目的社会影响有了直观的感受。有关社会影响评价的实践和研究也逐渐得到了广泛的关注。

1981 年成立了"国际影响评价协会"[②]，1992 年，美国的社会科学家组织成立了"社会影响评价原则和指南跨组织委员会"。2003 年国际社会影响评价协会组织出版了《社会影响评价原则和指南》[③]，美国"社会影响评价原则和指南跨组织委员会"出版了《社会影响评价指南》。[④] 指南的出版反映出社会科学界和公共中介机构对于社会评价本质和方法认识的一致性大大增强。[⑤] 2015 年《社会影响评价：项目社会影响评价和管理的指南》出版，出版者是国际影响评价协会，其目的是通过提供指南和准则，帮助机构、从业人员以及相关人群理解和运用社会影响评价。目前，在世界银行资助的工程项目中，如果涉及移民，则必须做社会评估。在由花旗银行等世界 100 多家银行参与发起的《赤道原则》中，明确规定了投资项目要进行"社会影响评价"。

目前，社会影响评价已成为一个有行业指南的专业领域，在大型工程项目和环境政策的社会影响评价中发挥着重要作用。但社会影响评价的实践在各国各时期存在多样性和差异化的特点。

---

① ［美］泰勒、布赖恩、古德里奇等：《社会评估：理论、过程与技术》，葛道顺译，重庆大学出版社 2009 年版，第 3 页。

② the International Association for Impact Assessment, IAIA.

③ International Principles for Social Impact Assessment.

④ Principles and Guidelines for Social Impact Assessment in the USA.

⑤ ［美］泰勒、布赖恩、古德里奇等：《社会评估：理论、过程与技术》，葛道顺译，重庆大学出版社 2009 年版，第 11 页。

## （一）社会影响评价概念与实践

任何一项社会实践活动都需要有相应的概念来规范和指导，社会影响评价自然包括在内。除了常用的社会影响评价概念，还有社会分析（social analysis）、社会影响分析、社会评价（social assessment），社会经济评价或社会合理性分析等相关概念。[①] 英国使用社会分析的概念，世界银行等国际发展机构使用社会评价的概念，美国和加拿大的社会影响评价概念是在"环境影响评价"基础上发展起来的，欧洲国家除英国外基本使用"社会影响评价"概念。目前，社会影响评价还没有一致的定义。比较有代表性的评价如下所示。

1. 社会影响评价的方式是在 1969 年美国《国家环境政策法》的背景下，努力预先评估或估计由于政策执行（包括规划以及采取新政策）和政府的行为（包括建设大型项目、建筑物和租赁大片土地用于资源开采）可能产生的社会后果。[②]

2. 社会影响评价是"分析、监测和管理计划将干预实施的政策、方案、计划、项目等措施所产生的预期的和无意的社会后果，以及由这些干预所引发的任何社会变化过程"。[③]

3. 社会影响评价包括分析、监测和管理计划的干预措施（政策、方案、计划、项目）和任何社会变化进程的预期和无意的社会后果的过程。它的目的是创造一个更可持续和公平的生物、物理和人类环境。[④] 一般而言，社会影响评价重在分析、监测和管理发展的社会后果。然而，认识"社会影响评价"一词有不同的层次。社会影响评价是一个研究和实践领域，或者是一个由知识、技术和价值观组成的范

---

① 李强、刘蔚：《如何推动建立社会影响评价制度》，《中国环境报》2012 年 10 月 8 日第 2 版。

② Burdge, R. J., Fricke, P., Finsterbusch, K., "Guidelines and Principles for Social Impact Assessment", *Environmental Impact Assessment Review*, Vol. 12, No. 2, 1995, pp. 107 – 152.

③ Ibid. .

④ Vanclay, F., "International Principles for Social Impact Assessment", *Impact Assessment and Project Appraisal*, Vol. 21, No. 1, 2003, pp. 5 – 12.

例。各种人才聚集并自称为"社会影响评价"专业人士，或将社会影响评价作为其学科或专业领域之一，并从事探索和实践的社会影响评价。这些人实践了社会影响评价的方法论，并进行相关的社会和环境研究，以提升社会影响评价的实践。作为一种方法论或工具，社会影响评价是社会影响评价公司专业人士遵循的过程，目的是评估计划，防止项目或事件的不利社会影响，并制定持续监测和管理这些即时协议的战略。社会影响评价不应该仅仅被理解为任务预测。[1]

4．社会影响评价是社会科学的一个次级学科。它是一套对可能的影响提前进行评估的知识结构体系，评估拟建项目或政策变化对环境的影响，以及对社区和个人生活质量的影响。社会影响（影响，也可是效果 effects 或后果 consequences）指的是由于预计的行为对个人或者社区的日常生活、工作、娱乐、与他人互动的方式、需求满足的方式，以及作为普通社会成员适应方式所产生的影响。[2]

5. 关于社会影响评价的定义尚未达成共识，但人们认识到社会影响评价侧重于人类发展问题及其解决方案，为整合地方知识，文化和价值观提供了新的机制；确保解决可能的社会影响，或者为居民和社会损失提供补偿，增加福利，避免冲突；帮助决策者选择实施规划或项目的程序，最大限度地增益地方、区域和国家利益。[3][4]

上面列出的是比较有代表性的表达，可以看出社会影响评价概念都关心项目或政策的社会后果或影响，但概念在目标、内容和具体的方法上却有较大的差异。比如在干预的方式上，一些概念只提到了评价和评估，另外的一些概念除了分析，还要监测和管理。在目标方面，一些概念明确提出了创造一个更可持续和公平的生物、

---

[1]　Vanclay, F. , "International Principles for Social Impact Assessment", *Impact Assessment and Project Appraisal*, Vol. 21, No. 1, 2003, pp. 5 – 12.

[2]　Ibid. .

[3]　滕敏敏、韩传峰、刘兴华:《中国大型基础设施项目社会影响评价指标体系构建》,《中国人口·资源与环境》2014 年第 24 卷第 9 期, 第 170—176 页。

[4]　Esteves, A. M. , Franks, D. , Vanclay, F. , "Social Impact Assessment: The State of the Art", *Impact Assessment & Project Appraisal*, Vol. 30, No. 1, 2012, pp. 34 – 42.

物理和人类环境，而有些概念并没有明确表述目标。作为实践的社会影响评价，要镶嵌于一定的法律和制度框架下，因此，不同国家和区域的社会影响评价自然也会存在差异。另外，从所列的概念中，也可发现社会影响评价概念的发展变化，作为一个新型的研究领域，在理论、方法和认识上都还处于发展阶段，所以概念目前还很难统一。

社会影响评价概念的差异体现了社会影响评价面向实践而采取的差异策略。比如一些研究和实践去掉影响二字，直接采用社会评价或者社会评估，不直接使用社会影响评价就是担心加上影响二字后让人觉得是去找工程的负面因素，在实践中容易形成抵触心理，所以不用影响二字。而在一些社会影响评价的概念中，反复强调监测和管理，就是提醒投资者可以事先干预，从而避免风险提升收益，在实践中争取投资方的积极投入和支持。

表2.1 社会影响评价概念列表

| 机构或个人 | 出版物 | 目标 | 内容 | 方法 |
|---|---|---|---|---|
| Vanclay, F. | 《国际社会影响评价准则》（*International Principles for Social Impact Assessment 2003*） | 创造一个更可持续和公平的生物、物理和人类环境 | 干预措施、任何社会变化进程的预期和无意的社会后果 | 分析、监测和管理 |
| 国际社会影响评价协会（IAIA） | 《社会影响评价：项目社会影响评价和管理的指南 2015》 | | 干预项目预期的和无意的社会后果、干预项目所引起的任何社会变化过程 | 分析、监测和管理 |
| 社会影响评估原则和指南跨专业工作委员会（*Interorganizational Committee on Guidelines and Principles for Social Impact Assessment*） | 《社会影响评价原则和指南 1995》（*Guidelines and Principles for Social Impact Assessment*） | 在美国《国家环境政策法》的背景下，在影响人类环境质量的重大行动之前编写一份综合社会科学的环境影响声明 | 政策行动和政府行动的社会后果 | 预先评估 |

续表

| 机构或个人 | 出版物 | 目标 | 内容 | 方法 |
|---|---|---|---|---|
| 社会影响评估原则和指南跨专业工作委员会（Interorganizational Committee on Guidelines and Principles for Social Impact Assessment） | 《社会影响评价原则和指南 2003》 | | 社会科学的一个次级学科、评估的知识系统、预计行动而产生的变化 | 评价、评估 |
| Becker, H. | 《社会影响评价：在欧洲、北美和发展中国家的方法与实践》（Social Impact Assessment: Method and Experience in Europe, North America, and the Developing World 2001） | 关注人类发展问题及其解决方案，实现地方、区域和国家利益最大化 | 整合地方的知识、文化和价值观 | 解决方案、新机制、决策程序 |

## （二）社会影响评价与其他评价的关系

社会影响评价实践的代表性标志是美国《国家环境政策法》的颁布和实施，在 20 世纪 70 年代初到 90 年代，美国的环境影响评价包含社会影响评价，社会影响评价是环境影响评价的一部分。随后，一些国家和地区有独立的社会影响评价实践，目前，社会影响评价在各个国家和地区的工程、政策、项目等领域发挥着重要作用。在理论方面由专业的国际化组织指导，探索社会影响评价的核心价值观和具体实施策略。在社会影响评价进入实践领域后，其发展的路程并非平坦，很长的时间内并不受政府重视，在受到重视后又因为种种原因再遭受冷遇。可以说，社会影响评价的发展是一个在起伏中逐步成熟、逐步传播的过程。

1. 社会影响评价研究的逐步成熟

在社会影响评价领域有两个重要的组织，分别是成立于 1981 年的"国际影响评价协会"和成立于 1992 年的"社会影响评价原则和指南跨组织委员会"。国际影响评价协会拥有 100 多个国家的上千名成员。这两个组织在推动社会影响评价领域基本核心价值和方法体系的形成中发挥了重要作用。2003 年国际影响评价协会提出了《国际社会影响评价原则》，标志着社会影响评价趋于规范化。

但社会影响评价领域的权威范克莱（Vanclay）却批评道：显然，一份载有"国际准则和原理"的明确文件是一个有缺陷的概念。首先，因为大多数这样的文件倾向于强调准则而不是原则。他们没有认识到准则需要从原则中推断出来，原则需要从核心价值中获得。只有首先确立实践共同体的核心价值观，然后才得出原则，才会制定出指导方针，真正正确的指引才会应运而生。其次，准则和原则往往在非参与性进程中得到发展。即使涉及参与进程，也往往不包括使用指导方针的人。这些人如果要通过和利用这些准则，最终需要决策权。①

范克莱提出了社会影响评价的远大抱负——"实践共同体的核心价值观"，也正是这样的抱负注定了社会影响评价的逐步发展。评价的原则和准则来自核心价值观，但核心价值观的形成和广泛认同本身就是一个长期的磨合过程。

2. 社会影响评价研究与其他评价的关系

在社会影响评价出现以前，工程领域一直都存在经济效益评价，而且长时间以来，经济分析常常取代社会分析，并且这种状况在继续。这种取代可以理解，因为经济学研究围绕结构性选择而建立，其数量化特性使得经济学更能满足决策者的直接应用需求。当经济分析真正进入社会领域，其数据调查的焦点往往集中于人口变迁、可计量的发展效果、用工的资源管理决策，以及社区服务的需求等方面。②会计要求意味着对确定指标的关注，但仅关注指标往往是不够的。在社会影响评估的主要研究领域，有一句谚语说，"一个人应该把注意力放在那些重要的事情上，而不是那些可以计算的事情上"。社会影响评价从传统的经济分析中发现了不足，并找到了自己的发展空间。

---

① Vanclay, F., "International Principles for Social Impact Assessment", *Impact Assessment and Project Appraisal*, Vol. 21, No. 1, 2003, pp. 5 – 12.

② ［美］泰勒、布赖恩、古德里奇等：《社会评估：理论、过程与技术》，葛道顺译，重庆大学出版社 2009 年版，第 3 页。

虽然环境影响评估是一个包容各方的框架,可供社会和社会问题考虑,但它并没有充分解决这一社会性,因此有了社会影响评价的发展。社会影响评价的首要任务是改善社会问题的管理,为受影响的社区取得更好的成果。① 同样,虽然社会影响评价是一个包容所有社会因素的全面框架,但社会影响评价的做法一直是不充分的,这为健康影响评价等方法的发展留下了空间。

就具体的评价内容而言,社会影响评价与经济、环境、文化、健康等评价有很大的交叉,其他的评价可否替代社会影响评价,还是社会影响评价可以替代其他的评价,抑或是各个评价各自独自地发展。就目前的发展趋势来看,除了传统的经济评价,环境影响评价(EIA)、社会影响评价(SIA)、健康影响评价(HIA)都有良好的发展趋势。

健康影响评价(HIA)位于环评和社会影响评价的交会处、正在变得非常完善和授权的领域,就像 EIA 一样,甚至超过了社会影响评价的地位。HIA 已得到世界卫生组织和许多其他机构的官方认可。一些人认为文化是可持续性的第四条腿,但卫生专业人员认为健康应该是第四条腿。世界卫生组织(1946)定义"健康是一个完整的身体、精神和社会福祉的状态,而不仅仅是缺乏疾病或虚弱",但并非所有人都分享这宽泛的定义。《渥太华健康促进宪章》(世界卫生组织,1986)主张个人或群体必须能够识别和实现愿望,满足需求,改变或应对环境……健康是强调社会和个人资源以及身体能力的积极概念。如果 HIA 要接受世界卫生组织对健康的完全社会定义方法,那与社会影响评价来说就没有什么不同了。但社会影响评价需要 HIA 从业者的专门技术知识来考虑项目和政策对健康的影响。但 HIA 从业者并不认为自己是社会影响评价的下属,现在随着官方的许可和监管支持,HIA 的领域正在迅速增长。

---

① Vanclay, F., Esteves, A. M., Aucamp, I., et al., "Social Impact Assessment: Guidance for Assessing and Managing the Social Impacts of Projects", *Project Appraisal*, Vol. 1, No. 1, 2015, pp. 9 – 19.

Birley 认为 HIA 是"一种跨学科的活动，跨越了公共卫生、医疗服务、环境污染和社会科学之间的传统界限，而且它是所有国家项目规划的必要组成部分和部分环境影响评估（EIA）"。他提到"健康影响"是指"由于发展项目而导致的社区健康的积极和消极变化"。他认为，健康影响有五类：传染性疾病、非传染性疾病、营养不良、受伤和精神紊乱。Birley 认为虽然 HIA 与社会影响评估有重叠，但在重点方面有相当明确的界定。重叠较大是五类健康影响的社会前提。风险承担行为（导致伤害）、与健康有关的行为，如吸烟、吸毒和滥用药物、暴力和自杀等，艾滋病毒、艾滋病和其他性传播疾病。

由于健康和社会考虑之间的重叠，有人建议也许应该有一个新的领域称为"人的影响评估"（HuIA）。这样的概念将克服"社会"的有限理解，以及对什么是"健康"的有限理解，它还将消除因重叠而造成的问题。人类影响评估可以从一开始就出现，作为适用于政策、方案、计划和项目的指标，关于应该包括哪些内容的争论将会被消除。但有人认为，社会影响评价应该已经完成了这一切，而发明一项全新的术语只会助长过多的新概念，而这些观念并没有从根本上改变实践或解决根本问题。

综上，社会影响评价的实践与环境影响评价、健康影响评价的实践是分不开的，三个方面的评价各有侧重点，但在一些方面又各有交叉。

### （三）社会影响评价实践的时空变迁

社会影响评价的实施与各国的相关政策相关联，在一个真正的国际背景下，有许多问题差异很大，调节的背景不同，文化、宗教背景各不相同，发展的社会和经济优先次序各不相同，各国制定的标准也有差异。比如：（1）对社会影响评价的空间范围是在社区、城市或区域有不同的观点，北美的实践偏重社区，欧洲和澳大利亚的实践偏重城市，世界银行的实践偏重区域。欧洲联盟通过的几项政策声明，鼓励并有时要求编制社会影响评价，其承诺随着时间的推移而得到加强（IAIA，2015）。然而，与北美案例类似，大多数计划都是在非欧盟政策范围内制定的，并且社会影响评价筹备程度差异很大。一些国家如奥地利、比利时和法国，往往需要筹备工作；在其他几个国家如芬兰和爱尔兰，仅在具体计划中才需要这样做；在希腊、塞浦路斯和大多数东欧国家，社会影响评价通常既不需要也不适用[①]在发展中国家，社会影响评价被用于希望它将有助于加强社会资本和改善社区福祉。社会影响评价最初是由世界银行和亚洲开发银行等国际资助机构推动和倡导的。但是，它在发展中国家的实施遇到了许多问题。一些发展中国家将社会影响评价简单地称为"门面"，以符合援助捐赠者的资金需求。这种由捐助者驱动的方法往往严重限制了社会影响评价的范围，使其受到极为严格的影响评估，并且未能在规划过程中将社会影响评价制度化，以有效提升当地的行政能力。[②]（2）对社会影响评价的过程管理方式不同。在澳大利亚昆士兰，资源项目必须提交社会影响管理计划（SIMP）作为其环境影响评价（EIS）的一部分。SIMP 概述了在开发的所有阶段（包括闭包）进行评估、监测、报告、评审和主动应对变化的策略。（3）社会影响评价可以有不同的侧重点。南非在 2004 年推行社会和劳工计划（SLP）作为矿业项目的要求。SLP 是由支持者准备的，并提交采矿权申请书。他们谈到人力资源，职业发展和当地社区发展。一个类似的系统，社会发展和管理计划，存在于菲律宾的采矿项目。[③] 根据斯文森的研究，尽管社会影响评价在北欧国家中存在许多其他相似之处，但它们之间存在显著差异。他描述并比较了芬兰、挪威和瑞典的社会影响评价实践。研究表明，在挪威进行了一般和更全面的内部审计，包括生物物理和社会影响，社会影响以相当定量的方式进行评估。在芬兰和瑞典，国际理论和实践中定义的 SIA 在一定程度上以定量和定性的方式使用。斯文森发现这种做法在

---

① Yiftachel, O., Mandelbaum, R., "Doing the Just City: Social Impact Assessment and the Planning of Beersheba, Israel", *Planning Theory & Practice*, Vol. 18, No. 4, 2017, pp. 525 – 548.

② Antonson, H., Levin, L., Institutionen, F. K. O. E., et al., "A Crack in the Swedish Welfare Façade? A Review of Assessing Social Impacts in Transport Infrastructure Planning", Progress in Planning, 2018.

③ Esteves, A. M., Franks, D., Vanclay, F., "Social Impact Assessment: The State of the Art", *Impact Assessment & Project Appraisal*, Vol. 30, No. 1, 2012, pp. 34 – 42.

瑞典并不像芬兰那样普遍，并且没有长期评估社会影响的传统。①

社会影响评价的发展道路充满了曲折。美国政府在一段时间内减少了环境影响评价和社会影响评价的研究经费，社会影响评价研究也随之沉寂了下来。这种下降趋势在20世纪90年代初更为明显。这背后的原因是，美国联邦政府为了恢复经济增长，在面对不断增长的自然资源的自由开发需求时，经济标准成为判断项目是否通过的主要标准，社会影响及其研究则被忽视。另外，主流的社会影响评价被认为与其他类型的影响评价缺乏比较和分析的基础，从而大大地限制了社会影响评价的使用，难以作为项目决策的基础。②

但在世界银行推进的项目中，为了降低项目的社会风险，社会影响评价得到了广泛的推行。一些银行联合推出了赤道原则，它是全球金融业的企业社会责任和可持续性框架，这项准则要求金融机构投资项目时，要综合评估该项目对环境和社会可能产生的影响。企业在推进项目时，也对潜在的社会风险开始充满敬畏，自己主动参与相关规范和标准的执行。

总之，随着社会影响评价自身的发展以及各国自身建设实践需求的变迁，社会影响评价在不同时间和不同的国家有不同的境况和实践方式。

## 二　国外社会影响评价研究变迁

第一篇关于社会影响评价的论文是沃尔夫在20世纪70年代中期发表的，为建立该领域做出了贡献。芬斯特布什、弗洛伊登堡、默多克及伯基等在20世纪80年代和90年代中期进一步发展了最新的论文。随后更多的论文贡献到了SIA的知识库。据统计，"社会影响评

---

① Antonson, H., Levin, L., Institutionen, F. K. O. E., et al., "A Crack in the Swedish Welfare Façade? A Review of Assessing Social Impacts in Transport Infrastructure Planning", Progress in Planning, 2018.

② 李强、刘蔚：《如何推动建立社会影响评价制度?》，《中国环境报》2012年10月8日第2版。

估"在1973年首次被引用，1974年14次，1975年和1976年超过30次，1977年97次，随后三年有下降，1981—1992年每年的引用率稳定在约100次。从那时起，它一直在稳步增长，从1993年的120次增加到2010年的624次。[①]

国际社会影响评价原则中对社会影响评价特点可以概括为以下几点。

（1）影响评价的目标是创造一个在生态、社会文化和经济等方面更加可持续和公平的环境。因此，影响评价促进社区发展和赋予权力，建立能力，并发展社会资本（社会网络和信任）。

（2）社会影响评价的关注焦点是对发展和更好的发展成果采取积极主动的态度，而不仅仅是确定或改进负面或无意的结果。帮助社区和其他利益攸关方确定发展目标，并确保最大化的积极成果，比尽量减少消极影响造成的损害更为重要。

（3）社会影响评价的方法论可以适用于广泛的计划干预，而且可以代表广泛的行为者进行，而不仅仅是在一个管理框架内。

（4）社会影响评价促进了适应性管理政策、计划、方案和项目的过程，因此需要通知计划干预的设计和运作。

（5）社会影响评价以当地知识为基础，用参与的流程来分析感兴趣和受影响方的关注。它涉及对社会影响进行评估的利害关系人，对替代品的分析，以及对计划干预的监测。

（6）社会影响评价的良好做法承认，社会、生态和生物物理的影响是内在和不可分割的相互联系的。任何这些域中的更改都会导致其他域的更改。因此，在一个域中的更改触发跨其他域的影响以及每个域中的迭代或影响时，社会影响评价必须关注影响路径的不足。换言之，必须考虑到第二个和更高阶的影响以及累积的影响。

（7）为了使社会影响评价学会学习和成长，必须分析过去活动所产生的影响。社会影响评价必须对其理论基础和实践进行反思和评价。

---

① Esteves, A. M., Franks, D., Vanclay, F., "Social Impact Assessment: The State of the Art", *Impact Assessment & Project Appraisal*, Vol. 30, No. 1, 2012, pp. 34 – 42.

（8）虽然社会影响评价通常适用于计划内的预防，但也可以使用社会影响评价技术考虑从其他类型的事件中衍生出的社会影响，如灾难、演示—图形变化和流行病。①

### （一）领域扩展——从事前、事中到全过程

事前评估和批准程序的许多缺点之一是在事件发生后没有重新考虑许可条件的机制。假设影响评估可以全部了解并且都是强大的，这是不现实的。虽然影响评估可能不善于预测影响，但项目会随着时间的推移而发生变化，并且经常会出现新的、未预料到的结果。社会和政治环境也可能随着时间而改变，这是特别明显的。②社会影响评价的传统重点是处理最明显和最紧迫的各种影响，因此多在建设发展的最密集阶段进行影响评价，现在越来越清楚地认识到，在建设发展最密集阶段的前后会发生一些可预测的、重大的影响；这些影响被传统的社会影响评估方法所忽略。现有的研究开始注意跨越时间和跨越潜在影响的人类环境系统的影响。③一些组织和公司对正在进行的项目实施了评估、管理和监测，以改进对项目执行期间发生的社会影响的识别，并积极应对变化。由此，社会影响评价是应对影响的持续管理过程的一部分，社会问题可能会引发商业风险，与利益相关者相关的风险对项目的成功、及时性和成本产生重要影响。社会影响评估和管理扩张到项目全过程，此项业务的益处现在得到广泛认可。④

---

① Vanclay, F., "International Principles for Social Impact Assessment", *Impact Assessment and Project Appraisal*, Vol. 21, No. 1, 2003, pp. 5 – 12.

② Vanclay, F., "Changes in the Impact Assessment Family 2003 – 2014: Implications for Considering Achievements, Gaps and Future Directions", *Journal of Environmental Assessment Policy & Management*, Vol. 17, No. 1, 2015, pp. 1 – 20.

③ 李强、刘蔚：《如何推动建立社会影响评价制度》，《中国环境报》2012 年 10 月 8 日第 2 版。

④ Esteves, A. M., Franks, D., Vanclay, F., "Social Impact Assessment: The State of the Art", *Impact Assessment & Project Appraisal*, Vol. 30, No. 1, 2012, pp. 34 – 42.

### （二）视角扩展——从负面预防到正面引导

社会影响评价的领域正在改变，除了预防负面影响外，社会影响评价越来越重视提高项目对受影响社区的好处。包括建设社会资本、能力建设、善政、社区参与和社会包容等问题。①② 虽然必须确保查明并有效减轻对小群体个人或个人财产权的消极影响，但更有价值的是修订项目和辅助活动，以确保对社区更大的利益，最大限度地提高社会效用和发展潜力，同时确保这一发展得到社会的普遍接受。此外，由于试图尽量减少损害（社会影响评价的传统做法）并不能确保该项目将被当地利益攸关方接受，或者一个项目实际上并不造成重大损害。社会影响评价还应集中精力重建生计，更广泛的社会福利的改善。提高效益涉及一系列问题，包括：修改项目基础设施，以确保它也能满足当地社区的需要；提供社会投资资金，支持地方社会可持续发展和社区愿景进程，制定战略社区发展计划；通过消除进入障碍，使当地企业能够提供货物和服务，真正承诺最大限度地增加当地内容的机会（即当地人民的就业和当地采购）；为当地人民提供培训和支持。在重新安置人们以使项目得以开展的地方，必须确保恢复和加强他们的安置后生计。③

### （三）方法发展——从科学到混合方法

社会影响评价的基本方法，就是通过重建过去事件的社会影响，识别将来可能的影响。④ 有实证和人文主义两种研究模式：实证的模

---

① 宋永才、金广君：《城市建设项目前期社会影响评价及其应用》，《哈尔滨工业大学学报》（社会科学版）2008 年第 10 卷第 4 期，第 21—27 页。

② Spaapen, J. , Van Drooge, L. , "Introducing 'Productive Interactions' in Social Impact Assessment", *Research Evaluation*, Vol. 20, No. 3, 2011, pp. 211 – 218.

③ Vanclay, F. , Esteves, A. M. , Aucamp, I. , et al. , "Social Impact Assessment: Guidance for Assessing and Managing the Social Impacts of Projects", *Project Appraisal*, Vol. 1, No. 1, 2015, pp. 9 – 19.

④ ［美］伯基：《社会影响评价的概念、过程和方法》，杨云枫译，中国环境出版社2011 年版，第 26 页。

式相信客观存在的影响并通过科学合理的方法去揭示影响。人文主义的模式认为影响并不是预先就存在的，而是在沟通的过程中通过倾听各种利益相关者的声音来定义影响。实证模式更加关注科学方法，人文主义更多关注倾听和理解。

在强调实证的评价中，可以分为三种情况，第一种是针对影响效果设计评价体系，第二种是过程评价，将政策实施后的实际情况与假定无干预情形进行对照，是形成"跨时期比较分析"，第三种是逻辑框架评价，逻辑框架包括纵向逻辑和横向逻辑，前者侧重因素分析，后者聚焦资源与结果。

人文主义的评价开始于参与方法在社会影响评价中的应用。1981年，在一份关于《社区社会影响评价》的论文中，Audrey Armour 等人第一次明确了参与式评价方法的重点。"受影响人群的角度应该放在评价的首位，其次才是更大的利益评价角度。"对传统的规划方法来说，这是一个转变：在正式的规划中，总是首先强调宏大的"公共利益"。这篇论文隐含的理念是：社区应该参与关于他们未来的决策。① 参与方法的引入使如何识别项目的利益相关者，并分析他们的利益诉求成为社会影响评价的主要内容，项目实施涉及的利益群体，应根据利益相关度、利益损益度、群体特征进行区分。在利益相关度方面依据与项目的相关程度分为直接利益和间接利益相关群体。在利益损益度方面依据项目实施后利益的损益情况分为受益、均衡、受损群体。在群体特征方面依据群体的社会地位分为强、弱势群体。参与评价是将项目各类相关群体受到的影响、利益诉求的满足作为评价的重点。② 伯基等表明，如果没有潜在利益相关方和受影响社区的适当投入，有效的社会影响评价就无法实现。同样，国际影响评估协会建议采用各种参与过程，并强调公众参与决策是社会影响评价过程中不

① ［美］伯基：《社会影响评价的概念、过程和方法》，杨云枫译，中国环境出版社2011年版，第83页。
② 高喜珍、王莎：《公共项目的社会影响后评价——基于利益相关者理论》，《哈尔滨商业大学学报》（社会科学版）2009年第3期，第33—36页。

可或缺的持续活动。① 许多国家的经验表明，通过让公众系统地参与发展决策过程，社会影响评价能够有效地改善社会公平，增强社会包容和减轻有害的社会后果。②

交互式社区论坛是社会影响评估的另一种方法，它要求社区成员对环境影响评估中的替代项目方案产生的社会影响作出判断。该方法采用参与者驱动的社会系统描述，以及一套社区结构来指导预期社会影响的识别。不同领域的社区参与者参与到一个结构化的小群体过程，在这种过程中分享信息，并审议社区一级的影响。在小组讨论的基础上，与会者对社会影响进行了预测，并确定缓解社会影响所需的对策。交互式社区论坛从而提供了一种手段，将当地知识纳入环境影响声明，并通过修改后的公众参与进程，向环境决策作出建议。③

基于社会学习的参与过程模型发现，通过"合作话语"的方法，有不同和共同利益的人的社区如何能够就集体行动达成一致，实现共识，以解决共同的问题。研究者利用瑞士 Aargau 东部地区城市垃圾处理设施选址的案例研究，论证了"合作话语"的适用性。他们认为，成功的公众参与不仅必须产生公正和称职的决定，还要揭露超越利己主义目标的共同需要和理解，并为民主的发展做出贡献。④

在实践与研究的差距日益扩大的背景下，社会影响评价研究越来越多地利用定性对话方法，研究者分别从政策方案视角、福利经济学视角和规划理论视角三个角度分析了评价研究的发展趋势。社会影响的研究是难以衡量的。之所以出现这样的问题，是因为研究与某种影响之间往往存在很长的滞后时间，而且影响是多种原因造成的后果。此外，

---

① Tang, B. S., Wong, S. W., Lau, C. H., "Social Impact Assessment and Public Participation in China: A Case Study of Land Requisition in Guangzhou", *Environmental Impact Assessment Review*, Vol. 28, No. 1, 2008, pp. 57 – 72.

② Ibid. .

③ [美] 伯基:《社会影响评价的概念、过程和方法》，杨云枫译，中国环境出版社 2011 年版，第 83 页。

④ Burdge, R. J., Fricke, P., Finsterbusch, K., "Guidelines and Principles for Social Impact Assessment", *Environmental Impact Assessment Review*, Vol. 12, No. 2, 1995, pp. 107 – 152.

还缺乏可靠的测量工具。由此，社会影响评价的趋势是通过不同的评价方法来克服这些问题的，并非判断而是学习才是最主要的问题，关注研究人员和其他参与者之间的关系，从而缩小研究与影响之间的差距，或者至少使其透明化。并通过直接或个人互动；文本或实物的互动；金钱或实物捐助的财务互动等三类"生产性互动"来实现。①

### （四）社会影响评价与城市规划有交叉的需求

研究社会影响评价，就涉及影响的空间范围。在城市规划领域，学者更关注社会影响涉及的空间层次。不同的学者关注的影响空间范围有所不同。一些学者认为社会影响评价关注的空间区域层次在社区，关注社区居民的幸福感和安全感，代表学者是伯基（Burdge）。另一些学者认为社会影响评价关注的空间层次是城市，社会影响评价不仅注重受影响人群的公共利益，还要在更大的空间范围城市实现社会目标，影响评价落脚在社区层次在价值判断上容易有偏差，代表学者是范克莱（Vanclay）及鲍勃卡特（Dobchuk）。一个地区的得益很有可能意味着另一个地区的受损，社区的局部受益不应代表公共利益，所以应站在城市层面上评价公共利益。作为可持续发展评价的最终目标以及《里斯本战略》的后续力量之一。2005 年欧委（EC）提出了城市一级的社会影响分析，世界银行和亚洲开发银行等跨国组织提出了区域和国家范围的社会影响评价。这些评价将整个社会的社会效益以及减少对弱势群体和穷人的负面影响作为政府的首要目标。但是，区域和国家层次的社会影响评估范围广泛而且困难，只有少部分的跨国机构去尝试完成。社会影响评价的空间范围到底要覆盖到社区、城市或者区域的哪个层面，应从项目或政策本身的特征和关联性来看。社会影响评价空间层次的差异的背后是人群层次的差异，最终应落实到社会群体。②

① Burdge, R. J., Vanclay, F., "Social Impact Assessment: A Contribution to the State of the Art Series", *Impact Assessment*, Vol. 14, No. 1, 1996.
② 黄剑、毛媛媛、张凯：《西方社会影响评价的发展历程》，《城市问题》2009 年第 7 期，第 84—89 页。

　　在城市规划领域一直有探讨空间规划的社会后果的传统。英国的纳撒尼尔·利奇菲尔德（Nathaniel Lichfield）是"社会影响评价"规划评价理论和方法的创始人，也是英国城市规划学术和执业方面最出色的人物之一。他在《社会影响评价》一书中讨论了经济和社会的理论以及城市和区域规划的决策，融合了成本收益及影响评价的方法，创建了基于规划视角的成本效益分析框架分析政策、空间变化，以及这些空间包含的收益及其分配情况。在方法方面，考虑了客观的成本效益分析与主观的价值分析的综合。由于城市发展变化可能带来负面的社会后果及不均衡的分配，城市规划需要考虑到这些影响并进行再分配。①

　　鉴于社会影响评价的实践性以及与城市规划的亲和性，西方国家的城市规划在相关政策的制定、规划形成、规划效果的评估中对社会影响评价进行了一些应用。亚历山大根据城市规划评价时间段的差异分成了"事前""事中""事后"三种评价。"事前"评价是在规划前根据社会影响评价的原则和方法对不同规划方案的比较和选择，以减少项目的风险，扩大项目的效益。"事中"评价是在规划过程中，引导利益相关者的公众参与，以充分地表达各种利益诉求，厘清潜在的利益冲突，寻求合理的规划方案调整。"事后"评价是对城市规划实施后的影响的分析。② 马修等认为事前、事中评价更重要，因为城市规划的关键是如何在政策制定过程中最大限度地反映最广大公众的价值取向和选择，这是民主决策的关键。③

　　Mistra Urban Futures 从规划角度概述了社会可持续发展，提出了与城市规划相关的几种社会可持续性方法，为反思提供指导和材料。对约 30 名从业者、社会问题专家和研究人员进行了访谈，然

---

　　① 周国艳：《纳撒尼尔·利奇菲尔德及其社会影响规划评价理论》，《城市规划》2010年第 8 期，第 79—83 页。

　　② Gramling, R., Freudenburg, W. R., "Opportunity-Threat, Development, and Adaptation: Toward a Comprehensive Framework for Social Impact Assessment", *Rural Sociology*, Vol. 57, No. 2, 1992, pp. 216 – 234.

　　③ 周国艳：《纳撒尼尔·利奇菲尔德及其社会影响规划评价理论》，《城市规划》2010年第 8 期，第 79—83 页。

后邀请他们参加研讨会。该报告说明了社会规划可以以不同的方式推进和阻碍社会可持续性。例如，在公路和铁路调查中，有时会使用不同类型的社会影响评价来研究不同的替代方案，例如，通过制定儿童健康和性别影响评估方法。有人强调，社会可持续性不是一劳永逸的静态，而是城市规划可以发挥重要作用的持续过程。一方面，人们希望按照系统的方法进行社会规划，基于某种合理性的社会可持续性寻找工具和指标来简化和使知识领域易于管理。另一方面，需要有更多根本性的变革来处理权力、结构、规范和正义。几位受访者指出，最重要的不是找到"终极工具"，而是要开始一个有助于新方法和工作方法的共享过程。[①]

城市规划是构建城市社会特征和重塑城市公民和群体关系的强大力量。对社会方面的历史忽视严重损害了其潜在的社会利益，导致土地规划和住房的持续冲突，以及以"规划原因"的名义进行的普遍形式的剥夺和压迫。Yiftachel 的研究表明，为了打击以强大利益的名义进行压迫或忽视的过于熟悉的倾向，将强制性社会影响评价作为每个主要城市规划的法定要求是适当、紧迫和可行的。

城市是人类建设项目和政策的集中区域，城市规划直接影响城市项目的空间分布，因此城市规划与社会影响评价方法在探讨城市空间规划的社会后果方面有天然的亲和性。城市规划不断地采用社会影响评价方法，而社会影响评价方法通过城市规划的应用不断丰富和发展，两者已经形成互相促进的趋势。

# 三 国内社会影响评价实践和研究发展

## (一) 社会影响评价在中国的简要发展历程

1979 年的《中华人民共和国环境保护法》和 1989 年修订的环境

---

① Antonson, H., Levin, L., Institutionen, F. K. O. E., et al., "A Crack in the Swedish Welfare Façade? A Review of Assessing Social Impacts in Transport Infrastructure Planning", Progress in Planning, 2018.

保护法并不涉及社会影响评估，只对环境影响评价提出了要求，要求在工程项目和建设项目中评价环境污染和生态破坏的影响。

20世纪80年代，中国开始了投资项目社会影响评价系统的研究。受原国家计委委托，中国国际工程咨询公司在1988年完成了22个国家重大国家建设项目的后评价。在此过程中，有一批专家提出在对一些基础设施项目和社会发展项目进行评价的时候，需要引入社会评价，这样才能全面评价项目的各个方面。

此后，社会影响评价陆续运用于水利、油田开发、铁路建设、民航项目等。小浪底工程、北京的一些高速公路项目等都作过社会影响评价。跟国外合作涉及外国投资的项目需要进行社会影响评估，比如与亚洲银行或世界银行合作的项目都要完成社会影响评价。世界银行要求移民的项目必须进行独立的社会评价，移民政策必须确保移民后的生活水平不能低于移民前的生活水平并得到改善。1994年大连市的供水项目得到了市民的充分理解，确保了项目的成功实施。该项目由亚洲开发银行提供贷款支持，在实施中积极邀请公众参与项目规划方案的设计，通过与公众积极的沟通，公众了解了项目的实施可能会带来的不方便及社会经济影响，包括水价上调等敏感问题获得了公众的理解和支持。1992—1999年，在云南省资溪山生物多样性和社区发展项目中，麦克阿瑟基金会和国际山地综合发展中心注重收集和编制当地妇女在生物多样性保护方面的经验，促进妇女在自然资源管理、项目实施和管理中的参与和决策能力。由于充分重视性别分析方法，促进性别参与社区，提高了妇女的自信心，促进了正义与平等。①

原国家计划委员会、建设部、联合国开发计划署和英国国际发展署在1986年至1996年组织了国内外专家共同组建了"投资项目社会评价工作组"，合作研究项目投资的社会评价理论和方法，最后给有关部门提交了两项研究成果："投资项目社会评估理论与方

---

① 中国国际工程咨询公司：《中国投资项目社会评价指南》，中国计划出版社2004年版，第3页。

法"，"投资项目社会评估指南"。中国的投资项目前期研究和决策咨询对此两项成果进行了试用，由此中国的社会影响评价进入了起步阶段。①

为了符合国际标准，改进中国项目评价的方法体系，改变中国过去的可行性研究只关注技术、工程、经济评价，基本不进行社会评价的状况，经原国家计委批准，中国国际工程咨询有限公司在 2002 年编制并出版了"投资项目可行性研究指南"。这是经中央有关部门批准和推荐的投资项目的初步咨询和研究的规范文件，也首次将社会评价作为可行性研究的一个组成部分，强调社会评价在可行性研究中的重要作用，重大项目应进行社会评价，并提出中国的社会评价的内容和方法。该文件要求从社会影响、社会效益和社会可接受性等方面判断项目的社会可行性，协调项目与当地社会的各种社会关系，规避社会风险，促进项目顺利实施。

工程建设、管理科学、社会学等专业结合国际经验和中国的实际，在社会影响评价的原则、方法、过程等方面进行了探索，一方面，引介国外社会影响评价的最新研究成果；另一方面，结合中国实际和具体的项目情况提出了针对不同行业类型的工程和项目的评价方法。这些方法在不同领域进行了尝试性的运用，增加了社会影响评价的传播，也引起了大家对社会影响评价的重视。

### （二）社会影响评价在中国发展现状和前景

始于 20 世纪 80 年代的中国社会影响评价探索已经有三十多年的历史。其间，中国的城市化建设突飞猛进，完成了不少为世界叹为观止的特大型项目，项目带来的持续社会影响受到社会各界的关注。社会影响评价在研究和实践领域也逐渐积累了些力量。但总体上中国的社会影响评价还处于起步阶段，没有形成成熟的规范和制度，没有探索出符合中国实际情况的指标体系，更多的是专家依据

---

① 中国国际工程咨询公司：《中国投资项目社会评价指南》，中国计划出版社 2004 年版，第 4 页。

原则、指标的评价和分析，公众的参与、利益相关者的参与都还比较缺乏。研究成果没有真正影响决策，也没有纳入实际的项目执行中进行考量。[①]

对于社会影响评价在我国发展存在的问题，有研究概括为四个方面，首先，社会影响评价的重要性仍然需广泛传播，其重要性才能被充分认识。其次，社会影响评价从业人才不足，机构不完善。再次，社会影响评价的管理规定和操作规范还比较欠缺。最后，缺乏对项目周期全过程的监测评价。[②]

但一些有利于社会影响评价发展的条件也在成熟，首先，不论是政府还是居民对于环境、健康和生活质量都比以前有更高的追求，而社会影响评价是预防项目潜在社会风险，提高居民生活质量和满意度的重要手段，随着学术研究和媒体对社会影响评价的传播，对社会影响评价的需求会随着时间的推移逐步增加。其次，社会影响评价实施的各种支撑条件逐步完备。政府更加重视民生，对于工程项目的公共性、安全性和社会公平与正义更加重视，支持项目的社会影响评价研究和实践。企业更加重视社会责任，注重规避项目的各类社会风险，愿意对项目的社会影响进行评估。社会影响评价的研究积累不断增加，人才队伍在慢慢地集聚。专门的评价人才已经有了相应的考评标准。在 2001 年 12 月，《人事部、国家发展计划委员会关于印发〈注册咨询工程师（投资）执业资格制度暂行规定〉和〈注册咨询工程师（投资）执业资格考试实施办法〉的通知》发布，中国有了正式的注册咨询工程师（投资）执业资格制度。2013 年发布了《咨询工程师（投资）管理办法》，在咨询工程师的考试大纲中专门有一章"社会评价"，涉及社会评价的作用与范围、社会风险分析、社会调查、方案比较、评价方法、公众参与、评价报告编写等七个方面。对

① Gramling, R., Freudenburg, W. R., "Opportunity-Threat, Development, and Adaptation: Toward a Comprehensive Framework for Social Impact Assessment", *Rural Sociology*, Vol. 57, No. 2, 1992, pp. 216–234.
② 中国国际工程咨询公司：《中国投资项目社会评价指南》，中国计划出版社 2004 年版，第4页。

咨询工程师的执业资格考试和业务技能培训，都包括了社会评价的内容，并在此政策的影响下，工程咨询专家队伍中熟悉社会评价的人才队伍在壮大。最后，社会影响评价的研究在各个不同专业领域展开，为社会影响评价在水利、交通、城市规划等不同领域的具体深入应用提供了更多的经验支持。

展望未来，有社会的需求，有三十多年的各方面积累，社会影响评价将在中国逐步发展和成熟，为人们安定和谐的高质量生活服务。

# 四 社会影响评价实践和研究评述

## （一）社会影响评价的实践影响力在扩大

社会影响评价的应用涉及企业、城市、政府等多个层面和机构。在企业的经营中，企业越来越注意企业项目的社会风险。社会风险可以看作由项目产生的任何社会影响或社会问题所产生的企业风险（如额外成本），例如通过无法预见的缓解成本、未来诉讼和/补偿金，工人罢工，报复性破坏行为，名誉损害。[①] 社会影响评价关注社会风险，世界银行将社会风险界定为干预会创造、加强或加深不平等或社会冲突的可能性，或主要利益攸关方的态度和行动可能颠覆发展目标的实现，或发展目标及实现此目的的手段在关键利益攸关者之间缺乏所有权。对银行来说，社会风险被认为是项目成功的风险（威胁），也是项目产生的风险（社会问题），而这反过来又成为项目的威胁。2003年6月，为了降低项目的风险，由一群私人银行采用世界银行的环境保护标准与国际金融公司的社会责任方针制定了"赤道原则"。截至2017年底，来自37个国家的92家金融机构采纳了"赤道原则"，因此它形成了一个实务上的准则。

---

① Webler, T., Kastenholz, H., Renn, O., "Public Participation in Impact Assessment: A Social Learning Perspective", *Environmental Impact Assessment Review*, Vol. 15, No. 5, 1995, pp. 443 – 463.

表 2.2 社会影响评价实践中的关键概念

| 序号 | 概念名称 | 解释和说明 |
|---|---|---|
| 1 | 赤道原则（EP） | 是全球金融业的企业社会责任和可持续性框架。更具体地说，它是金融机构采用的风险管理框架（即银行）确定、评估和管理世界任何地方和所有工业部门的环境和社会风险。它的主要目的是提供尽职调查的最低标准，以支持负责任的风险决策。① 该标准要求金融机构利用财务杠杆促进投资项目在环境保护和周边社会和谐发展中的积极作用，并全面评价项目的环境和社会影响，采用 EP 的银行承诺在其内部环境和社会政策、程序和项目融资标准中执行这些原则 |
| 2 | 经营社会牌照 | 指组织的活动接受或认可的程度，其利益攸关者，特别是当地受影响的社区。领导企业现在认识到，他们需要满足的不仅仅是监管要求，他们还需要考虑，如果不满足广泛的利益相关者，包括国际非政府组织和当地社区的期望。如果他们这样做，他们不仅冒着名誉损害和可能带来的机会减少的风险，而且还冒着遭受罢工、抗议、封锁、破坏、法律诉讼以及这些行动的财务后果的风险。在一些国家，"社会许可证"已成为商业语言的一个既定要素，积极影响到许多公司的商业战略② |
| 3 | 影响及利益协议（或社区发展协议） | 谈判达成的协议，项目开发商和受影响的人民之间。虽然有时包括政府，这些协议通常是在项目开发商和受影响的利益攸关者之间，虽然动力和内容可能受到政府政策的影响。协议通常包括关于可能产生的残余影响的说明、有关如何处理这些影响的规定、已承诺的好处以及将用于管理当事方之间关系的治理过程③ |
| 4 | 可持续生计 | 可持续生计是指从能力、生计资源（资产、资本）和生计战略（活动）等方面考虑社区和人民的一种方式。生计指的是一个人或一个家庭的生活方式，以及他们如何谋生，特别是如何保障生活的基本必需品，例如他们的食物、水、住所和衣物，以及如何生活在社区中。生计是相互依存的，在生物物理环境中，生计是可持续的，当它能够应付和从压力和冲击中恢复（即具有弹性），并在不破坏自然资源基础的现在和将来维持或增强其能力和资产。为了生存，人们需要一种可持续的生计，因此所有干预都需要考虑对人民生计的影响④ |

---

① Vanclay, F., Esteves, A. M., Aucamp, I., et al., "Social Impact Assessment: Guidance for Assessing and Managing the Social Impacts of Projects", *Project Appraisal*, Vol. 1, No. 1, 2015, pp. 9 – 19.

② Ibid..

③ Ibid..

④ Ibid..

社会影响评价协助银行及投资者了解应该如何加入世界上主要的发展计划，对它们进行融资。在比较了中国五十多个主要投资项目经过五年运营后的实际经济回报率后，世界银行发现，做过社会影响评估的项目基本接近或超过可行性研究阶段预计的经济回报率的比率约为85%，其比例要远高于未进行过社会影响评价的项目。[①]

在项目的实施中，项目的社会许可受到了重视，包括：经营社会牌照、影响及利益协议、可持续生计等方面。"社会许可证"成为一种商业语言，直接影响了公司的商业战略，而影响及利益协议通过在项目开发商与受影响的人民之间建立的协议对如何处理残余的影响，承诺的好处做了合理的安排。居民的可持续生计，即居民的基本生活保障以及与社区的相互依存关系都是影响评价中重点考虑的内容。

社会影响评价不再只是居民、研究者和政府所重视的事情，而是企业主动考虑的策略，充分显示了社会影响评价的现实需求，而实践部门的需求又是推动研究发展的最重要力量。在社会影响评价的推动中，涉及的面也关乎居民、企业、银行、政府，也就是说，社会影响评价本身是一件跨领域、跨部门的活动，不管如何，单一的个人、组织或者部门都无法置身于事外。

虽然社会影响评价的影响在扩大，但仍有专家比较谨慎，认为与用于生物物理问题的分析和资源相比，社会影响评价通常起次要作用。社会从业人员在形成项目和发展替代方案方面影响力不足，不应夸大这些令人鼓舞的转变。[②]

## （二）社会影响评价正面引导作用的研究和传播仍需努力

在社会影响评价的实践中还存在一些负面的看法，普通人没有充分认识到社会影响评价不仅在防止负面社会后果的发生，同时也在促

---

① Becker Dennis, R., Harris, et al., "A Participatory Approach to Social Impact Assessment: the Interactive Community Forum", *Environmental Impact Assessment Review*, Vol. 23, No. 3, 2003, pp. 367 – 382.

② "Social Impact Assessment: The State of the Art", *Impact Assessment and Project Appraisal*, Vol. 30, No. 1, 2012, pp. 34 – 42.

进积极的社会效果。普通人与专家在社会影响评价的认识上还存在明显的差距。其实社会影响评价的作用远远超出事前（预先）预测不利影响和确定谁赢和谁输。社会影响评价还包括：当地人民的能力提升；提高妇女、少数群体和其他处境不利或边缘化的社会成员的地位；发展能力建设；缓解各种形式的效率；增加股本；关注贫困重新生产。社会影响评价的发展已经从事前预测到全过程的干预，从负面预防到正面引导，但有关社会影响评价的看法还停留在过去，这和社会影响评价的传统刻板印象，以及社会影响评价的新形象的宣传和传播有关系，因此，在扩大社会影响评价影响力的同时，也需结合社会影响评价的实施效果加强。

表2.3　　　　　　社会影响评价的普通人和专家认识的差距①

| 序号 | 普通人认识 | 专家认识 |
|---|---|---|
| 1 | 社会影响是常识，每个人都知道 | 知识是常识的先驱。如现在蓄水项目对社区和人们生活的影响已经众所周知——然而，这是在进行了几十年的社会科学研究之后才被人们认识到的（Cernea，1991） |
| 2 | 社会影响很少发生，因此不需要评估 | 社会影响总是在发生的，但并不总是受到重视。如修路项目，其影响包括扰乱了农村社区的生产生活方式；其长期影响还包括，方便了社区与外界的沟通、增加就业机会、连通市场并减少社区的孤立性等 |
| 3 | 社会影响评价研究的是成本而非效益，并且它减慢或阻止了项目进程 | 变迁使一些人承担了社会成本而为另外一些人带来利益。如修建一条通往城镇附近垃圾填埋点的公路，显得较为昂贵，但是它能改善公司和社区关系，并减少镇内的交通拥挤 |
| 4 | 社会影响评价和环境影响评价增加了项目开支，却不增加效益 | 众多项目失败的经验或者狭隘的成本—效益分析，导致了《国家环境政策法》的产生。在很大程度上，美国议会通过环境政策法，是因为地方社区的环境和社会成本并没有在项目规划/决策过程给予充分考虑。在发展中国家，出资机构或者地方政府，往往承担着项目失败的成本 |
| 5 | 社会影响评价过程并不重要 | 事实上，评价过程本身就能带来最主要的效益。它帮助受影响人群理解、参与并且应对预计行动，这是社会影响评价过程最重要的意义 |

① ［美］伯基：《社会影响评价的概念、过程和方法》，杨云枫译，中国环境出版社2011年版，第29—30页。

### （三）社会影响评价的专业化应用还有很大的空间

范克莱认为，对社会影响评价最恰当的理解是，它是一个保护伞或总体框架，它体现了对人类的所有影响评价，以及人们和社区、社会文化、经济和生物物理环境相互作用的所有方式。由于社会影响评价与范围广泛的分领域专家有很强的联系，这些领域包括：人口影响、文化影响、审美影响（景观分析）、考古和文化遗产影响（有形和非有形）、社区影响、发展影响经济和财政影响、性别影响、健康和心理健康影响、对土著权利的影响、基础设施影响、体制影响、休闲和旅游业影响、政治影响（人权、施政、民主化等）、贫穷心理逻辑影响、资源问题（资源的存取和所有者）、对社会和人力资本的影响和其他对社会的影响。因此，综合社会影响评价项目通常不能由一个人承担，但需要团队合作。[①] 对于"好"的"社会影响评价"的实践人们已经形成了共识，它是参与性的；它对受影响的人民、支持者和管理机构形成支持；它增加了人们对变化的理解和应对变化的能力；它力求避免和减轻消极影响，并在发展的整个生命周期中提高积极的利益；它强调加强改善弱势和处境不利的人民的生活。[②] 认识到社会中不同群体之间影响的差异分布，特别是弱势群体在社会中遭受的影响，应该始终是社会影响评价首要关注的问题。[③]

对社会影响评价的框架性理解显示，社会影响评价涉及了众多的行业和领域，社会影响评价可能有自己专门的方法和体系，但到了具体的行业还需要与专业领域的合作，与行业、机构的特点结合起来。因此，社会影响评价的发展，不仅是自身理念、原则、方法、体系的

---

① Vanclay, F., "International Principles for Social Impact Assessment", *Impact Assessment and Project Appraisal*, Vol. 21, No. 1, 2003, pp. 5 – 12.

② "Social Impact Assessment: The State of the Art", *Impact Assessment and Project Appraisal*, Vol. 30, No. 1, 2012, pp. 34 – 42.

③ Vanclay, F., "International Principles for Social Impact Assessment", *Impact Assessment and Project Appraisal*, Vol. 21, No. 1, 2003, pp. 5 – 12.

发展，也是社会影响评价与不同领域、行业融合和磨合的发展。社会影响评价在城市、交通、环境等项目中都可以根据具体领域的专业化特征而深化研究，走出专业化的发展道路。

# 第三章　城市居住空间社会影响
## 文献综述

## 一　居住空间社会影响的争论

城市空间的社会影响是城市社会学的经典问题，在路易斯·沃斯（Wirth, L.）的《作为一种生活方式的城市性》一文中，将都市人具有的都市人格，比如人际关系的疏离、交往的短暂性、片面性等归因于城市的规模、密度和异质性。正是由于城市具有的人口规模大、高密度和异质性导致了都市人格。[①] 此文在芝加哥学派和城市社会学中都占有重要地位，也常被看成"空间决定论"的重要文献。不过，沃斯一文的空间并不是指物质空间而是指社会空间，即人口的空间分布。其后，甘斯（Gans, Herbert J.）发表了《作为一种生活方式的城市性和郊区性》，对空间决定论提出了挑战，认为城市生活的特征由城市人口中的人员成分决定，居民生活方式并不总是和居住地类型相一致，居民的生活方式是阶层和生命阶段的结果。[②] 甘斯的挑战具有一定的说服力，但并没有从根本上摆脱城市空间的影响。费舍（Fischer, C.）《朝向亚文化的城市性理论》一文，给出了综合城市空间特征和城市内部人口特征的解释路径，即城市居民的反传统

---

① Wirth, L., "Urbanism as a Way of Life", *American Journal of Sociology*, Vol. 44, No. 1, 1938, pp. 1 – 24.

② Gans, H. J., "Urbanism and Suburbanism as Ways of Life", *Readings in Urban Sociology*, 1968, pp. 95 – 118.

行为和人口规模有关，也与小群体的聚集有关。① 从经典文献的回顾中，可以看出，从空间来解释社会后果是城市社会学的重要研究路径。

近年来，"邻里效应"（neighborhood effect）研究在美国主流社会学的刊物中有很多发表，这是源于美国城市社会问题现实的需要。1987 年，威尔逊出版了《真正的穷人：内城区、底层阶级和公共政策》一书，讲述了贫困人口的聚居使穷人进一步陷入了贫穷，也就是贫困的再生产过程，并提出改善贫困聚居区底层真正弱势群体的生活机遇。② 此书受到了美国时任总统克林顿的高度赞赏，称其是美国种族问题和城市贫困方面最杰出、最重要的学者。其实，早在怀特的《街角社会：一个意大利人贫民区的社会结构》中，已经指出意大利人的贫民聚居区里有良好的社会组织和结构，他们最大的问题不是没有社区，而是他们按照社区方式的行为无法融入美国的主流社会，这是他们贫困的主要原因。③ 2012 年，桑普森（Sampson, Robert J.）出版了《伟大的美国城市：芝加哥和持久的邻里效应》一书，在大量芝加哥城市实证调研资料的基础上，证明了居住社区和邻里仍然具有重要作用。④

城市空间是非均衡的，城市社会是分层的。城市的底层居民在选择居住空间时受限于自身的经济条件，只能选择区位、密度等条件相对较差的地方居住，当这些地方聚集起社会阶层类似的群体，较低的居住条件和低收入群体的结合，使空间与社会的互相影响加大。《真正的穷人：内城区、底层阶级和公共政策》和邻里效应的研究正是针对城市里贫困、犯罪等社会问题的空间集中和再生产而展开的。城市

---

① Fischer, C. S., "Toward a Subcultural Theory of Urbanism", *American Journal of Sociology*, Vol. 80, No. 6, 1975, pp. 1319 – 1341.

② ［美］威廉·朱利叶斯·威尔逊：《真正的穷人：内城区、底层阶级和公共政策》，成伯清、鲍磊、张戌凡译，上海人民出版社 2007 年版。

③ ［美］威廉·富特·怀特：《街角社会：一个意大利人贫民区的社会结构》，黄育馥译，商务印书馆 1994 年版。

④ ［美］罗伯特·J. 桑普森：《伟大的美国城市：芝加哥和持久的邻里效应》，陈广渝、梁玉成译，社会科学文献出版社 2018 年版。

规划安排城市的空间布局，对城市居住空间的区位、规模、密度等都产生影响。而现代城市规划本身就有参与社会改革的基因，通过规划成果来促进社会发展是城市规划师重要的职业抱负。在居住空间的社会后果方面，已经有的研究既有规划师、建筑师完成的，也有社会学家完成的，对于空间与社会后果之间的关联在理论和实证方面都有很多的争论。研究的内容则集中在居住空间的分布、密度、异质性与居民的社区认同、社区参与、社区冲突、生活机会、贫困聚集、邻里效应等方面。

### （一）空间的影响还是社会的影响

"物质空间决定论"（physical determinism）和"社会文化论"（socio-culturalism）一直是城市空间规划中经典的话题。物质空间决定论认为城市的物质空间对人们的行为产生重要影响；社会文化论认为，对人们的行为真正产生影响的并非有形的物质空间，而是背后的社会结构和关系，即使物质空间结构产生影响，也要依赖于社会关系和结构。[①] 在城市居住空间中存在贫困、犯罪、低健康状态的非均衡分布，不同的学科分别从社会关系结构和空间规划布局提出了不同的看法和思路，社会学家倾向于从社会关系结构来分析，强调社会关系的重要性，建筑师、规划师强调了空间的重要性。

1929 年，佩里（Clarence Perry）提出了一个组织家庭生活的社区计划，即邻里单位理论（Neighborhood Unit）。其背景是当时美国城市机动车迅速增加，快速的机动交通严重威胁了老人和小孩的出行安全，为了创造老人、儿童安全出行的居住环境，并解决居住区的卫生、安全、安静和朝向等问题，佩里从规模、边界、开放空间、机构用地、地方商业、内部道路系统六个方面论述了邻里单位的组成原则。一个居住单位的规模应能够满足一个小学的人口规模，其面积根据人口密度确定，其边界应以城市的主干道为界，避免外部的车辆从居住单位的内部穿越，内部要布置小公园和开敞空间供居民日常活动

---

① 孙施文：《城市规划哲学》，中国建筑工业出版社 1997 年版，第 39 页。

需要。邻里单位理论提出后在欧美国家产生了深远的影响，尤其是在后面的规划实践中，因为邻里单位的思路是针对当时的社会问题，采用空间规划的方法来应对，这也奠定了现代城市居住规划的基本理念。邻里单位的风行也带来了批评，质疑其重复使用的意外后果，其社会分裂性质以及强调物质环境作为福祉的唯一决定因素①，艾萨克批评邻里单位集中使用作为种族、民族、宗教和经济群体隔离的工具，私人开发商愿意为此目的利用邻里单位设计物质空间的门禁社区。②

邻里单位之后，在居住空间规划中产生重大影响的就是新都市主义理论，其背景是美国郊区化的蔓延，郊区低人口密度的住房发展，人们居住的地方与工作地点，购物和日常休闲时间的物理分离，使汽车成为实际运输不可或缺的一部分，并促成了汽车依赖文化。新都市主义通过创建包含各种住房和工作类型的步行街区来促进环境友好习惯，并提出了以下原则：社区应在使用和人口方面多样化、应为行人和交通以及汽车设计社区、城市和城镇应由普遍可达的公共空间和社区机构来塑造、城市场所应以建筑和景观设计为框架，以适应当地的历史、气候、生态和建筑实践。新都市主义认识到物质空间解决方案本身并不能解决社会和经济问题，但如果没有一致和支持性的空间框架，经济活力、社区稳定性和环境健康都不会得到维持。新都市主义的实践方式上与邻里单位的设计方式也有所不同，其实践的基础是广泛的公民，由公共和私营部门领导人、社区活动家和多学科专业人士组成，通过基于公民的参与式规划和设计，重建建筑艺术与社区建设之间的关系。新都市主义提出了两种主要的开发模式：传统邻里开发模式（Traditional Neighborhood Development，TND）和交通导向开发模

---

① Allaire, J., (1960) "Neighborhood Boundaries", Information Report No. 141, published online by the American Society of Planning Officials, 1313 East 60th St. Chicago Illinois 60637; resource retrieved 9/04/11.

② Banerjee, T., Baer, W., *Beyond the Neighborhood Unit*: *Residential Environments and Public Policy*, Plenum Press, New York, 1984, pp. 1 – 11.

式（Transit-oriented Development，TOD）。[①] 对新都市主义受到的批评集中在新都市主义混合收入发展解决方案的效力缺乏统计证据[②]，其多样性的论点受到加拿大一个社区的调查结果的挑战[③]，一些批评者认为社区应完全排除汽车，以支持无车发展，对新都市主义宪章中的"应为行人和交通以及汽车设计社区"提出了批评。[④]

新都市主义认识到物质空间在解决社会问题时的局限性，但同时看到了空间在解决城市社会问题的不可或缺性，其基本路径仍然是以空间的布局和规划来实现社会理想，建设紧凑、生态、具有凝聚力的社区。

近年来，健康受到人们广泛的关注，物质空间支撑人们的日常生活，居住区的自然环境在促进居民身体活动方面扮演了重要角色。证据持续表明，可到达且安全的城市绿色空间对于身体活动的层次有积极影响。对于项目鼓励锻炼的评价表明，离家或工作地点近的、吸引人的绿色环境提供了鼓励每日锻炼、散步和骑行的最佳机遇。在自然环境中，人们会锻炼更长时间。对儿童的影响尤其显著。那些易于接近绿色空间（公园、操场、游乐场所）的儿童，比那些距离不那么近的儿童更具有身体活动力。这些对那些特别是贫穷家庭出来的孩子的健康有积极影响。一项欧洲的调研表明，与那些较少绿地率的地块相比，绿地率较高的地方，身体活力的可能性提高三倍，肥胖普遍性降低40%。苏格兰曾经进行过一项有关绿地的综合文献综述。在世界的550个个体（1/3来自英国）中抽出87项研究，表明身体活力（有时候可能会被其他因素优先影响，如从压力中释放）被以下几项影响：（1）居住区与绿地的距离；（2）就途径和入口而言，进入的容易程度；（3）以人口规模为参照，绿地的大小；（4）与居住和商业地块的联系

① The Charter of the New Urbanism（新都市主义宪章）。

② Popkin, S. et al., "A Decade of HOPE VI", *The Urban Institute*, 2004.

③ Grant, J. L., Perrott, K., "Producing Diversity in a New Urbanism Community: Policy and Practice", *Town Planning Review*, Vol. 80, No. 3, 2009, pp. 267 – 289.

④ Melia, S., "Neighbourhoods should be made Permeable for Walking and Cycling-but not for Cars", *Local Transport Today*, 2008.

（线路）；（5）正式和非正式活动愉快的差异；（6）对绿地感知的安全感；（7）维护水平。[①]

从邻里单位、新都市主义与现在的居住与健康，都强调了空间的影响。但在社会学的研究传统里，一直在探寻社会结构和社会因素对人们居住后果的影响。一是从居民的年龄、收入、家庭状况等个人因素出发来分析，二是从社区的凝聚力、社区认同、社区资本等方面来分析。

社会凝聚力代表了一系列积极的社区相关属性，包括：共同价值观和公民文化，社会秩序和社会控制，社会团结和共同归属感。工业化导致人们迁移到城市寻找工作和社会福利。城市的迁移和人口增长改变了人们的生活方式。随着更加流动、个性化的生活方式的出现，创造社会凝聚力的群体，社区的物质和社会环境逐渐受到侵蚀。人们搬到了他们不再能够了解所有居民的地方，因此他们构建了"想象的社区"，人们不能相互认识，也不会相互认识。社交网络遍布全市、国家、国际，并越来越虚拟。因此，社会关系和日常互动的形式受到影响，导致失去了有意义关系的理论[②]社交也变得更加间接，并且与生活在同一条街道、建筑物或社区中的人们建立联系的机会减少，需求也减少。[③]

Forrest 和 Kearns 认为，发展有凝聚力的地方关系"可能不仅仅是个人生活环境的产物，而是社区成员特征与环境之间的契合"。Riger 和 Lavrakas 的研究显示，对当地社区环境的依恋包括两个经验上截然不同但相关的维度：社会联系和行为根源。也就是说，人们的生活环境，特别是他们在生命周期中的阶段（例如，年龄的不同和孩子的存在或缺席）被认为在决定他们对当地社区环境的依恋程度方面起着关键作用。[④]

--------

① Barton, H., "Land Use Planning and Health and Well-being", *Land Use Policy*, Vol. 26, No. S1, 2009.

② Farahani, L. M., Lozanovska, M., "A Framework for Exploring the Sense of Community and Social Life in Residential Environments", *ArchNet-IJAR*, Vol. 8, No. 3, 2014, pp. 223 – 237.

③ Lloyd, K., Fullagar, S., Reid, S., "Where is the 'Social' in Constructions of 'Liveability'? Exploring Community, Social Interaction and Social Cohesion in Changing Urban Environments", *Urban Policy and Research*, 2016, pp. 1 – 15.

④ Ibid. .

研究表明，多年的政策和规划决策导致低收入家庭集中在较贫困的郊区，住房选择有限，生活环境恶劣，社区被忽视。这些条件有可能减少弱势群体、穷人和最弱势群体的生活机会。正如班尼斯特和卡恩斯所指出的那样，对差异的解释部分取决于受社会规模和强度影响的社会互动的质量和城市生活中的空间距离。"社会关系提供了社区在社会环境中如何构建和制定的清晰表现"，因为它们可以在实践中被观察到并且是"空间构成的"①。

　　显然，社会学的研究强调了人和环境之间的关系，强调了社会关系建构在居住空间中的重要性。虽然社区的凝聚力和社会资本被一些研究所强调，但也有研究提出了质疑，质疑其对低收入社区发展的作用。社区社会资本的下降不仅存在于低收入社区，也存在于高收入社区，如果美国富裕的人正在与社会脱节和孤立作斗争，为什么关注低收入地区经济发展的人们强调社会联系和网络作为使低收入者和社区摆脱贫困的一种方式的重要性？简而言之，富人的经历和给美国穷人的生活处方之间似乎存在脱节。这种分裂本身应该引导人们质疑社会资本框架在社区发展中的效用。②

　　上面的综述显示，从空间到社会，从社会到空间，不论是社会学家，还是建筑师、规划师，都强调了空间与社会的关联性，只是在分析时谁是自变量，谁是因变量方面角度有差异，社会学家倾向于将社会作为自变量，建筑师、规划师倾向于将空间作为自变量。实证研究的结果表明，社会结构、社会因素对居住区的社会影响因为空间的差异有所不同。同样的居住区空间布局和结构，因为居住居民的年龄、收入、教育等的差异而产生不同的社会影响。因此，居住空间的社会影响是空间与社会的共同效应。

---

　　① Lloyd, K., Fullagar, S., Reid, S., "Where is the 'Social' in Constructions of 'Liveability'? Exploring Community, Social Interaction and Social Cohesion in Changing Urban Environments", *Urban Policy and Research*, 2016, pp. 1–15.

　　② De Filippis, J., "The Myth of Social Capital in Community Development", *Housing Policy Debate*, Vol. 12, No. 4, 2001, pp. 781–806.

### （二）空间社会影响的程度被高估了吗？

20世纪60年代，当时对现代建筑和城市化由于忽视社会需求和边缘化人类互动的批评达到顶峰。公共生活研究由 Jacobs 和 Gehl 等学者发起，他们被认为是这一知识领域的关键作者。继 Jacobs 和 Gehl 之后，一些学者研究了建筑环境和相关特征如何影响公共场所的社会生活。这些研究主要集中在城市中心和城市元素，如街道和广场，但居住环境对城市社会生活贡献的重要性被忽略了。[①] 建成的环境能够通过两个确定的因素增加互动的机会：首先通过改善步行因素，其次通过鼓励固定活动。开发行人友好的环境，方便行人通行，并鼓励适宜步行被认为是在增加社区的街区感的关键因素。塔伦于1999年批评新都市主义过高估计建筑环境对社区意识的影响。她认为，新都市主义通过物理设计因素鼓励社区意识的说法含混不清，建立的环境特征可以促进互动，但他们不能直接创造社区意识。然而，一些研究表明，新都市主义者在社区建立了更高的社区意识，这个矛盾可以有两个说明。首先，在建筑环境的文献中没有正确地解释社区意识的含义。其次，新都市主义的目标主要是鼓励社区的社会生活，而不是促进邻居之间的社区意识。考虑到隆德的研究，澄清了新都市主义在促进行人友好环境和街景方面的成功。因此，新都市主义在促进社会生活方面的主张是成功的。[②]

虽然"新都市主义理论家声称社会或经济隔离的真正问题确实得到了解决"。但从空间秩序形成新的社会秩序，强调建构环境对社会互动的影响仍然受到质疑。的确，社区依照共同支持的社会网络来定义，许多人基于共同的利益拥有庞大的社会网络，在地理层面上广泛分布，一些网络是虚拟的，并非完全依赖空间，但空间对特定群体仍然重要。尤其是弱势群体的网络通常依托于当地。这些群体包括老

---

① Farahani, L. M., Lozanovska, M., "A Framework for Exploring the Sense of Community and Social Life in Residential Environments", *ArchNet-IJAR*, Vol. 8, No. 3, 2014, pp. 223 – 237.

② Ibid. .

人、衰弱的人或者残疾人、年轻父母（特别是单身父母）和他们的孩子、一些青少年，以及失业和缺乏技能的人群。对他们来说，当地的邻里社会网络非常重要，尤其是社会网络对于精神和情绪健康的作用。正如美国国家邻里委员会所述，社区被定义为"居民认为是什么"。社区在大小、性质、外观上都不同，没有两个社区是相同的，这使对社区的研究成为一项艰巨的任务。Jenks M. 等担心研究项目中使用的邻居定义与居民所识别的定义不一致，经过对文献的广泛比较后完成了实证研究，通过简单的绘图过程和比较分析，并采用客观的描述方法，可以捕捉居民认为是他们邻居的总面积①有研究显示，建筑环境的质量特征对社会活动的影响各不相同。居民对社区质量的认知和维护水平以及社区的特征与社区意识和地方依恋呈正相关，而密度与社会互动和信任感呈负相关。②。

在过去二十多年里，有关门禁社区的讨论也是十分热烈的。在许多快速城市化的国家，门禁社区（gated community）是 20 世纪最后二十年席卷这么多国家的超现实经济和空间转型的一部分。这导致了对公民社会、财政偿付能力、社会排斥和有效服务提供的影响以及全球资本和房地产市场对城市社会和空间结构的影响的广泛讨论。③ 在讨论时，都基于门禁社区是社会隔离加剧的主要因素这样的共同假设。但曼之（Manzi T.）等认为门禁社区提供了俱乐部商品，可以用来理解作为对犯罪、破坏和反社会行为的真实和感知问题的回应。通过让广泛的社区和收入群体参与创建管理工具，门禁社区可以帮助促进某个地区或社区的社会凝聚力，这些管理工具可以通过防止未经请求的方式减少犯罪，保护停放的车辆，增加安全性并改善当地环境条

---

① Jenks, M., Dempsey, N., "Defining the Neighbourhood: Challenges for Empirical Research", *Town Planning Review*, Vol. 78, No. 2, 2007, pp. 153 – 177.

② Veldboer, L., Kleinhans, R., Duyvendak, J. W., "The diversified neighbourhood in western Europe and the United States: How do countries deal with the spatial distribution of economic and cultural differences?" *Journal of International Migration and Integration / Revue de l'integration et de la migration internationale*, Vol. 3, No. 1, 2002, pp. 41 – 64.

③ Webster, C. G., "Glasze and K. Frantz, The Global Spread of Gated Communities", *Environment and Planning B: Planning and Design*, Vol. 29, No. 3, 2002, pp. 315 – 320.

目。将门禁社区作为改善环境的一种方式，而不是放弃城市中较贫困的地区，以便在更加居住隔离的富裕社区找到一个更安全的家。[①] 以上的讨论无论是门禁社区带来的居住隔离，还是门禁带来的社区凝聚力，都显示了空间在社会后果的发生方面有不可忽视的作用。

综上，居住区空间在促进社区互动和健康，尤其是各类弱势群体的社区生活上有不可忽视的社会影响和作用。

# 二　居住生活理想模式的争论

理想的居住生活模式，可以概括为城市的宜居性，与城市环境质量的客观定义形成对比，城市宜居性是一种相对而非绝对的术语，其精确含义取决于评估的地点、时间和目的，以及评估者的价值体系。这种观点认为，质量不是环境中固有的属性，而是环境特征与人格特征相互作用的行为相关功能。不言自明的是，为了正确理解城市环境质量，有必要采用客观和主观的评价。换句话说，我们必须同时考虑在地面上的城市和城市中的心灵。[②]

政治制定者挪用社会、经济、政治和文化交流作为画布，在其上写下他们自己对穷人的需要和规范的看法。这源于一个关于"社区"的可能性和意义的基本和历史盲点，特别是与城市贫民有关的。这是我们认为需要理解和挑战的趋势。[③]

## （一）同质性还是异质性
在居住区中应推崇同质的居民居住在一起，还是异质的居民居住

① Manzi, T., Smith-Bowers, B., "Gated Communities as Club Goods: Segregation or Social Cohesion?", *Housing Studies*, Vol. 20, No. 2, 2005, pp. 345 – 359.

② Lloyd, K., Fullagar, S., Reid, S., "Where is the 'Social' in Constructions of 'Liveability'? Exploring Community, Social Interaction and Social Cohesion in Changing Urban Environments", *Urban Policy and Research*, 2016, pp. 1 – 15.

③ Wallace, A., "New Neighbourhoods, New Citizens? Challenging 'Community' as a Framework for Social and Moral Regeneration under New Labour in the UK", *International Journal of Urban & Regional Research*, Vol. 34, No. 4, 2010, pp. 805 – 819.

在一起，存在长期的争论。证据表明，在某些情况下，我们生活环境的相同性是促进社会互动和社会凝聚力的障碍。例如，新的社区配置相对于周边的现有社区而言，排外性大于包容性。特别是，它们有效地将更广泛的公众排除在"私人管理的公共空间、设施和服务"之外，而不是提供潜在的公共供应促进各方的包容性参与和互动。

支持异质性的认为，（1）一个异质性的地区增加了多样性和人口统计"平衡"，从而丰富了居民的生活。相反，同质性被认为是愚蠢的，并且剥夺了人们重要的社会资源。（2）促进对社会和文化差异的容忍，从而减少政治冲突和鼓励民主实践。同质增加当地居民和其他地区之间的社会隔离。（3）它扩大了对儿童教育的影响，教给他们关于不同类型的人的存在，并通过创建机会让他们学会与这些人相处。同质性被认为限制了儿童对不同阶级、年龄和种族的认识，并使他们在以后的几年中与其他人的联系能力降低。（4）鼓励接触其他生活方式，例如，通过为移动工薪阶层家庭提供学习中产阶级方式的机会。同源性使人们以现在的生活方式冻结。①

异质性的好处还在于可以减少隔阂，Kearns 等人在英国进行的一项研究探讨了在一个日益不平等的社会中，生活在经济地位与我们最相似的人群中是否会削弱社会凝聚力？研究表明，人们生活的邻里环境似乎会影响他们的态度，主要是通过他们与个人特征和价值观的互动。具体而言，高收入者在较贫困的社区生活时，对再分配的支持较高，而利他主义水平较低的人在高密度的社区对再分配的支持较高。这些结果表明，接近可以帮助克服关于不平等的受限知识，并在一定程度上改变态度。正如威尔金森和皮克特所指出的那样，当我们与其他类型的人接触很少时，就很难建立理解和信任，这就会"在社会上造成隔阂"②。异质性是可取的，只要地方税收是同一性服务的主要

---

① Gans, H. J., "The Balanced Community: Homogeneity or Heterogeneity in Residential Areas?", *Journal of the American Institute of Planners*, Vol. 27, No. 3, 1961, pp. 176 – 184.

② Lloyd, K., Fullagar, S., Reid, S., "Where is the 'Social' in Constructions of 'Liveability'? Exploring Community, Social Interaction and Social Cohesion in Changing Urban Environments", *Urban Policy and Research*, 2016, pp. 1 – 15.

支持，它将有助于防止不一致的服务水平的不平等。[①] 许多规划者都提倡将人口异质性作为实现文化、政治和教育目的或价值观的手段。甘斯讨论了每种手段的关系，得出的结论是，人口异质性对实现这些价值的贡献相对较小。[②]

对异质性的批评也广泛存在，有代表性的观点有：（1）如果威尔金森关于社会不平等的负面健康影响的论点适用于地方范围，那么可以预期贫困家庭可能会因心理和身体（压力相关）条件而受到负面影响，因为他们与职位和地位较高家庭互动，享受他们自己无法追求的特权。这类似于有时被称为"相对剥夺"的邻里效应，会导致较贫穷家庭的嫉妒和自卑感。（2）居住在拥有大量贫困社会租房者的社区中，高收入的业主家庭可能会受到负面影响。例如，他们的孩子可能会受到影响，从事反社会行为。对某些人而言，有问题的行为可能会减少，而对其他人则会加剧。（3）如果特别有问题的居民根据混合社区政策从贫困地区迁移到更富裕的社区，那么如果在新地点继续存在问题行为，接收社区可能会遭受普遍损害。[③]

一些研究强调了同质性的优点，同质性可以促进互动。有相似特性的人们互动趋势明显，就如常说的"一丘之貉"到"人以群分"。就像 Briggs 指出的，从 Mitchell、Fernandez 和 Harris 的研究都表明了同质性在种族和文化关系上，和在创造社会支持网络中的重要性。在非常稳定和同质性的地方以及移民聚居地，邻居们更好地了解彼此。另外，跨社会界限的互动则很少发生，往往不能维持。当关系发生时，不同类型个体之间的关系会更快地终止。关于这一原则和住房的收入混合，早在"1951 形态"就指出，"如果规划者们成功地在房地产项目中引入更大的社会异质性或平衡，他们会期待在计划外的社区

---

① Gans, H. J., "The Balanced Community: Homogeneity or Heterogeneity in Residential Areas?", *Journal of the American Institute of Planners*, Vol. 27, No. 3, 1961, pp. 176 – 184.

② Ibid..

③ Kearns, A., Mason, P., "Mixed Tenure Communities and Neighbourhood Quality", *Housing Studies*, Vol. 22, No. 5, 2007, pp. 661 – 691.

建立起很多相同的社会结果。但是这种在社会多样性的人群中鼓励互动和合作经验的希望，或许根本不可能实现，在不同地位的群体间，互动的障碍无处不在"。①

也有研究证明，社区的凝聚力并不完全取决于同质聚集和集中。居民在聚集的过程中，空间的接近可以增加互动，通过志同道合的居民之间的社会互动来增加宜居性，并建立社区意识和改善居民凝聚力，这是假设态度和行为可以通过物理环境的安排来确定。相反，Vinson 发现，在新南威尔士州和澳大利亚维多利亚州最贫困的社区中，社会凝聚力缓解了教育受限，低收入、失业和工作技能差等因素的负面影响。这意味着，社区成员之间的强大社会联系与简单地将人们聚集在精心设计的空间中同样重要，甚至更重要。而不是简单地将人们聚集在精心设计的空间中。

试图证明异质性的优点和同质性的缺点都被夸大了，即不是无条件的好坏。两者的极端情况都是不可取的。② 规划者是否有能力影响社会生活模式；他是否应该使用这种力量；如果是的话，是否存在理想的模式，应该提倡作为规划目标。初步的回答是规划者对社会关系的影响有限。虽然场地规划者可以创造出亲近，但他只能确定哪些房屋是相邻的。因此，他可以影响他所规划房屋的居住者之间的视觉接触和初始社交联系，但他无法确定关系的强度或质量。这取决于所涉人员的特征。该特性的居民可能会受到影响一些小的程度细分法规，很多大小的规定，设施标准，或通过任何其他计划工具，确定外壳待建的均匀性和设施以提供，因此可以影响最终居住者之间的同质性或异质性程度。然而，规划者的影响力远低于私人和公共机构，它们融合、建造和营销房屋。大多数购房者想和他们的邻居有同等程度的公平。③

---

① Graves, E. M., "The Structuring of Urban Life in a Mixed-Income Housing 'Community'", *City & Community*, Vol. 9, No. 1, 2010, pp. 109 – 131.

② Gans, H. J., "The Balanced Community: Homogeneity or Heterogeneity in Residential Areas?", *Journal of the American Institute of Planners*, Vol. 27, No. 3, 1961, pp. 176 – 184.

③ Gans, H. J., "Planning and Social Life: Friendship and Neighbor Relations in Suburban Communities", *Journal of the American Institute of Planners*, Vol. 27, No. 2, 1961, pp. 134 – 140.

学者和政策制定者对混合收入社区的成果有着持续的兴趣，部分在于可以通过分散贫困的方式降低街区的负面效应，并且鼓励高收入和低收入居民的联系。联邦住房政策计划 HOPEVI "希望六号" 也反映了这些愿望。它试图振兴陷入困境的公共住房，往往通过将其再次开发成低保家庭和中等收入市场率的租户的住房。通过收入的混合设计，政策制定者希望使不同收入的人们开始 "每日互动"（新城市主义大会，2002），从而建立社会关系，共同提倡街区改进，遵守主流规范，了解工作机会（国会的新城市主义和美国住房和城乡建设厅发展，2004）。然而，这些环境中的社会关系很少有实证研究。

混合收入的概念可以追溯到至少 "二战" 后的美国。一些战后地方的住房机构追求收入混合。例如，纽约市房管局从 20 世纪 40 年代末开始遵循将工作和非工作贫困人口混合的策略。尽管收入差异微乎其微，但是房地产业管理人员往往强烈支持按照职业身份的不同，把工作和非工作家庭安置在同一住宅群里。另外，包容性区分可以追溯到 20 世纪 70 年代初期。以马里兰州蒙哥马利县为例，在全县区划的要求下，当地的公共住房管理局在私人开发的社区获得了一些公共单位。然而，直到威尔逊的《真正的穷人：内城区、底层阶级和公共政策》1987 年出版和联邦住房政策计划 "希望六号" 于 1992 年被制定之后，混合收入策略才被广泛实施。[①]

### （二）低参与还是高参与

邻里社会互动的普及源于这样一种论点，即社会层面的社会凝聚力可能取决于邻里层面社会互动的形式和质量。在这种社会凝聚力的 "自下而上" 模型中，地方社会网络被视为社会凝聚力的基础。关于社交网络，与家庭或亲属关系相比，Granovetter 断言弱关系（即间接社会关系）具有不同的好处。Henning 和 Lieberg（1996）的后续研究发现，邻居是弱关系的主要来源，与低收入群体尤其相关。他们的研

---

① Graves, E. M., "The Structuring of Urban Life in a Mixed-Income Housing 'Community'", *City & Community*, Vol. 9, No. 1, 2010, pp. 109 – 131.

究发现，在邻里中与邻居互动的频率是与家人和亲属的强关系的三倍。这种弱关系的积极属性包括培养归属感和安全感，并在不同强大的领导群体之间建立桥梁。此外，由于相互支持的必要性和相对受限的社会流动性，低收入和边缘化群体往往有更多的地方社会关系。①

建筑环境可以通过增加社会互动来促进社区，这是新都市主义概念的核心。定义新都市主义的两个主流观点是"通过增加社会互动来发展紧凑的城市形态作为遏制城市扩张和增强社区的手段"。新都市主义者认为，城市扩张和缺乏社区的问题可以通过特定的城市设计原则来解决，例如紧凑型城市。② 新都市主义者还认为，建筑环境可以创造一种"社区意识"，我们如何"建立"社区（例如，设计和安置公共空间）将克服美国当前的公民精神的缺乏，建立社会资本和恢复社区精神。然而，虽然大多数研究人员都认为物理空间在社区意识的形成（或解散）中起着一定的作用，但其他人则认为物理空间在社区创造中的作用被大大高估，这个目标通常只能通过面对面的人际互动来实现。值得注意的是，社交互动的机会是创造更宜居城市的关键因素。这些机会不仅被认为对个人有心理和身体上的好处，而且还为人们创造归属感，从而可能培养一种心理上的社区意识。③

城市规划者和设计者试图通过建立一系列环境（例如，当地社区中心）和增强社区的步行性来促进增加的社会互动。然而，Ziller 指出"毫无疑问，在规划和设计政策话语中隐含着未经证实的飞跃：面对面的接触—最好的相识—社区参与"。这假设建筑环境的客观变化将导致社会环境的主观变化（即人们的态度和行为）。正如 Walters 和 Rosenblatt 的研究所表明的那样，这不仅是不现实的，而且是一种提高社会结果的高度机械化方法。例如，Du Toit 等探讨了社区中的步

---

① Wang, Z., Zhang, F., Wu, F., "Intergroup Neighbouring in Urban China: Implications for the Social Integration of Migrants", *Urban Studies*, Vol. 53, No. 4, 2016, pp. 651–668.

② Lloyd, K., Fullagar, S., Reid, S., "Where is the 'Social' in Constructions of 'Liveability'? Exploring Community, Social Interaction and Social Cohesion in Changing Urban Environments", *Urban Policy and Research*, 2016, pp. 1–15.

③ Ibid..

行能力对一系列健康和社会结果的影响（例如，社会互动、社区意识和非正式社会控制以及社会凝聚力），并且发现步行性和社区意识之间只有弱关联，在可步行性与当地社交互动，非正式社会控制或社会凝聚力之间没有关联。他们的结论是"城市形态蓝图"似乎没有产生自动预期的社会影响。因此，社区的社会性水平可能取决于基础设施和城市形式影响之外的问题。①

人们与当地居民建立更紧密联系的倾向是有限的。Kennedy 和 Buys 报告说，受访者尽管选择居住在市中心的高密度建筑中，但很乐意与邻居保持表面层面的互动，不喜欢与他人共用任何公共空间或设施。当他们在当地购物时，不太可能遇到朋友或熟人。在这些情况下，生活在附近并且不得不共享设施可能至少对某些人来说，提高了他们对隐私和与他人的距离的渴望。威廉姆斯指出，可能确实存在"社会互动有害的门槛"。非空间因素在建立社会关系中更为重要的观点早已被广泛接受。大多数将居民互动和社区意识联系起来的社区研究更多的是同质性而非城市形式和地区的因素。这表明差异或差异感可能是社区中低水平社会互动的关键因素。② 从这里可以看出，异质性虽然可以防止居住隔阂，但也可能阻碍互动交流。居住同质性可能在更大范围形成隔阂，但在小范围可能促进社会互动。

在英国，社区和地方政府部（DCLG）报告说，社交互动只有在有意义的情况下才能有效改善社区关系。在这个意义上，有意义的社会互动必须（1）积极，（2）超越表面层面并持续（例如，谈话超越表面友好，人们交换个人信息或谈论彼此的差异，他们持续和长期），（3）采取多种形式（例如，打个招呼、分享共同背景和网络）。这种互动对于来自不同社会和文化背景的人来说尤其重要，并且已被证明可以打破陈规定型观念并减少偏见。因此，对差异的更大容忍可能建立在刺激与他人的接触上，即"有意义的"有目的的社会互动和集体

---

① Lloyd, K., Fullagar, S., Reid, S., "Where is the 'Social' in Constructions of 'Liveability'? Exploring Community, Social Interaction and Social Cohesion in Changing Urban Environments", *Urban Policy and Research*, 2016, pp. 1 – 15

② Ibid.

活动。根据 Bannister 和 Kearns 的观点，对于一个面临更大个性化、私有化、不平等和多样性的社会来说，这似乎是一个关键目标。更多异质社区，有意义的互动可以促进更加整合，有弹性和可持续的社区，这可以对社会凝聚力产生积极影响。[①]

综上，社区居民互动参与有程度、频率和范围等的差异，社区互动对低收入等弱势群体有积极意义，形成的弱关系有更强大的力量，在同质社区中形成高参与的可能性更大，有意义的深度互动可以促进社区整合和凝聚力，社会互动有害门槛可能确实存在。

### （三）居民迁移和居住更新

#### 1. 居民迁移

美国的居住隔离由来已久，居住贫困的集中会产生严重的社会问题，威尔逊的《真正的穷人：内城区、底层阶级和公共政策》阐释了居住贫困的再生产。混合收入住房被认为是解决贫困，提供生活机会的重要途径。其秉承的一个基本前提是亲近促进社会互动。一些研究表明社会关系（如友谊）会从物理空间上的接近而发展，通常被称为邻近效应。临近会影响到有效支持和网络的形成。Kleit 认为，收入群体之间的物理上的混合有助于建立不同收入群体人与人之间的睦邻友好关系。其他研究表明，合适的空间，例如一个公共区域或社区中心，能促进互动。Fischer 认为，住宅社区在形成和维持人际关系上既提供了机会也提供了约束。从理论上讲，混合收入社区，如果设计适当，可以塑造居民个体之间的关系。[②]

为实现公平住房，美国实行了"搬迁到机遇公平的住房示范项目"（Moving to Opportunity for Fair Housing Demonstration Program，MTO，下文均用 MTO 代替）。美国住房和城市发展部（Department of

---

① Lloyd, K., Fullagar, S., Reid, S., "Where is the 'Social' in Constructions of 'Liveability'? Exploring Community, Social Interaction and Social Cohesion in Changing Urban Environments", *Urban Policy and Research*, 2016, pp. 1–15.

② Kearns, A., Mason, P., "Mixed Tenure Communities and Neighbourhood Quality", *Housing Studies*, Vol. 22, No. 5, 2007, pp. 661–691.

Housing and Urban Development，HUD）1994—1998 年在 4600 多个低收入家庭中实行了赞助的随机社会实验，这些家庭的孩子生活在高贫困的公共住房项目中。自愿参加该计划的家庭被随机分配到三个小组。一组获得住房券，第一年只能用于低贫困地区，以及帮助他们在那里找到单位的咨询。一年后，他们可以在任何地方使用他们的优惠券。一组收到了可以在任何地方使用但没有咨询的优惠券。第三个（对照）小组没有收到代金券，但仍然有资格获得他们本来有权获得的任何其他政府的援助。绝大多数参与的家庭以非洲裔美国人或西班牙裔单身母亲为主。该项目由巴尔的摩、波士顿、芝加哥、洛杉矶和纽约市的公共住房管理部门实施。其目标是研究那些有孩子的搬迁家庭从极低收入的社区搬到私人市场的低贫困水平的租赁住房（提供补贴）后所受到的长期影响。

　　MTO 研究的假设是那些处在低贫困环境的家庭在他们的就业、收入、教育、健康和社会幸福感会有所提升。尽管 MTO 从更大层面来说也是个社会介入项目，但它的核心还是一个住房干预项目，它提供给那些住在国家最差的公共住宅区域的家庭以机会，让他们接受租金券并进入私人市场。大多数城市都有一张非常长的清单，上面写着那些等待住房援助的人，尤其是等待租金券的人，因为它求大于供，而这又使那些已经居住在公共住房的人很难转去使用券。MTO就像彩票一样，为那些带头的居民提供了一个极为稀有的机会。①

　　在1994年，MTO 项目刚刚开始时，公共住房项目已经成为国家社会福利项目的失败的象征。城市里到处都是糟糕的高层塔楼和不断蔓延的简陋的房子，这使人们很容易联想到城市中心社区出现的犯罪、贫穷以及其他社会病态现象。当时许多公共住房财产建造得很糟糕，管理得很差劲，资金管理也不恰当，这导致房屋大面积被返修，而且使里面的住户不得不承担受伤和生病的风险。此外，发展的地方往往是靠近其他补贴住房的城市更新区域，这导致那些区域的种族高

---

　　① Comey, J., Popkin, S. J., Franks, K., "MTO：A Successful Housing Intervention", *Cityscape*, Vol. 14, No. 2, 2012, pp. 87 – 107.

度集中，经济发生隔离，最终成为收入非常低的住宅区。①

  研究人员发现，代金券受助人居住在犯罪率较低的社区，并且通常拥有比对照组家庭更好的单位，但实验对教育程度没有影响。对就业的影响因人而异。与对照组相比，前两年的代金券接收人数较少。这种下降可能是社交网络中断的结果，导致寻找工作的难度增加，并安排非正规和负担得起的儿童保育，最初的负面影响随着时间的推移而减弱，但长期就业率和收益没有统计上的显著的增长。但是，在健康和幸福方面有意想不到的结果。移居低贫困地区的家庭的父母肥胖和抑郁率较低，并且还注意到年轻女性（但不是年轻男性）的行为和前景的积极影响。②

  MTO 的调查结果强调了城市贫困人口面临的问题的复杂性以及住房流动计划在扩大低贫困社区的可及性方面可发挥的积极作用。尽管MTO 最终没有改善报告中提出的所有指标的结果，但确实产生了效果，居民感觉更安全，社区满意度更高，并且认为住房条件更好。与对照组相比，观察到生活在这些社区中的益处对于女性健康的积极效果。然而，搬到贫困较低的社区并没有为成年人和成年子女带来更积极的就业结果，也没有改善青年的教育成果。这些研究结果表明，就业障碍（至少对这一人群而言）可能更多地基于技能发展和教育，而不是靠近就业机会，而且转向贫困率较低的社区并不一定等同于增加获得更高质量学校的机会或改善教育成就。③

  MTO 项目坚持的理念是居住会影响居民的生活机会，影响居民的阶层流动，这已经被许多研究所证实，也正是在这样的信念和理论的支持下，MTO 企图通过改善居民的居住状态从而改善居民的居住生活。虽然，一些期望的改善结果并没有得到有效的支撑，但通过改善

---

  ① Dempsey, N., "Does Quality of the Built Environment Affect Social Cohesion?", *Proceedings of the ICE-Urban Design and Planning*, Vol. 161, No. 1, 2008, pp. 105 – 114.

  ② Us Department of Housing and Urban Development, "Moving to Opportunity for Fair Housing Demonstration Program: Final Impacts Evaluation Summary", Us Department of Housing & Urban Development Pd&R, 2011.

  ③ Ibid..

居住状态从而改善居民生活机会的探索仍具有吸引力。改善居民的居住状态可以通过居民的迁移，也可在原居住地进行更新。

2. 居住更新

在 20 世纪的大部分时间里，最关心美国城市健康和形式的人包括城市规划者、政府官员和市中心商人，认为破败和恶化的社区是最棘手的问题之一。他们选择的解决方案是"城市更新"，这个术语今天通常被理解为政府获取，拆除和更换被视为贫民窟的建筑物的计划。事实上，"城市更新"这个词的原始含义是完全不同的。1949年，具有里程碑意义的"住房法案"将"贫民窟清除政策"以及旨在取代被拆毁房屋的公共住房授权制定为"城市重建"。五年后，1954 年"住房法"制定了"城市更新"，这是为了取代早期的法律，全面解决破坏和贫民区的问题。与城市重建相比，城市更新强调的不是拆除，而是强制执行建筑规范和修复不合标准的建筑物。它强调私人建造的低收入和流离失所家庭住房，而不是公共住房。①

国外城市居住更新的历史大致经历了三个阶段的迭代，第一阶段是推土机的时代，依据空间决定论强调建筑环境，为了"更好地利用"中心城市土地，采取了把穷人赶出视线，清除贫民窟的方法。执行人员因无视强迫搬迁的沉重心理成本和破坏健康社区的社会成本而受到批评。在那些建造新住宅区的情况下，规划者和设计师被指责建造不适合家庭生活的非人类多层街区，当然也不适合贫困家庭。20世纪 30 年代，英国有超过 150 万人获得安置。在美国城市更新计划的支持下拆除的公寓数量远远超过建造的单位数量。贫民窟地区经常被购物中心、建筑物、文化和娱乐中心所取代。第一代推土机方法后来受到了严厉的批评。②

在 20 世纪 60 年代的美国和其他国家开发并实施了一种帮助陷入

---

① Hoffman, V., Alexander, "The Lost History of Urban Renewal", *Journal of Urbanism: International Research on Placemaking and Urban Sustainability*, Vol. 1, No. 3, 2008, pp. 281 – 301.

② Carmon, N., "Three Generations of Urban Renewal Policies-analysis and Policy Implications", *Geoforum*, Vol. 30, No. 2, 1999, pp. 145 – 158.

困境的社区的新方法，旨在改善现有的住房和环境而不是拆除它们，同时，通过增加社会服务和提高其质量来处理人口的社会问题。居住更新迎来了社区康复、强调社会问题综合解决方法的第二阶段。许多新项目试图让当地居民参与决策过程，并将"最大可行参与"作为这一时期的主要口号。七年的时间里，在新成立的美国住房和城市发展部（HUD）的管理下，23亿美元用于目标邻居。这笔款项中的大部分用于教育、健康、专业培训、公共安全等方面的社会项目，其中只有一小部分用于住房修复和基础设施。尽管政策充满善意并投入了大笔资金，但该计划通常被视为失败的。在英国，类似的社会经济力量在20世纪60年代和70年代是活跃的，在城市更新领域产生了类似但不完全相同的反应。在物理空间领域，提出了"老房子变成新房"的口号，突出的趋势是从现有建筑物和环境的清理到翻新的快速过渡。①

在20世纪70年代和80年代，发达国家的大城市都记录了有趣的自发振兴过程。市中心的土地和住房价格非常低，开始吸引小型和大型私营企业，中产阶级的进入经常推动现有的下层阶级人口流出。尽管存在这种争议，地方当局倾向于鼓励中产阶级成员的"回城"运动。投资于内城区产生了有利可图的再开发的可能性。虽然社区恶化的非常明显的社会特征会阻碍重建，但隐藏的经济特征可能是有利的。中心城区空间的高档化不是取决于新居民的来源，而是取决于从郊区返回该地区的生产资金。② 这就是更新的第三阶段的方法，在城市中心以中产阶层的回流的自发的振兴。

城市居住更新基于两个关键目标：一是通过修改城市形态来改变这些社区，二是通过改变居民的社会和城市环境来影响居民的行为。第一个目标是通过城市措施消除这些社区的负面形象，这些措施旨在使耻辱及其影响消失。一个地方的污名化对当地居民的日常生活和当

---

① Carmon, N., "Three Generations of Urban Renewal Policies-analysis and Policy Implications", *Geoforum*, Vol. 30, No. 2, 1999, pp. 145–158.

② Smith, N., "Toward a Theory of Gentrification A Back to the City Movement by Capital, not People", *Journal of the American Planning Association*, Vol. 45, No. 4, 1979, pp. 538–548.

地居民机制产生重大影响：解决歧视会影响居民找工作或替代住宿的机会，而某些住宅的负面形象会严重影响居民的居住选择，阻止他们进入这些地区。为了对抗这种耻辱，实施了不同的城市措施，使这些地方看起来像任何其他地方。由于这些地区的负面形象通常与社会住房计划的典型特征相关，因此城市更新试图消除这些特征。现代主义建筑的突破以及将这些区域融入城市景观的其他部分是通过多种方式实现的，例如用较小的公寓楼或房屋取代高层建筑；公共空间的重组与传统的街道、广场和具有专用功能的空间（而不是带有未定义的空间的住宅区），并确保城市连续性，以便将这些社区与城市中心区域联系起来。① 有文献研究表明，权属多样化是提高地区声誉和减少污名化的策略。在威尔逊的经典研究"真正的穷人"中，提供了证据证明由于缺乏成功的中产阶级和工作家庭提供的榜样，隔离的城市社区受到社会排斥。②

城市更新的第二个主要目标是通过改变居民的社会和城市环境来影响居民的行为。一是运用指导个人身体行为的空间和关系手段，试图影响或控制个人行为。城市更新与情景犯罪预防有关。通过运用街道替换死胡同以便于警方干预，安装闭路电视实施安全监控。在住宅政策方面涉及重组公共空间，以澄清私人和公共空间之间的界限，并定义不同空间的用途。虽然它旨在改善当地的空间管理，但它通过定义空间的使用（人行道、停车场、儿童游乐场等）来努力使人们的行为正常化。在这里，城市政策没有解决社会经济困难（以前被认为是犯罪的根源），而是寻求控制行为和消除反社会行为（被认为是问题本身）。二是通过采用"传统的"城市和建筑形式来修改邻里的形象，旨在使这些地方对中产阶级家庭具有吸引力。这种人口变化还依赖于这些地区内不同地位的住房单位之间的平衡转变：拆迁和重建必

---

① Gilbert, P., "Social Stakes of Urban Renewal: Recent French Housing Policy", *Building Research & Information*, Vol. 37, No. 5 – 6, 2009, pp. 638 – 648.

② Kleinhans, R., "Social Implications of Housing Diversification in Urban Renewal: A Review of Recent Literature", *Journal of Housing and the Built Environment*, Vol. 19, No. 4, 2004, pp. 367 – 390.

然导致社会住房比例下降，财产所有权和私人租赁增加。最后，实现社会组合的愿望采取更具体的形式，安装中央设施（文化、体育或经济），旨在吸引白天非居民的流动。[①]

有研究评估了城市更新计划对澳大利亚悉尼西南部社会弱势群体居民健康和福祉的影响。由经过培训的访调员与住户一起进行城市更新前后的调查。在城市更新计划之后，没有发现附近的美学、安全性和步行性观念的统计学的显著变化。然而，在城市更新后，更多的住户报告说他们附近有吸引人的建筑和住宅，认为他们属于社区，他们的地区是一个安全的地方，社区的声誉提高降低了他们的心理困扰。[②]

吉尔伯特（Gilbert，P.）研究了法国的城市更新后，认为城市更新的社会风险在于其政治意图和社会影响，虽然目前很难评估这项政策的效果，但仍可以确定三个社会风险，首先，当代城市更新往往会削弱经济适用房的存量，而房屋条件却没有明显改善。其次，这项政策削弱了居民的社会资本，这种资源在当地强烈地依赖于工人阶级的环境。最后，社会组合倾向于以不可预测的方式改变当地的共存形式，并不保证当地人和新移民之间预期的积极合作。[③]

居民迁移和城市居住更新都是应对城市居住问题的重要手段，从已有的研究来看，对于贫困人口集中的居住区，空间问题和社会人口问题的叠加，使社区的贫困再生产机制形成。居民的迁移和居住更新可以在一定程度上改善居住区空间品质，改善邻里关系，提升居民的生活水平，但是其社会后果的有效性、风险性仍然需要在具体实践中针对不同情况进行深入研究。

---

① Gilbert, P., "Social Stakes of Urban Renewal: Recent French Housing Policy", *Building Research & Information*, Vol. 37, No. 5 – 6, 2009, pp. 638 – 648.

② Jalaludin, B., Maxwell, M., Saddik, B., et al., "A Pre-and-post Study of an Urban Renewal Program in a Socially Disadvantaged Neighbourhood in Sydney, Australia", *Bmc Public Health*, Vol. 12, No. 1, 2012, pp. 521 – 521.

③ Gilbert, P., "Social Stakes of Urban Renewal: Recent French Housing Policy", *Building Research & Information*, Vol. 37, No. 5 – 6, 2009, pp. 638 – 648.

**（四）本节小结**

理想的居住生活模式不仅在于空间结构，还在于社会结构，本节从同质性和异质性，高参与和低参与，居民迁移和居住更新等三个方面综述了西方在居住的社会结构和关系上面的讨论。讨论的问题集中在，居住区的社会人口结构是否对居民产生社会影响，影响是否显著，不同的人口空间结构会产生哪些不同的社会结果。采用什么样的方式干预居住的人口结构，会产生积极的社会后果，并且是有效的。文献的争论从对不同群体、不同方面的影响展开，同样的居住社会结构在不同群体间的影响和后果是不同的。在如何干预方面，不仅在对具体措施的社会后果的认知上存在差异，而且在采用什么样的措施上也存在分歧。

# 三　居住空间理想模式的争论

在有关居住空间的理想模式中，对于居住空间应是封闭的还是开放的，高密度的还是低密度的，空间是否和怎样影响社区认同等方面还存在着不少的争论，以下分别从这三个方面来综述相关的文献。

**（一）封闭还是开放**

封闭式社区，有围墙和带门控的住宅区，代表了一种公共空间私有化的城市化形式。它们代表了新住房市场的重要组成部分，特别是在最近的城市化地区。① 随着郊区越来越城市化，研究人员和公民越来越关注社区意识的下降和对犯罪的恐惧。为了扭转这种趋势，规划者和开发者使用设计策略创建社区，为居民提供更紧密，更安全的居住环境。开发人员使用的最常见策略之一是创建封闭式社区：通过某些物理屏障（例如围栏、墙壁、安全警卫室或电子门）限制访问的住宅区。布莱克利和斯奈德估计美国封闭社区至少有 300 万户家庭，

---

① Low, S. M., "The Edge and the Center: Gated Communities and the Discourse of Urban Fear", *American Anthropologist*, Vol. 3, No. 1, 2010, pp. 45–58.

这个数字正在快速增长。加利福尼亚州、佛罗里达州、得克萨斯州、亚利桑那州和纽约建造的封闭社区数量上领先全国。这些努力在创造社区意识和减少对犯罪的恐惧方面取得的成功目前尚不得而知。①

一些学者认为，由于人们对增加的地域性和共性的反应，封闭社区应该增加大门内的社区意识。根据这个论点，当存在明显的边界并且控制访问时，社区意识更有可能发展。布莱克利和斯奈德的开创性著作《美国的封闭社区》（*Fortress America*），介绍了美国各地的封闭社区。他们的研究表明，社区意识并不是封闭社区中的主要社会价值，并且封闭社区居民感觉到的社区意识是短暂的，基于共同的利益和收入水平，而不是与他们的实际联系。布莱克利和斯奈德发现，在将他们的社区与其他社区进行比较时，多个封闭的社区居民认为他们的社区意识与其他地方的居民差不多。②

布莱克利和斯奈德指出，"对于封闭社区的居民来说，美国城市的现状证明了他们选择一个邻居来保障它所提供的安全，对于封闭社区的反对者来说，封闭邻里和创造围墙的飞地进一步破坏了美国脆弱的社会和经济结构"③。在整个美国，中产阶级和中上阶层的封闭社区正在创造居住隔离和新的排斥形式，加剧了已经存在的社会分裂。封闭社区成为大都市分裂的象征。虽然历史上安全和封闭的社区是在美国建造的，但是有小孩的家庭迁移到郊区的发展模式有在更广阔的市场发展的趋势。地方政府将封闭社区视为有价值的收入来源，因为郊区化成本由私人开发商和最终购房者支付，以及这种形式的公私合作在提供城市基础设施方面最终增加了地方隔离。这种由墙壁、大门和门卫组成的安全隔离空间在物质上和象征上与美国的精神和价值观相矛盾，妨碍公众进入开放空间，并为社会互动、社会网络的建立创造了另一个障碍。④ 洛杉

---

① Wilson-Doenges, G., "An Exploration of Sense of Community and Fear of Crime in Gated Communities", *Environment & Behavior*, Vol. 32, No. 5, 2000, pp. 597–611.

② Ibid. .

③ Ibid. .

④ Low, S. M., "The Edge and the Center: Gated Communities and the Discourse of Urban Fear", *American Anthropologist*, Vol. 103, No. 1, 2010, pp. 45–58.

矶地区的一项实证研究使用因子分析（相异指数）评估这种对社会经济和种族模式的影响，结果显示封闭社区的蔓延增加了隔离。① 英国的实证研究也表明，封闭社区进一步扩展了城市中的当代隔离倾向，并且需要采取政策应对措施来限制社会退缩。②

　　封闭式社区的另一个卖点是墙壁和大门后面的安全感增强。Blakely 和 Snyder 调查显示，接近70%的居民报告说他们决定迁移到封闭式社区时，安全性非常重要。安全是一个双管齐下的概念：实际存在的犯罪率，以及居民对安全的看法，通常被称为对犯罪的恐惧。虽然实际犯罪率一直在下降，但居民对犯罪的恐惧正在增加。人们注意到对犯罪的恐惧比实际犯罪更为普遍，而且这两个因素几乎没有相关性。对犯罪的恐惧与实际犯罪一样具有真正的后果。恐惧会对长期生活质量产生负面影响，研究报告说，在有物理障碍的社区中，居民安全感增强。建立这些障碍是为了让人们感到更安全，而且无论实际犯罪率如何，他们通常都会这样做。Wilson 通过对两个具有相似属性的封闭社区和非封闭社区的比较研究，结果显示，高收入封闭式社区居民的社区意识明显较低，个人安全感知和社区安全显著较高，封闭社区不会增加社区意识，实际上可能会减少社区意识，并且给予错误的安全感或根本没有安全感。与非封闭式社区居民相比，实际犯罪率无显著差异。在低收入社区，封闭式社区和非封闭式社区在任何一项指标上都没有显著差异。调查结果支持封闭社区的唯一好处是物理空间的封闭和分离使高收入居民感到更安全。对于如此小的回报来说，封闭的门禁社区似乎是一个很高的代价。③

　　虽然对于封闭社区质疑和批评的声音很多，但在实践上封闭社区又在不断地出现，一方面它让高收入群体获得了安全感，另一方面封

---

① Goix, L., "Renaud, Gated Communities: Sprawl and Social Segregation in Southern California", *Housing Studies*, Vol. 20, No. 2, 2005, pp. 323 – 343.

② Atkinson, R., Flint, J., "Fortress UK? Gated Communities, the Spatial Revolt of the Elites and Time-space Trajectories of Segregation", *Housing Studies*, Vol. 19, No. 6, 2004, pp. 875 – 892.

③ Wilson-Doenges, G., "An Exploration of Sense of Community and Fear of Crime in Gated Communities", *Environment & Behavior*, Vol. 32, No. 5, 2000, pp. 597 – 611.

闭社区的建设迎合了开发商和政府开发的方式，这是其能够不断出现的重要原因。

### （二）高密度还是低密度

提高居住的密度对于防止城市蔓延，提高基础设施利用率，降低汽车使用，保护生态等方面都会产生影响。城市形态与可持续性之间的关系是"国际环境议程中最激烈争论的问题之一"。密度是城市形态的一个方面，关于其社会影响的文献受到最多关注，如"紧凑型城市"与"蔓延"辩论和相关的"新都市主义"文献。城市发展的密度有可能影响社会可持续性的所有方面。例如，较高的密度可能使服务和设施的使用更容易和更经济可行，在更密集的城市形式中，获得服务的机会通常更好，尽管这可能因服务的不同而异。较高的密度也可能意味着人们更可能在街道上相遇而不是在较低密度的区域。Glynn 和 Nasar and Julian 都发现高密度社区的"社区意识"更高，促进了面对面的互动，集体参与则更为中立。[1]

然而，有一些替代论点认为，在较高密度的社会中，人们可能会退出社会联系并经历压力，高密度住房带来的社会后果一直是许多社会心理学家和环境设计者关注的问题。高密度的生活环境往往对社区内的社会关系有害。研究人员发现了住宅拥挤的负面影响部分是由于个人社会支持系统的崩溃。有调查结果指出台北的高层住宅居民没有兴趣与邻居保持密切关系。此外，居民甚至认为没有必要进行社交接触。[2] 在更密集的城市形式中，期望获得更好的服务，而在较密集的地区的邻近环境，社区和社会互动的质量可能不太好。紧凑形式加剧了邻里问题和不满，同时改善了服务的可及性。这些看似矛盾的观点可能暗示了高密度社区在邻里关系和服务设施

---

[1] Bramley, G., "Power, Sinéad. Urban form and Social Sustainability: the Role of Density and Housing Type", *Environment and Planning B: Planning and Design*, Vol. 36, No. 1, 2009, pp. 30 – 48.

[2] Huang, S. C. L., "A Study of Outdoor Interactional Spaces in High-rise Housing", *Landscape and Urban Planning*, Vol. 78, No. 3, 2006, pp. 1 – 204.

满意方面的复杂性。①

　　英国的规划有利于更紧凑、高密度和多用途的城市形态。在可持续性利益方面为这种紧凑形式提出的许多主张都是有争议的，很少有人经过严格的研究。更简单的分析表明，城市形态与一系列结果之间存在着密切的关系，尽管在公平和社区方面存在相反的方向。更密集（紧凑）的城市形态以及与之相关的住房类型，对家庭和邻里关系、社会互动、安全、环境质量和潜在流动性指标的不满方面，往往会带来更糟糕的结果。②

　　相比之下，较低的密度降低了自发相互作用的可能性，并导致了对汽车高频率的使用。在较低密度的郊区，人们似乎对他们的社区更满意，但这可能主要是因为他们的邻居并不贫穷。采取简单的双变量关系，区域不满意和社区问题与密度正相关，而服务的获取则是反向相关的。这种结果相对于城市形态的模式，在控制了许多其他社会人口学因素的模型中得到了证实，紧凑形式加剧了邻里问题和不满，同时改善了服务的可及性。③

　　在高密度是否产生影响，怎么产生影响方面，除了空间的因素，与使用空间的人也密切相关。研究经常将居住拥挤与贫困人口部分联系起来，贫困人口通常居住在"贫困"社区，并对拥挤的家庭造成有害后果。然而，根据官方的住房标准，在一些"中产阶级化"的市中心地区，拥挤也很常见。HELEN EKSTAM 从两个方面对这些发现提出了质疑：首先，通过讨论如何用传统指标（如住宅标准）的理论含义来换取对邻里认同的看法；其次，通过比较"贫困"和"中产阶级化"社区居民的社会经济状况。研究结果表明，由于经济和其他资源不足而造成的"不良拥挤"与"中产阶级化"拥挤在空间上是分离的，后者居住在有吸引力地区的愿望可能超过居住空间。

---

　　①　Bramley, G., Power, Sinéad. "Urban form and Social Sustainability: the Role of Density and Housing Type", *Environment and Planning B: Planning and Design*, Vol. 36, No. 1, 2009, pp. 30 – 48.

　　②　Ibid..

　　③　Ibid..

这些发现要求进一步研究人们拥挤的体验与居住环境的其他品质之间的关系，特别是与住宅区的关系。[①]

高密度居住对社会可持续性、社会公平和维持社区的两个主要方面的影响是相反的。政策必须考虑社会目标之间的权衡。与此同时，它可能需要解决社会目标与环境和经济目标之间的更广泛的权衡。[②]社会可持续性的衡量标准，对于不同的群体来说，这种平衡将是不同的。[③]研究表明，贫困人口和社会租赁住房集中的社区往往比城市形式本身与不良社会后果的联系更大。换句话说，谁住在城市形态的哪个地方，用什么资源，可能是影响城市社区发挥作用的更关键因素。[④]

综上，居住区的空间密度在邻里关系、社区支撑、社会可持续等方面都产生影响。过低或过高的居住密度都可能对邻里关系产生不利影响，高密度促进了社区设施的有效供给，但在邻里关系、社会互动、安全、环境质量等方面都可能带来更多的不满。居住空间密度的影响与空间中的人群的社会特征相关。

### （三）居住空间和社区认同

建筑环境中的物理特征是否能够激发社区意识，这在学者之间产生争论。Gans 对波士顿西区的研究发现，建筑物的结构特征，窗户和门的位置是居民互动的一个因素，Festinger 等人的一项研究（1950），从已婚学生住房中的友谊模式发现，友谊是由房屋的物理安排和它们之间的通道决定的。迈克尔逊的广泛研究表明，建筑设计在促进或抑制社会互动方面具有重要意义。他发现，根据门的位置，居民的空间接近度决定了互动模式。弗莱明等人发现共同领域和其他

---

① Ekstam, H., "Residential Crowding in a 'Distressed' and a 'Gentrified' Neighbourhood-Towards an Understanding of Crowding in 'Gentrified' Neighbourhoods", *Housing Theory & Society*, Vol. 32, No. 4, 2015, pp. 429 – 449.

② Bramley, G., Power, Sinéad. "Urban form and Social Sustainability: the Role of Density and Housing Type", *Environment and Planning B: Planning and Design*, Vol. 36, No. 1, 2009, pp. 30 – 48.

③ Ibid. .

④ Ibid. .

共同特征对社会接触产生了强烈影响，而 Yancey 记录了公共住房设计（即 Pruitt-lgoe）对社会关系形成的影响。Amick 和 Kviz 的一项研究发现，公共住房的社会互动得到了极大的改善，这些公共住房由低层建筑物组成，场地覆盖率高（而不是高层建筑物，场地覆盖率低）。

新都市主义者试图通过两种途径建立一种广泛的社区意识：将私人住宅空间与周围的公共空间融为一体、公共空间的精心设计和布局。通过空间的组织力量培养居民互动和社区意识。因此必须假设居民对空间距离过远的关系投入了很高的空间成本，即跨越空间所产生的时间和能源成本具有高度的距离衰减。在产生社会联系和社区意识方面依赖环境因素表明，新都市主义学说与社会学的"芝加哥学派"有很多共同之处。在这一传统中，社会接触由环境特征和生态解释维持，包括住房类型、密度和土地利用组合。住宅户外空间是居住空间和家庭的一部分（Dillman and Dillman，1987）。事实上，最有价值的城市开放空间不是那些重要的或大的、远离家乡的，而是熟悉和接近的。大多数人使用离家很近的开放空间。社区的开放空间在建立居民的邻居感方面发挥着重要作用。公共空间提供了偶然遇到的场所，这有助于加强社区联系。如果公共空间是一种居住的乐趣，它们将被使用，作为社区意识的推动者。通过适当的设计和公共空间的放置，通过注意空间感来创造地方感。

在 Duany 和 Plater-Zyberk 的作品中描绘了以建立社区意识为特征的特定设计元素。虽然设计师们并不总是对他们的建议的哲学基础达成一致，但用于促进社区意识的大多数设计元素都非常相似。[1]城市发展是根据邻里规模的"自然逻辑"构建的，具有明确的中心和边缘。通过拥有清晰边界和清晰中心的小规模，精心设计的社区，可以产生社区意识和睦邻感。当较小的尺度与居住密度增加并列时，进一步促进了面对面的互动。从某种意义上说，个人空间为了增加熟人的密度而牺牲，这种集中营造了一种充满活力的社区精

---

① Talen, Emily, "Sense of Community and Neighbourhood Form: An Assessment of the Social Doctrine of New Urbanism", *Urban Studies*, Vol. 36, No. 8, 1999, pp. 1361 - 1379.

神。在社区一级，城镇中心的密度相对较高，以促进商业可行性，从而恢复公共领域。这个新的"领域"转化为增强的社区意识。[①]大多数关于社区意识的研究都是由心理学家和社会学家进行的。他们采用了心理学和社会科学方法，建筑环境对社区意识的影响尚未得到充分解决。[②]

坎贝尔和李发现了社会互动的复杂图景，认为社会经济地位、年龄和性别是决定居民互动的最重要因素。一些研究人员已经记录了年龄阶段在生命周期和劳动力参与中作为社会交往的决定因素的重要性。Gans 早就建议社区是在社会阶级和价值共性的基础上形成的，而不是基于社区。他坚持认为，邻里的环境特征对生活方式没有直接或不变的影响。Verbrugge 和 Taylor 的一项研究得出结论，与社会和人口统计特征、该地区居民的数量（规模）或他们对他们的主观感受相比，居民彼此的可达性对社会关系的影响很小。在纽约罗切斯特的一项研究中，Hunter 发现，尽管社区功能丧失（即设施使用的减少），居民仍然在共享价值的基础上保持了强烈的社区意识。Vaisey 证实共享道德秩序的存在是群体中最有可能创造社区意识的近似机制。[③]

Talen 认为建立的环境特征可以促进互动，但它们不能直接创造社区意识。她认为建筑环境可以鼓励人与人之间的互动，但目前尚不清楚这些互动是否会让居民感受到社区感。她认为，存在许多影响居民社区意识的变量，并且在建筑环境学科中高估了物理因素的作用。

尽管有这些批评，但研究发现，物理建筑环境特征与感觉社区意识之间存在相关性。这些研究不仅限于建筑环境学科。根据 Plas 和 Lewis 等社区心理学家的观点，环境因素可能对城市社区意识的发展至关重要。科克伦还认为，规划者能够通过社会政策和物理设计策略来

---

① Talen, Emily, "Sense of Community and Neighbourhood Form: An Assessment of the Social Doctrine of New Urbanism", *Urban Studies*, Vol. 36, No. 8, 1999, pp. 1361 - 1379.

② Farahani, L. M., Lozanovska, M., "A Framework for Exploring the Sense of Community and Social Life in Residential Environments", *ArchNet-IJAR*, Vol. 8, No. 3, 2014, pp. 223 - 237.

③ Vaisey, S. Structure, "Culture, and Community: The Search for Belonging in 50 Urban Communes", *American Sociological Review*, Vol. 72, No. 6, 2007, pp. 851 - 873.

保持和加强社区的社区意识。

从这些争论中可以看出，建筑环境能够通过增加居民之间的互动机会直接或间接地影响社区意识的感觉（Francis 等，2012）。社区中的非正式互动会带来一些熟人，这些熟人在文献中被称为弱关系。邻居之间的高度弱关系被认为会增加强关系和社会归属的发生。邻居之间的关系可以在定期行动和互动的基础上促进安全，偶尔的相遇促进人们之间的认可。根据 Mehta 的观点，弱关系可能会开始更深层次的持久社交互动，这可能有助于感受社区感。特许建筑工程师协会（Chartered Association of Building Engineers，CABE）委托进行的研究表明，85% 的受访者认为"建筑环境的质量直接影响他们的感受"。据说优质空间可以促进社会包容、公民身份和促进社会凝聚力，而城市空间质量的下降被认为有助于反社会行为。①

在城市设计政策和地方当局实践中，人们普遍认为，维护良好的建筑环境对于积极的社会活动具有优势，目前的研究在不同程度上得到了支持。发现建筑环境的维护与社会互动、社区意识、信任和互惠、安全感和地方依恋感正相关。与地方依恋感相关的重要关联支持了这样一种主张，即居民如果得到照顾就会更加致力于居住在一个地方。Dempsey，N. 对建筑环境的质量进行了检验，并测试了它对社会凝聚力行为的积极贡献。这些发现表明，许多特征一直影响着社会凝聚力，特别是居民对社区质量的看法、维护水平、自然监视的程度、邻里的特征以及邻里的吸引力。邻里的密度被发现与社会凝聚力呈负相关和弱相关，而邻里的连通性与社会凝聚力之间没有发现显著的关系。② 年龄较大和女性已被证明可以预测更大的社区信心和或地方依恋。③

---

① Dempsey, N., "Does Quality of the Built Environment Affect Social Cohesion?", *Proceedings of the ICE-Urban Design and Planning*, Vol. 161, No. 3, 2008, pp. 105 – 114.

② Ibid. .

③ Brown, G., Brown, B. B., Perkins, D. D., "New Housing as Neighborhood Revitalization: Place Attachment and Confidence among Residents", *Environment and Behavior*, Vol. 36, No. 6, 2004, pp. 749 – 775.

### （四）本节小结

围绕居住空间是否开放、高密度还是低密度、空间与社区认同的所有争论，均在关注以下的一些问题：居住空间的差异会有社会影响吗？这些社会影响的效果显著吗？这些社会后果符合社会的价值观吗？虽然不同的研究在具体的结论上有差异，但不可否认的事实是，居住空间的确会导致一些社会后果，而且一些后果可能会很严重并产生社会问题，积极介入并干预是必要的，只是在干预的时候如何处理好均衡和界限。因为，空间的社会后果在不同维度其方向可能是相反的，对于不同人群结构的影响有差异或者具有相反的方向，因此，干预的手段和方式不仅在于对问题的正确和深入的认识，还在于价值观判断的不同和取舍。

# 四　住区规划社会后果评价研究评述

空间与社会是建筑师、规划师、社会学家长期关注的话题，虽然在具体的问题上存在很多争论，但通过上述国外居住空间的社会影响方面的梳理，可以看出，居住区的社会影响既与空间结构相关，也与社会人口结构相关，物理空间与社会空间有高度的相关性。居住区规划的社会影响在不同群体、不同维度的效果存在差异。但是，对于居住区规划的空间影响评价，需要运用一些基本的研究结论，坚持一些基本的价值理念。

### （一）邻里效应的持续存在

邻里效应是因为居民居住的社区或区域不同，对其个体生活机会（life-chances）产生的净效应。邻里效应的研究试图回答为什么人们成长于或者生活于不同的社区会导致生活质量、机会、行为、态度等诸多方面的差异。

在当代欧洲和美国的城市政策和政治以及学术研究中，通常认为贫困家庭或少数民族家庭的空间集中将对改善生活在这些集中地

区的人的社会条件的机会产生负面影响。① 威尔逊的开创性著作
《真正的弱势群体》在很大程度上刺激了现代社区研究涉及邻里不
利因素的结构性维度，特别是贫困，非洲裔美国人和有子女的单亲
家庭的地理隔离。与集中劣势相关的儿童和青少年研究范围相当广
泛，包括婴儿死亡率、低出生体重、少女生育、辍学、儿童虐待和
青少年犯罪。还有独立的证据表明，许多与健康有关的指标在空间
上聚集，包括杀人、婴儿死亡率、低出生体重、意外伤害和自
杀。② 桑普森总结的邻里事实（neighborhood facts）有：（1）邻里之
间在社会经济地位和种族隔离方面存在相当大的社会不平等；
（2）劣质环境的聚合常常与少数族裔和新移民群体在地理上的孤立
耦合；（3）一些社会问题往往在邻里层面捆绑在一起，它们还能
被邻里的特点预测到，包括但不限于犯罪、青少年犯罪、社会和身
体疾病；（4）富于职业素养等象征进步的高端社会指标也在地理
上集群。③

邻里效应的概念意味着贫困社区的人口背景将"功能失调"的规
范、价值观和行为灌输到年轻人中，引发了社会病理学的循环。④ 邻里
效应可以通过以下一种或多种机制发生：（1）邻里资源：地方声誉、
当地公共服务和非正式组织、就业机会、娱乐、健康和其他关键服
务；（2）通过社会关系和相互关系进行模型学习：人际网络、同伴
群体等的性质；（3）社会化和集体效能：规范的共性对当地公共空
间的控制感；（4）居民对偏差的看法，例如犯罪、毒品交易、建筑

---

① Friedrichs, J., Galster, G., Musterd, S., "Editorial: Neighbourhood Effects on Social Opportunities: the European and American Research and Policy Context. Housing Studies", *Housing Studies*, Vol. 18, No. 6, 2003, pp. 797 – 806.

② Sampson, R. J., Morenoff, J. D. and Gannon-Rowley, T., "Assessing ' Neighborhood Effects': "Social Processes and New Directions in Research", *Annual Review of Sociology*, Vol. 28, 2002, pp. 443 – 478.

③ ［美］罗伯特·J. 桑普森：《伟大的美国城市：芝加哥和持久的邻里效应》，陈广渝、梁玉成译，社会科学文献出版社 2018 年版，第 39 页。

④ Bauder, H., "Neighbourhood Effects and Cultural Exclusion", *Urban Studies*, Vol. 39, No. 1, 2002, pp. 85 – 93.

物的物理腐烂和一般的无序状态。① 通过上述具有代表性的研究可以看出，邻里效应对个体生活机会的影响具有多种机制，涉及物质资源与社会环境、社会化过程、文化价值等多个方面，而且彼此交互、强化，使得邻里效应的研究丰富而复杂。

在美国邻里环境对各种结果产生了独立的影响，尽管影响并不像父母或个人特征或宏观经济条件那样具有决定性。测量的影响受被影响的人的年龄以及如何衡量邻里而变化。在欧洲，由于显著不同的住房供应和社会福利制度，共同限制邻里条件的变化，并通过其他支持计划改善或弥补这些差异，邻近效应可能相对较小。② 在卫生地理学以及邻里对健康影响的相关领域进行的大量讨论认为，人们在一个地理区域的健康可能不仅受到该地区人口构成的影响，而且受到该地区地理环境的影响。因此，邻里的健康或其他方面可能对当地人的健康产生重要影响。③

邻里效应表明了邻居结构会影响居民的行为、态度或心理，即使在控制居民的个人特征后，贫困社区会让他们的居民变穷。在过去的几十年里，有大量关于邻里效应的文献发表。邻里效应的这一概念，即生活在较贫困社区的观念对居民的生活机会产生负面影响，超过了他们个人特征的影响，已被政策制定者所接受。许多政府明确规定了混合住房战略，包括荷兰、英国、德国、法国、芬兰和瑞典。政策制定者和公众对邻里效应的信念是强烈而持久的，并受到媒体关注的推动。④

---

① Friedrichs, J., Galster, G., Musterd, S., "Editorial: Neighbourhood Effects on Social Opportunities: the European and American Research and Policy Context. Housing Studies", *Housing Studies*, Vol. 18, No. 6, 2003, pp. 797 – 806.

② Ibid..

③ Flowerdew, R., Manley, D. J., Sabel, C. E., "Neighbourhood Effects on Health: Does it Matter Where You Draw the Boundaries?", *Social Science and Medicine*, Vol. 66, No. 6, 2008, pp. 1241 – 1255.

④ Van Ham, M., Manley, D., "Neighbourhood Effects Research at a Crossroads. Ten Challenges for Future Research", *Environment and Planning A*, Vol. 44, No. 12, 2012, pp. 2787 – 2793.

虽然邻里效应在理论和实践中还存在许多争论，但正如邻里效应研究的重要人物桑普森教授所指出的，邻里效应独立于宏大的全球化力量和个人选择，其在邻里层次的机制有助于解释集中劣势现象中的变异，如果将政策的重点放在社区层面的干预上，并基于对城市变化机制的研究制定政策，比只关注个体的政策往往更加可行。① 城市居住区是社区的空间载体，是邻里效应发挥的空间场所。随着中国城市住房市场的形成，居住的分异现象逐渐出现，贫富人口的居住聚集已经初现端倪，在研究中国城市贫困人口居住聚集时，需要持续关注邻里效应。

### （二）预防居住贫困集中和再生产

西方社会的许多政治家都认为，高度集中的公共住房会对居民造成破坏性影响，并产生很高的社会成本。总的期望是混合性住房项目可以帮助克服集成问题。② 美国内城的隔离通常是种族问题。在城市中，超过 1/3 的黑人居住在"超分散"地区，这意味着他们很少与其他人口群体接触。空间距离是如此极端，以至于生活在这些社区中可能成为贫困和贫困的自主原因。居住在贫民区限制了社会流动性，因为它几乎没有提供社会文化融入周围世界的机会。这些社区被认为是贫困文化出现的肥沃土壤，贫困文化指的是存在宿命的亚文化，缺乏工作道德和缺乏抱负。在这种情况下，居民很容易获得"不正常"的规范和价值观。假设如果孩子和父母一样无法掌握主导的社会规范，那么贫困文化就会持续存在。美国作家如刘易斯（1966）、威尔逊（1987）和梅西和登顿（1993）在贫困非洲裔美国人贫困地区找到了对贫困理论文化的支持。这些地区的社会问题也导致了对贫困城

---

① ［美］罗伯特·J. 桑普森：《伟大的美国城市：芝加哥和持久的邻里效应》，陈广渝、梁玉成译，社会科学文献出版社 2018 年版，前言。

② Veldboer, L., Kleinhans, R. and Duyvendak, J. W., "The diversified neighbourhood in westernEurope and the United states: How do countries deal with the spatial distribution of economic and cultural differences?" *Journal of International Migration and Integration / Revue de l'integration et de la migration internationale*, Vol. 3, No. 1, 2002, pp. 41 – 64.

市地区的消极陈规型观念，导致对这些地区的普遍歧视。研究指出，雇主可能会避免雇用这些人。[①]

雷克斯和摩尔认为城市贫穷地区将被四类不同的居住群体填充：工人阶级，等待拆迁的短期居住的贫民窟居民，公寓房东和公寓租户。虽然这些群体为各种资源发生争斗（例如住户和房东关于房租、维修等之间的争论），但相比于具有房屋所有权的郊区居民和在特定用途建筑居住的租户而言，这四类居住群体均处于劣势。他们在渴望郊区居住的方面均是失败的。当地政府的规划和公共卫生政策加剧了此群体的相对劣势，并且产生了关于住房问题更激励的争斗。任何试图将居民永久隔离的方法势必会产生矛盾。试图通过种族隔离的政策来消除住房愿望的城市，其长远的发展难逃暴乱。因此城市发展的基本社会进程与以下两方面密切相关：一是通过市场模式和官僚主义的形式分配稀缺的理想住房；二是居住在不同地方不同居住层次的居住群体关于房屋的争斗。雷克斯和摩尔的建议是：房屋的争斗应该作为一个关于城市生存机会的阶级斗争。换句话说，应作为关于工作和生存机会的分配的争斗，以免过多地出现在关于住房消费的领域中。[②]

根据大多数负面调查结果，美国的政策假定"居住在集中贫困社区对居民造成破坏性影响并造成不成比例的社会成本"［美国住房和城市发展部（HUD），1996］。这一假设刺激了联邦和地方政府采取主动措施，为贫困社区的居民提供迁往城市和郊区较发达地区的机会。在西方发达国家中，防止居住贫困集中和再生产是一项长期持久的任务。对于中国这样的发展中国家，城市化正在持续推进，城市居民的贫富差距已经形成，为了防止低收入群体在居住空间中的集中，

① Veldboer, L., Kleinhans, R. and Duyvendak, J. W., "The diversified neighbourhood in westernEurope and the United states: How do countries deal with the spatial distribution of economic and cultural differences?" *Journal of International Migration and Integration / Revue de l'integration et de la migration internationale*, Vol. 3, No. 1, 2002, pp. 41-64.

② Saunders, P., *Social Theory and the Urban Question*, New York, N. Y.: Holmes & Meier Pub., Inc., 1986, p. 79.

需要充分考虑中国城市的实际情况，提前做好预防工作。

### （三）完善居住空间规划促进居民健康

在 19 世纪，恩格斯在英格兰发表的报告记录了"绅士和专业"阶级的寿命比"劳动者和工匠"长，并且每个人都注意到死亡率是根据不同住宅区的社会和物质构成分配的。这些报告首先明确表明，健康远非由出生时获得的特征所固定，或仅仅由获得的医疗保健决定，具有基于地方的经济和建筑环境不平等的印记。在美国，预期寿命和疾病发生率在同一城市地区因社区而异。健康状况的差异在很大程度上反映了社区内建筑、社会和经济环境的质量。穷人和有色人种承担着不成比例的疾病负担和早期死亡。[①]

糟糕的住房质量与糟糕的身心健康挂钩。研究者们很好地记录下了住在不合格的住房里的结果。相比住在干燥房子里的居住者，住在潮湿的、发霉的房子里（往往是水管问题导致的）的儿童和成人会有更多的健康问题，比如呼吸问题、头痛、恶心、呕吐等。持续增长的哮喘案例与接触到害虫（如蟑螂、老鼠等）有关。此外，在对精神健康和住房质量相关性文献的回顾中，埃文斯、威尔斯、莫克发现住房质量和精神健康之间呈正相关。在儿童中也发现了同样的结果：住在糟糕质量房屋中的孩子行为问题会更多，而且注意力难以集中。MTO 最终影响评估发现住房质量对成人和青年女性的精神和生理健康有重大的积极影响。[②]

一项研究将困难家庭随机放入富裕人群中。研究表明，相对于在贫穷社区中，这些家庭在富裕社区中有更幸福健康的精神状态。空间规划对于社会网络和精神健康比较重要，特别是对于那些更加贫穷、机动性较少，更倾向于留在当地的社区而言。住房市场结构与经济适

① Jason Corburn, Rajiv Bhatia, "Health impact assessment in San Francisco: Incorporating the social determinants of health into environmental planning", *Journal of Environmental Planning & Management*, Vol. 50, No. 3, 2007, pp. 323 – 341.

② Comey, J., Popkin, S. J., Franks, K., "MTO: A Successful Housing Intervention", *Cityscape*, Vol. 14, No. 2, 2012, pp. 87 – 107.

用房的分配表明，弱势家庭更可能聚集在不太满意的地点，加深了贫困程度，健康不平等和社会排斥的显著效果。

健康影响评估（HIA）是一种不断发展的实践，目前在欧洲、加拿大和澳大利亚广泛使用，用于评估项目和计划对促进人口健康的社会、经济和环境的影响。HIA 在美国是新的实践，并且在城市规划中基本未经测试。HIA 对健康社区和健康城市的综合规划时是否产生影响，还需要进一步的工作来确定。因为，就像其他规划过程一样，规划者可以在制定 HIA 公共议程、调查规范、包容性或排他性审议以及对偏见的反应方面发挥自由裁量权。虽然没有"一刀切"的人体健康分析方法可以应对所有这些问题，但无论多么零碎或全面，HIA 的实验对于建立政治支持非常重要。①

健康的环境规划对于公众健康有四点积极的关键因素，好的规划应该：（1）减少不同社会经济群体以及人群中弱势群体如老人或小孩，对住房、设施和交通可达性的不公平程度；（2）增加偶然性的身体活动的数量，来降低因为久坐的生活方式而引发的疾病、残疾和死亡率。可以通过建设步行的、混合使用的社区并增加其可达性来实现；（3）为提升公众健康做贡献，减少空气和水污染，减少温室气体排放，同气候变化威胁作斗争；（4）通过提升街道宜居性来改变社会环境，使街道更安全，增强人们之间的联系并因此增强社区凝聚力。②

正如休巴顿所言，现代规划是为了应对 19 世纪城市无情的人居环境而产生的。但在最近一个世纪里，这个联系消失了。直到现在，出于对气候变化和肥胖问题的关心，物理环境是健康的重要决定因素这一观点又重新得到认知。③ 有证据表明，我们城镇的空间规划或

---

① Jason Corburn, Rajiv Bhatia, "Health Impact Assessment in San Francisco: Incorporating the Social Determinants of Health into Environmental Planning", *Journal of Environmental Planning & Management*, Vol. 50, No. 3, 2007, pp. 323 – 341.

② Barton, H., "Land Use Planning and Health and Well-being", *Land Use Policy*, Vol. 26, No. S1, 2009.

③ Ibid. .

"城市规划"对人口健康的风险和挑战产生了深远的影响。① 而居住区是居民日常生活最密切的场所之一，空间环境质量与居民健康相关是明显的事实，因此，通过居住空间规划的优化促进居住健康是居住区规划长期的任务。

### （四）优化居住空间规划面向生活机会

城市社会学的目的是研究受市场经济和官僚主义影响下的城市的不平等资源的分配类型。空间支撑人们的日常生活，空间影响人的社会交往和社区意识，良好的居住空间规划可能给居民带来更多的生活机会。甘斯认为没有一种理想的社会生活模式可以或者应该被描述，但是在邻居关系和友谊形成方面，应该有选择的机会。居民友谊的形成是一个非常个人化的过程，任何人都假设计划另一个人的友谊是错误的。而且，在他看来，友谊的一种模式并不比任何其他模式更可取。规划者不应该刻意尝试创建特定的居民社交模式，但他应该致力于在居住区提供最大选择的可能。②

1971 年，Jan Gehl 在他的著作《建筑物之间的生活》中写到强调城市生活的品质以及建筑环境如何能够鼓励公共场所，特别是城市中心的社会生活。社区的居住环境可以提供居民之间的社区感。建筑环境特征可以通过增加交互次数和提供适合行人的环境来影响这种感觉的强度。相互作用和弱的社会关系是更深层次和更强烈的互动的起点。居住环境中的邻居互动可能会增加社区感。改善步行参数和促进静止活动会影响商业街道附近的社交生活。社区意识和社区生活使社区健康、安全、社会可持续，并加强当地经济。③

从邻里单位到新都市主义，从推土机式的城市更新到社区康复，

---

① Barton, H., Grant, M., "Urban Planning for Healthy Cities", *Journal of Urban Health*, Vol. 90, No. 1, 2013, pp. 129 – 141.

② Gans, H. J., "Planning and Social Life: Friendship and Neighbor Relations in Suburban Communities", *Journal of the American Institute of Planners*, Vol. 27, No. 2, 1961, pp. 134 – 140

③ Farahani, L. M., Lozanovska, M., "A Framework for Exploring the Sense of Community and Social Life in Residential Environments", *ArchNet-IJAR*, Vol. 8, No. 3, 2014, pp. 223 – 237.

再到中产阶级回流的绅士化。通过居住空间的优化，提高生活的品质，减少居住与环境、居民之间的矛盾，增加居民之间的交往和互动，增加居民接近自然的机会，增加居民的健康和自信，扩大居民的生活机会一直是居住空间规划者在追寻和探讨的。虽然在空间是封闭还是开放，高密度还是低密度，如何运用空间的形式促进居民交往，增加居民的社区意识上还存在争论，但争论的进行已经表明了空间在社会关系、社会结构和社会后果方面具有不可替代的作用。西方的相关理论和文献立足于西方的国情和城市发展状况，中国的城市发展、居住状态有其自身的特色，但是西方面对的城市居住空间问题从空间入手解决社会问题的方法和思路仍然值得我们借鉴。如何从中国城市的具体居住问题出发，分析中国居住空间规划与社会后果之间的关联，是中国学者当仁不让的责任和义务。

# 五　本章小结

综述了西方关于居住空间的社会后果和影响的相关研究。对于居住问题的源头存在空间和社会两种解释路径的争论，实证研究的结果表明，社会结构和社会因素对居住区的社会影响因为空间的差异有所不同。同样的居住区空间布局和结构，因为居住居民的年龄、收入、教育等的差异而产生不同的社会影响。因此，居住空间的社会影响是空间与社会的共同效应。居住区空间在促进社区互动和健康，尤其是各类弱势群体的社区生活上有不可忽视的社会影响和作用。虽然在理想的居住和空间模式上存在同质性和异质性，低参与和高参与，居民迁移和居住更新，封闭还是开放，高密度还是低密度等方面的争论。但是一些趋势受到了研究者的重视，居住区存在持续的邻里效应，空间规划应预防居住贫困集中和再生产，通过空间规划的优化促进居民的健康，使居民面向更多的生活机会。

# 第四章　研究思路、框架与方法

## 一　研究思路

　　城市化是当今中国社会发展的趋势，它将改变人们的居住方式、生活方式。居住区是城市人口居住的基本形态，在将来的几十上百年的时间，居住区都将是城市人口的主要居住场所。现有居住区的规划和建设，产生的影响将持续几十上百年。因此，今天的居住区规划和建设，既需要把握现实的需求，也要有历史的眼光，才能够对未来的主要社会发展趋势有较好的预判和应对。为此，我们需要对现有居住区进行调查，它们对未来是历史，对过去是未来，对现有居住区社会问题的梳理和分析，既可以反观曾经的规划和预设，也可以推测未来的走向和趋势。对现有居住区规划的评价是研究工作的基础。

　　接下来的问题是，如何评价现有的居住区规划，评价的基础和标准从哪里来。因为任何评价都是建立在价值观基础上的。首先，社会影响评价的原则有其理论的脉络。社会研究的目的是促进社会的公平和正义，促进社会的和谐发展和可持续发展。社会影响评价则将这些基本的价值观构建成具有可操作性、可评判性的原则、指标和方法。因此，研究梳理相关的文献，整理出居住区规划社会影响评价关注的层面：居住融合和分异，社区认同高和低，社区参与的高和低，社区冲突的高和低。其次，居住区规划的社会影响评价是以中国的城市化为背景，评价要把握住中国城市居住面临的一些特殊问题，老龄化、家庭小型化、郊区化、城市相对贫困人口的居住问题等。也就是要防止一些极端居住情况的出现，比如，郊区贫困人口集中居住区、郊区老龄人口集中居住区、郊区高居住流动居住区等。最后，社会影响评价不仅从消极因素的避免考虑，也从积极因素的激发考虑。也就是通过现有居住区规划的评价和考察，去发现激发社区自治，社区活力建设的居住区规划。和谐社区是有空间基础的。比如，一些居住区的公共绿地，公共文化活动中心能够促进社区的参与和认同，另外一些公共空间则引来了更多的社区冲突。因此，通过评价进行居住区公共空间的类型学研究，防止在规划中有过分消极影响的居住区公共空间。

在确立了居住区规划社会影响评价的理论、实践和政策导向的价值观基础后，就需有具体的评价现有居住区的规划。可以有两种不同的路径，一是就居住区的综合社会后果来分析产生这些后果的空间原因，二是从居住区空间规划的关键因素来分析这些因素导致的社会后果。也就是一种主要由果去发现因，另一种主要由因去发现果。

由果发现因的思路是，当前城市社区建设中存在哪些突出的社会问题，比如社区建设中普遍存在居住分异、社区认同低、社区参与少、社区冲突多等问题，这些问题与居住区空间规划的关联是什么，首先比较不同居住区的居住分异、社区认同、社区参与、社区冲突的不同，然后分析这些不同与空间规划是否有关联，如果有关联，是哪些空间因素有关联，将这些空间因素找出来并进行归纳。根据这些归纳，分析从空间到社区问题的传导机制，就可以控制一些空间规划的要素，避免由空间引发突出的社会问题。

由因发现果的思路是，居住区规划的空间因素是非均衡的，比如不同居住区的区位、空间密度、空间混合度等都是有差异的，这些差异是否会导致不同居住区社区建设的差异，也就是不同空间品质的居住区在居住分异、社区认同、社区参与、社区冲突等问题上是否有差异，如果有差异，哪些差异比较明显，分析从空间到社区问题的传导机制，就可以根据空间规划类型的差异判断出社区类型和问题的差异，从而为各类居住区的社区建设提出不同的建议，也可避免建设社区问题突出的居住区类型。

由果发现因和由因发现果的思路各有其优点，但若单方面采用某种方法在实际操作中都会有其不足。由果发现因主要应用于质性研究中的案例研究。有一个重大事件的发生，然后人们去分析其原因。一般基于历史、文化和多方面的考证，也就是要考察多方面的因素以及综合效应。居住区规划的社会影响后果肯定不是某一个大事件，引起这些后果的原因也有很多，空间因素只是其中一部分，如果只考虑空间规划因素及其过程，就不符合从果到因分析方法的基本精神，如果扩大范围去发掘原因，因为居住区总体很大，样本的差异也很大，那么要从众多的案例中去挖掘多方面的原因及其相互影响，不论是工作量还是操作的难度都是非常大的。

由因发现果有明确的原因导向，通过理论分析已经筛选出备选的答案，再通过实际的调查和数据来验证这些备选的答案是否可选。虽然对备选原因是否成立有明确的统计判断方法，但无法发现备选答案之外的可能。也就是如果在理论研究时漏掉了某些方向和可能，在后来的实际调查研究中也可能会忽略掉。

因此，研究过程中综合了由因到果和由果到因的两种研究路径。首先，由因到果，根据相关理论和前期研究，确定了一些可能引起社会问题的居住区空间规划因素，这样可以将研究的目标聚焦，缩减实际调查和分析的范围。其次，由果到因，根据现有的社区建设现状，归纳了居住区中常见的社会问题，并根据城市的空间和人口结构，对未来居住区的社会问题进行了预判。这样就明确了居住区建设的社区界限，使居住区规划社会影响评价有了明确的标准。

综合了从因到果和从果到因的两种研究路径，一是为了防止漏掉因，一些重大的居住区规划问题暂时没有那么明显，但随着时间推移，将会越来越突出。比如人车分流，在汽车逐渐普及，老龄化程度逐步提高的情况下，居住区内汽车和老人都将增多，在车和老人都较少的居住区，人车没有分流的问题可能不大，但当车和老人都有相当的比例，这将是突出的问题了。二是为了防止漏掉果，一些重大的居住区社会问题没有考虑到，比如建设适合家庭养老的居住区，中国的老龄人口的总量和比例都将快速增加，寄希望于大规模的机构养老不符合中国的实际，居住区规划应提前为未来的居家养老留有空间和余地，否则新建的居住区可能在十多年后成为居家养老的空间阻碍，引发更多的社会问题。居住区规划不仅要消极地防守，还要积极主动地去解决潜在的问题，如果连可能出现的社会问题都没有提前的预判，那么居住区规划的提前应对也就无从谈起。

居住区规划的空间因素与社会后果间是多因与多果的关系，分析后可能会存在多种组合模式。作为居住区规划社会影响评价的最大发心和初衷是防止空间规划的不合理导致居住区中重大社会问题的普遍发生，防止居住区空间规划不合理导致极端居住问题社区的出现。因此，通过对已有空间规划与社会后果关系的分析，以及几种空间社会问题模式的分类和组合，后面的问题就转向了对可能出现的极端居住问题社区的预防、居住区普遍重大社区问题的预防。

从居住区空间规划到社区问题，中间还存在社区居住人口结构、社区治理等多重环节。除了改变空间规划外，还可以改善社区治理，缓解社区问题。当然，空间规划还没有落实，通过社会影响评价提前改善空间规划的代价最小。但实际的情况是人们的预见能力总是有限的，不可能将所有问题都提前预估到，另外，还有很多居住区已经建成，空间不可能做大规模的改变，那么，理解从空间规划到社区问题的各个环节和传导路径就非常有必要了。理解了这个机制和路径，可以更好理解现有社区治理的空间基础，也可在既定的空间条件下对其他环节发力，从而改善现有的社区问题。同时，对居住区规划的社会影响评价也留下了弹性和可操作空间。居住区规划的社会影响评价不可能避免社区未来的所有问题，不论是认知的局限性，还是空间到社区问题的多重环节，以及社区问题原因构成的多样性和复杂性，都预示了从优良的居住区空间规划到和谐的社区发展之间还有很长的距离。但是居住区规划的社会影响评价可以从实际的需要出发，对社区发展的居住区空间基础进行分层、分类，在有实施操作条件的情况下，在规划上就直接避免一些空间规划的出现，如果基于现有的发展阶段、经济等多重因素的制约，无法直接在空间规划上避免，那么，可以在社区建设和治理上进行预警，提出社区建设相应的配套措施，通过社区建设的方式去弥补。另外，基于社会影响评价的分层、分类，也可对现存的居住区的社区建设和治理提出分层、分类的指导意见。这样，居住区规划的社会影响评价就不仅仅是事前的预防与预警方法，也是事后的弥补方法。

在原理上分析了居住区空间规划与社会后果的关系与机制，还不能成为对居住区规划产生影响的工具和方法，只有将论证后的结论变成可操作的原则、程序和方法才有可能进入实践领域。从科学的结论到可操作的技术方法，涉及的问题有：（1）方法是重在设置判定指标还是强调操作者在遵守操作程序后的自由裁量；（2）方法是否开源；（3）方法是否可以升级。现分别对以上三个问题进行讨论。

### 1. 指标与程序

城市居住区规划已经有完整的设计规范，对其进行社会影响评价，实际上是增加了评判标准，如果以指标的方式给出，已经有设计规范的意味了。在规范的执行和检查方面，规划设计和管理部门已经积累了大量的经验，如果以指标导入规范的方式执行，那么从实施操作的难度来说是比较小的。从另一方面讲，指标一旦导入规范，那就有相当强的执行力和影响力，因此，指标的可靠性就要相当高，不但在理论上还要在实践上有反复的检验，否则，会给规划设计实践带来很大的偏差。其实，现有的居住区规划设计规范是规划设计规范中最为成熟和详尽的规范之一了，正因为是规范，所以一些指标不能轻易放上去，尤其是居住区规划这样的规范，涉及的面太广。因此，即使研究的结论在指标上有比较明确的范围，也暂时不要以判定指标的方式设置，而应以一定的程序对可能出现的社会后果进行描述和分类，然后由相关的人员以一定的议事机制来裁量。这样的方法虽然操作起来可能比较费时，但是与社会影响评价面临的社会问题的发展变化性更匹配，当社会问题变化时，不用频繁地修改指标，只需在议事时调整就可以。

### 2. 方法是否开源

也就是方法是不是封闭的。封闭的方法就是所有的原则、程序、方法都全部确定好，其他人只需按照程序和方法就可对居住区规划的社会影响进行评价。这样的方法好处是操作简单，结果明确。但是它限制了方法的扩展和面向特殊问题的适应能力。研究是以上海作为实证基础归纳提炼出的方法，虽然对中国城市居住区规划有一定的代表性，但是中国城市的区域、历史、文化差异巨大，面对的实际居住具体问题以及社会问题更是有多种类型，以封闭的方法去应对就不够灵活了。以开放的方法，就是确立居住区社会影响评价的主要原则、程序和方法，具体的操作程序、方法、指标和标准等可以根据各个地方空间规划与社会后果之间的关联性来确定。这样，可以保证居住区社会影响评价方法的适用性和推广性。

### 3. 方法是否可以升级

研究最后的评价方法是建立在空间规划与社会后果之间的现状评价和未来发展趋势的预估上。鉴于认知的局限性和社会的发展性，对社会后果的判断和选择，对空间规划原因的判断和选择都可能随着时间的推移有所丰富和发展。因此，初次的版本就是1.0版，供社会各界评价和使用后再修改、再完善。作为基础版本，最重要的是要有一个基础板块和可扩展的框架。居住区社会影响评价的具体内容会变，但评价的基本原则和价值观还是具有长期的稳定性，因此，在评价方法中要保持对极端不利居住条件组合的一票否决制，要坚持通过社会影响评价引导居住区规划为和谐社区建设营造空间基础，要坚持促进居住公平、关注弱势群体居住的价值观。

## 二　研究框架

梳理国内外社会影响评价研究、居住区空间社会后果的相关文献，通过对上海居住区规划的区位、规模、密度、空间混合度，以及居民的社区认同、社区参与等资料的实地调查收集，研究居住区规划与居住融合—分异、社区认同感高低、社区参与—冲突的关系。发现居住区规划中产生社会影响的关键因素，分析居住区规划的社会影响机制，提出居住区规划的社会影响评价模式。

在实证研究中可能会发现一些居住区的空间因素在不同维度的社会效果刚好是相反的，比如居住区的密度提高一般会增加居民的社区参与，但也会引发更多的社区冲突。作为实证研究重在发现空间规划与某个社会后果间的关系，但实际的社会影响评价则需要面对多个社会后果的综合和平衡，而且从空间规划到社会后果间还有居住区人口结构、社会变迁等可变的因素，因此，从实证研究到社会影响评价，既要重视影响机制的分析，也要注重影响评价方法的建构，建立起能够包容各类弱势群体，能够发现重大社会问题，能够不断升级完善，能够不断引导社区可持续发展的评价模式。

研究在前期调研和文献的基础上，将从居住分异、社区认同、社区参与、社区冲突等方面对已有的居住区进行实证研究，并分析居住区规划的社会影响机制。根据实证研究和影响机制分析，提出城市居住区规划的评价模式，在试评价的基础上修改评价方法，最终提出城市居住区规划社会影响评价的原则、程序和方法。具体研究框架参见图 4.1。

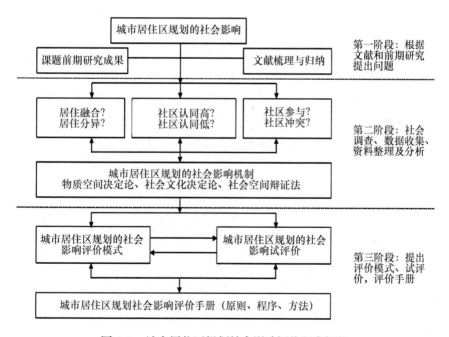

图 4.1 城市居住区规划社会影响评价研究框架

# 三　研究方法

本书选择上海的居住区作为实证研究的主要对象，基于以下考虑。

第一，上海是中国经济最发达的城市，城市化水平处于全国领先水平，上海曾经走过的城市化道路，上海居住区规划建设的经验都可能在其他城市出现。上海居住区的发展具有一定的先导性和代表性，其经验和教训使其他城市在未来城市居住区的发展和规划中可以借鉴。

第二，上海居住区的类型丰富。从基本的居住形态上看，至少有三种居住形式，里弄住宅、工人新村、商品房社区。商品房社区中既有豪宅区，也有大量的郊区大型居住区，还有各种层次的中产阶层居住区，居住区类型的丰富便于各种类型之间的比较研究。对于各个历史时期居住形态的考察，使我们更具历史视野，对未来的居住区发展趋势和方向的分析具有历史的纵深。

第三，上海居住区的资料相对容易收集。上海公开出让的居住地块，其规划指标能够在上海市政府相关职能部门的网站上获取，也就是上海居住区规划的权威，可靠资料可以从公开的渠道中采集。虽然收集大量居住区的规划资料比较费时、费力，但资料收集的途径是明确可行的。再有，上海的房地产市场活跃，各种房产中介网对各类型小区的房价、户数、容积率、绿地率等指标有比较全面的展示，一些房产中介基于市场竞争的需要，对小区、房屋的信息都进行了现场一对一的核实，其资料的可信度是比较高的。此外，研究者地处同济大学，便于在上海进行居住区的实地调查。合作单位上海同济城市规划设计研究院参与了上海众多居住小区的规划设计、居住区更新规划设计。同济大学社会学系与上海同济城市规划设计研究院有良好的合作关系，研究者本人与设计院的一些规划师和建筑师也有很好的合作友谊，因此，研究者有机会了解到具体的居住区规划项目的设计与实施，以及居住区更新项目的实施过程。为全面深入地了解居住区规划的社会影响提供了更加日常生活化的场景。

在确定了实证研究的对象后，具体的研究方法则分为四个层次。

1. **大数据方法**

从"链家""安居客"等房地产网站上提取上海所有居住小区的区位、总面积、房价、户数、容积率、绿地率等指标，从上海市规划与国土资源管理局、住房建设保障局等单位的网站上采集上海新建居住区的总面积、容积率、绿地率、户数、配建房指标等。

2. **社会调查方法**

综合运用问卷法、观察法和访谈法调查。在试调查的基础上，设计社区调查问卷、访谈提纲、观察表。大规模的调查在2014年、2016年分两次进行。共调查了67个居住区，近2000份居民问卷，召开集体访谈座谈会20余次，参与观察了20多个居住区公共空间的社区活动。

3. **空间类型学方法**

根据现场调研和百度地图，绘制调研居住小区空间形态，比较高、中、低收入阶层居住小区的区位、规模、密度、空间混合度等空间特征，归纳各收入阶层居住小区空间结构的特征。

4. **社会空间辩证法**

在分析的时候综合地考虑空间的社会影响，以及社会因素如何影响人们居住空间的规划建设，也就是将空间和社会作为互为因果的影响关系。人们在创造和改变城市空间的同时又被他们所创造的空间以各种方式所控制。空间的规划和建设是在人们既有的社会关系中展开的，空间的规划和建设无法脱离既有社会关系的束缚，但空间一旦建成，空间本身就具有影响社会关系再生产的能力。

大数据方法全面收集上海居住小区的房价、总面积、户数、容积率、绿地率等基础数据，收集上海新建居住小区的规划设计指标。社会调查方法重在调查者进入调查现场调查和获取第一手资料。社会空间辩证法则根据大数据的收集和现场第一手调研，将宏观的面上数据和微观的案例调查联系起来分析。之所以选择这三个层次的方法是基于以下的考虑。

第一，居住区量大面广，很多问题来自城市整体的社会和空间结构，若只分析几个案例小区，难以展示问题的整体和结构层次，还有可能出现以偏概全的情况。因此，研究应找寻方法把握居住区的整体状况。传统的方法要全面获取上海居住区的基本指标是不太可能的，但大数据方法的发展，以及众多房产中介网站的数据完善为全面获取上海居住小区的指标提供了可能。大数据方法保证了研究数据的全面和宏观把握的视野。

第二，社会科学的研究重在理解机制、重在人文关怀。现场的社会调查既能有针对性地设计访谈问卷、访谈提纲、观察表，也能直接面对面地跟居民交流，更能真切地感受居民的所思、所想、所愿，更能激发研究者的社会责任和思考。通过具体的现场调查可以比较直接地将研究的问题代入与居民的交流中。现场社会调查，要在保证一定的样本量和调查质量的要求下，需要相当的财力、物力和社会关系支撑。所幸的是，研究不仅得到了国家社会科学基金的支持，还得到了相关规划设计单位的合作支持。研究者分别于2014年、2016年在上海进行了两轮大规模的居住区社会调查，获得了近100个小区、约2000份的居民社区调查问卷，并组织了几十场的专题座谈会，与街道、居委会进行了广泛深入的交流。现场调查问卷和访谈的完成是研究者与同济大学社会学系师生以及上海同济城市规划设计研究院合作完成的。大规模的居住区调查为研究提供了难得的第一手数据，对于合作的师生和单位表示衷心的感谢。

第三，物质空间决定论强调了外在的物质空间对人们居住行为的限制和影响。但社会文化决定论强调了社会文化不仅影响空间，最终还会影响人们的行为。若在研究中仅强调物质空间的外在作用，而不考虑居住在里面人群的收入、年龄、家庭、文化、社会组织等的差异，就会片面地将物质空间作为一个确定不变的变量，在不同的居住小区都会产生同样的结果，从而忽视社区建设，使通过社区建设减弱不利空间环境社会影响的可能性降低。若在研究中仅强调社会文化的作用，就会忽视空间的可变性，忽视不同空间的不同社会影响，而错失了可能通过空间规划实现更好的社区建设的可能。正是因为空间问题和社会问题是互相影响，互相生产，并不断循环的过程，所以本书采用了社会空间辩证法，既将城市居住空间看作外化的社会制度，分析居住空间对居民活动的限制，分析居住空间与居民社会关系建构的关系，理解居住区规划的社会影响机制，也将居住区不同的居民结构、社区组织看作内在的社会力量，理解不同的社区居民构成在相同或相似的居住空间结构限制下的不同行动。采用社会空间辩证法，就是为了避免单向的线性决定论思维，过分强调物质空间或者社会文化的单方面决定性作用，尽管可能在理论推导上看起来很美，但却与现实情况相背离。

## 四　数据来源

根据研究对象和研究方法的选择，研究的数据来源于三个方面。

### （一）统计数据

中国没有专门针对居住区的统计调查，因此，有关居住区的直接统计数据是无法获取的。但是，居住区的规划和建设与城市的人口、城镇化、住房发展、城市规划等密切相关，也是在城市既有的居住格局中进行的，如果没有梳理城市居住发展的历史，没有相关的居住历史数据，居住区规划的社会影响分析很难深入下去。所以，研究收集了上海城市发展过程中的人均建设用地、人均绿地、人均居住面积、人均道路面积、住房面积、老龄化、外来人口等统计数据。这些统计数据的收集，目的是在全市的历史层面上来分析居住在城市发展层面上所承担的作用、扮演的角色，从而从社会关系层面看居住空间如何受社会关系的影响，如何被塑造的过程。

### （二）大数据

从"链家""安居客"的网站上采集了上海各小区的房价数据、历史房价成交数据、居住小区的户数、总面积、容积率、绿地率、停车位等指标。在网站上采集的有效小区达到7000多个。应用GIS技术，将上海各区、各街道的分界线矢量化标示，将上海的内环线、中环线、外环线等重要交通干线标示出来，同时在GIS地图上标出了上海的三甲医院、重点中小学、地铁站和公园。对重点地段的居住小区的范围边界进行矢量化。将各小区的户数、总面积、容积率等指标与各小区的空间对应位置进行信息关联。构建了整个上海居住小区 GIS 分析地图。

### （三）调查数据

现场调查分两次进行，第一次于 2014 年在上海全市范围内选择了 13 个社区（居住区）。上海的居住区有近万个，要严格进行随机抽样在具体实施时有较大的难度。经过与多位老师的反复沟通，考虑实际调查的可操作性和样本的代表性等多重因素，最后选择了 13 个居住区，这 13 个居住区在空间上包括内环内、中环内、外环内、外环外，覆盖了上海居住区空间的层次。在居住区建设年代的选择上从里弄、工人新村到商品房社区都有涉及。在居住区人口的阶层上主要选择了以中产阶层和中低收入阶层为主的社区，对于高收入人群为主的居住区没有选择。在 13 个居住区共调查了 1000 多份居民问卷，每个居住区完成一份社区调查问卷，2014 年调查小区情况如表 4.1 所示。

表 4.1                        2014 年调查小区基本情况

| 小区名称 | 社区类型 | 区位 | 建成年份 |
| --- | --- | --- | --- |
| 鞍山三村 | 商品房 | 中心城区 | 1953 |
| 馨佳园十二街坊 | 动迁房 | 郊区 | 2010 |
| 馨佳园九街坊 | 经适房 | 郊区 | 2011 |
| 馨佳园八街坊 | 经适房 | 郊区 | 2012 |
| 豪世盛地 | 动迁房 | 郊区 | 2000 |
| 雁荡居委 | 里弄 | 中心城区 | 1930 |
| 万科城市花园 | 商品房 | 郊区 | 1994 |
| 万科朗润园 | 商品房 | 郊区 | 2006 |
| 同济绿园 | 商品房 | 中心城区 | 2001 |
| 太原居委 | 里弄 | 中心城区 | 1949 |
| 永太居委（太原小区） | 里弄 | 中心城区 | 1933 |
| 庆源居委（瑞庆里、兰葳里） | 里弄 | 中心城区 | 1921 |
| 瑞康居委（虹口瑞康里） | 里弄 | 中心城区 | 1930 |

2016 年在上海浦东新区调查了 54 个居住小区，近 1000 份居民调查问卷。调查问卷与 2014 年的调查问卷有延续也有区别。延续的是社区认同、冲突、参与、融合等基本问题，增加的是居民对社区未来空间改造的意愿。背景是上海开始对存量规划重视，起因于上海十多年的城市快速扩张，回过头来看，城市建成区中还有很多空间、设施、环境存在不少问题，制约了上海城市效率的提升、城市生活品质的提高，但实施大规模的空间更新与改造在资金和操作上都面临困难。因此，寄希望于在城市建成区中进行空间微更新，也就是经过社会调查，发现现有空间使用中的突出问题，采用局部的空间微更新方式，并持续地推行，使既有的城市空间环境逐步改善，居民生活品质提高。上海城市空间微更新采用以民生为导向，以社会力量为基础的项目制方法。城市居住区规划的社会影响评价的发心就是希望能够对中国城市居住的社会居住有前瞻性的发现，然后提前采取措施。但前瞻性的发现不是根据我们坐在家里的空想，而是根据实际的社会调查和数据。2016 年浦东的居住区调查，增加了居民反映居住空间问题，居住社会问题，以及改造建议的板块。2016 年调查小区情况如表 4.2 所示。

表 4.2　　　　　　　　　2016 年调查小区基本情况

| 小区名称 | 区位 | 建成年份 |
| --- | --- | --- |
| 爱家亚洲花园 | 中心城区 | 2004 |
| 大唐国际公寓 | 中心城区 | 2008 |
| 大唐盛世花园二期 | 中心城区 | 2005 |
| 大唐盛世花园一期 | 中心城区 | 2008 |
| 东城新村 | 中心城区 | 1999 |
| 东方城市花园 | 中心城区 | 2003 |
| 东方汇景苑 | 中心城区 | 2003 |
| 东方龙苑 | 中心城区 | 2000 |
| 东方天伦大厦 | 中心城区 | 2006 |
| 杜鹃路 55 弄 | 中心城区 | 1995 |
| 峨海小区 | 中心城区 | 1998 |

续表

| 小区名称 | 区位 | 建成年份 |
|---|---|---|
| 峨山小区 | 中心城区 | 1984 |
| 方园公寓 | 中心城区 | 2003 |
| 凤凰家园 | 中心城区 | 2001 |
| 国地公寓 | 中心城区 | 1998 |
| 海富花园 | 中心城区 | 1996 |
| 海桐小区 | 中心城区 | 1999 |
| 海运新村 | 中心城区 | 1988 |
| 涵合园 | 中心城区 | 2004 |
| 花木苑 | 中心城区 | 2000 |
| 华丽家族花园 | 中心城区 | 2002 |
| 吉云公寓 | 中心城区 | 1995 |
| 建华小区 | 中心城区 | 1995 |
| 建华新苑 | 中心城区 | 2003 |
| 锦绣花木公寓 | 中心城区 | 2007 |
| 锦绣前程阳光苑 | 中心城区 | 2008 |
| 锦绣天第 | 中心城区 | 2001 |
| 锦绣一方 | 中心城区 | 2002 |
| 锦绣苑 | 中心城区 | 1999 |
| 蓝村小区 | 中心城区 | 1984 |
| 联洋花园 | 中心城区 | 2001 |
| 联洋年华园 | 中心城区 | 2002 |
| 六街坊 | 中心城区 | 2000 |
| 陆家嘴中央公寓 | 中心城区 | 2006 |
| 梅花苑 | 中心城区 | 1996 |
| 牡丹路186弄 | 中心城区 | 1993 |
| 南泉公寓 | 中心城区 | 1994 |
| 宁阳小区 | 中心城区 | 1987 |
| 浦东虹桥公寓 | 中心城区 | 2006 |
| 浦东虹桥花园 | 中心城区 | 2004 |
| 浦东世纪花园二期 | 中心城区 | 2006 |

续表

| 小区名称 | 区位 | 建成年份 |
|---|---|---|
| 浦东世纪花园一期 | 中心城区 | 2002 |
| 清水园 | 中心城区 | 2003 |
| 仁恒河滨城 | 中心城区 | 2004 |
| 上海绿城 | 中心城区 | 2004 |
| 仕嘉名苑 | 中心城区 | 2003 |
| 四季雅苑 | 中心城区 | 2000 |
| 天安花园 | 中心城区 | 2000 |
| 香梅花园 | 中心城区 | 2004 |
| 银良公寓 | 中心城区 | 1997 |
| 樱花坊 | 中心城区 | 1995 |
| 樱花路 309 弄 | 中心城区 | 2006 |
| 樱花路 89 弄 | 中心城区 | 2006 |
| 玉兰路 81 弄 | 中心城区 | 2007 |

# 第五章 城市居住区规划与居住空间分异

## 一 城市居住空间分异测量的方法

居住空间分异的测量方法大致可以分为两大类——社会空间测量和物质空间测量，前者包括因子分析法、分异指数法、回归分析法，后者包括空间自相关和空间插值。国内早期的研究以因子分析法为主，着重描述城市结构在空间分布上的聚集和分类。随着人口、房屋等数据的丰富，可以使用的指标增多，继而构建各类指数，从不同角度来描述单元间差异程度，其中以分异指数使用最为频繁。回归分析侧重于探究居住分异和感兴趣的因素之间的关系，分异程度既可以作为因变量，找出分异形成的机制，又可以作为自变量，找出分异的结果和影响。物质空间测量方法将空间位置属性考虑其中，在社会属性之外拓展了物质空间属性。

### （一）社会空间测量方法

1. 因子分析法

因子分析法主要作用是对研究区域进行分类，并对这种分类找出某种可以概括的特征。国内最早对居住分异的研究所使用的是因子分析法。虞薇在 20 世纪 90 年代就使用因子分析对上海中心地区居住空间进行分析，指出因子分析的目的是揭示城市空间的主要作用因子，另一个是要揭示这些主要因子的特点和最终形成的空间模型。① 为此，必须要把整个研究区域分成若干单元（比如街道），然后在各单元内收集可能影响空间构成的资料（比如收入、受教育程度、住房条件等）。这为之后的研究指出了因子分析使用的基本思路，但在因子取舍标准上并没有做出具体的说明。

后来，许学强等人在广州的研究中提出了具体的操作方法。② 首先划分单元，将研究区域（广州市区）划分成 109 个小区。然后对收集到的资料分成 67 个可能的影响变量。再对这些变量进行主成分分析，根据所解释方差的多少，找到影响的主要因子，研究中许学强以排在前面的 5 个为主要因子，解释的方差占原来总方差的 53.8%。接着计算各小区的主要因子得分。最后依据得分，使用聚类分析进行相似类分类，得到聚类后在空间上的分布。

之后，因子分析沿袭上述传统，并扩展到了国内其他城市的研究中。比如顾朝林等对北京的分析，③ 选择了 4 个主成分进行分析归纳，然后将北京的社会区分成 9 种类型。

简言之，这类方法借助 SPSS 等软件得到主因子，再根据主因子的得分，使用聚类分析划分区域，在这些基础上提取城市空间的结构模型。因子分析可以得到形象的空间模式，在研究的起步阶段起到了很大的功能，但该方法只能获得类上的差异，对量上的差异解释不足，不能满足对分异程度的研究。

2. 分异指数法

分异指数法从宽泛上来讲，是一类通过公式计算而得出某种指数的方法的总称，由于采用的指标和公式不尽相同，而产生了各种各样的指数。从具体上来讲，特指 Duncan 提出的"分异指数"（Index of Dissimilarity）。④

---

① 虞薇：《城市社会空间的研究与规划》，《城市规划》1986 年第 6 期，第 25—28 页。

② 许学强、胡华颖、叶嘉安：《广州市社会空间结构的因子生态分析》，《地理学报》1989 年第 4 期，第 385—399 页。

③ 顾朝林、王法辉、刘贵利：《北京城市社会区分析》，《地理学报》2003 年第 6 期，第 917—926 页。

④ Duncan, O. D. & Duncan, B., "Residential Distribution and Occupational Stratification", *American Journal of Sociology*, Vol. 60, No. 5, 1955, pp. 493–503.

关于如何构建居住分异测量的指数，国外研究者 Massey 和 Denton（1988）提出从五个角度来衡量居住分异："均质性"（evenness）、"接触性"（exposure）、"集中性"（concentration/isolation）、"向心性"（centralization）、"集聚性"（clustering）。[①] 这些角度为指数的构建提供了有益的思想基础。

（1）整体分异指数

"分异指数"是目前居住分异研究中最常用的衡量的指标，也有人称之为 D 指数，由 Duncan 于 1955 年提出。D 指数的出发点是人们是平均分布在空间的各个单元中，在单元中所占比例都相同，如果比例不同就表示存在分异情况。分异指数的计算公式为：

$$D = \frac{1}{2} \times \sum_{i=1}^{n} \mid \frac{x_i}{X} - \frac{y_i}{Y} \mid \qquad (5.1)$$

公式的具体含义为，假设一个城市划分为 n 个空间单元，研究对象为群体 a 和群体 b，空间单元 i 中群体 a 和群体 b 的人数为 $x_i$ 和 $y_i$，全市中群体 a 和群体 b 的总人数为 $X$ 和 $Y$。分异指数的取值范围在 0 到 1 之间，如果分异指数为 0，就表示在所有 n 个单元中群体 a 和群体 b 的比例都相等，两个群体在全市均匀分布没有分异；如果分异指数为 1，则表示每个单元是由某单一群体组成，两个群体完全隔离；分异指数 D 越大，居住分异程度越高。

"分异指数"创造性地以一个指标来表示整个研究区域内两类对象之间的差异程度，而且研究对象（Duncan 研究的是黑人与白人之间的差异）可以替换为其他许多类型。但同时也存在一定的局限性，后人在此基础上发展出了其他的变体形式，主要有局部分异指数和分层分异指数。

（2）局部分异指数

Duncan 最初提出的"分异指数"实际上是一种整体分异指数，即一个城市一个指数。但后来的研究者希望能将这个整体拆解成原先

① Massey, D. S. & Denton, N. A., "The Dimensions of Residential Segregation", *Social Forces*, Vol. 67, No. 2, 1988, pp. 281–315.

的单元，以了解内部各个单元的分异程度，并能横向比较单元间的分异高低。为此，研究者改进了分异指数，使用局部分异指数来对每个单元进行测量，这样能清晰地看出更小区域内（即原整体的各单元）的居住分异。改进后的公式为：

$$D_i = 100 \times (\frac{x_i}{X} - \frac{y_i}{Y}) \tag{5.2}$$

在此公式中，$x_i$、$y_i$ 和 $X$、$Y$ 的含义与整体分异指数相同。$D_i$ 指数的取值范围为 $-100$ 到 $100$。$D_i > 0$，表示研究区域内研究群体（$X$）比参照群体（$Y$）更加聚居，比如以外来人口为研究群体，户籍人口为参照群体，指的是此单元中外来人口相比户籍人口更聚集。$D_i$ 指数 $<0$，表示研究区域内参照群体（$Y$）比研究群体（$X$）更加聚居。$D_i = 0$，表示两个群体人数按全市人口比例在本单元中均匀分布。$D_i$ 的绝对值越大，本单元中两个群体之间的差异越大，居住分异程度越高。[1]

此外，还有一种局部分异指数的计算是对整体分异指数的分解线性化，主要用于分析单位街区居住分异状况及相关影响因素[2]。该指数由两部分组成，一部分是最初的整体分异系数，另一部分是对整体分异系数的线性变化，具体公式为：

$$d_j = \left| \frac{x_i}{X} - \frac{y_i}{Y} \right| \times 100\% \qquad d_j^* = \alpha d_j + \beta \tag{5.3}$$

$d_j^*$ 即为局部分异指数，取值范围在 0 到 1 之间，值越大说明该单元分异程度越大。其中 $d_j$ 为研究区域的整体分异系数，$\alpha$、$\beta$ 为线性变换系数。但这种线性变化的方法取决于 $\alpha$ 和 $\beta$ 的取值，不便于研究间的比较，可以作为对局部分异的一种建设性思考。

总体上讲，局部分异指数实现了横向展示内部单元差异的目的，

---

① 梁海祥：《双层劳动力市场下的居住隔离——以上海市居住分异实证研究为例》，《山东社会科学》2015 年第 8 期，第 79—86 页。

② 李松、张小雷、李寿山、杜宏茹、张凌云：《乌鲁木齐市天山区居住分异测度及变化分析——基于 1982—2010 年人口普查数据》，《干旱区资源与环境》2015 年第 10 期，第 62—67 页。

为寻找研究区域内的"热点"提供了一定的帮助,而这些"热点"能串联宏观与微观,提供具体的研究重点。

(3)分段分异指数

分段分异指数从研究群体的分类发展了分异指数。原先的分异指数的整体就是指所有人口,外来人口与户籍人口分别是研究群体与参照群体;而分段分异指数则将整体细化为原先整体的一部分,可以将外来人口和户籍人口分别视为整体,再寻找其他指标为研究群体和参照群体来计算分异指数。

分段标准既可以在指标本身,例如刘争光等将住宅价格分段,计算各段的住房价格分异指数(高于分段标准的样本数量与低于分段标准的样本数量相比);① 也可以选取其他指标,比如孙斌栋、吴雅菲根据收入将总人口分为从低到高的多个等级,然后分别计算不同等级上

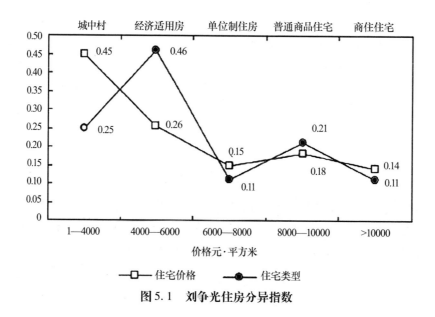

图 5.1　刘争光住房分异指数

---

① 刘争光、张志斌:《兰州城市居住空间分异研究》,《干旱区地理》2014 年第 37 卷第 4 期,第 846—856 页。

的住宅租赁价格的分异指数，绘制出了上海居住空间分异指数与收入等级的曲线，大致呈现出"U"形分布。[①]

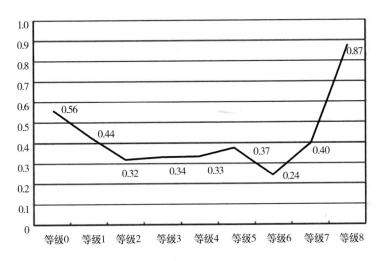

图5.2　孙斌栋等住宅租赁价格分异指数

综上所述，分异指数法是目前居住分异研究中使用最为广泛的方法，较为标准化的公式为研究间的比较提供了条件，形成了一套测量和评价体系，弥补了因子分析法"各自为战"的空白。但分异指数法也有一定不足，无论测量计算何种数据，得到的都是对数据当时状态的描述，无法在居住分异的形成机制上做出解释，即解决了"是什么样"的问题，却解决不了"为什么会这样"或"这样有什么影响"的问题。因此，学者们将目光放到了其他领域。

3. 回归分析法

回归分析法广泛应用于社会学的研究中，用于确定变量间的定量关系。在居住分异研究中以 Logistic 回归为主，其他回归为辅，但一般都以居住分异的结果为因变量，以人口、市场、制度和住房等因素

① 孙斌栋、吴雅菲：《上海居住空间分异的实证分析与城市规划应对策略》，《上海经济研究》2008 年第 12 期，第 3—10 页。

为自变量。

例如李志刚等人对广州居住空间分异的影响因素分析，以新移民在各单元的人口比例的均值为基础，设立虚拟变量，1 表示移民聚集区，0 表示非移民聚集区，然后采用二元 Logistic 回归模型对各种可能的影响要素进行分析。[①]

也有研究选择多元 Logistic 模型，将因子聚类分析中得到的多种住宅区分类作为因变量，将家庭收入、户籍、受教育程度、住房类型、人均面积和家庭规模六个变量作为自变量。[②]

还有研究采用多层线性模型 HLM，来分析社区层面的居住分异程度和个人层面的社会经济属性对社会融合程度评价的影响。[③] 该研究通过计算局部分异指数和局部隔离指数，并把它们作为第二层次的社区的自变量。然后分别计算零模型、个人层次特征模型、社区层次特征模型（包括分异指数、隔离指数两个模型）和完整模型。

总的来讲，回归分析法起到了双重作用。作为因变量可以找到影响社会空间分异构成的因素，与因子分析相比，回归分析的解释力更强，但无法在空间上形成聚类；因子分析可以在地图上展现聚类结果，但受类别数量限制（一般不多于 5 类），可能会缺少了某种不在前列却仍显著的因子。作为自变量，回归分析可以联系居住分异与其他领域的研究，定量分析居住分异的后果。

## （二）物质空间测量方法

前述三种方法中，空间只是作为一种划分单元的方法，而不考虑该空间单元的具体形态（如距离、面积等）对居住分异的影响，实质上是社会空间的测量。随着计算机技术的发展，物质空间逐渐被纳

---

[①] 李志刚、吴缚龙、肖扬：《基于全国第六次人口普查数据的广州新移民居住分异研究》，《地理研究》2014 年第 33 卷第 11 期，第 2056—2068 页。

[②] 蒋亮、冯长春：《基于社会—空间视角的长沙市居住空间分异研究》，《经济地理》2015 年第 35 卷第 6 期，第 78—86 页。

[③] 张文宏、刘琳：《城市移民与本地居民的居住隔离及其对社会融合度评价的影响》，《江海学刊》2015 年第 6 期，第 114—122 页。

入分析，其中以空间自相关和空间插值法最为出名。

1. 空间自相关

空间自相关分析是测量事物的空间分布是否具有自相关性，检验某一要素的属性值是否与其相邻空间上的属性值具有显著关联性，空间自相关程度越高表示该研究范围中要素的聚集性越高，不同要素间的排斥性越强。一般采用 Moran's I 指数来评定相关性，其取值范围为 −1 到 1 之间，I>0，表示空间正相关，研究区域中要素呈聚集分布的状态；I<0，表示空间负相关，研究区域中要素呈现离散分布的状态；I=0，则表示空间不相关，研究区域呈现随机分布的状态。[①]

Moran's I 指数类似于分异指数 D，是一个全局性的指数，一个研究区域有一个 I 指数。它能够从整体上判断一个城市中某要素（如房价、户籍人口）的分布模式。此外，还有一种高/低聚类 General G 指数，该方法聚焦于空间聚合的形态，找出高值聚类和低值聚类所在的空间单元，而忽略了分散或随机的形态。

2. 空间插值

空间插值常用于将离散点的测量数据转换为连续的数据曲面，即可以根据已经采样到的样本点估算整个研究范围中其他未采样点的情况。因为在实际工作中，我们不能对研究区域内每一位置都进行测量，所以就可以选择适当的样本点，使用合理的模型，对区域所有位置进行预测，形成完整的值表面，覆盖所有研究区域。该方法是基于"地理第一定律"，即"任何事物都相关，相近的事物关联更密切"。具体操作可以使用 ARCGIS 等软件进行空间作图。

总的来讲，在传统的分异指数下，一个街道内拥有同一个分异指数，即忽略了街道内部空间结构的影响，实际上只是对地图的一种"填色"。但在空间插值法下，计算机会考虑到街道的形状、面积、街道间距离等物质空间因素，将街道的分异指数突破各自边界的限制，形成连续的相似值区域，在视觉上更加直观，相比之下，传统分

① 蒋德超、何浪：《我国城市居住空间分异研究进展及方法评述》，《福建建筑》2015年第6期，第42—46页。

异指数则显得较为零碎、分散。

此外，物质空间测量方法还可以解决"棋盘分布"的问题。廖邦固等（2012）曾指出即使某一区域的分异指数一样，可由于空间位置或分布的不同，产生了不一样的社会后果。[①] 如图5.3 所示，假设三个阴影区域是研究群体聚集单元，且占比一样，如果仅从社会性质来看，数值相等，那么分异情况一样。但如果从物质空间性质来看，A 要比 B 集中，也更符合我们的经验观察。因此，在能够获得物质空间相关数据的前提下，采用物质空间的测量方法可以使结果更准确，解释力更强。

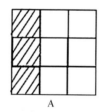 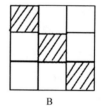

图5.3　"棋盘分布"问题

## （三）小结

居住分异测量方法可以按空间性质分为社会空间测量和物质空间测量两类。在现阶段的研究中，测量方法以社会空间方法为主，物质空间的方法还在初步阶段。但物质空间的测量方法已表现出不同于社会空间方法的一面，在地理学等其他学科帮助下，形成了一套对坐标、位置等的计算、表达、解释的方法。两类方法各有优劣，社会空间的方法基础深厚、使用方便；物质空间的方法则更加精细，将空间位置的概念引入测量中，丰富了测量意义，但在操作和理解上有些困难。

---

① 廖邦固、徐建刚、梅安新：《1947—2007 年上海中心城区居住空间分异变化——基于居住用地类型视角》，《地理研究》2012 年第 31 卷第 6 期，第 1089—1102 页。

# 二　上海城市居住分异的现状和分析

有关上海居住分异状况的研究，从时间上可以分为历史研究、现状研究和模型建构研究，历史研究主要从理论上梳理住房改革前后的分异情况，现状研究主要依靠数据实证居住分异的程度和形态，而模型建构研究侧重于提出宏观的空间分布结构。其中，现状研究可根据数据类型，分为人口分异和住房分异；再可根据测量方法，分为包括整体状况和空间上的状况。

表5.1　　　　　　　　　　上海居住分异状况研究分类

| 历史研究 | | 现状研究 | | 模型建构研究 |
|---|---|---|---|---|
| 1998 年前 | 1998 年后 | 人口分异 | 住房分异 | |

## （一）上海居住分异的历史研究

有关上海居住分异的历史研究，大多以住房改革为分界点，认为住房改革前居住分异程度较低，而改革后分异程度提高。

1. 1998 年前的分异状况

张汤亚认为，在改革前的计划经济时代，城市居住空间的分布主要是按照经济计划的需要，通常根据就近处置的原则，将住宅用地安排在工作单位内部或附近，城市物质空间的分配其实就是社会、经济等要素在空间上的体现。[1] 比如，上海曾经在城市中心地区的周边建设了许多工人新村，这些都是计划经济时代的缩影。

2. 1998 年后的转型期分异状况

1998 年后国家对住房制度提出了改革的要求，以商品房制度逐渐代替原先的住房分配制度，紧接着大规模的住宅建设开始在城市展

---

① 张汤亚：《我国大中城市实行混合居住的必要性及其规划模式探讨》，《住宅科技》2012 年第 32 卷第 3 期，第 1—6 页。

开。在住房制度放开的前提下，高收入者选择居住环境更好的住宅区，而低收入者仍居住在以前的老旧住宅区里，于是在居住空间上产生流动，形成了按照阶层分布的不同区域——高档商品房区、公共住房区、老旧住宅区等。[①]

还有研究从住房改造的角度入手，方长春认为在上海的石库门改造过程中，形成了一些传统文化街区和在旧址新建的高档居住区。[②]在这一过程中，一部分低收入的原住民随着旧城改造而被动地迁往离城市中心较远的新区，而高收入群体则可以选择继续居住在这些被改造的中心区域。

廖邦固的研究从土地利用类型的角度分析了上海居住用地的分异情况。发现 1979 年后，整体分异指数呈现上升趋势；1984—1989 年改革开放初期，上海中心城区居住用地空间分异结构特征呈 "U" 形分布，即最高（花园洋房、别墅）和最低等级（棚户区、农村住宅）的居住用地分异度高，而中等居住用地（多层住宅、里弄）分异度低。到 20 世纪 90 年代末，"U" 形分布进一步强化为 "V" 形结构。

总之，由于早期阶段数据资料不像现在完善，所以对历史上的上海分异研究集中在制度分析和个案分析上，对于过去空间单元上不同群体的比例只有笼统的直观认识，融合还是分异不能确定。但在大的宏观格局上还是较为一致地认为，土地和住房制度改革后，上海整体的分异程度提高，并有扩大的趋势。

### （二）上海人口分异的现状研究

随着人口普查数据的公开和使用，人口数据资料得到了很大的补充，居住分异特别是分异指数研究是在数据支持下广泛进行的，研究者从户籍、受教育程度、年龄等不同角度描述了上海的居住分异程度。

---

① 赵凤：《城市居住空间分异现状及分析》，《经济与社会发展》2007 年第 8 期，第 19—20、121 页。

② 方长春：《中国城市居住空间的变迁及其内在逻辑》，《学术月刊》2014 年第 46 卷第 1 期，第 100—109 页。

1. 人口整体分异状况

上海的人口分异已存在一定的分异。陈杰、郝前进①使用2010年第六次人口普查上海部分的数据，以上海全市为研究范围，分别以居委会和街道为单元，计算了上海的居住分异指数。从整体分异指数上来看，以街道为单元的户籍居住分异指数为0.3373，若以分异标准来看处在0.3—0.6之间的中等分异水平。对于受教育程度而言，上海全市街道尺度上的高等学历分异指数为0.2978，全市就业状态的分异指数为0.1895，全市老年人的分异指数只有0.1804，后三项指标均小于0.3，说明学历、就业、年龄的分异程度还较低。

此外，从局部分异指数上来看，上海的人口分异存在"占比高的分异程度低，占比低的分异程度高"的现象。以户籍人口为例，2/3以上的居委会是户籍人口比非户籍人口聚居的，1/3不到的居委会是非户籍人口比户籍人口聚居。虽然户籍人口相对聚居的居委会占多数，但这些居委会的局部分异指数并不很高，说明这些居委会内分异并不严重。然而对非户籍人口相对聚居的居委会而言，虽然居委会总数量占比低，但分异程度分化却更高。除了户籍人口外，非高等教育群体、非就业群体、大于60岁群体，也都属于占比高分异程度低的那一类，而高等教育群体、就业群体、小于60岁群体，则属于占比低分异程度高的那一类。

汪思慧等选取了浦东塘桥的蓝村小区、贵龙苑及春之声公寓三个小区分别代表三种类型的社区（浦东开发前的工人新村、浦东开发后的外销房和新建公寓），通过调查各小区的户籍类别、收入水平、职业构成、受教育程度等因素，统计比例构成后，发现小区生活品质越高、整体环境越好、住房越高档，居住分异程度越高。

总的来说，上海人口的整体分异以户籍分异为主，且程度已较为明显。在户籍分异中，非户籍人口的聚集程度比户籍人口更高，尽管户籍人口在更多的街道占优势。

---

① 陈杰、郝前进：《快速城市化进程中的居住隔离——来自上海的实证研究》，《学术月刊》2014年第46卷第5期，第17—28页。

2. 空间上的人口分异状况

空间上的人口分异指的是，将分异指数等指标放在地图上，与具体的空间位置关联。从具体研究来看，上海关于空间上的人口分异，主要与环线和标志性地区关联在一起。

陈杰等发现，户籍人口局部分异指数较高的街道主要在中内环间和外环以外的浦东新区和青浦区、松江区、金山区，前者虽处在中内环，地段却不优秀，基本是内环边缘的老工业区和老住宅区；后者可能和保障房基地建设有关，承接了中心城区流出的人口，特别是市区内拆迁安置的人口。外来人口局部分异指数较高的街道主要集中在中外环间，尤其主要集中在靠近原来城乡接合部区域和制造业密度较高的区域。外来人口和户籍人口的局部分异指数在上海最核心的内环以内地区都比较低，说明二者基本是均衡分布，没有明显的分异。

梁海祥同样从全市空间分布的角度分析了户口、性别、学历、年龄的分异指数，发现以外环线为界，在外环线以外地区农业人口、低学历群体、中青年群体、男性较为聚集，在外环线以内地区非农人口、高学历群体、儿童老年人、女性更聚集。

杨上广等分析了收入在空间上的分异，认为上海如今的高收入群体主要聚集在商业氛围浓厚、基础设施便利的中心城区（如黄浦江、苏州河滨水景观带），围绕城市绿地的周边地区（如世纪公园），生态环境优越的郊区（如佘山风景区）和就业机会丰富的工业园区。低收入群体则聚集在城市中心的老式里弄、老公房等住房水平较差的破败区域或者郊外基础设施薄弱的大型安置社区中。

在人口分异的研究中，移民是一个重点关注的群体。肖扬等在对新移民的研究中，认为上海新移民在空间分布上呈现出"西翼"，从规划上看可能与嘉定新城、青浦新城、松江新城和闵行虹桥有关。通过计算以区为范围，居委会为单元的新移民分异指数，发现上海市新移民在城市的西部和北部是集中分布，其中嘉定区、宝山区、闵行区、青浦区、松江区的新移民分异指数高于全市的平均分异指数0.45。中心城区如黄浦区、静安区、长宁区的新移民分异指数均小于0.2，外环以内的区均小于0.3。

总的来讲，上海空间上的人口分异以环线为界，特别是外环线，而形成不同的情况。此外，在郊区存在一些特殊的富人和拆迁安置的聚集区域。

**（三）上海住房分异的现状研究**

在众多居住分异的研究中，人口数据是最主要的数据来源，但近年来随着互联网技术的发展，住房数据的获得由难转易，某种程度上甚至比人口数据更易获得。尽管从网站获得数据的可靠性不如普查等手段，可在更新速度方面更有优势。因此，有研究者开始使用住房相关的数据进行居住分异研究，但数量仍比较少，和上海有关的研究更少。

1. 住房整体分异状况

孙斌栋和吴雅菲使用住房租赁价格，在区的尺度上，对上海外环以内地区进行分异指数的计算。将租赁价格划分为 9 个等级，假设每个等级对应一个收入阶层水平。结果表明最低等级与最高等级这两个阶层的租赁价格空间分异指数明显高于处于中间等级的阶层。各个分异指数按等级从低到高连接成一条近似"U"形的曲线，这说明高价住房和低价住房的聚居现象比较明显，中间价格的分布则较为均衡。认为上海已经存在以房价为代表的阶层收入差异，贫富两极分化比较严重。

2. 空间上的住房分异状况

孙斌栋还通过空间插值的方法，发现上海的居住空间存在一条东西向的租赁价格高值区域，即从长宁区到徐汇区、静安区、原来的卢湾区、黄浦区直到浦东陆家嘴以及花木—世纪公园附近地区，在这些区域内分布着虹桥、南京路、淮海路、人民广场、外滩、陆家嘴、世纪公园等上海的主要标志。

这一条高值区域，东西向长且租赁价格两端高中间部分低，南北向短且中间高两端低，东西向价格差异小于南北向差异。在这个高值区域中，形成了东西两个中心即世纪公园和古北社区，租赁价格以这两个中心逐渐向外递减。从规划角度来看，世纪公园中心是背靠浦东的大量企业，而古北中心则聚集了大量境外人士的国际社区。围绕环线来看，内环以内核心区的租赁价格分布较为均质，而内环至外环间的区域住宅租赁价格差异较大。

总之，随着社会经济的发展，房价等住房属性渐渐为人们所重视，虽然住房不能完全反映居住于其中的居民的属性，但可以预见两者之间的相关性会逐渐提高。从上海来看，住房的差异还是比较明显的，顶端的差异体现在极值的突出上，而底端的差异可能体现在基数的庞大。

### （四）上海居住空间分异的结构研究

有关居住分异的研究，除了从数量上对分异程度进行各种描述外，一些研究者还希望能概括出城市的空间结构，找出中国城市发展的特色。现有研究概括出的结构，和传统的同心圆、扇形、多核心模式有很大联系，并认为是三种模式的综合或叠加。

杨上广从理论上宏观地提出了上海是"四个圈层、四个扇形、三个核心"的分布结构。四个圈层分别为：（1）内城区，主要居民是中高收入群体，还有少部分居住在旧式里弄、老公房的低收入群体；（2）中环线附近区，主要居民是中等收入群体，住房以新建商品房为主；（3）近郊区，主要居民是外来移民或流动人口，此外还有一部分从市中心动迁出来的安置户群体；（4）远郊区，主要居民是中高收入群体，集中了相当一部分大规模的独栋别墅、高尔夫别墅和花园洋房。四个扇形区分别为：（1）浦西中心扇形区，大致是由东往西，从黄浦区到长宁区，集中了上海多数的党政机关、社会名人和境外人士。（2）浦东陆家嘴扇形区，从陆家嘴到世纪大道，是高新行业集中的地区。（3）从陆家嘴沿黄浦江向北、向南两个扇形区，凭借沿江的景观带、休闲带规划，成为新的环境质量高的区域。三个核心分别是以人民广场、陆家嘴为主核心的中央商务区和北部的五角场、南部的徐家汇的次中心。

李志刚等通过因子聚类分析将上海划分为六类理想城市空间，[①]

---

① 李志刚、吴缚龙：《转型期上海社会空间分异研究》，《地理学报》2006年第2期，第199—211页。

分别命名为：（1）计划经济时代的工人集中居住区，在城市北部沿中环线分布；（2）外来人口集中居住区，分布于近郊区；（3）白领集中居住区，主要分布在内中环间杨浦虹口和徐汇长宁的两个部分；（4）农民集中居住区，主要分布在远郊区；（5）新建普通住宅集中居住区，主要分布在中心城区的南部和北部边缘区域；（6）离退休人员集中居住区，主要集中在城市核心地区和黄浦江的带状区域。

王春兰等基于上海各街道镇的局部分异指数（跨省迁入人口数比户籍人口数）得出上海二元社会的城市空间结构呈现三圈层的特点：（1）由户籍人口相对集聚的中心城；（2）省际迁移人口相对集聚的近郊区；（3）户籍人口相对集聚的外围郊区。比较2010年和2000年的结果，第一圈层由城市中心向外缘推进，第二圈层也向外围扩展，北部郊区基本全部被囊括，第三圈层的范围大大减少。

总的来说，黄浦江贯穿城市而过，形成了浦东、浦西两个中心，上海的空间分布结构也有着两个中心向外渐变，大致上沿环线形成不同区域。

### （五）小结

综上所述，上海作为中国的特大城市，在有限的土地上聚集了大量人口。随着改革开放后的城市化进程，外来人口急剧增加，如今已占到四成以上，户籍人口与非户籍人口之间已有明显分异。同时，在市场化背景下，住房逐渐成为热门资源，一定程度上反映了居住者的情况，为居住分异研究提供了新的角度。最后，在大量研究的基础上，中国学者已开始尝试归纳中国城市居住分异的空间结构，综合传统的同心圆、扇形、多核心模式，以环线和中心为主干，提出了有建设性的理论构想。

## 三 居住区的区位与居住空间分异

本节主要讨论的是，通过链家网、百度地图等网站获得上海部分居住小区的住房信息，在此基础上从数据统计和地图呈现的角度，来分析上海住房价格、住房面积与居住分异的关系。

本次网络上获得的小区数据，其范围选取了上海除崇明区以外的所有地区。崇明区因为房产交易数据偏少，且远离市中心，故崇明区不在本次讨论范围内。除崇明区外，现在上海共有 15 个区，199 个街道镇，行政区划面积约为 5155 平方公里，常住人口约有 2350 万人。

在数据处理过程中，以街道为划分空间的基本单元，以小区为基本的研究单位。在此有两个前提条件和假设，一是用小区内部不同的住房经过平均汇总后的数据表示小区的整体水平，即认为一个小区是同质的，小区内部的差异暂时忽略；二是住房的分异能够反映社会不同群体之间的分异，虽然住房和真实的社会经济地位之间有差距，但本书认为住房水平的差异可以反映居民社会经济水平的差异。

本书调查所使用的住房数据主要来自房产中介网站链家，采集时间为 2018 年 9 月。空间位置数据来自百度地图。第一步通过爬虫软件，采集当时正在链家网挂牌交易的非崇明区的二手房记录 56954 条，采集指标有所属小区、单套价格和建筑面积。第二步根据所属小

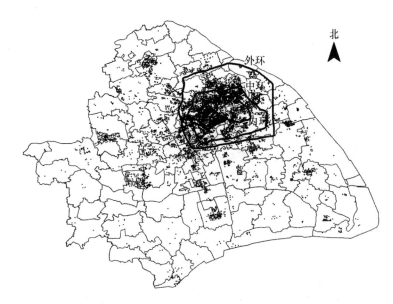

**图 5.4　2018 年上海网络抽样小区的分布**

区汇总二手房数据，共 7440 个小区，得到小区单套价格、建筑面积的总和，接着除以小区的二手房挂牌数量，得到小区的户均总价和户均面积。然后在链家网上采集这些小区的总户数。第三步根据小区名称，在百度地图上获得小区的边界坐标，经过转化后导入 ArcGIS 软件中，形成小区的分布地图。然后通过 ArcGIS，根据空间位置为每个小区分配区、街道和环线的属性，再计算每个小区的占地面积。最终，采集和使用到的数据有小区的户均单价、户均面积、容积率、总户数、总占地面积、所在的区/街道/环线。

**（一）住房价格的统计结果**

本调查选取户均总价作为衡量住房价值的指标之一，是因为如果选取单价的话，可能就忽略了面积的影响，比如同样是 5 万/平方米的单价，50 平方米的房子和 100 平方米的房子其实有着不小的价值差异。此外，在采集数据时发现，网站列出的小区单价就是由挂牌房子的户总价之和除以面积之和，因此户总价实际是基础指标，这可能与交易时是以户总价结算有关。所以在衡量住房价值时，本书选择了户总价作为指标，将小区内的样本汇总到小区层面，然后用总价之和除以小区样本数得到户均总价，以户均总价来表示该小区的价值水平。

1. 小区户均总价的整体情况

从小区户均总价的整体描述统计来看，平均数为 634.55 万元/户，中位数为 445.84 万元/户，平均数高于中位数说明高价小区拉高了整体的平均水平。从值的分布来看，如果把小区的户均总价从低到高排列，然后取每 10% 分位的值，可以看到曲线的斜率前面较小而后越来越大，说明户均总价的差异越来越大。从频率分布来看，户均总价在 300 万—500 万元的小区最多，约占 31.5%；500 万—800 万元的小区次多，约占 21.8%；200 万—300 万元的小区再次，约占 18.4%，即 80% 的小区的户均总价在 200 万—800 万元之间。

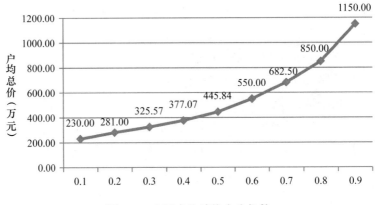

**图5.5　小区户均总价十分位数**

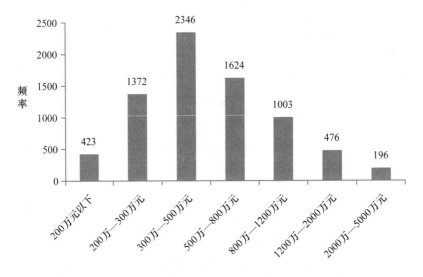

**图5.6　小区户均总价频率分布**

### 2. 小区户均总价的空间分布

通过 GIS 中的克里金插值法可以预测全市范围内的数据分布，发现户均总价高的小区主要有市中心的淮海中路街道、陆家嘴街道、南京西路街道附近，北部的新江湾城街道，西部的佘山、徐泾镇，东部的花木街道、金桥镇、张江镇和南部的马桥镇。

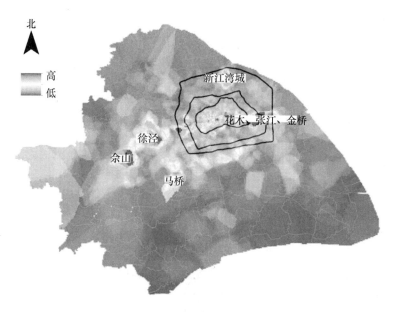

**图 5.7　全市户均总价克里金插值**

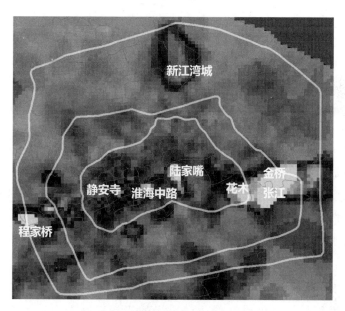

**图 5.8　中心城区户均总价插值**

3. 小区户均总价的极值情况

将小区按户均总价从低到高排列，在前 10% 的低价小区中，位于内环以内的占 4.3%，内环至中间的占 10.4%，中环至外环间的占 10.9%，外环以外的占 74.4%。说明低收入阶层居住的小区大多数集中在中心城区以外，从中心由内而外分布越来越多。

**图 5.9　户均总价前 10% 的低价小区分布**

在后 10% 的高价小区中，位于内环以内的占 44.8%，内环至中间的占 16.0%，中环至外环间的占 11.1%，外环以外的占 28.1%。说明高收入阶层居住的小区主要集中在内环以内的城市核心区，还有一部分分布在外环以外的郊区。

(二) 住房面积的统计结果

户面积是一个可以衡量住房质量的指标，直观上认为户面积越大，住房质量越高。户均面积与户均总价一样，是经过汇总后平均得到的，以此来表示小区的质量。

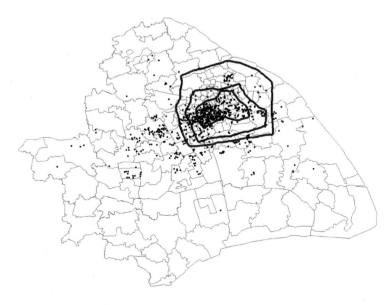

**图 5.10　户均总价后 10% 的高价小区分布**

1. 小区户均面积的整体情况

从小区户均面积的描述统计来看，平均值为 105.30 平方米/户，中位数为 90.36 平方米/户，同样是平均数高于中位数，说明户均面积大的小区拉高了整体的平均水平。从值的分布来看，把小区的户均面积从低到高排列，然后取每 10% 分位的值，可以看到曲线的斜率较为一致，只是在最后部分有明显提升，说明户均面积整体上的差异不是十分明显，差异主要体现在户均面积最大的那部分。从频率分布来看，户均面积在 60—100 平方米的小区最多，约占 37.6%；100—140 平方米的小区次多，约占 26.5%；40—60 平方米的小区再次，约占 18.3%，即超过 80% 的小区的户均面积在 40—140 平方米之间。

2. 小区户均面积的空间分布

从空间分布来看，发现户均面积大的小区主要集中在西部的佘山镇及附近，南部的马桥镇、北部的新江湾城街道和东部的张江、金桥镇附近，而中心城区小区以中小型户均面积为主，只在淮海中路街道和陆家嘴街道有零散的大户均面积小区。

### 3. 小区户均面积极值的情况

将小区按户均面积从低到高排列，在前 10% 的户均面积小的小区中，位于内环以内的占 47.5%，内环至中间的占 34.0%，中环至外环间的占 11.7%，外环以外的占 6.8%。说明面积小的小区主要分布在中环以内，中环以外面积小的小区较少。

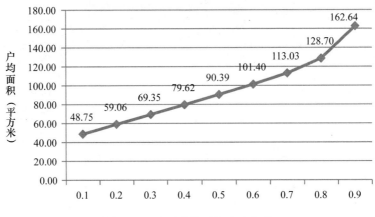

图 5.11 小区户均面积十分位数

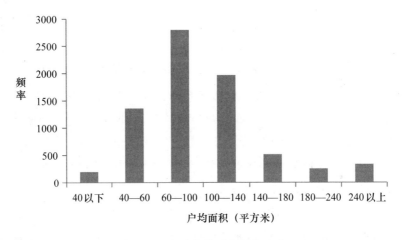

图 5.12 小区户均面积频率分布

**图 5.13　全市户均面积克里金插值**

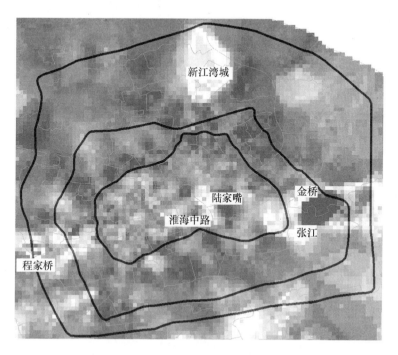

**图 5.14　中心城区户均面积插值**

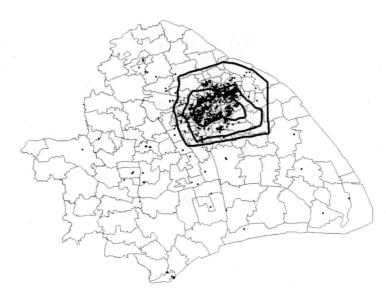

图 5.15　户均面积前 10% 的户均面积小的小区分布

图 5.16　户均面积后 10% 的户均面积大的小区分布

在后 10% 的户均面积大的小区中，位于内环以内的占 22.0%，内环至中间的占 12.2%，中环至外环间的占 11.9%，外环以外的占 53.9%。说明面积大的小区主要分布在外环以外，内环以内的核心城区也有一些户均面积大的小区，内环至外环间则分布较少。

### （三）住房价格和住房面积的居住分异系数结果

1. 整体分异系数

（1）计算方法

本书的计算公式与传统的分异指数计算公式一致，即

$$D = \frac{1}{2} \sum_{i=1}^{n} \left| \frac{x_i}{X} - \frac{y_i}{Y} \right| \tag{5.4}$$

在 Duncan 的设计中，各指数统计的单位是人数，比如白人的数量、户籍人口的数量。本书认为，如果小区也以数量为单位，虽然简洁明了，而且易于统计，但可能就忽视了小区规模的影响。如图 5.17 所示，假设一个研究单元内只有两个小区，黑色小区表示价格高的小区，白色表示价格低的小区。若仅以小区数量来判断分异，那么下面三种情况都是相同比例。但直观上感觉，只有第一这种情况是比例相同的，第二种偏向低价，第三种偏向高价，就是因为小区规模，即小区面积的影响，所以本书选择以小区的面积作为统计单位，而不是小区个数。

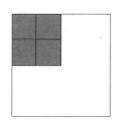

图 5.17　小区统计单位示意

在分类标准上，整体分异指数是二分的，所以需要找出两个不同的群体，比如黑人与白人、户籍人口与非户籍人口，这在人口指

标上比较容易实现，但在住房数据，尤其是对连续数据如户均总价、户均面积等而言，不管分界点取在哪里，都不能明确地把整体分成"泾渭分明"的两类。因此，本书选择以算数平均值、整体平均值和中位值为标准计算整体分异指数，误差在此就已形成，但很难避免。

在尺度选择上，以街道为基本研究单元。一是因为街道镇数量适中且边界比较容易获得，而区数量太少，居委会数量太多；二是因为街道内可以用小区作为基本单位——区分出高值小区和低值小区，但小区（居委会已被排除）内很难再划分，如果以户为基本单位的话，就要有高值户和低值户，这是目前数据采集难以做到的，网站上列出的二手房数量不足以支撑。所以最终选择街道作为基本研究单元。

因此，本书整体分异指数计算的完整表述为，在街道尺度上对上海整体进行分异指数测量，公式中的 $x_i$ 指街道 i 中小于等于标准（户均总价、户均面积的算数平均值、整体平均值或中位值）的小区的占地面积总和，$X$ 指全市小于等于标准的小区的占地面积总和；$y_i$ 指街道 i 中大于标准的小区的占地面积总和，$Y$ 指全市大于标准的小区的占地面积总和。

（2）计算结果

表5.2　　　　户均总价和户均面积的整体分异系数

| | 二分点（具体值） | 整体分异指数 D |
|---|---|---|
| 户均总价 | 中位数（445.84） | 0.4539 |
| | 整体平均值（549.27） | 0.4284 |
| | 算术平均值（634.55） | 0.4330 |
| 户均面积 | 中位数（90.39） | 0.3867 |
| | 整体平均值（96.47） | 0.3842 |
| | 算术平均值（105.30） | 0.3870 |

从结果来看，如果按传统的区间标准，小区户均总价和小区户均面积的整体分异指数均落在 0.3—0.6 之间，属于中等程度的居住分异，而且户均总价的分异程度比户均面积高。就这两个二分点而言，户均总价的分异指数波动比户均面积大，说明在中等水平小区附近户均总价的差异比户均面积大。

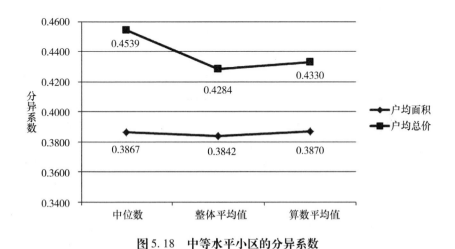

**图 5.18　中等水平小区的分异系数**

2. 分段分异系数

分段分异指数是整体分异指数的一种变形，二分的思想不再是"50 对 50"，而是取一系列二分点。此前，孙斌栋、吴雅菲对住房租赁价格的等级划分，其认为划分出来的每个等级都对应了一个社会阶层群体，住房租赁价格越低，说明该群体的经济、社会地位水平越低，依照几何间隔法将之划分成 10 个等级，然后分别计算各个等级的分异系数。

本书借鉴了他们的思路，但在取二分点时没有选择几何间隔法，而是选择分位数法。原因在于，既然住房租赁价格反映了居住者的阶层，那么从贫富分化的角度来看，排在前面和后面的那部分是值得特别关注的。如果采用几何间隔或自然间隔，虽然在技术上能够划分出更"美观、整齐"的，但选出来的点较难解释；相反分位数划出的结果可能不"美观"，但意义明确，前10%和后10%理解上更容易被接受。所以取舍后，采用了分位数间隔，尽管存在可能将相邻要素置于不同类，或将差异大的要素置于同一类的劣势。

（1）计算方法

分段分异指数的计算方法、公式和整体分异指数完全一样，区别仅在于二分点选择。二分点选择在了小区户均总价、户均面积分别从低到高排列后每10%数量的所在点。

（2）计算结果

表5.3　　　　　　　　户均总价和户均面积的分段分异系数

| | 分位数（具体值） | 分段分异指数 |
| --- | --- | --- |
| 户均总价 | 0.1（230.00） | 0.6230 |
| | 0.2（281.00） | 0.5277 |
| | 0.3（325.57） | 0.4837 |
| | 0.4（377.07） | 0.4676 |
| | 0.5（445.84） | 0.4540 |
| | 0.6（550.00） | 0.4292 |
| | 0.7（682.50） | 0.4463 |
| | 0.8（850.00） | 0.4960 |
| | 0.9（1150.00） | 0.5252 |
| 户均面积 | 0.1（48.75） | 0.7195 |
| | 0.2（59.06） | 0.6123 |
| | 0.3（69.35） | 0.5049 |
| | 0.4（79.62） | 0.4222 |
| | 0.5（90.39） | 0.3867 |
| | 0.6（101.40） | 0.3894 |
| | 0.7（113.03） | 0.4031 |
| | 0.8（128.70） | 0.4497 |
| | 0.9（162.64） | 0.5235 |

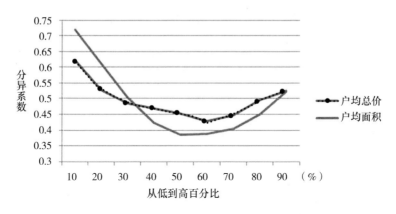

图5.19　分段分异系数

从结果来看，发现有以下特点。

户均总价的分段分异指数，最高值为0.6230，在最低的10%位置；次高值为0.5277，在较低的20%位置；再次为0.5252，在最高的90%位置；最低值为0.4292，在中间偏高的60%位置。

户均面积的分段分异指数，最高值为0.7195，在最低的10%位置；次高值为0.6123，在较低的20%位置；再次为0.5235，在最高的90%位置；最低值为0.3867，在中间的50%位置。

户均总价和户均面积的分段分异指数，都呈现两端高、中间低的形态，近似一个"U"形或"V"形，且户均面积分异指数的变化幅度更大。从住房等级与阶层社会对应的角度来看，底层社会和顶层社会这两个群体的分异程度很大，两个群体内部聚集而与外部隔离，中层社会的分异程度相比之下小一点，分布稍微均衡一点，尽管绝对值上已属于中等分异。

3. 局部分异系数

在上述两种分异指数的计算过程中（其实是一个计算过程），"$\dfrac{x_i}{X} - \dfrac{y_i}{Y}$"的意义被隐藏了起来。一是取绝对值，消除了正负符号的影响；二是被累加起来，为了组成整体。因此，虽然我们使用街道将城市分成各个部分，但我们实际上并看不到这里面的各个部分，得到的只有一个数值。尽管这已经可以解释整体的水平，但后来的研究者似乎并不满足于此，试图把" $\frac{x_i}{X} - \frac{y_i}{Y}$ ""解放"出来，于是便得到了局部分异指数。

（1）计算方法

$$D_i = 100 \times (\frac{x_i}{X} - \frac{y_i}{Y}) \tag{5.5}$$

局部分异指数基本保留了最初的面貌，仅乘以一个系数来放大最后的值，这样每个单元（街道）都可以得到一个属于自己的值，并且这个值是可以相互比较的。但有个局限是结果没有经过标准化，上下限距离可能很大。

此外，因为局部分异指数最后要落在地图上，一个二分点形成一幅图，单幅图内比较容易横向比较。但如果用多个二分点就会形成多幅图，受能力和技术限制，图片之间的比较不像值之间的比较那么容易和明显，所以在城市这样大范围内的局部分异指数中，不便使用分位数这样多个二分点的，而街道或区又不是本书的研究范围。综合考虑后，选择中位数、整体平均值和算数平均值作为局部分异指数的二分点，比对三类标准后，发现在空间布局上差异很小，所以分析时选取中位数图，以此分析上海内部不同街道之间的居住分异程度的区别。

最后需要注意的一点是，因为有了正负号，所以值的含义多了一条，即 $D_i > 0$ ，表示在本单元内研究群体（户均总价低或户均面积小的小区）比参照群体（户均总价高或户均面积大的小区）更聚集； $D_i < 0$ ，表示在本单元内参照群体比研究群体更聚集；绝对值越大，聚集程度越高。在研究分析的图片中，颜色越偏向红色表示局部分异指数 $D_i$ 越大，颜色越偏向蓝色表示局部分异指数 $D_i$ 越小，黄色表示局部分异指数 $D_i$ 在 0 附近。

（2）计算结果与分析

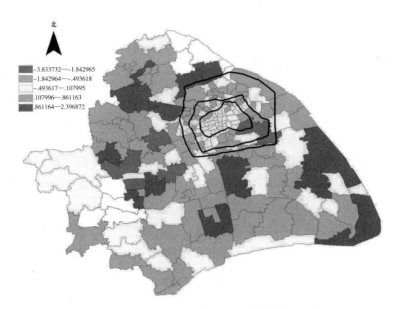

图 5.20　户均总价局部分异指数

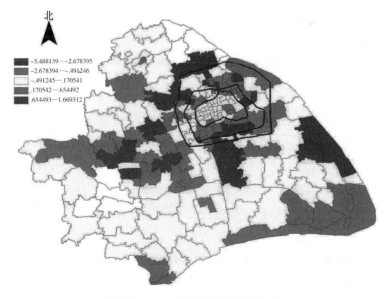

图 5.21　户均面积局部分异指数

从户均总价局部分异指数的分布来看，最高值区间，即低价小区聚集程度最高的街道，全部分布在外环以外；次高值区间，基本分布在内环以外；中间值区间，即没有明显聚集的街道，多数分布在内环以内；最低值区间，即高价小区聚集程度最高的街道，基本分布在外环以西地区和花木、张江街道；次低值区间，主要分布在内环至外环间和外环以西地区。房价混合和高价聚集的小区集中在城市中心东西向的一条横轴上，低价聚集的小区分布在这条横轴的北面和南面。

从户均面积局部分异指数的分布来看，最高值区间，即小户型小区聚集程度最高的街道，主要分布在中环附近和以外的地区；次高值区间，主要分布在内环至外环间；中间值区间，即没有明显聚集的街道，主要分布在内环以内；最低值区间，即大户型小区聚集程度最高的街道，主要分布在外环以西地区；次低值区间，也主要分布在外环以西地区和花木、张江街道。

总的来看，内环以内是比较混合的街道，分异程度不高；外环线北部附近的杨行、顾村、桃浦、江桥镇和南部的浦江、祝桥镇是低价小户型小区的聚集区；外环线以西的徐泾、新桥、佘山镇和方松街道是高价大户型小区的聚集区。

（四）小结

从区位分布来看，上海户均总价高的小区集中分布在城市内环以内和外环以外，主要有陆家嘴、淮海中路、静安寺附近地区和佘山、新江湾城、花木和张江附近地区，且这些地区大致形成一条东西向的高值轴分布，户均总价低的小区则分布在这条轴的南北方向。

上海户均面积大的小区主要集中分布在外环以外，呈东西两个片区，东片主要有佘山、徐泾、朱家角、马桥镇，西片主要有张江、金桥镇，户均面积小的小区主要集中在外环以内的中心城区。

从分异角度来看，上海整体的居住分异情况已比较明显，且两端低值和高值的分异程度比中间高，说明贫富分化还是比较明显的。在空间上，内环以内的分异较低，无论是户均总价还是户均面积都属于融合的区间段；外环以北和以南地区是分异比较大的地区，且偏向低户均总价和小户均面积分异；西部的佘山和东部的花木、张江地区则偏向高户均总价和大户均面积分异。

总的来看，上海居住区的区位和空间分异大致有以下特点：中心城区是户均总价较高、户均面积较小、分异程度较低，北部和南部地区是户均总价较低、户均面积较小、分异程度较高，东部和西部地区是户均总价高、户均面积大、分异程度较高。

表 5.4　　　　　　　　上海小区区位和空间分异的关系

| 地区 | 户均总价 | 户均面积 | 居住分异程度 |
| --- | --- | --- | --- |
| 中心城区 | 高 | 小 | 低 |
| 南部和北部 | 低 | 小 | 高 |
| 东部和西部 | 高 | 大 | 高 |

## 四　居住区的密度与居住空间分异

居住区的密度可以从两个方面来认识，一是人口密度，即区域内人口数量分布的密集程度，通常用人口数与区域面积的比来表示；二是建筑密度，即区域内住宅区或建筑物分布的密集程度，用建筑物面积与区域面积的比来表示。由于本书侧重于分析物质空间分异，所以居住区的密度指的就是建筑密度或称容积率。在数据采集过程中，58同城、房天下等网站直接提供了小区的容积率指标，故在此直接采用而不再额外计算，然后对其进行统计和分异计算。

容积率是一项衡量建设用地使用强度的指标，自被引入国内以来，就成为城市规划中一个非常重要的要求，渗透到城市建设的各个方面。同时，居住区的容积率能够反映所在小区的生活品质水平，高容积率的小区内住户多，公共资源平均下来相对较少，绿地停车位等竞争激烈，影响到了小区整体的质量和评价。因此，容积率应该同户均总价、户均面积一样，都是可以测量居住分异的一个维度，从空间维度透视社会维度的分异。

## （一）容积率的概念和分类

容积率的概念最早来自美国，称作 Floor Area Ratio（FAR），在英国容积率被叫作 Plot Radio（PR）。容积率的计算公式[①]为：

容积率＝地块内地面以上建筑物的建筑面积总和/地块面积

$$(5.6)$$

通过计算容积率可以表示出建筑物的总体容量，反映了建设用地的开发和使用强度，容积率越高，居住区的密度越高，土地开发强度越高。[②] 对于开发商而言，容积率会影响住房出售收益与地价成本的比例；对小区居民而言，容积率影响了居住的舒适程度，通常情况下，容积率越小，意味着小区容纳的建筑数量越少，总体感觉上越不拥挤，从而小区生活水平越高。

一般而言，居住小区不同的容积率对应不同的住宅类型，大致可以划分为以下几种类型（见表5.5）。

表5.5 容积率范围划分与对应住房类型

| 容积率（R） | 住房类型 |
| --- | --- |
| R≤0.3 | 高档独栋别墅 |
| 0.3＜R≤0.8 | 一般独栋、双拼、联排别墅 |
| 0.8＜R≤1.2 | 低层或高档多层 |
| 1.2＜R≤1.5 | 一般多层 |
| 1.5＜R≤2.0 | 多层或小高层 |
| 2＜R≤3.0 | 一般小高层或二类高层项目 |
| 3.0＜R≤6.0 | 高层 |
| R＞6.0 | 超高层或摩天大楼 |

---

① 上海市规划和国土资源管理局：《上海市控制性详细规划技术准则（2016年修订版）》，2016－12（2.1.10）。

② 鲍振洪、李朝奎：《城市建筑容积率研究进展》，《地理科学进展》2010年第29卷第4期，第396—402页。

**（二）容积率的描述统计**

在本次网络调查中，小区的容积率数据有部分缺失，去除缺失和容积率大于6的超高层或摩天大楼后，符合要求的小区共有6810个，保留率为91.5%。

1. 小区容积率的整体情况

从小区容积率的描述统计来看，平均值为1.95，中位数为1.8，平均数高于中位数，说明容积率高的小区拉高了整体的平均建设强度水平。从值的分布来看，把小区的容积率从低到高排列，然后取每10%分位的值，可以看到曲线的斜率较为一致，只在最后尾端有明显提升，说明容积率的差异主要体现在容积率高的那部分。从频率分布来看，容积率在1.5—2的小区最多，约占32.6%；容积率在2—3的小区次多，约占21.8%；容积率在1.2—1.5的小区再次，约占15.4%，即将近70%的小区的容积率在1.2—3之间。

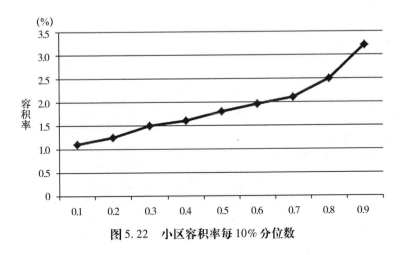

**图5.22　小区容积率每10%分位数**

2. 小区容积率的空间分布

从空间分布来看，上海容积率高的小区主要集中在城市中心地区，且呈一个侧立的"T"形分布，浦西沿江的一条纵轴（包含陆家嘴）和从外滩街道到长寿路街道的一条横轴；在外环以外的嘉定和奉

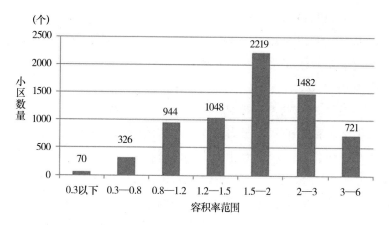

图 5.23　小区容积率频率分布直方

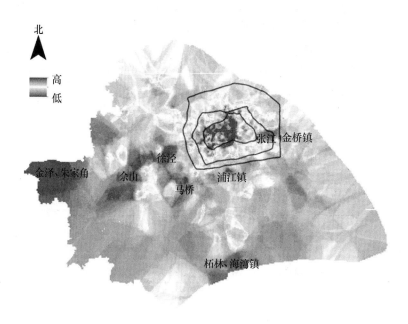

图 5.24　小区容积率的克里金插值

贤部分地区也有部分较高容积率小区。容积率低的小区主要集中在内环以外东面的浦东张江、金桥镇，南面的闵行浦江镇，奉贤柘林、海湾镇，西面的松江新桥、佘山镇，青浦徐泾、朱家角和金泽镇。而在内环横轴以南的瑞金二路、湖南路、江苏街道附近有少量容积率中等偏低的小区。

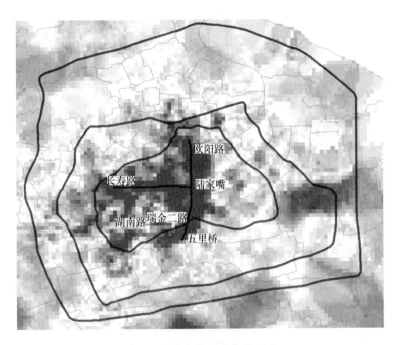

**图 5.25　中心城区容积率插值**

3. 小区容积率的极值情况

将小区按容积率从小到大排列，在前 10% 的低容积率小区中，位于内环以内的占 7.8%，位于内环至中环间的占 10.6%，中环至外环间的占 11.0%，外环以外的占 70.6%。说明低容积率的密度小的小区主要分布在外环以外的郊区，市中心的长宁区也有少量低容积率的别墅区，且低容积率小区数量从内而外逐渐增多。

图 5.26 容积率低的前 10% 容积率的小区分布

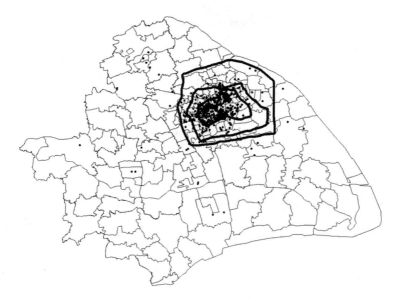

图 5.27 容积率高的后 10% 容积率的小区分布

在容积率后 10% 的小区中，位于内环以内的占 68.9%，内环至中环间的占 19.7%，中环至外环间的占 7.6%，外环以外的占 3.8%。可见，容积率高的密度高的小区绝大多数分布在市中心的核心区，且高容积率小区数量从内向外逐渐减少。

### （三）容积率的空间分异指数

#### 1. 计算方法

传统的分异指数基本是 Duncan 所提出的 D 指数及其变形，D 指数在设计之初是为了对定类变量（比如种族、职业等）进行分异测量，所以对定距变量并不是十分契合。尽管后来发展出了分类分异指数，从一个二分点拓展到多个二分点，使得定距变量的分异测量看上去更加"连续"，但还是有些欠缺。

此后，一些研究者从其他领域借鉴了工具来对定距变量进行分异测量，比如泰尔指数（Theil index）。泰尔指数最初由 Theil 于 1967 年提出，利用信息理论中的熵概念来衡量个人之间或地区之间的收入差距，因反映了收入不平等而出名。于是，泰尔指数被引入用来计算容积率的差异。泰尔指数的基本思想是计算每个要素与平均数之间的比例关系，所以不需要将要素进行分类，这样就可以避免因为分类标准不一致而导致的偏差。此外，泰尔指数最大的一个优点是还可以进行分解，分解为组内差距和组间差距，进而衡量出两者对总差距的贡献比例。

泰尔指数的基本公式为：

$$T = \frac{1}{n} \sum_{i=1}^{n} \frac{x_i}{\bar{x}} \log \frac{x_i}{\bar{x}} \tag{5.7}$$

公式中，$T$ 为计算的泰尔指数，$n$ 为小区个数，$x_i$ 为第 i 个小区的容积率，$\bar{x}$ 为所有小区的算术平均值。泰尔指数的取值范围在 0 到 1 之间，0 表示没有分异，1 表示完全分异，泰尔指数越大说明研究范围的小区容积率差异越大，泰尔指数越小说明小区容积率的差异越小。[1]

---

① 李雪铭、朱健亮、王勇：《居住小区容积率空间差异——以大连市为例》，《地理科学进展》2015 年第 34 卷第 6 期，第 687—695 页。

泰尔指数的分解公式为：

$$T = T_b + T_w = \sum_{k=1}^{k} \frac{x_k}{y_k} \log \frac{x_k / y_k}{n_k / n} + \sum_{k=1}^{k} \frac{x_k}{y_k} \left( \sum_{i \in g_k} \frac{x_k}{y_k} \log \frac{x_i / x_k}{1 / n_k} \right)$$

$$(5.8)$$

公式中，$T_b$ 为不同组之间的分异泰尔指数，$T_w$ 为不同组内部的分异泰尔指数；$n$ 为全体小区的个数，$k$ 为所有小区划分成的组数（本书中分别以区和街道进行分组），每组分别称作 $g_k$（k = 1，2，…，k），每组 $g_k$ 中的小区个数为 $n_k$；$x_k$ 为第 k 组中小区容积率的和，$y_k$ 为全体小区容积率的和。其中，$\frac{T_b}{T} + \frac{T_W}{T} = 1$，$\frac{T_b}{T}$ 与 $\frac{T_W}{T}$ 分别表示组间差距与组内差距对整体差距的贡献率。

2. 计算结果

（1）全市整体结果

全市整体 6810 个小区容积率的泰尔指数为 0.0432，说明上海小区容积率的差异还比较小。从贡献率来看，如果以区为划分标准，则分为 16 个组，不同组之间的泰尔指数为 0.0097，贡献率为 22.54%，不同组内部的泰尔指数为 0.0335，贡献率为 77.46%；如果以街道为划分标准，则分为 189 个组，不同组之间的泰尔指数为 0.0135，贡献率为 31.32%，不同组内部的泰尔指数为 0.0297，贡献率为 68.68%。由此可见，不同区域内部的容积率差异是上海整体容积率差异的主要影响因素，每个区或街道内部的容积率差异较大。

表5.6　　　　　　　　　　以区为组的泰尔指数贡献率

| n = 16 | 整体 | 组间差距 | 组内差距 |
|--------|------|----------|----------|
| 泰尔指数 | 0.0432 | 0.0097 | 0.0335 |
| 贡献率（%） | 100 | 22.54 | 77.46 |

表5.7　　　　　　　　　以街道为组的泰尔指数贡献率

| n = 189 | 整体 | 组间差距 | 组内差距 |
|---|---|---|---|
| 泰尔指数 | 0.0432 | 0.0135 | 0.0297 |
| 贡献率（%） | 100 | 31.32 | 68.68 |

（2）局部结果

如果将范围缩小到区或街道，同样可以根据公式5.7来计算各个区或街道的整体泰尔指数，以此来显示和比较局部地区的容积率分异情况。

表5.8　　　　　　　　上海各区小区容积率的泰尔指数

| 组别 | 小区个数 | 泰尔指数 |
|---|---|---|
| 宝山区 | 201 | 0.0166 |
| 杨浦区 | 504 | 0.0221 |
| 闸北区 | 332 | 0.0253 |
| 金山区 | 44 | 0.0260 |
| 嘉定区 | 391 | 0.0260 |
| 闵行区 | 795 | 0.0261 |
| 浦东新区 | 1429 | 0.0315 |
| 普陀区 | 447 | 0.0326 |
| 虹口区 | 365 | 0.0369 |
| 奉贤区 | 166 | 0.0378 |
| 黄浦区 | 303 | 0.0385 |
| 徐汇区 | 542 | 0.0387 |
| 静安区 | 167 | 0.0403 |
| 长宁区 | 468 | 0.0417 |
| 松江区 | 374 | 0.0458 |
| 青浦区 | 282 | 0.0620 |

在上海各个区中，青浦区的小区容积率泰尔指数最高为0.0620，松江区次之为0.0458，两者高于全市整体水平（0.0432），宝山区最

低为 0.0166。由此说明，青浦区小区容积率空间分异最大，松江区次之，其后是中心城区，宝山区的容积率空间分异最小。

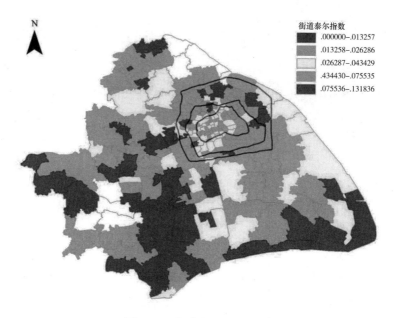

街道泰尔指数
■ .000000—.013257
■ .013258—.026286
□ .026287—.043429
□ .434430—.075535
■ .075536—.131836

图 5.28　街道泰尔指数分布

在街道（镇）层面，容积率分异较大的区域主要分布在上海西部，包括金泽、佘山、徐泾、马桥、新桥镇，以及海湾镇和外环以内的程家桥街道、金桥镇；容积率分异较小的区域主要分布在上海西南部、东南部和北部；容积率分异一般的区域主要分布在中环以内和嘉定、奉贤的新城区。

（四）小结

总的来说，上海居住区的密度（容积率）呈现出一定圈层结构，内环以内的浦西地区是高容积率小区聚集的区域，说明这些区域内小区密度和土地强度比较高，中高层小区较多；嘉定和奉贤的部分新城区也有一些容积率较高的区域；上海西部的佘山、徐泾、马桥镇和东部的张江、金桥镇是低容积率小区聚集的区域，说明这些区域内居住区密度低，以别墅小区为主。

从分异角度来看，上海整体的小区容积率空间分异程度较低，其中组内差异即区或街道内部的差异是容积率空间分异的主要影响因素，说明每个街道或区内部的分异比街道或区之间的分异大，即街道或区内部是异质性大于同质性。具体来看，青浦的徐泾镇、松江的佘山镇和浦东的金桥、张江镇是内部分异大的区域，虽然以低容积率的别墅为主，但也有一些高容积率的小区在，从而形成了异质分异的空间特点；同样，市中心沿淮海中路形成一条分异较高的横轴区域，虽然以高容积率的中高层小区为主，但也存在一些低容积率的别墅小区，也形成了一种分异状态。而上海的东南和西南方向是容积率分异小的区域，且以低容积率为主，说明是一种偏中低层小区的均质状态。

表5.9　　　　　　　　上海各区域容积率与容积率分异情况

| 区域 | 平均容积率 | 容积率分异 | 特征 |
|---|---|---|---|
| 中心城区 | 高 | 高 | 偏高值分异 |
| 西部和东部 | 低 | 高 | 偏低值分异 |
| 西北部 | 高 | 低 | 偏高值均质 |
| 东南、西南、东北部 | 低 | 低 | 偏低值均质 |

综上所述，容积率是衡量城市居住区密度的一项关键指标，在城市规划中起到了非常重要的作用，规定了小区建筑密度和用地强度。通常而言，居住区的容积率空间分布遵循一个规律，即小区的容积率从城市中心城区到外围的郊区逐渐递减。中心城区土地资源稀缺，商业繁荣，交通便利，区位优越，因而中心城区的容积率较高，郊区则相反，容积率较低。① 从上海的分析结果来看，也基本符合这一规律，外环以内的小区容积率明显比外环以外的高，开发早的主城区容积率

---

① 陈燕：《我国大城市主城—郊区居住空间分异比较研究——基于 GIS 的南京实证分析》，《技术经济与管理研究》2014 年第 9 期，第 100—105 页。

高，以小高层和高层小区为主；外围地区则聚集了低层或多层小区和很多别墅区。

# 五　城市居住空间分异的社会后果

随着城市化的发展，居住空间的分异已不可避免，因此有必要对居住分异的社会后果进行分析，从而对分异现象有更为全面的认识。目前来看，居住空间的分异在城市发展的过程中兼具正面与负面两方面的影响，一方面有利于居民居住质量的提高、加强社区管理与城市建设更有针对性，另一方面却会产生贫困再生产、社会冲突、公共资源分配不平衡等不利的问题，但负面影响在不断扩大，不利后果也越来越显著。只有充分认识到城市居住空间分异的社会后果具有两面性，才能在城市建设与社会建设上形成良性互动，促进城市的和谐全面可持续发展。

## （一）正面影响

### 1. 改善居民生活质量

城市居住空间的分异促进了住房体系的多层次发展，一定程度上满足了不同阶层群体对住房的不同需求，局部同质化的社区也有利于居民之间的和谐生活。

自土地和住房制度改革起，中国的住房市场化进程就在高速进行，城市扩张和更新的步伐不断向前，住房和小区的质量显著提高。房地产业快速成长，顺应发展趋势，提出了多种小区、住房的样式，建设了许多高水平的居住区。朱静宜认为，居住分异体现了市场经济准则，在城市空间形成了不同的商品房配置，从而使住房资源分配达到最大化。[①] 对于中上阶层群体而言，居住分异使得他们有了更多的住房选择，不再受计划经济时代住房选择单一化的影响，住房面积增

---

① 朱静宜：《居住分异与社会分层的相互作用研究——以上海为例》，《城市观察》2015 年第 5 期，第 98—107 页。

大，配套的公共设施更加全面，物质生活水平提高。

2. 有利于社区管理

同质化社区可以减少来自内部的矛盾冲突，居民间的阶层差异不是十分严重，有利于社区的管理。居住空间分异的后果之一就是形成了"局部同质聚集"的社区，在这样内部同质化水平较高的社区内，居民的社会经济水平类似，整体认识上也比较接近，无论是物质上还是精神上都较为一致，一定程度上可以减少因为差异而形成的冲突。在这样的情况下，社区可以抽出更多的时间来解决其他问题，比如公共生活的改善。同时，同质化社区可以形成一致对外的行动共同体，团结在相似的内部利益诉求下，社区在向政府争取解决某些问题时可以有更大的话语权，某种程度上有利于基层居民自治。

3. 城市建设更具有针对性

居住分异在城市层面赋予不同区域以不同功能，政府可以更加综合地对不同区域提出有针对性的规划策略，加强城市的整体发展。居住分异的另一后果是社区"整体异质分布"，在城市空间上形成了不同的聚集区域，比如在圈层结构下，核心区和边缘区的主要居住群体有比较明显的差异，规划策略就可以根据区域的差异提出不同的解决方案，而不是简单地一以概之。在城市空间结构的不同部分，城市建设可以各有侧重，既节省了资源，又丰富了城市居住空间的多样性。

### （二）负面影响

1. 加剧贫困和贫困的再生产

居住空间的分异会导致贫困加剧，产生类似"贫困孤岛"的孤立效应。[①] 在这一"孤岛"内，贫困阶层缺少教育、就业等发展的机会，信息闭锁，远离了经济社会发展的前沿，使得居住其中的贫民在整个城市的物质和社会空间内都被排斥。贫困阶层与其他阶层的居住区分隔开来，是被忽视的那部分，在环境质量、公共设施数量、社区

---

① 汪思慧、冉凌风：《居住分异条件下的和谐社区规划策略研究》，《规划师》2008年第24卷第S1期，第60—62页。

管理水平，乃至住房价值上都处在较差的阶段。① 同时，居住分异导致这种较差状态的再生产性，贫困阶层的社会经济水平不断弱化，他们自身的经济实力不足以支撑改变这样困窘的居住环境，也不能跳出"孤岛"到其他区域。在没有外力扶持下，他们不得不长期居于这样的底层空间，导致"永久的底层社会"，有学者认为这种"沉淀过滤"的过程会使城市最终形成贫民窟，不利于城市的正常发展。②

另外，贫困阶层大量聚集在底层空间内，一方面会带来严重的环境问题，因为公共设施缺乏，环境维护依赖于内部居民来处理，但这些居民往往没有这个意识或者没有时间来参与环境维护工作；另一方面也会带来严重的社会问题，比如犯罪率增高、负面的亚文化等。在这样的社会影响下，居民的思想和认识可能会被扭曲变形，加速整个区域的"衰败"，被排斥在主流社会之外，继而引发更多的社会问题。

还有，这些贫困阶层在空间上被边缘化。在城市快速的扩张过程中，一些原本位于中心的社区被拆迁安置到郊区。在转移前，内部环境的不利影响可以通过外部渗透得到一定改善，但在转移到郊区后，周围都是一样的拆迁社区，就得不到外部的有力支持，而且郊区的公共设施配套跟不上，就业机会也比较少，反而增加了贫困阶层的生活工作的成本。贫困阶层的居住空间聚集且远离中心，某种程度上形成了"共振"效应，从城市发展的底部走向更底部，比如，有研究认为上海这样的大城市的人口分异已经从城乡人口的分异转变为城区与郊区的分异。

整体上来看，居住分异会导致"马太效应"增强，贫富差距进一步拉大，强者越来越强，弱者越来越弱，贫困阶层会长期处在不利的局面且得不到改变。

2. 扩大社会距离，激化社会冲突

居住分异除了会导致物质上贫富分化外，还会在社会、心理上拉

---

① 王春兰、杨上广：《上海社会空间结构演化：二元社会与二元空间》，《华东师范大学学报》（哲学社会科学版）2015 年第 47 卷第 6 期，第 30—37、165 页。
② 邱梦华：《中国城市居住分异研究》，《城市问题》2007 年第 3 期，第 94—99 页。

大阶层间的社会距离，甚至会导致社会隔离和冲突。虽然社区在局部内部呈现均质性，但在局部间以差异性为主，即在整个城市范围内居住空间的差异性更为明显。在异质化的单元中，不同阶层由于居住区域被分隔，小区居民之间缺乏交流，加剧了彼此的对立，如果不加以控制，就会导致阶层间的社会冲突，影响社会的稳定。

社会距离扩大的一个表现是贫富阶层间的居住空间会形成隔离，在这种情况下，贫富之间某种程度上是一种敌视状态，比如高档别墅、商品房小区都会由围墙包围起来，进入都有门卫监控。李强等认为这些围墙的树立意味着居住分异的最终形成，不同阶层间产生了很强的隔离，社会距离进一步拉大。在这种情况下，不同社区环境的差异显著扩大，形成了以保护业主利益为名的"门禁社区"，不同阶层群体之间的认知、态度等差别也明显加强。①

如果社会距离持续扩大，就会产生更为严重的社会问题。有研究将这种社会距离扩大到极端的现象称为"居住空间极化"，② 在极化的居住空间中，各个社会阶层特别是富裕阶层与贫困阶层之间地位悬殊，产生了剧烈的社会反差，不同阶层间形成无形的社会隔膜，不利于社会融合，一个典型的例子是"仇富心理"。居住在不同区域、不同类型社区的居民间相互歧视，比如住在拆迁安置房小区的居民会仇视住在高档商品房小区的居民（其实后者也会看不起前者），不同阶层的活动范围分布在不同的居住空间中，很少与其他阶层来往，从而会造成社会封闭。

居住分异在拉大社会距离、差距的同时，还会导致社会矛盾与冲突，当差距过大、社会封闭严重时，就会从心理上的抱怨转化为实际的冲突。那时候不同阶层间可以说很少有信任存在，因为封闭的居住空间会导致封闭的社会交往网络，在平时的交往中很少与其他阶层产生互动，从而形成陌生与对立。这种分异与隔离会使得贫困阶层脱离

① 李强、李洋：《居住分异与社会距离》，《北京社会科学》2010 年第 1 期，第 4—11 页。

② 苏振民、林炳耀：《城市居住空间分异控制：居住模式与公共政策》，《城市规划》2007 年第 2 期，第 45—49 页。

社会主流，在物质上形成贫困固化，在社会心理上形成对立，在两者共同影响下，极易导致社会冲突的爆发。

简言之，居住分异会导致社会隔离，表现为一个城市中不同阶层群体之间的分布隔绝状态，反映了不同群体在社会分层体系中的不同位置。[①] 城市居住空间的分异实际上是社会不平等在空间上的物质表现，通过居住分异，我们可以看到当下社会制度背景下的阶层群体间的隔离，预见到可能会发生的社会矛盾与冲突。

3. 公共资源分配不平等

居住分异的另一负面的直接后果就是资源分配的不平等，主要表现为居民需求与公共设施分配之间的不匹配，比如，高档商品房住宅小区通常分布在公共设施较为完善的地区，而底层人群聚居的社区则缺少足够的公共设施，亟待完善。

有学者认为，在居住分异的形成过程中，弱势群体被边缘化，优势群体则趁机完成了对城市空间的"剥夺"，还有将城市公共空间据为己有的"私有化"。在其对上海的研究中发现，大部分外来人口只能居住在环境较差、公共设施不完备的郊区或城乡接合部，城市动迁群体也只能居住在远离市中心的、交通不是十分方便的外环线及以外地区，这些弱势群体成为被边缘化的"牺牲品"，而那些优势群体、富裕阶层则对城市稀缺资源不断"侵占和蚕食"。

这种空间剥夺的不平等还体现在高档小区对公共资源的封闭性。从城市整体角度来看，这些公共资源应该是为城市所有居民所享有的，但是那些高档小区一般都占据了滨江、靠近绿地的具有良好生态环境和景观的地段，而且为了能够更有质量地享受这些资源，它们这些小区封闭性很强，外人几乎很少能参与其中。换句话说，富裕阶层通过小区的围墙实现了对城市公共资源的独享，这些所有居民共有的空间变成了少数人的"私家花园"，社会公平被一步步打破。而其他阶层群体所居住的空间公共资源则被相对剥夺

---

① 吕露光：《从分异隔离走向和谐交往——城市社会交往研究》，《学术界》2005 年第 3 期，第 106—114 页。

了，特别是对于中间阶层来讲，他们不仅有对住房本身的质量需要，还有对小区公共资源比如停车位、绿地的需求，于是就不得不为了剩下的少许公共资源进行争夺，如果争夺激烈爆发冲突，就可能会影响到社会的稳定。

在市场化的运作逻辑下，因为上层群体可以提供更多的资本，所以他们就可以占有更多的公共资源，但是市场化逻辑缺少一种社会关怀。底层群体的住房质量本就不高，如果再剥夺了他们对公共资源的使用，就会更加"雪上加霜"。诚然城市规划是为了城市资源的最大化利用，但应该明确城市中不仅有富裕阶层和高档别墅、洋房、公寓，更广大的还是中下阶层群体和他们的普通甚至破败的小区。当市场化不能照顾到中下层特别是底层群休时，城市规划就应该承担起这份责任，不能任由公共资源分配不平等加剧。

### （三）小结

综上所述，在城市化和住房市场化的背景下，城市居住空间的分异已不可避免，因此有必要认识清楚居住分异所带来的影响，这样才能更好应对随之而来的各种问题。目前来看，居住空间分异的社会后果既有正面影响又有负面影响，而且负面影响大于正面影响。

从正面影响来看，首先，居住分异有利于改善居民的生活质量，丰富了城市的住房形式，为居民带来了更多的住房选择；其次，居住分异还有利于社区的管理，同质化社区的居民在社会经济地位上比较一致，容易形成团结的共同体，便于从上而下地管理；最后，居住分异有利于针对性的城市建设，城市内部不同区域形成了不同的功能结构，可以根据各个区域的特点做出有针对性的规划策略。

从负面来看，第一，居住分异加剧了贫困和贫困的再生产，贫困阶层无论是在空间上还是在社会关系上都被排斥在主流社会外，而且贫困阶层的居住空间也不利于他们改变这种困境，从而导致贫困的再生产，"永远停留在社会底层"。第二，居住分异可能会扩大社会距离，激化社会冲突，贫富分化加剧，不同阶层间可能会形成明显的社会隔离，阻碍了彼此间的交往。隔离到极端程度会形成居住空间极化，富裕阶层会关闭自己的边界，而底层群体可能会产生"仇富心理"，结果是社会封闭甚至严重的社会冲突。第三，居住分异会导致城市公共资源分配的不平等，富裕阶层占据了城市多数的优质生态环境和公共设施资源，并且将之圈禁在自身的居住空间内不对外开放，而中下阶层尽管对公共资源有强烈的需求，却得不到满足还不得不为此进行争夺。

总而言之，居住分异的影响是双方面的，城市规划应当起到扬长避短的作用，但现状却不容乐观。现在的城市居住区规划对低收入群体的关怀和重视还不够，低收入群体在社会中被排斥的地位没有得到改善，如果这种情况不能及时改变，低收入阶层可能会成为潜在的影响社会稳定的不安定因素。

# 六 居住区空间混合度与居住空间分异

居住混合（或称融合）与居住分异是一对相互对立又统一的联合体。对立性体现在居住混合度高则居住分异度低，居住混合度低则居住分异度高；统一性体现在两者共存在一个相同的范围中，如果不考虑范围，混合或分异就是没有意义的，因为比较的基础就不存在了。混合与分异就像是天平两端的托盘，托盘里装着想要评价的元素（比如户均总价、户均面积、容积率等），天平一端高则另一端低，如果持平即所称量的元素都一样，那就无所谓混合与分异，也可以说既是混合又是分异。天平高低变化除了受元素本身影响外，还会随着砝码也就是判断标准的变化而变化，在不同的条件或标准下，原先分异的情况可能会变成混合，原先混合的情况也可能会变成分异。

## （一）居住混合的概念

居住混合通常是指共同居住在不同类型居住小区的混合区域内，不同居民共同生活生存的一种居住模式。具体而言，"不同居民"通常是指不同的社会阶层的居民①，在邻里层面形成互补的社区。②

　　居住混合的概念首先出自欧美，其产生的背景是：为了改善和提高低收入阶层家庭的居住住房质量，避免因为居住分异而形成的社会隔离的负面影响，解决相关的社会问题，欧美国家将重心转移到将不同收入阶层融合在一定区域，以此为出发点而建设公共住房。③ 政府通过规划手段把这些为低收入阶层设计的公共住房安插在现有中高收入阶层小区里面或附近，或者与中高收入阶层小区在同一区域按比例共同重新开发，而不是建设大片整块单独的公共住房小区。④

　　由此可见，居住混合与居住分异是相生相伴的，居住分异的负面后果是居住混合产生的原因，也就是说居住混合的优点就是减少了居住分异的负面后果，可以归纳为以下几点：（1）改善了低收入阶层小区的生活品质，公共基础设施供给增加；（2）拓展了低收入阶层的社会网络，增加阶层间的沟通交流，降低社会隔阂，消除社会冲突；（3）还能为低收入阶层提供向上流动的途径，增加教育、就业、发展的机会。⑤

## （二）居住混合和分异的范围和单元

　　在前几节中讨论了居住分异的测量内容和方法，但无论使用什么方法，对什么指标进行测量，都要注意是在何种层面上进行这些研究，不同层面的研究间可能会有很大的差异，如果不能清晰地指出来，就好像是在定义概念时没有指出适用范围一样容易产生混淆。因

---

　　① 吴莉萍、黄茜、周尚意：《北京中心城区不同社会阶层混合居住利弊评价——对北太平庄和北新桥两个街道辖区的调查》，《北京社会科学》2011 年第 3 期，第 73—78 页。

　　② 田野、栗德祥、毕向阳：《不同阶层居民混合居住及其可行性分析》，《建筑学报》2006 年第 4 期，第 36—39 页。

　　③ 焦怡雪：《促进居住融和的保障性住房混合建设方式探讨》，《城市发展研究》2007年第 5 期，第 57—61 页。

　　④ 单文慧：《不同收入阶层混合居住模式——价值评判与实施策略》，《城市规划》2001 年第 2 期，第 26—29、39 页。

　　⑤ 黄静晗：《混合社区与居住融合探析》，《现代经济》（现代物业下半月刊）2008 年第 6 期，第 145—146、160 页。

此在确定测量的内容和方法后，接下来还要明确居住在哪个层面上分异，具体而言由两个部分组成：研究范围和研究单元，前者确定了研究的涵盖范围，后者确定了研究的基本单位。

混合和分异是居住情况的一体两面，无论是混合还是分异都要考虑研究范围和研究单元，因为本书侧重于居住分异的角度，所以在此从居住分异的角度来讨论范围和单元对研究的影响。

1. 研究范围

居住分异的研究范围指的是研究和测量的整体对象，确定了研究的最大外沿。之前提及的单元可以看作范围的基本组成部分。目前国内研究测量的空间范围大致可以分为三类：城市、区/街道和居住小区。

城市基本上是居住分异测量的最大空间范围，属于宏观层面的研究。以城市为测量范围的研究，在国内的研究中占有较高的比重，上海和南京是被研究较多的城市。城市层面的研究大多依靠人口普查或某些大型综合调查（如 CGSS），需要在大量数据的基础上，才能形成对一座城市居住分异状况的探究。城市层面的居住分异测量，有助于在宏观上把握整体情况，找出总体上的分异特征，进而划分分异的类型等。

还有以街道为测量范围的研究，它们属于中观层面的研究，比如李松等对乌鲁木齐市天山区的民族分异研究，虽然在处理方法上和以城市为测量范围的研究有很多相似的地方，但在解释结果时不像城市范围的那样模糊和笼统，可以向深处挖掘一些有用的信息，而且可以用来进行横向比较，比如城市的新区和旧区、中心区和郊区之间的比较，这些比较是城市范围所做不到的。

最后一种就是微观的居住小区范围的研究，其关注的范围相比前两种已大大缩小，通常局限于某一个或某几个相邻的居住区，比如李东泉等对北京三里河四个居住小区的研究。[①] 居住区尺度已经没有普查数据可以与之对应，因此只能由研究者通过社会调查如问卷来获取相关数据。这类微观研究侧重于了解居住区内部具体的分异情况，以

---

① 李东泉、李贤：《街区尺度的居住空间分异现象研究——以北京三里河四个居住小区为例》，《新建筑》2014 年第 4 期，第 126—129 页。

及对分异产生原因的解释，在机制解释方面更有说服力。

2. 研究单元

居住分异的研究单元是指研究和测量中所采用的基本单位，现有的空间划分方法基本是依托于行政单元的划分，即区县、街道、居委会这样的单元。比如，吴启焰采用人口普查在居委会尺度上的数据，分析了南京 2000 年前后的结构变迁。① 之所以会这样划分，一是数据来源上对人口普查数据依赖性较大，尚没有更好的替代数据出现，我国的人口普查数据有一个统计体系：国家—省—市—县/区—街道—居委会/村委会—居民，最小的城市划分单元是居委会，如果研究者使用这些数据，势必就要遵循这样的空间划分。二是国内的居住分异在一定程度上确实受到行政因素的影响，比如公共资源的配置，从某种程度上来讲，国内城市空间的形成或多或少受到行政力量的作用。因此，国内的许多研究，特别是一些宏观层面的研究，就沿袭了这样的传统空间划分方法。

除了行政单元外，也存在一些其他的划分方法，尽管还不够成熟，但值得深入挖掘一下。一种是根据居民的心理归属划分的方法，比如上海的里弄，这些单元不属于行政单元，却起到了一定的聚集作用，里弄内外在经济条件、生活方式、思想价值观上有不小的差别，而且历史越是久远，这种差别就越是明显。还有一种划分方法是根据房价形成的板块来划分，现如今房价逐渐成为一种阶层分化的标准，不同的房价将不同的人群引导到不同的区域，这些区域在房地产交易中被称作板块。板块往往是根据城市路网围合而成的，连接板块间的道路就是泾渭分明的边界。

**（三）研究范围和研究单元之间的关系**

居住分异的空间单元和空间范围共同构成了研究的一个限制条

① 吴启焰、吴小慧、Chen Guo、J. D. Hammel、刘咏梅、刘丹：《基于小尺度五普数据的南京旧城区社会空间分异研究》，《地理科学》2013 年第 33 卷第 10 期，第 1196—1205 页。

件，即讨论居住分异时一定要讲范围和单元，不论是社会属性、物质属性的测量。比如，在城市范围内以区县为单元的居住分异，在城市范围内以街道为单元的居住分异，① 在城市范围内以小区为单元的居住分异。② 空间单元和空间范围之间有一个对应的关系，小的单元可以测量大的范围，但大的单元不能用来测量小的范围，就是说不能用城市的数据来说明小区的情况。但是当空间范围缩小到最小的小区时，就会出现尺度、对象两者重叠的情况，即小区对小区，这时的研究就会偏向于实证研究，比如李志刚等对上海三个社区的实证研究。③ 简言之，我们不可以只谈居住在哪种属性上的分异，而不谈其所采用的空间范围和空间单元，只有明确了以上问题，研究的目的性和科学性才会凸显，形成一种规范的研究思路。

除了共生关系外，对同一单元使用不同的范围，在解释居住分异时会有不同的结果。比如李强对北京某社区的研究，认为该社区内两个不同类型的小区（商品房小区和回迁房小区）之间存在很明显的分异情况，不同小区的居民间社会距离较大。在此，李强虽然是对社区层面的研究，但实质上是两个独立的范围，两个小区的问卷抽样是分开独立进行的，相当于是分别对商品房小区和回迁房小区对社会距离进行测量。从范围和单元共生关系来看，李强的研究是小区对小区的微观研究，两个小区内部都是以某一群体为主，而"排斥"了其他群体，商品房小区排斥了回迁户，回迁房小区排斥了商品房住户，因此可以说在小区范围内两个小区是居住分异高于居住混合。但如果我们大胆地将范围拓展到社区，即两个小区组成的社区范围，那么可以说这个组合是居住混合的，因为在这个范围内既有商品房小区又有回迁房小区，户数体量也比较接近，不存在某一群体占绝大多数的

① 强欢欢、吴晓、王慧：《2000年以来南京市主城区居住空间的分异探讨》，《城市发展研究》2014年第1期，第68—78页。
② 陈燕：《基于定量分析的南京市城市居住空间分异研究》，《工业技术经济》2009年第10期，第78—83页。
③ 李志刚、吴缚龙、卢汉龙：《当代我国大都市的社会空间分异——对上海三个社区的实证研究》，《城市规划》2004年第6期，第60—67页。

情况。

但如果在同一范围下，单元改变，那么整体的居住分异趋势改变很少，只是在程度上有所增减。比如在陈杰、郝前进的研究中，上海全市的非户籍与户籍的分异指数在居委会、街道和区县单元上有不同的结果，单元越小分异指数越高，上海城区、镇区、乡村的户籍分异指数也都存在类似特点。

表5.10　　　　　　　相同范围不同单元下分异指数情况

| 单元＼范围 | 全市 | 城区 | 镇区 | 乡村 |
|---|---|---|---|---|
| 居委会 | 0.4562 | 0.4317 | 0.4438 | 0.4918 |
| 街道 | 0.3373 | 0.3161 | 0.3500 | 0.3609 |
| 区县 | 0.2190 | — | — | — |

通过以上结果可以发现，对同一范围进行分异测量，单元划分得越小、越多，分异程度越明显。这也符合我们的经验判断，单元越小其包含的元素越少，就越可能形成内部同质性高、外部异质性高的分异单元，极端情况下细化到一个单元仅包含一个元素，那么差异是十分巨大的，因为没有两个元素是完全相同的；同样的道理，单元越大其包含的元素越多，就越可能形成内部异质性高、外部同质性高的混合单元，极端情况下拓展到一个单元包含所有元素，那么就不存在任何差异，因为全体元素都在一起，没有任何一个被排斥。

在此还需要明确一点的是，内部异质性和外部异质性在居住分异的意义解释上是不同的，内部异质性表示居住混合，外部异质性表示居住分异。具体地讲，内部指的是在同一范围内比较，外部指的是在不同范围间组成的更大的范围内比较，异质性表示比较的差异大，同质性表示比较的差异小，居住混合表示低排斥，居住分异表示高排斥。由此而言，内部异质性指的是同一范围内单元间差异较大，就像欧美的混合居住小区，在同一小区范围内既有低收入阶层，又有高收入阶层，不存在排斥；内部同质性指的是同一范围内单元间差异较小，就像贫民窟，绝大多数是穷人，存在严重排斥；外部异质性指的是不同范围间差异较大，就像上海外环以内小区的容积率远高于外环以外小区，存在明显排斥；外部同质性指的是不同范围间差异较小，就像上海张江和金桥都是高科技工业聚集区，在两区合成的范围内排斥较低。

表5.11　　　　　　　　同/异质性与居住混合/分异的关系

|  | 异质性 | 同质性 |
|---|---|---|
| 内部 | 居住混合 | 居住分异 |
| 外部 | 居住分异 | 居住混合 |

　　前文提到的所有分异指数的测量都是内部性研究，因为需要固定相同的范围才能计算。分异指数高说明研究范围内部元素分布比较集中（同质），在一些单元中集中了大部分某种元素，而在另一些单元中没有该元素，存在排斥现象，故称其为居住分异；分异指数低说明范围内部元素分布比较分散（异质），在各个单元中都有某种元素，不存在排斥现象，故称其为居住混合。而外部性研究主要是推测，因为研究范围要变化，这在实证研究中是很少发生的。

## （四）小结

　　综上所述，居住分异与居住混合是一对相互联系的概念，包含了对立与统一的双重关系。居住分异高则居住混合低，居住分异低则居住混合高，但没有分异也就谈不上混合。在判断分异或混合时，要考虑到范围与单元之间的关系，一般来讲，两者是共生的且范围高于单元，这样才能进行分异测量。此外，范围和单元的变化还会影响到分异或混合的解释，范围的变化通常会导致分异和混合的反转，而单元的变化不会导致反转，只是分异程度随着单元的变小而变高。

# 七　本章小结

本章主要讨论了城市居住区规划与居住空间分异的关系，包括理论研究和实证研究，前文共分为六个部分。

第一部分介绍了居住分异的测量方法，可分为社会空间测量和物质空间测量两大类，社会空间测量主要包括因子分析法、分异指数法和回归分析法，物质空间测量主要包括空间自相关和空间插值法。

第二部分总结了有关上海的居住分异研究，从历史、现状和结构三个方面入手，发现改革开放和土地、住房制度改革前，上海的居住分异程度较低，改革后上海的居住分异程度提高，目前处在中等的水平，且两端的低收入和高收入阶层属于比较严重的分异程度。空间分布上，上海也形成了以城市中心为核心的圈层结构。

第三部分使用网络采集到的小区数据，测量了 2018 年上海居住小区户均总价和户均面积的居住分异指数，结果显示上海的居住分异程度已比较明显。分区位来看，中心城区的小区户均总价高、户均面积小、居住分异程度低，北部和南部的小区户均总价较低、户均面积小、分异程度较高，东部和西部的小区户均总价较高、户均面积大、分异程度较高。

第四部分测量了上海居住小区容积率的空间分异泰尔指数，发现容积率的分异程度较低，组（区或街道）内差异对分异的贡献率高于组间差异，说明上海容积率的分异体现在区或街道内部的容积率差异。中心城区容积率很高，且分异程度高；东部和西部容积率较低，且分异程度高；北部容积率较高，且分异程度低；南部则是容积率较低、分异程度也较低。

第五部分讨论了居住分异的社会后果，既有正面的改善居住环境的功能，也有负面的扩大贫富分化、激化社会冲突、加剧社会不平等的不利影响。

第六部分梳理了居住混合与居住分异的关系，认为两者是对立统一的关系，彼此相对存在。同时，在测量居住混合或分异时必须要明确研究范围和研究单元的影响，且范围和单元的变化会引起意义解释的变化。

　　总而言之，城市居住区规划与居住空间分异有比较明显的关系，居住区规划是导致居住空间分异的主要原因之一，在城市层面形成了不同的居住区类型。具体而言，区位好的中心城区分布容积率高、户均面积一般或较小、户均总价较高、分异程度一般的中高档居住区；区位较好的城市东部和西部分布容积率低、户均面积大、户均总价高、分异程度高的高档居住区；区位一般的城市北部分布容积率较高、户均面积偏小、户均总价低、分异程度较高的中低档居住区；区位较差的城市南部分布容积率低、户均面积小、户均总价低、分异程度偏高的低档居住区。

# 第六章　城市居住区规划与社区认同

"社区"一词在中国已经是一个非常普遍的概念和用词，但由于其应用领域广泛，不同的人群对其的理解还存在很大的偏差。研究社区认同，就需要对社区本身有一个统一的理解，否则社区认同就是空中楼阁。社区概念研究成果已经很多，直接通过概念的辨析，以此为标准进行社区认同研究，是否可行呢？本书认为，在社区概念、边界、范围、形式等还存在争论的情况下，以先入为主的方式限定社区的概念，可能与实际的情况不符，有削足适履之嫌。应该采用的方法是自下而上的调查，通过实证的方法来分析社区的概念、规模、边界、认同等问题。2014 年 5 月，同济大学社会学系、上海同济城市规划设计研究院、同济大学高密度区域智能城镇化协同创新中心等联合在上海选取了同济绿园、朗润园、馨佳园九街坊、馨佳园十二街坊、万科城市花园、豪世盛地、馨佳园八街坊、瑞康居委、永太居委、鞍山三村、雁荡居委、太原居委、庆源居委等 13 个社区进行了调查。调查既有社区层面的问卷，也有个人层面的问卷，个人层面的问卷发放共 1000 多份。基于调查，本章将分析社区概念、居住区空间规划与社区认同的关系。

## 一　社区认同的测量方法

### （一）社区概念与实践

滕尼斯（Tönnies）在《共同体与社会》中提出了"社区"的概念，社区是指那些由具有共同价值取向的同质人口组成的、关系亲

·161·

密、出入相友、守望相助、疾病相抚、富有人情味的社会关系和社会团体。从传统社会转向城市社会后，社区的形式和状态是一个被广泛讨论的问题。社会学家查尔斯·霍顿·库利（Charles Horton Cooley）受到了滕尼斯的启发，他认为街区和家庭是社会化的第一线。库利1909年的有影响力的著作《社会组织》认为，家庭和邻居在童年的塑造作用是"上升的"，这意味着在成年期的他们"比其他所有人都更有影响力"。麦肯齐（R. D. McKenzie）的四部曲系列 The Neighbor-hood 在1921年和1922年发表于"美国社会学杂志"，将社区定义为"忠诚，真理，服务和善良"的"人类理想的普遍托儿所"。①

以路易斯·沃斯（Louis Wirth）在其经典文献《作为一种生活方式的城市性》里阐述的观点为代表，传统的城市社会里有一种观点：社区在城市里已经消失，即社区消失论（community lost）。刘易斯（Oscar Lewis）、怀特（W. F. Whyte）、雅各布斯、杜尼叶等的研究表明，城市里仍然存在着以地域为依托，具有一定空间范围的社会组织联系，即社区存在论（community saved）。凯瑟琳·鲍尔（Catherine Bauer）和刘易斯·芒福德（Lewis Mumford）将邻里视为一种物理规划理想，因为他们相信，公民生活并非偶然发生；它需要一个引人注目的形式。他们非常重视这个想法。鲍尔在1945年的一篇题为"好邻居"的文章列出了阶级和种族关系、环境问题、经济安全、集中城市的重组、大都市分散、公民参与和政府家长作风（她称之为"危险"），这些主题与邻里形成密切相关。她的观点是，邻里问题远比仅仅关于街道类型、超级街区和住房形式设计的辩论更为基础，而且当我们争论到死胡同时，对这些更大问题的忽视使她感到遗憾。②

以费舍尔（Claude Fisher）、韦尔曼（B. Wellman）等为代表的研究则认为，在城市里的确存在社区，但这些社区并不以居住邻近为必要条件，而是通过一些虚拟的或现实的联系网络，实现兴趣、精神和

---

① Talen，E.，"Social Science and the Planned Neighbourhood"，*Town Planning Review*，Vol. 88，No. 3，2017，pp. 349–372.

② Ibid. .

文化共享，这种社区形式更加类似滕尼斯所讲的精神共同体，被称为社区解放论（community liberated）。社会学家里昂和德里斯凯尔（Lyon 和 Driskell），认为社区衰落或消失的理论显示出两种截然不同的含义。第一个涉及缺乏社会互动和心理异化，第二个涉及社区的地域组成部分。① 针对社区解放论，格林认为，虽然社区可能被视为"解放"，因此没有地方，但邻里或居住地的作用仍然是建立社会关系的一个因素。在萨特尔斯（Sutles）对芝加哥社区的社会凝聚力的研究中，他坚持认为，居民认同的"边界"是一种"地盘"的感觉，它创造了社会凝聚力。②

　　2000 年 12 月中共中央办公厅和国务院办公厅转发的《民政部关于在全国推进城市社区建设的意见》中指出，社区是指聚居在一定地域范围内的人们所组成的社会生活共同体。"目前城市社区的范围，一般是指经过社区体制改革后作了规模调整的居民委员会辖区。"社区建设是指在党和政府的领导下，依靠社会力量，利用社区资源，强化社区功能，解决社区问题，促进社区政治、经济、文化、环境协调和健康发展，不断提高社区成员生活水平和生活质量的过程。在政府的文件里，社区被界定为居委会管辖的范围。费孝通认为"感觉到社区相比于街道，它与市民日常生活各个方面有着更为广泛而深入的联系，包含政治、行政、经济、社会和文化等多种系统，其中最直接的联系是社区居民的衣食住行、生老病死。这个如同小社会的社区由于更注重自下而上的运行逻辑，因此它提出的日常问题往往会超出街道组织管辖的范围"。国内的很多研究也以居委会范围作为社区范围。

　　在实际的研究中，也有将居住小区作为社区的范围的。比如有研究认为，社区是指作为中国城市居民居住地最基本单元的小区（gated community）。之所以如此定义中国城市中的社区，是因为小区是一个可以从心理、经济与地理等方面清晰分辨边界的邻里（neighbor-

---

① Mahmoudi Farahani, L., "The Value of the Sense of Community and Neighbouring", *Housing*, *Theory and Society*, Vol. 33, No. 3, 2016, pp. 357 – 376.

② Talen, E., "Sense of Community and Neighbourhood Form: An Assessment of the Social Doctrine of New Urbanism", *Urban Studies*, Vol. 36, No. 8, 1999, pp. 1361 – 1379.

hood）。并提出了三点理由：一是小区具有明晰的地理边界；二是小区是目前中国城市房产共有财产权利的对应承载体；三是在实际调查中，居民们对这一地域性单元心理上具有较强的认同感，也是居民划分"我们"与"他们"的最重要的地理边界。①

除了以居委会范围、小区范围作为社区范围的外，还有以街道作为研究范围的。赵民等在对社区研究时，从城市规划的角度指出，对社区概念的采用偏向于从社区的地理边界与服务设施覆盖居民需求方面入手，以便解决问题，较多的是关注社区的环境、结构、空间设施等有形的因素。对社区的定义是：城市社区是指居住于某一特定区域、具有共同利益关系、社会互动并拥有相应的服务体系的一个社会群体，是城市中的一个人文化空间复合单元。② 在实际的案例中以一个街道作为社区范围进行了研究。

不可否认的事实是，社区研究在物理空间与社会关系结构上一直存在张力。正如艾米莉塔伦（Talen Emily）所言，社区继续呈现在两个不同的领域：建筑物和空间的物理世界，以及相互作用的人类的社会世界。一方面是"形态学学科"，另一方面是社会科学（Vaughan）。在很大程度上，这反映了学科和专业的差异：社会科学优先考虑人类领域；空间规划的根源在体系结构中，其优先考虑构建的领域。③

居民对社区概念是如何理解的呢，在实地实践调研中，研究者一个明显的感觉是居民对"社区"一词既熟悉，又陌生。熟悉是指社区一词在居民的日常生活中已经司空见惯，居民普遍都在用。陌生是指居民对社区一词的理解，并没有从学者所理解的共同体方向考虑。居住区、社区概念的学术区分没有成为居民日常实践的知识。有研究从

---

① 桂勇、黄荣贵：《社区社会资本测量：一项基于经验数据的研究》，《社会学研究》2008 年第 3 期，第 122—142 页。

② 赵民、赵蔚：《社区发展规划：理论与实践》，中国建筑工业出版社 2003 年版，第 9 页。

③ Talen, E., "Social Science and the Planned Neighbourhood", *Town Planning Review*, Vol. 88, No. 3, 2017, pp. 349 - 372.

居民理解的角度将社区概括为行政社区、住区两种类型。行政型社区有一个权力机构，被赋予了很多具体的职能和权力，其实质意义在于管理和控制某些居民群体，对辖区居民人口和经济状况进行调查并向上反映。社区和居委会两个概念在很多情境下被居民们相互置换，社区就是居委会，居委会就是社区。① 住区则是有封闭的围墙，以物业管理公司为管理机构的较为高档的居住区。丘海雄在测量社区归属感时，已经发现归属感可以分为两个，一个是对"社区地域和人群集合体"的归属，另一个则是对"社区政权"的归属。②

在本次问卷调查中，将居住区、社区概念作了区分，并询问了"您认为的社区范围"。共发放1040份问卷，有效回答是979份，四个答案从高到低的顺序是："居委会管辖的范围"占比43.3%，"小区围墙内"37.7%，"街道管辖的范围"12.8%，"我家附近的几栋楼"6.2%。从居民的回答来看，居委会管辖范围、小区围墙内都有很高的应答频率，也就是说社会自治组织、空间边界是居民理解社区的重要途径。但分歧还是很明显的，小区围墙是基于产权，居委会是基于组织，而且这两者的比例比较接近。

表6.1 您认为的社区范围

| | | 频率 | 百分比（%） | 有效百分比（%） | 累积百分比（%） |
|---|---|---|---|---|---|
| 有效 | 我家附近的几栋楼 | 61 | 5.9 | 6.2 | 6.2 |
| | 小区围墙以内 | 369 | 35.5 | 37.7 | 43.9 |
| | 居委会管辖的范围 | 424 | 40.8 | 43.3 | 87.2 |
| | 街道管辖的范围 | 125 | 12.0 | 12.8 | 100.0 |
| | 合计 | 979 | 94.1 | 100.0 | — |
| 缺失 | 系统 | 61 | 5.9 | — | — |
| 合计 | | 1040 | 100.0 | — | — |

① 杨敏：《作为国家治理单元的社区——对城市社区建设运动过程中居民社区参与和社区认知的个案研究》，《社会学研究》2007年第4期，第137—164页。
② 丘海雄：《社区归属感——香港与广州的个案比较研究》，《中山大学学报》（哲学社会科学版）1989年第2期，第59—63页。

正是考虑到在日常生活经验中对社区概念存在理解分歧。直接在问卷中问社区认同，得到的回答就会是模糊的。所以问卷设计时，有关认同的问题，对象是针对居住小区。居住小区的概念在居民的日常生活中一般有一致的理解。这样虽然保证了认同研究对象的统一，但社区认同变成了小区认同，与本书的初衷并不一致。在研究初期考虑时，是希望通过实际调查，确定社区实际存在的规模、边界，也就是居民实际认同的社区有怎样的空间范围、特征等。因为没有更好的调查方案，所以退而求其次，直接调查小区认同。本次调查结果对分析认同的测量，小区认同的比较还是具有价值的。

**（二）社区认同的相关概念**

1. 认同

"认同"一词源于心理学，弗洛伊德认为，认同是个体与他人、群体或被模仿人物在感情上、心理上趋同的过程。在此"认同"被看作一个心理过程，是个人向另一个人或团体的价值、规范与面貌去模仿、内化并形成自己行为模式的过程。[1] 个体对群体的认同是群体行为的基础，即群体行为发生的必要条件在于个体对该群体的偏好与认同，通过一系列衡量指标把自我归类为该群体，并在该群体中通过实现或维持积极的社会认同来提高自身的价值。20 世纪 70 年代，泰费尔（Taifel）等人提出社会认同理论，并在群体行为的研究中不断发展起来。泰费尔将社会认同定义为："个体认识到他（或她）属于特定的社会群体，同时也认识到作为群体成员带给他的情感和价值意义。"[2] 社会认同是源于群体成员身份，同时也包括与此身份相关的情感和价值意义。[3] 社会认同理论认为，社会认同是由社会分类（social categorization）、社会比较（social comparison）和积极区分原则（positive distinctiveness）建立的。社会分类过程实际上是一个自我定型

---

① 李素华：《对认同概念的理论述评》，《兰州学刊》2005 年第 4 期，第 201—203 页。
② 佐斌、张莹瑞：《社会认同理论及其发展》，《心理科学进展》2006 年第 14 卷第 3 期，第 475—480 页。
③ 同上。

与资源分配过程。Tajfel 和 Turner 提出了自我归类理论，他们认为人们会自动地将事物分门别类；因此在将他人分类时会自动地区分内群体和外群体。当人们进行分类时会将自我也纳入这一类别中，将符合内群体的特征将会赋予自我，这就是一个自我定型的过程。个体通过分类，往往将有利的资源分配给我方群体成员。①

人们总是争取积极的社会认同，而这种积极的社会认同是通过内群体和有关外群体的比较中获得的。如果没有获得满意的社会认同，个体就会离开他们的群体或想办法实现积极的区分。个体通过实现或维持积极的社会认同来提高自尊，积极的自尊来源于在内群体与相关的外群体的有利比较。当社会认同受到威胁时个体会采取各种策略来提高自尊。② 美国社会学家科尔曼在《社会理论的基础》一书中提出了七类认同：对直接亲属的认同、对国家的认同、对雇主的认同、对主人的认同、对势力强大的征服者的认同、对社区的认同、法人行动者对其他行动者的认同。③

2. 社区归属感

与社区认同十分相关的几个概念是社区归属感（community attachment）、社区意识（sense of community）。④ 丘海雄认为社区归属感（community attachment）是指社区内的居民对本社区地域和人群集合体的认同、喜爱和依恋等的心理感觉。现代都市居民对所在社区是否有归属感，是衡量都市的"心理社区"是否消亡的主要尺度。探讨影响现代都市居民社区归属感的因素，对于提高居民的社区归属感并重建和发展社区具有参考价值。⑤ 吴铎等认为社区归属感是指社区居民把自己归入某一地域人群集合体的心理状态，这种心理既有对自己社区身份的确认，也带有个体的感情色彩，主要包括对社区的投入、

---

① 罗琦炜：《社区建设中的社区认同问题研究》，硕士学位论文，复旦大学，2009 年。
② 佐斌、张莹瑞：《社会认同理论及其发展》，《心理科学进展》2006 年第 14 卷第 3 期，第 475—480 页。
③ 许坤红：《社区变迁与地域身份认同》，硕士学位论文，华中师范大学，2009 年。
④ 国内也有将 sense of community 翻译成社区感。
⑤ 丘海雄：《社区归属感——香港与广州的个案比较研究》，《中山大学学报》（哲学社会科学版）1989 年第 2 期，第 59—63 页。

喜爱和依恋等情感。

Altman 和 Low 将地方依恋定义为人与地之间的情感纽带。它包括不同的行动者、社会关系和不同规模的地方。例如，许多研究将地方依恋与居住长度联系起来（Ahlbrandt，1984；Kasarda 和 Janowitz，1974；Taylor，1996）。它还与社区更新工作有关（Brown，Perkins 和 Brown，2003），个人和群体的归属会影响整个社区。[①]

基姆（Kim，J.，2004）等认为社区（或地方）归属指居民与社区的情感联系。在一个社区的家庭感觉可以通过多种方式表达，包括（1）社区满意度：当当地居民找到他们的家园和社区满意时，他们可能会经历强烈的社区依恋（C. Cook，1988；Fried，1982；Glynn，1981；Hummon，1992；Mesch 和 Manor，1998；St. John，Austin 和 Baba，1986；Zaff 和 Devlin，1998）；（2）联系感：当居民提醒他们个人和社区的历史和传统以及熟悉的环境特征时，他们会对社区感到依恋（Giuliani，1991；Lalli，1992；Sampson，1988）；（3）主人翁意识：当地居民感到他们对自己的家园或社区有控制感时，这种主人翁意识可以增加社区依恋（Appleyard 和 Lintell，1972；Hummon，1992）；（4）长期融合：长期居住有助于长期融入当地社区，这种融合在居民与家园和社区之间建立了一种情感联系（Goudy，1982；Guest 和 Lee，1983；Hummon，1992；Kasarda 和 Janowitz，1974；Sampson，1988；Smith，1985）。因此，地方归属感是社区意识的一个关键领域，因为它表达了一种人们在家的感受并属于社区的方式。[②]

基姆等（Kim，J.）认为通过社会互动，居民可以相互了解并获得社区的归属感。社交互动包括（1）与居住在隔壁或同一街区的居民的邻近互动；（2）偶然的社交接触：不认识对方且不是邻居的居

① Manzo, L. C., Perkins, D. D., "Finding Common Ground: The Importance of Place Attachment to Community Participation and Planning", *Journal of Planning Literature*, Vol. 20, No. 4, 2006, pp. 335 – 350.

② Kim, J., Kaplan, R., "Physical and Psychological Factors in Sense of Community: New Urbanist Kentlands and Nearby Orchard Village", *Environment and Behavior*, Vol. 36, No. 3, 2004, pp. 313 – 340.

民之间的非正式社交联系；（3）社区参与：社区问题或参与社区问题及相关活动的互动；（4）社会支持：友谊网络和小团体的发展，培养彼此关怀的感觉。[1]

Long 和 Perkins 认为地方依恋不同于社区意识，因为前者是一种空间导向的情感结构，而后者则更多的是一种社会导向的认知结构。虽然社区中的社区意识是一种成为当地社区成员的感觉，但社区依恋是居民与当地社区之间的纽带。因此，如果社区中没有社区意识（成为社区的一部分），就不会发生对社区的依恋。从这个意义上说，感受社区意识是对社区的依恋感的先决条件。[2]

3. 社区意识

社区意识（sense of community）是社区心理学领域常用的概念，1974 年 Sarason 在《社区意识：社区心理学的前景》一书中提出社区意识是"同他人类似的知觉；一种公认的与他人的相互依赖感；一种维持这种相互依赖的意愿，这种维持通过给予他人或为他人做人们期待的事来实现；是个体对某一更大的、可依赖的、稳定结构的归属感"。社区意识通常被定义为"成员具有归属感，感觉成员彼此之间以及与团体相关的感觉，以及通过他们共同承诺来满足成员需求的共同信念"。[3] McMillan 认为社区意识是"一种心灵的归属感，一种可信赖的权威机构的感觉，一种互相获利的社交经济，一种基于艺术传承的共同体验的精神"[4]。McMillan 等认为社区意识由四个要素组成：（1）成员：感觉谁属于社区，谁不属于社区；（2）影响力：表达和

---

① Kim, J., Kaplan, R., "Physical and Psychological Factors in Sense of Community: New Urbanist Kentlands and Nearby Orchard Village", *Environment and Behavior*, Vol. 36, No. 3, 2004, pp. 313 – 340.

② Mahmoudi Farahani, L., "The Value of the Sense of Community and Neighbouring", *Housing, Theory and Society*, Vol. 33, No. 3, 2016, pp. 357 – 376.

③ Francis, J., Giles-corti, B., Wood, L., et al., "Creating Sense of Community: The Role of Public Space", *Journal of Environmental Psychology*, Vol. 32, No. 4, 2012, pp. 401 – 409.

④ 牟丽霞：《城市居民的社区感：概念、结构与测量》，硕士学位论文，浙江师范大学，2007 年。

影响双向作用的群体的能力，群体凝聚力需要群体对其成员的影响；（3）整合和满足需求：通过成为社区成员，感受到成员被授予和满足某些需求；（4）共享情感联系：社区成员的共同历史，包括成员之间互动的程度和质量。①

　　由于新都市主义（new urbanism）对社区意识的强调，有关社区意识的文献在西方城市规划与社会科学研究中颇为流行。新都市主义是一种城市设计运动，通过创建包含各种住房和工作类型的步行社区来促进环境友好习惯。它于 20 世纪 80 年代早期在美国出现，并逐渐影响了房地产开发、城市规划和市政土地利用战略的许多方面。新都市主义是一个包含"新传统发展"以及"传统社区设计"的总体主义，坚定不移地相信建筑环境创造"社区意识"的能力。新都市主义认为，环境变量会影响社交联系的频率和质量，这反过来又会促进群体的形成和社会支持。通过以下方式增强群体形成：被动社交联系（创建支持此类联系的设施）；接近（通过适当安排空间来促进亲近）；适当的空间（正确设计和放置共享空间）。新都市主义者试图通过两种途径建立一种广泛的社区意识：将私人住宅空间与周围的公共空间融为一体；公共空间的精心设计和布局。②

　　新都市主义是实践导向的，其促进社区意识的设计引来了各方的关注，社会科学方面的学者通过实证的方式来检验新都市主义的主张。首先，有研究证实了物理因素可以作为促进居民互动的机制。这些研究构成了设计标准对社会行为产生影响的过程的验证。其次，有些研究具有特定的环境因素，这些环境因素与社区意识的某些方面正相关。③ Kim 和 Kaplan 发现步行社区的居民有更强的社区意识。隆德的研究发现，步行社区居民的社区意识高于汽车社区，行人活动与邻居互动增加和社会关系增强。Plas 和 Lewis 对 Seaside 居民的研究发现

---

① Mcmillan, D. W., Chavis, D. M., "Sense of Community: A Definition and Theory", *Journal of Community Psychology*, Vol. 14, No. 1, 1986, pp. 6-23.

② Talen, E., "Sense of Community and Neighbourhood Form: An Assessment of the Social Doctrine of New Urbanism", *Urban Studies*, Vol. 36, No. 8, 1999, pp. 1361-1379.

③ Ibid..

了物理设计和社区意识之间的联系。①

4. 社区认同

尽管人们普遍肯定社区认同的重要性，并且认为在许多当代社会环境中明显丧失了社区认同，但"社区认同"似乎没有得到足够明确的定义，以便为进一步的科研提供良好的概念基础、研究或应用。社区认同缺乏"理论上"的一致意见，部分原因似乎出现在社区研究的历史中。正如 Hillery 指出的那样，社区概念总是分为两大阵营：(1) 倡导基于地域的社区概念；(2) 倡导基于社会网络关系的社区概念。Hillery 在当代文献中找到了 94 种不同的社区定义，正是社区的定义状态仍未得到解决。似乎不可能对社区和社区身份的性质提出所有合理的观点。②

帕迪富特（Puddifoot）认为要弄清楚社区认同的操作性定义并不容易，但可以理解为包含六个广泛的要素：(1) 场所（Locus）；(2) 独特性（Distinctiveness）；(3) 识别（Identification）；(4) 定位（Orientation）；(5) 评估社区生活质量（Evaluation of quality of community life）；(6) 评估社区功能（Evaluation of community functioning），从这六个要素引出了 14 个具体的维度，再扩展为可测量的指标。③

基姆等（Kim, J.）认为社区身份被定义为个人和公共身份识别，具有特定的身体界限社区，具有自己的特征。虽然身份的社会维度已经得到了相当多的研究（例如，Davidson & Cotter, 1986; Rivlin, 1982），但身份的许多特征也可以在物理环境中找到表达。社区认同意味着建筑和自然环境的地方特征表征了地方的物理身份，这反过来影响了居民的个人和群体身份。假设社区认同是由以下因素引起的：(1) 独特性：通过与群体或地方联系而与其他人"不同"；(2) 社区的连续

① Rogers, G. O., Sukolratanametee, S., "Neighborhood Design and Sense of Community: Comparing Suburban Neighborhoods in Houston Texas", *Landscape and Urban Planning*, Vol. 92, No. 3, 2009, pp. 325 – 334.

② Puddifoot, J. E., "Some Initial Considerations in the Measurement of Community Identity", *Journal of Community Psychology*, Vol. 24, No. 4, 1996, pp. 327 – 336.

③ Puddifoot, J. E., "Dimensions of Community Identity", *Journal of Community & Applied Social Psychology*, Vol. 5, No. 5, 1995, pp. 357 – 370.

性：物理特性保持了居民过去和现在环境之间的联系，这反过来又有助于保护他们自己和社区的身份；（3）意义：自尊、骄傲，指的是对自己、群体或其所识别的地方的积极评价；（4）一致性或兼容性：当环境促进人们的日常生活方式以及他们在那种环境中表现良好时，存在"良好"的适应性（即"这是我的社区"）；（5）凝聚力：由同质，亲密和紧致感表达的社区的强烈特征。①

在社区认同（community identity）的定义方面，比较一致的定义是将"社区认同"定义为同一组织环境中成员之间的归属情谊。大多数学者更进一步将"社区认同"定义为四个元素：成员感（membership）：社区成员彼此之间的归属感；影响力和控制感（influence）：社区成员觉得能够对社区事务有控制和参与感；共同需要和利益一致感（integration and fulfillment of needs）：社区成员觉得他们通过集体行动来实现共同利益；共同感情（shared emotional connection）：社区成员能够有一种很强的感情联系。许多关于社区认同的经验研究也证明了这四项因素的存在。也有的学者提出了五个维度的划分：感情联系（Ties and Friendship），参与感（Influence），支持感（Support），归属感（Belonging），认同感（Conscious Identification）。②

### （三）社区认同测量述评

以上的文献综述显示社区认同、社区意识、社区归属感等几个概念有很多类似的地方，具体测量指标的类似度更高。单菁菁根据卡萨达（Kasarda）、贾诺威茨（Janowitz）和格尔森（Gerson）等人的研究，从四个方面对居民的社区归属感进行测量：A，居民是否感觉自己属于这

---

① Kim, J., Kaplan, R., "Physical and Psychological Factors in Sense of Community: New Urbanist Kentlands and Nearby Orchard Village", *Environment and Behavior*, Vol. 36, No. 3, 2004, pp. 313 – 340.

② 原文出自 Chavis, D., Hodge, J. McMillan & Wandersman, A., "Sense of Community through Brunswik's Lens, A First Look", *Journal of Community Psychology*, Vol. 16, 1986, pp. 771 –791; Davidson, W., Cotter, P. and Stovall, J., "Social Predispositions for the Development of Sense of Community", *Psychology Reports*, Vol. 68, 1999, pp. 817 – 818. 转引自（陈振华，2004：23）。

个社区，愿意长久居住并且认同自己是其社区的居民；B，居民是否对社区发生的事情感兴趣，并认为这些事情同自己息息相关；C，当居民要迁出社区时，是否会对该社区感到留恋和依依不舍；D，居民是否愿意为社区的建设和发展贡献自己的力量。具体的量表见表6.2。

表6.2　　　　　　　　　　　　社区归属感量表1

| 序号 | 测量内容 | 测量意图 |
|------|----------|----------|
| 1 | "您是否同意：社区是我家，建设靠大家" | 社区的认同感和主人翁感 |
| 2 | "您是否同意社区这种组织形式会更加有利于您的生活" | 社区作为一种新的社会组织形式被我国居民接受和认同的程度 |
| 3 | "如果条件许可，您希望长期住在本地吗" | 人们的地域意识和对社区的喜爱程度 |
| 4 | "如果要搬家，您会对现在的社区感到留恋吗" | 居民的社区依恋感 |
| 5 | "当您社区的集体利益受到损害，您是否会参加社区居民为此发起的一些联合行动，如向主管部门联名上书等" | 居民对社区事务的关心程度以及作为地域利益共同体的归属感 |

桂勇等在社区社会资本测量时，对社区归属感进行了测量，形成了6个问题的测量表。

表6.3　　　　　　　　　　　　社区归属感量表2

| 序号 | 测量内容 |
|------|----------|
| 1 | 在小区有家的感觉 |
| 2 | 喜欢我的小区 |
| 3 | 告诉别人我住在那里很自豪 |
| 4 | 大部分小区居民参与精神很高 |
| 5 | 我对小区中发生的事情很感兴趣 |
| 6 | 我是小区内重要的一分子 |

社区意识测量有很长久的历史，周佳娴总结了常用的社区感测量模型，并在常用的社区感指数量表SCI、SCI－2的基础上设计了社区

感测量量表。

牟丽霞认为社区意识包括集体认同（认知因素）、相互依恋（情感因素）和传承倾向（行为的准备状态）。集体认同指社区成员对集体取向价值观的认可与接纳；相互依恋指社区成员对彼此交流、共同合作及相互影响的情感体验；传承倾向指社区成员对社区延续、发展与繁荣的期待心理及准备状态。其中集体认同分量表含 6 题，相互依恋分量表含 7 题，传承倾向分量表含 6 题。

表6.4 社区意识测量模型

| 序号 | 研究者 | 构成要素 |
|---|---|---|
| 1 | Maclver, Robert, 1931 | 社区意识、位置和身份感、依属感 |
| 2 | Poplin, Dennis, 1972 | 共同价值、信念和目标；共同准则或行为预期；成员身份感和集体认同 |
| 3 | Campbell, 2000 | 社区的心理、符号和文化因素 |
| 4 | Mc Millan Chavis, 1986 | 成员资格、影响力、需要的整合与满足、共同的情感联结 |
| 5 | Mc Millan, 1996 | 情绪感受、人际信任、公平交换、传承艺术 |
| 6 | Miretta Prezza, 2009 | 成员身份共有的影响力帮助社会联结需求满足 |
| 7 | Long, Perkins, 2003 | 社会联结、相互关心、社区价值 |
| 8 | Proescholdbell et al., 2006 | 影响力、情感联结、需要满足和归属 |
| 9 | Tartaglia, 2006 | 需求满足和影响力、社区依赖、社会联结 |

表6.5 社区意识量表

| 序号 | 测量内容 |
|---|---|
| 1 | 住在这个社区令我满意 |
| 2 | 社区能满足我的需要 |
| 3 | 我很高兴作为社区的一分子 |
| 4 | 社区里的大多数人都可以信任 |
| 5 | 社区居民对社区的基本需求一致 |
| 6 | 我喜欢跟社区居民一起活动 |

| 序号 | 测量内容 |
|------|----------|
| 7 | 我想长久住在这个社区 |
| 8 | 对社区的未来充满信心 |
| 9 | 我花费很多时间和精力融入社区 |
| 10 | 社区让我拥有安全感 |
| 11 | 社区让我有家的感觉 |
| 12 | 我在乎社区居民对我的看法 |
| 13 | 成为社区一分子对我来说很重要 |
| 14 | 社区有较好的组织者、号召者 |
| 15 | 我对社区环境的改善有一定影响 |

陈振华按照社区认同的五个维度：归属感、感情联系、参与感、支持感、认同感设计了一个 6 个问题的简单量表。对于五个方面仅有 6 个问题，他给出的解释是问卷是搭车问卷，基于操作的角度，将问题压缩到最少。

表 6.6　　　　　　　　　　　　社区认同量表

| 序号 | 测量内容 | 测量意图 |
|------|----------|----------|
| 1 | 我希望在此长期居住 | 归属感 Belonging |
| 2 | 我和附近的居民关系都很好 | 感情联系 Ties and Friendship |
| 3 | 我和附近的居民都很熟悉 | 感情联系 Ties and Friendship |
| 4 | 我的意愿和想法能被社区所关注 | 参与感 Influence |
| 5 | 遇到困难时，我相信能够得到邻居的帮助 | 支持感 Support |
| 6 | 我认为我是这个地方的一员 | 认同感 Conscious identification |

总结社区归属感、社区意识、社区认同的相关测量实践，有两个基本的特征：（1）多是在个人层面上的测量。社区意识应为社区还是个人层面的属性存在争论。通常它在个人层面进行测量并相应地进行解释。然而，有研究人员认为社区意识应被视为一种生态属性，因

此，它被视为一种集合的、社区层面的特征。[1] 要做社区层面的测量和比较，往往受限于样本的数量。缺少大规模的调查，在社区层面比较就缺乏足够的样本。（2）缺少对社区概念的讨论。许多研究仅从个人角度出发，对于社区的概念存而不论，社区的规模、范围、边界都没有明确说明。就笔者掌握的文献来看，桂勇的社区社会资本测量，明确将居住小区作为社区研究的单元。

# 二 上海城市居住区社区认同的现状与分析

## （一）上海社区认同现状

综合已有的研究，本次社区认同的测量主要包括以下 12 个题目，测量的空间对象是小区。使用小区的概念也是利用问卷调查综合考虑的结果。好的方面是能够比较一致地保持概念的统一。但调查的对象有上海的里弄，对里弄的居民使用居住小区的概念，并不十分的恰当。这也是以居住小区作为社区基本单位需要面临的问题。

表6.7　　　　　　　　　　社区认同测量表

大体而言，您是否认同以下说法？（1 表示强烈不同意，5 表示强烈同意）

|  |  | 强烈不同意——→强烈同意 | | | | |
|---|---|---|---|---|---|---|
| 1 | 喜欢我的小区 | 1 | 2 | 3 | 4 | 5 |
| 2 | 告诉别人我所住的小区，感觉很自豪 | 1 | 2 | 3 | 4 | 5 |
| 3 | 小区里大部分人都愿意相互帮助 | 1 | 2 | 3 | 4 | 5 |
| 4 | 大部分小区居民参与精神很高 | 1 | 2 | 3 | 4 | 5 |
| 5 | 总的来说，小区居民间的关系是和睦的 | 1 | 2 | 3 | 4 | 5 |
| 6 | 我对小区中发生的事情很感兴趣 | 1 | 2 | 3 | 4 | 5 |

---

① Francis, J., Giles-corti, B., Wood, L., et al., "Creating Sense of Community: The Role of Public Space", *Journal of Environmental Psychology*, Vol. 32, No. 4, 2012, pp. 401-409.

| | | 强烈不同意——→强烈同意 | | | | |
|---|---|---|---|---|---|---|
| 7 | 我是小区内重要的一分子 | 1 | 2 | 3 | 4 | 5 |
| 8 | 我会自觉遵守小区的各项规章制度 | 1 | 2 | 3 | 4 | 5 |
| 9 | 破坏小区公共秩序的行为应该受到制止和批评 | 1 | 2 | 3 | 4 | 5 |
| 10 | 如果不得不搬走会很遗憾 | 1 | 2 | 3 | 4 | 5 |
| 11 | 当遇到坏人时，周边的邻居能够挺身而出 | 1 | 2 | 3 | 4 | 5 |
| 12 | 当小区的集体利益受到损害，我会参加小区居民为此发起的一些联合行动（如向主管部门联名上书等） | 1 | 2 | 3 | 4 | 5 |

### 量表的信度检验

对量表进行信度检验，内部一致性系数为 0.832。在 12 个选项中，第 10 题"如果不得不搬走会很遗憾"与总分的相关系数最低，仅为 0.319，删除后内部一致性系数反而提高到 0.851。此题的信度不高，在以后的调查中可以修改或者删除。在本次数据分析时，将此选项剔除。

表 6.8　　　　　　　　　社区认同信度分析案例处理汇总

| | | N | % |
|---|---|---|---|
| 案例 | 有效 | 927 | 89.1 |
| | 已排除[a] | 113 | 10.9 |
| | 总计 | 1040 | 100.0 |

a. 在此程序中基于所有变量的列表方式删除。

表 6.9　　　　　　　　　社区认同可靠性统计量

| Cronbach's Alpha 值 | 项数 |
|---|---|
| .832 | 12 |

表 6.10　　　　　　　社区认同信度检验：项总计统计量

| | 项已删除的刻度均值 | 项已删除的刻度方差γ | 校正的项总计相关性 | 项已删除的Cronbach's Alpha 值 |
|---|---|---|---|---|
| 喜欢我的小区 | 41.7875 | 118.749 | 0.729 | 0.807 |
| 告诉别人我所住的小区，感觉很自豪 | 41.8997 | 117.879 | 0.544 | 0.816 |
| 小区里大部分人都愿意相互帮助 | 41.7454 | 116.371 | 0.431 | 0.827 |
| 大部分小区居民参与精神很高 | 41.9072 | 116.886 | 0.410 | 0.829 |
| 总的来说，小区居民间的关系是和睦的 | 41.7012 | 116.421 | 0.438 | 0.826 |
| 我对小区中发生的事情很感兴趣 | 42.3376 | 124.753 | 0.477 | 0.822 |
| 我是小区内重要的一分子 | 42.1057 | 121.719 | 0.576 | 0.816 |
| 我会自觉遵守小区的各项规章制度 | 41.4466 | 119.828 | 0.692 | 0.810 |
| 破坏小区公共秩序的行为应该受到制止和批评 | 41.4067 | 119.941 | 0.676 | 0.811 |
| 如果不得不搬走会很遗憾 | 41.9148 | 113.739 | 0.319 | 0.851 |
| 当遇到坏人时，周边的邻居能够挺身而出 | 41.8457 | 120.893 | 0.646 | 0.813 |
| 当小区的集体利益受到损害，我会参加小区居民为此发起的一些联合行动（如向主管部门联名上书等） | 41.7131 | 121.041 | 0.615 | 0.814 |

　　剔除第 10 题后还有 11 道题，总分最高分是 55，最低分是 11。比较各小区的社区认同得分，从高到低依次是瑞康居委、太原居委、朗润园、馨佳园九街坊、馨佳园八街坊、同济绿园、馨佳园十二街坊、永太居委、庆源居委、雁荡居委、万科城市花园、鞍山三村、豪世盛地。

表6.11　　　　　　　　各小区社区认同得分比较

| 序号 | 该小区的名称 | 均值 | 样本数 | 标准差 |
|---|---|---|---|---|
| 1 | 瑞康居委 | 45.30 | 47 | 6.12 |
| 2 | 太原居委 | 44.65 | 46 | 6.58 |
| 3 | 朗润园 | 44.28 | 40 | 11.99 |
| 4 | 馨佳园九街坊 | 43.93 | 109 | 12.53 |
| 5 | 馨佳园八街坊 | 43.71 | 62 | 12.12 |
| 6 | 同济绿园 | 43.60 | 102 | 12.35 |
| 7 | 馨佳园十二街坊 | 42.07 | 70 | 11.45 |
| 8 | 永太居委 | 41.86 | 37 | 6.86 |
| 9 | 庆源居委 | 41.00 | 36 | 9.02 |
| 10 | 雁荡居委 | 39.98 | 45 | 8.37 |
| 11 | 万科城市花园 | 39.68 | 165 | 11.14 |
| 12 | 鞍山三村 | 39.55 | 89 | 8.87 |
| 13 | 豪世盛地 | 39.45 | 86 | 9.88 |
| | 总计 | 41.89 | 934 | 10.70 |

表6.12　　　　　　　　各小区社区认同得分方差分析

| | 平方和 | df | 均方 | F | 显著性 |
|---|---|---|---|---|---|
| 组间 | 4074.667 | 12 | 339.556 | 3.041 | 0.000 |
| 组内 | 102843.840 | 921 | 111.665 | — | — |
| 总数 | 106918.506 | 933 | — | — | — |

## （二）上海社区认同分析

从调查的13个居住区的社区认同情况来看，总分最高的是瑞康居委45.30分，最低的是豪世盛地39.45分。因为共有11题，最高分是55分，最低分是11分，平均分是33分，从总分的情况来看，上海的社区认同是处于平均分偏上的中等偏上水平。即使是社区认同得分最低的豪世盛地，其每个小问题的平均得分也有3.59分，也就是偏喜欢和认同小区的。因此，从总的情况来看，上海的社区认同是比较乐观的，也就是居民对自己的社区还是有归属感和认同感的。另外，从客观测量的分数看，居住区间的社区认同虽有显著差异，但差异在适度的范围，并没有形成极端的差异。社区认同最高的居住区（4.12 分）和最低的居住区（3.59 分）的平均分差异为 0.53 分，差异占比在 15% 以内。

从社区认同各分项得分情况来看，平均分最高的选项是"破坏小区公共秩序的行为应该受到制止和批评"，为 4.2 分。得分最低的选项是"我对小区中发生的事情很感兴趣"。从得分的排序情况看，居民对于主动融入社区的积极性相对比较低，但是被动地维护社区的公共利益和秩序的积极性比较高。这个结果也呼应了国内外社区研究的相关文献，现代城市社区居民有更大的社会网络可以选择，社区只是其社会网络中的一部分，在是否融入社区，如何融入社区方面，居民更多的是实际的需求导向。居民虽然可以自由地选择自己的社会网络，但社区与自己的实际利益不可分，在实际的空间需求方面，社区居民是无法超越的，居住空间对于居民具有直接的利益关联，所以在小区的公共秩序、公共规章等方面居民给出了高分。从得分最低的选项看出，社区对于居民的吸引力较小，居民融入社区的积极性较小，也就是说，从主动选择的角度而言，居民更愿意在更大的社会网络中去建立关系。

"我是小区内重要的一分子"的得分只有 3.51 分，处于倒数第二的位置。"如果不得不搬走会很遗憾"得分 3.59 分，处于倒数第三的位置。从问题的得分顺序可以看出，居民虽然会主动维护和遵守社区的规则，但自己对社区的主观归属感和融入感相对是比较低的。这两个选项都关于自己是否主观归属和认同小区，但得分却在所有选项中最低，反映出当前城市社区认同的特征，居民更愿意认同社区的利益、规则，并不一定认同社区的身份、情感联系。居住区居民对于居住区的选择虽然有主观的影响，但很多时候受限于自身的经济、职业等客观因素的约束。当居民居住在某一个居住区时，客观上与小区的居民构成了利益共同体，为了维护自身的利益，居民更愿意维护社区的基本秩序和规则。但是认同客观的利益和认同身份、认同情感联系还是有区别的。在现代的社会和城市空间结构中，居民在儿童教育、养老等方面仍需要与社区与邻里互动和情感联系，从这个意义上讲，中国城市居住区在加强居民间的情感联系、居民的邻里互动方面还有很大的潜力。

表6.13　　　　　　　　　社区认同各分项得分

| | 最小值（M） | 最大值（X） | 平均值（E） | 标准偏差 | 方差 |
|---|---|---|---|---|---|
| 喜欢我的小区 | 1.00 | 5.00 | 3.82 | 1.22 | 1.50 |
| 小区里大部分人都愿意相互帮助 | 1.00 | 5.00 | 3.81 | 1.18 | 1.40 |
| 大部分小区居民参与精神很高 | 1.00 | 5.00 | 3.66 | 1.16 | 1.35 |
| 总的来说，小区居民间的关系是和睦的 | 1.00 | 5.00 | 3.86 | 1.12 | 1.26 |
| 我对小区中发生的事情很感兴趣 | 1.00 | 5.00 | 3.27 | 1.23 | 1.52 |
| 我是小区内重要的一分子 | 1.00 | 5.00 | 3.51 | 1.28 | 1.65 |
| 我会自觉遵守小区的各项规章制度 | 1.00 | 5.00 | 4.18 | 1.21 | 1.46 |
| 破坏小区公共秩序的行为应该受到制止和批评 | 1.00 | 5.00 | 4.20 | 1.24 | 1.53 |
| 如果不得不搬走会很遗憾 | 1.00 | 5.00 | 3.59 | 1.33 | 1.76 |
| 当遇到坏人时，周边的邻居能够挺身而出 | 1.00 | 5.00 | 3.77 | 1.21 | 1.46 |
| 当小区的集体利益受到损害，我会参加小区居民为此发起的一些联合行动（如向主管部门联名上书等） | 1.00 | 5.00 | 3.90 | 1.25 | 1.57 |

# 三　居住区区位与居民的社区认同

## （一）居住区区位与社区认同研究现状

社区认同研究与新都市主义的关系密切，新都市主义一个主要的抱负就是提高社区意识。其现实的背景是美国城市郊区化的现状，

"二战"前美国城市地区的社区意识被认为是衰落的，其特点是人口众多、密集和异质，更容易引发犯罪、离婚和精神疾病。Wirth 认为，密切的社区关系的衰落可归因于城市生活的匿名和分裂。这种观点创造了向郊区发展的转变，加上与战争相关的推迟的住房需求，为"二战"后的郊区快速发展奠定了基础。在 20 世纪 50 年代和 60 年代，中心城市犯罪率高、失业率高、种族紧张、福利成本增加、税收增加。这些事件导致了中心城市白人中产阶级家庭迁移到郊区。在大型住宅区购买住房，并减少回到市中心的工作岗位。在这二十年中，美国郊区的居民人数从 3500 万人增加到 8400 万人，增长率为 144%。社会学家开始认真考虑郊区移民的规模和范围。一些人担心它对美国文化的影响，而其他人则怀疑这种新的郊区生活对居民的影响。自 20 世纪 70 年代以来，居住和就业越来越多地位于郊区。1970 年，37% 的美国人或 8400 万人住在郊区。到 1980 年，44.4% 的美国人或 1 亿人生活在郊区（美国人口普查局，1987）。1990 年的人口普查显示，48% 的美国人住在郊区。①

20 世纪 60 年代美国的"城市危机"对郊区的增长和社会构成产生了巨大的影响。由于郊区化的蔓延，新都市主义者认为标准郊区发展的主要缺陷不是审美，不是环境，而是其后果严重的社会影响，规划专业必须努力从城市化中汲取社区形成要素，并将其恢复到新城镇发展中。② Kunstler 和 Chen 提出蔓延会导致社会不平等的问题，因为富裕的居民离开了城市中心，放弃了少数民族，削弱了社会服务。③ Frey 认为富裕的郊区可能会制定排除穷人的政策，限制他们居住在中心城市。新都市主义主张在充满凝聚力的大都市范围内，恢复现有的城市中心和市镇；将无序发散的郊区重新配置，使其成为真正的邻里和多样化的区域；保护自然环境以及保护现有的传统遗产。④

---

① Baldassare, M., "Suburban Communities", *Annual Review of Sociology*, Vol. 18, 1992, pp. 475 – 494.

② Talen, E., "Sense of Community and Neighbourhood Form: An Assessment of the Social Doctrine of New Urbanism", *Urban Studies*, Vol. 36, No. 8, 1999, pp. 1361 – 1379.

③ Jackson, L. E., "The Relationship of Urban Design to Human Health and Condition", *Landscape and Urban Planning*, Vol. 64, No. 4, 2003, pp. 191 – 200.

④ 新都市主义宪章。

新都市主义对于郊区社区的批评集中在缺乏步行，缺乏步行的社区减少了社会互动，降低了社区意识，还侵蚀了健康。因此，提出了要恢复步行社区，提高社区意识，步行意味着社区是为步行和促进街边活动而设计的。步行主义包括四个主要概念：（1）步行性：在步行社区，社区的空间环境有利于更多的步行和更少的驾驶；（2）步行便利：如果社区在步行距离内提供必要的服务，居民可以感受到社区意识；（3）公共交通：当社区中心，工作场所和其他社区可通过公共交通到达时，社区可能会体验到社区感并促进减少对汽车的依赖；（4）行人尺度和街边活动：如果街景设计符合人性化尺度，以创造高质量的街道环境，它可以帮助居民在街边活动中感到舒适。Lund 的研究为步行主义增强社区意识提供了支持。在社区中散步可以拉近居民与社区的距离，提供更多的社交机会，增强身份认同，增强归属感。①

巴尔达萨雷等认为对郊区的不满与快速增长和高密度有关，而不是失去社区意识。② 他们的研究发现，居住在郊区较大、较高密度和种族多样化社区的居民整体社区意识较低。社区居民对当地社区参与的满意度更高以及对住宅环境中的隐私满意度更高时，整体社区意识更强。③ 甘斯认为，郊区居民的社会行为受到社会阶层，种族和生命周期的影响。费希尔关注城市和郊区生活的社会心理方面，包括个人的社交网络。④ 巴尔达萨雷认为郊区社区面临的挑战包括区域治理中的政治分裂，居民的反抗增长，社区生活质量下降

---

① Kim, J., Kaplan, R., "Physical and Psychological Factors in Sense of Community: New Urbanist Kentlands and Nearby Orchard Village", *Environment and Behavior*, Vol. 36, No. 3, 2004, pp. 313 – 340.

② Talen, E., "Sense of Community and Neighbourhood Form: An Assessment of the Social Doctrine of New Urbanism", *Urban Studies*, Vol. 36, No. 8, 1999, pp. 1361 – 1379.

③ Wilson, G., Baldassare, M., "Overall 'Sense of Community' in a Suburban Region: The Effects of Localism, Privacy, and Urbanization", *Environment and Behavior*, Vol. 28, No. 1, 1996, pp. 27 – 43.

④ Rogers, G. O., Sukolratanametee, S., "Neighborhood Design and Sense of Community: Comparing Suburban Neighborhoods in Houston Texas", *Landscape and Urban Planning*, Vol. 92, No. 3, 2009, pp. 325 – 334.

以及缺乏负担得起的住房。①

　　综上，美国的郊区化与贫富分化、阶层分化导致的贫富居住分化相关。当中产阶层在郊区集聚后，郊区的社区生活质量下降，缺乏社区意识。社会学家从社会结构、社会心理、生命周期、居住密度等方面来分析，新都市主义从减少机动交通、增加步行来加强居民的互动，从而增强社区意识。

　　随着国内城市化的推进，大城市在郊区建设了大量的居住区，居住人口的郊区化趋势已经形成。除了普通的居住区，还有保障性居住区、大型居住区建设在比较偏远的郊区。保障房大规模、集中建设在偏僻的区位，导致了贫困人口集中居住、远离就业、通勤距离长、服务设施差、生活成本高、贫困文化形成等一系列社会问题。②③④⑤ 李斐然、冯健等对北京回龙观为代表的郊区大型居住区的研究显示，居民对远距离的居住和工作空间的错位有较强的承受能力，在居住空间的郊区化等方面发挥了重要作用。⑥ 居住区不仅是为居住者提供居住空间，还要给居住者提供生活机会，且不能给居民带来社会排斥。正是由于城市规划在规划布局、建设选址两个阶段的属性缺失导致相关选址问题的产生。⑦ 在北京典型的郊区大型居住区回龙观，邻里交往较为浅层化，邻里互助情况较少，但居民具有较高的交往意愿、互助意愿，居民整体责任意识、社区参与

　　① Baldassare, M., "Suburban Communities", *Annual Review of Sociology*, Vol. 18, 1992, pp. 475 – 494.

　　② 郑思齐、张英杰：《保障性住房的空间选址：理论基础、国际经验与中国现实》，《现代城市研究》2010 年第 25 卷第 9 期，第 18—22 页。

　　③ 宋伟轩：《大城市保障性住房空间布局的社会问题与治理途径》，《城市发展研究》2011 年第 18 卷第 8 期，第 103—108 页。

　　④ 郭菂、李进、王正：《南京市保障性住房空间布局特征及优化策略研究》，《现代城市研究》2011 年第 26 卷第 3 期，第 83—88 页。

　　⑤ 凌莉：《从"空间失配"走向"空间适配"——上海市保障性住房规划选址影响要素评析》，《上海城市规划》2011 年第 3 期，第 58—61 页。

　　⑥ 李斐然、冯健、刘杰等：《基于活动类型的郊区大型居住区居民生活空间重构——以回龙观为例》，《人文地理》2013 年第 28 卷第 3 期，第 27—33 页。

　　⑦ 柳泽、邢海峰：《基于规划管理视角的保障性住房空间选址研究》，《城市规划》2013 年第 37 卷第 7 期，第 73—80 页。

和维权意识强烈。① 一些郊区新建居住区本身的建筑和空间品质还是不错的，但是由于缺乏相应的配套设施，离中心城区较远，生活不便等问题，居民往往无法形成归属感、认同感。总的来看，虽然国内外在居住郊区化的背景上具有差异，但在提高郊区的居住区品质和社区认同方面具有相似性。

### （二）居住区区位与社区认同实证分析

在上海调查的 13 个居住区中，处于市中心内环内的有七个居住区，分别是：太原居委、永太居委、雁荡居委、鞍山三村、同济绿园、瑞康居委、庆源居委。处于郊区外环外的有六个居住区，分别是：馨佳园八街坊、馨佳园九街坊、馨佳园十二街坊、豪世盛地、万科城市花园、朗润园。比较上海郊区和中心城区居住区的社区认同，方差分析显示两者之间并没有显著的差异。在郊区的朗润园、馨佳园九街坊、馨佳园八街坊的社区认同得分较高，而同处于郊区的豪世盛地得分最低。中心城区既有得分较高的瑞康居委、太原居委、同济绿园，也有得分倒数第二的鞍山三村。

但分析各单选项，可以发现，市中心和郊区居民在"喜欢我的小区""告诉别人我所住的小区，感觉很自豪""我会自觉遵守小区的各项规章制度""当遇到坏人时，周边的邻居能够挺身而出"等选项上有显著差异（0.01 水平），在"总的来说，小区居民间的关系是和睦的""我对小区中发生的事情很感兴趣""破坏小区公共秩序的行为应该受到制止和批评""当小区的集体利益受到损害，我会参加小区居民为此发起的一些联合行动（如向主管部门联名上书等）"等选项上有显著差异（0.05 水平）。所以从单项看，市中心和郊区居民在社区认同方面还是有显著的差异。

在有显著差异的选项里面，郊区居民在"喜欢我的小区""告诉别人我所住的小区，感觉很自豪""我对小区中发生的事情很感兴

---

① 冯健、吴芳芳、周佩玲：《郊区大型居住区邻里关系与社会空间再生——以北京回龙观为例》，《地理科学进展》2017 年第 36 卷第 3 期，第 367—377 页。

趣"三个选项上的得分都高于市中心的居民。而在"总的来说，小区居民间的关系是和睦的""我会自觉遵守小区的各项规章制度""破坏小区公共秩序的行为应该受到制止和批评""当遇到坏人时，周边的邻居能够挺身而出""当小区的集体利益受到损害，我会参加小区居民为此发起的一些联合行动（如向主管部门联名上书等）"等选项上，市中心的居民得分都显著高于郊区居民。这样的结果看出，郊区居民对社区更喜欢、更自豪和更感兴趣，有更高的情感依赖。对于这个结果，有两方面的理解，一方面，虽然郊区的居住区在基础设施配套、交通的便利、就业的方便等方面都不及市中心的居住区，但社区并没有被污名化，居民有更多的社区互动和情感依赖，居民保持了很高的归属感和自豪感。另一方面，郊区的居民因为居住区的规模较大、与中心城市的疏离，居民自由选择居住区外的社会交往网络受到空间限制，居民转而积极融入社区，在较多的社会互动下，增加了对社区的了解和喜爱。

在认同维护社区的秩序和社区关系和谐方面市中心都显著比郊区好，显示市中心居住区的社区认同更倾向于理性、秩序和利益，而且市中心的社区关系也更和睦。对此也可有两方面的理解，一方面是市中心居住区的平均建成时间较长，居民经过长时间的磨合，建立了社区的公共秩序；另一方面是市中心居住区内部空间有限，而与城市外部空间联系方便，居民有更多的城市空间选择建立起社会关系网络，居住区在居民社会交往、情感互动中的作用是下降的，而郊区居民对城市交往空间的选择有限、替代有限，所以在居住区内有更多的社会交往和互动，对社区有更多的依赖。

郊区新建的居住区对社区交往、互动和情感的需求相对较高，因此，在新建郊区的居住区时更应注重社区意识的培育，借鉴新都市主义的相关空间设计策略提高郊区居住区的社区认同。另外，应建立更加便捷和完善的交通网络和基础设施配套，使郊区的社区居民不仅社区认同高，还能融入更大的城市网络，否则容易陷入虽有高的社区认同，但与其他社区无法融入的城市居住隔离现象。

表6.14 市中心和郊区居民社区认同各分项比较

| | 市中心居民 | | 郊区居民 | | 总计 | | 中心郊区方差分析 | | 市中心居民与郊区居民选项差值 |
|---|---|---|---|---|---|---|---|---|---|
| | 平均值 | 标准偏差 | 平均值 | 标准偏差 | 平均值 | 标准偏差 | F值 | 显著性 | |
| 小区里大部分人都愿意相互帮助 | 3.93 | 1.09 | 3.72 | 1.24 | 3.81 | 1.18 | 3.423 | 0.065 | 0.21 |
| 喜欢我的小区 | 3.73 | 1.21 | 3.88 | 1.23 | 3.82 | 1.22 | 11.649 | 0.001** | −0.14 |
| 告诉别人我所住的小区，感觉很自豪 | 3.53 | 1.24 | 3.80 | 1.24 | 3.68 | 1.25 | 7.522 | 0.006** | −0.27 |
| 大部分小区居民参与精神很高 | 3.70 | 1.11 | 3.63 | 1.20 | 3.66 | 1.16 | 0.899 | 0.343 | 0.07 |
| 总的来说，小区居民间的关系是和睦的 | 4.09 | 2.67 | 3.77 | 1.16 | 3.90 | 1.96 | 6.624 | 0.010* | 0.32 |
| 我对小区中发生的事情很感兴趣 | 3.17 | 1.18 | 3.35 | 1.27 | 3.27 | 1.23 | 5.097 | 0.024* | −0.18 |
| 我是小区内重要的一分子 | 3.43 | 1.24 | 3.56 | 1.31 | 3.51 | 1.28 | 2.528 | 0.112 | −0.13 |
| 我会自觉遵守小区的各项规章制度 | 4.31 | 1.10 | 4.08 | 1.27 | 4.18 | 1.21 | 9.660 | 0.002** | 0.24 |
| 破坏小区公共秩序的行为应该受到制止和批评 | 4.31 | 1.15 | 4.11 | 1.30 | 4.20 | 1.24 | 6.525 | 0.011* | 0.20 |
| 如果不得不搬走会很遗憾 | 3.61 | 1.32 | 3.58 | 1.33 | 3.59 | 1.33 | 0.086 | 0.769 | 0.02 |
| 当遇到坏人时，周边的邻居能够挺身而出 | 3.89 | 1.14 | 3.69 | 1.25 | 3.77 | 1.21 | 7.177 | 0.008** | 0.21 |
| 当小区的集体利益受到损害，我会参加小区居民为此发起的一些联合行动（如向主管部门联名上书等） | 4.00 | 1.18 | 3.82 | 1.30 | 3.90 | 1.25 | 5.313 | 0.021* | 0.18 |

# 四 居住区规模与居民的社区认同

## （一）居住区规模与社区认同研究现状

多大的社区规模容易形成社会交往，成为较密切的群体呢。生理学家认为超过 130—140 米，人将无法分辨对方的轮廓、衣服、年龄和性别等。吉伯德曾指出文雅的空间一般不大于 137 米。亚历山大指出人的认知邻里范围直径不超过 274 米（即面积在 5 公顷左右）。[①] 有研究通过调查发现，人的交往过程中 300 人左右是构成一个交往小群体的上限，从社交的意义上讲，在一个大的群体当中，会细分为若干个少于300 人的小群体，而在超过这一上限后，交往的亲密度有所降低。[②] 周俭从城市空间结构的角度对住宅区的用地规模进行了探讨，提出建立生活次街，将划分住宅区的路网间距缩小，住宅区用地规模由原来的10—20 公顷缩小到 4 公顷左右，居住人口在 1500 人左右。这样一个生活次街网络的设立以及由此形成的较小的住宅区用地开发单元使邻里交往的场所感被加强，互助型邻里关系形成的可能性更多了。[③] 亚历山大的《建筑模式语言》中指出，居民相互熟悉、便于交往的户数为 8—12 户，这样的邻里范围限定之内，居民的彼此了解程度最深，表现出邻里间较强的社会内聚力；当相识范围扩大到 50—100 户时，邻里间的交往将迅速减少，彼此将仅知道容貌、姓名而甚少了解。另有其他研究也表明，10—20 户围绕街道或院落组构的住区，可以在保证人与人之间必要的距离和自我状态下，形成持久的邻里集体。

现有住宅区的规模是路网规划、设施配套等规划设计方式的结果。城市道路的路网间距一般规划为 400 米左右，由此形成了城市住

---

① 马静、胡雪松、李志民：《我国增进住区交往理论的评析》，《建筑学报》2006 年第 10 期，第 16—18 页。

② 蒲蔚然、刘骏：《探索促进社区关系的居住小区模式》，《城市规划汇刊》1997 年第 4 期，第 54—58 页。

③ 周俭、蒋丹鸿、刘煜：《住宅区用地规模及规划设计问题探讨》，《城市规划》1999年第 1 期，第 38—40 页。

宅区的用地单元规模一般均在十几公顷左右的规模模式。① 通过对《中国小康住宅示范工程集萃》和《中国城市居住小区建设试点丛书——规划设计篇》进行统计，在总计 44 个小区中，规模在 10 公顷以上的占总数的 81.8%。另一项对北京市 1996 年房地产市场所作的调查也显示，占地在 10 公顷以上的住区占总数的 66.2%；北京市还规定，7000 人以下的小区和不足 30000 人的居住区，为非规模居住区。与之相较，美国的独立式住区平均为 291 户，其中有一半不超过 150 户。巴塞罗那的规划被认为是欧洲最成功的范例，其街区尺寸一般为 130 米×130 米。上海典型的老街坊由 20 世纪 20—40 年代建造的里弄组成，每个里弄是一个相对封闭的小社区，但有多个大门并始终对外开放。一个里弄平均仅有 46 户，为今天成片开发的小区的四十到六十分之一。② 新建的住区规模过大，十几公顷规模的商品房住区，近万名彼此原先互不相识的城市购房者，仅仅由于选购了同一个住宅区居住而成为邻居，住户之间彼此陌生、防备，甚至趋于冷漠的心理感觉是无法避免的。③

　　过大的居住区规模，使居民在使用城市服务设施上面临一些困难，仅从居住区内部到居住区大门就会花更多的时间。在关键时刻，这样的时间和距离有时候是致命的。有研究指出，在规模较大的低密度社区，救护车和消防车需要较长时间才能到达服务区边缘的家庭。因此，规模较大的低密度居住区可能会使居民面临更大的紧急风险。④

### （二）居住区规模与社区认同实证分析

　　居民喜欢的小区规模是多大呢，此次调查将社区规模分为小于

---

　　① 周俭、蒋丹鸿、刘煜：《住宅区用地规模及规划设计问题探讨》，《城市规划》1999年第 1 期，第 38—40 页。

　　② 朱怿：《从居住小区到居住街区——城市内部住区规划设计模式探析》，清华大学，2006 年，第 15 页。

　　③ 周俭、蒋丹鸿、刘煜：《住宅区用地规模及规划设计问题探讨》，《城市规划》1999年第 1 期，第 38—40 页。

　　④ Jackson, L. E., "The Relationship of Urban Design to Human Health and Condition", *Landscape and Urban Planning*, Vol. 64, No. 4, 2003, pp. 191 – 200.

500人，501—1000人，1001—1500人等7类。调查结果显示，居民喜欢501—1000人规模社区的占23.7%，1001—1500人规模的占21.5%，小于1500人以下的累积占比56.8%。也就是1500人以下的小规模小区获得了大多数居民的认可。不同规模小区的社区认同感是否有显著差异？是否规模较小社区的社区认同感较高？因为在调查中，使用了小区，对于太原居委、瑞康居委等包含了多种住宅类型的，无法用居委会层面的数据代替小区层面，因为这些规模明显有差异，此项分析无法进行。万科城市花园、朗润园、同济绿园三个居委会范围与小区范围相同，三者的用地规模分别是33.7公顷、9.6公顷、3.2公顷，社区认同得分是39.68、44.28、43.6。小区规模与社区认同有很高的相关性。

表6.15　　　　　　　居民喜欢的小区规模

| | | 频率 | 百分比（%） | 有效百分比（%） | 累计百分比（%） |
|---|---|---|---|---|---|
| 有效 | 小于500人 | 114 | 11.0 | 11.6 | 11.6 |
| | 501—1000人 | 234 | 22.5 | 23.7 | 35.3 |
| | 1001—1500人 | 212 | 20.4 | 21.5 | 56.8 |
| | 1501—2000人 | 100 | 9.6 | 10.1 | 66.9 |
| | 2001—3000人 | 160 | 15.4 | 16.2 | 83.1 |
| | 3001—5000人 | 72 | 6.9 | 7.3 | 90.4 |
| | 5000人以上 | 95 | 9.1 | 9.6 | 100.0 |
| | 合计 | 987 | 94.9 | 100.0 | — |
| 缺失 | 系统 | 53 | 5.1 | — | — |
| 合计 | | 1040 | 100.0 | — | — |

# 五　居住区空间评价与居民的社区认同

## （一）居住区空间与社区认同研究现状

提高社区意识是新都市主义者规划原则的一个关键目标，在如何提高居民的社区意识方面，新都市主义的研究积累了丰富的研究成果，几个重要的方向是，建立步行社区、增加居住区居民互动的可能性、增加居住空间吸引力。

在建立步行社区方面，索思沃思等认为街道模式划分和连接社区的方式会影响人们在该空间内的运动和互动。一些研究支持有一个更适合步行的环境和街道网络设计，可以促进邻居互动、社会资本以及社区意识。同样，鼓励步行的其他感知社区特征可以通过增加与邻居互动的机会来增强社区意识。例如，认为邻居是安全的，在外出时看到邻居并在附近当地有趣的地点已被证明与社区意识正相关。从家里出去散步的目的和频率可能会影响社区意识，因为人们为了交通而行走（即以任务为中心）可能不太适合社交互动。的确，伍德等人发现，社区意识与悠闲步行有关。[①] 居住在步行友好社区的个人社区意识更强。社区意识与交通步行和社区质量的积极看法呈正相关，与居住密度呈负相关。研究显示步行环境的局部区域感知对社区意识的影响，这似乎比客观环境特征更重要。[②] 在相类似的研究中，French, S. 等区分了客观的和感知的建筑环境，并在最终模型中发现只有反映出适合行走的感知邻域特征与社区意义正相关。特别是，对步行、社区美学和安全的基础设施的积极看法都与更强的社区意识相关联。[③] 当我们更好地了解地方并赋予它们价值时，无差别的"空间"开始演变成"地方"。因此，通过"稳定的情感增长"和经验，地方获得了深刻的意义。[④]

虽然 Kevin Lynch、Jane Jacobs、Alvin Schorr、Oscar Newman、

---

① Wood, L., Frank, L. D., Giles-corti, B., "Sense of Community and Its Relationship with Walking and Neighborhood Design", *Social Science & Medicine*, Vol. 70, No. 9, 2010, pp. 1381 – 1390.

② Ibid. .

③ French, S., Wood, L., Foster, S. A., et al., "Sense of Community and Its Association with the Neighborhood Built Environment", *Environment and Behavior*, Vol. 46, No. 6, 2014, pp. 677 – 697.

④ Manzo, L. C., Perkins, D. D., "Finding Common Ground: The Importance of Place Attachment to Community Participation and Planning", *Journal of Planning Literature*, Vol. 20, No. 4, 2006, pp. 335 – 350.

James Vance 和 William Whyte 等社会生态学家对空间设计如何构建社会互动的理解不同，但他们的工作形成了一种统一的知识传统。所有这些作者都关注一个核心问题：空间问题、空间设计构成影响社会结构的独立变量。[①] 现在有大量的文献支持这样一种观点，即居住区的物质空间特征可以增加社会互动，在某些情况下，还可以增加社区的邻居和感觉。罗伯特·普特南（Robert Putnam）的社会资本衡量标准有时用于评价某些类型社区的社会资本是否增加，衡量的是"邻居之间的信任和参与社区活动"。虽然批评者仍然对物质空间决定论持怀疑态度，但研究人员仍然发现某些基于行人的社区形式具有较高的社会互动率，"更大的社区意识"，更强的地方依恋，更高层次的信任和社会参与。有意识的空间安排可能会在邻居中形成一种高度的邻居感，因为"邻居的形象""我们居住的地点的命运"，人们会找到各种方式参与"当地的政治"。虽然这种情况也发生在无规划的地方，但可能通过在物质空间上形成一种明确的，切实的邻里感来促进。[②]

住宅密度不同会影响居民的互动，从而影响居民的社区意识。研究表明，居住区密度与社区意识呈现反向关系，居民更倾向于在更密集的社区中减少社交互动。例如，Nguyen 发现，美国县级邻里的紧凑生活，高人口密度和街道可达性与社会互动联系成反比。在较低密度的社区，居民必须寻找邻居进行互动，而在较高密度的人们经常与更多不熟悉的人接触，并因此撤回以尽量减少这些互动。此外，Brueckner 和 Largey 也认为低密度环境可以增加非正式社交遭遇的机会。

邻里的空间吸引力也被发现可以加强社会凝聚力。因为社区中的社区意识是空间定义的，所以明确定义的边界有助于加强与特定地点的联系并增强社区意识。在这个意义上，一个明确界定的边界有助于建立一种成员感，这种感觉在社区意义上是至关重要的。封闭社区的

① Bothwell, S. E., Gindroz, R., Lang, R. E., "Restoring Community Through Traditional Neighborhood Design: A Case Study of Diggs Town Public Housing", *Housing Policy Debate*, Vol. 9, No. 1, 1998, pp. 89 – 114.

② Talen, E., "Social Science and the Planned Neighbourhood", *Town Planning Review*, Vol. 88, No. 3, 2017, pp. 349 – 372.

最终边界可以提升社区意识，安全感和减少犯罪感，而 Wilson-Doenges 发现"……封闭式社区不会增加社区意识，实际上可能会减少它，并给出一种虚假的安全感或根本没有安全感"。但其他研究认为，空间封闭使这个地方的独特象征价值得到了提升，这反过来又有助于社会认同和安全感。① 封丹等对国内广州的研究发现，封闭社区与周边邻里存在功能性互动，并未给周边邻里造成被隔离和被歧视的心理，地理空间上的临近性反而为不同阶层和不同生活背景的居民之间的相互了解、融合和沟通提供了机会和可能。②

识别和创造促进居民区社区意识的条件对于研究人员和规划人员来说都是一项重要任务。但社交互动、社区意识和建筑环境之间的关系是复杂的，一些建筑环境特征实际上可能会减少社区意识。例如，伍德等人发现混合土地使用与美国亚特兰大的社区意识负相关。亚特兰大的混合用途环境主要包括位于住宅区附近的依赖汽车的零售中心。这种形式的土地使用组合实际上可以最大限度地减少当地居民步行和互动的机会。③ 就建筑环境而言，更强的社区意识与较少的地表停车、较低的商业地面空间与土地面积比率、较低的土地使用组合水平相关，生活在安全有趣的社区居民的社区感也较高。④

在当代社会，都市人由于移动性以及虚拟网络的机会，社交关系不仅限于身体接近的人。从这个意义上说，Wellman 和 Leighton 等学者认为，物理空间在社区创造中的作用被大大夸大了。塔伦也认为，规划者需要从空间规划可以建立一种社区感中跳出来。社区形成方式

---

① Rogers, G. O., Sukolratanametee, S., "Neighborhood Design and Sense of Community: Comparing Suburban Neighborhoods in Houston Texas", *Landscape and Urban Planning*, Vol. 92, No. 3, 2009, pp. 325 – 334.

② 封丹、Breitung Werner、朱竑:《住宅郊区化背景下门禁社区与周边邻里关系——以广州丽江花园为例》,《地理研究》2011 年第 30 卷第 1 期，第 61—70 页。

③ Wood, L., Frank, L. D., Giles-corti, B., "Sense of Community and Its Relationship with Walking and Neighborhood Design", *Social Science & Medicine*, Vol. 70, No. 9, 2010, pp. 1381 – 1390.

④ Francis, J., Giles-corti, B., Wood, L., et al., "Creating Sense of Community: The Role of Public Space", *Journal of Environmental Psychology*, Vol. 32, No. 4, 2012, pp. 401 – 409.

已经发生了历史性的转变，传统的当地社区成员是非自愿选择的结果，现在的居民可以自愿选择参与当地和非当地社区。这种转变导致一些社会学家认为，空间在创建当地社区中的作用被夸大了，社区的地方和物理布局不再是当地社区的决定因素。但 Leila Mahmoudi Farahani 等研究认为，基于当代社会中社区和住宅区的空间布局，形成了当地社区的等级，表明空间仍然是当地社区形成的重要组成部分。[①]

国内的实证研究分析了居住空间的品质如何影响居民的社区认同。单菁菁的研究结果表明，城市居民的综合社区满意度与其社区归属感之间高度正相关。丘海雄在分析了广州和中国香港的个案后的结论是人际关系和社区满足感影响社区归属感，在香港社区满足感对社区归属感的影响更加明显。香港的现代化程度高过广州，但中国香港、广州的社区归属感并没有显著差别。这些研究呼应了 Fried 的研究，社区满意度仅次于家庭满意度，决定一个人对生活本身的满意度。[②]

综合国内外的研究，居住区的空间品质，以及居民对居住区空间品质的评价都会影响居民的社区认同。适宜步行和交往的居住空间可以促进居民的互动，从而增强居民的社区意识和社区认同，居民对居住区的安全、环境和绿化等的主观评价影响居民的社区认同，较高的居住满意度与社区认同呈正相关关系。国内居民的社区认同与居住的实际需求息息相关，分析中国居住区空间与社区认同关系时，更应充分把握中国居住区密度高、公共空间不足、居民居住空间有限等实际情况。

## （二）居住区空间评价与社区认同实证分析

在中国的城市居住区中，随着老龄化、汽车社会的到来，居民对空间环境的不满意主要体现在以下四个方面，一是空间不足、二是出

---

[①] Mahmoudi Farahani, L., "The Value of the Sense of Community and Neighbouring", *Housing, Theory and Society*, Vol. 33, No. 3, 2016, pp. 357 – 376.

[②] Rogers, G. O., Sukolratanametee, S., "Neighborhood Design and Sense of Community: Comparing Suburban Neighborhoods in Houston Texas", *Landscape and Urban Planning*, Vol. 92, No. 3, 2009, pp. 325 – 334.

行不便、三是空间使用变更不和谐、四是空间不安全。空间不足表现在停车空间不足、休闲锻炼空间不足。在本次上海调查的小区中,居民认为没有邻里冲突的占45.1%,也就是超过半数以上的人认为存在邻里冲突。引起冲突的原因包括空间不足、空间使用变更等。认为违章搭建引起邻里冲突的占25%,群租引起邻里冲突的占21.9%,争夺停车位引起的邻里冲突占19.5%,噪声引起的邻里冲突占17.1%,带宠物进电梯引起的邻里冲突占11.2%。

本次调查收集了居民对小区的空间环境的评价,涉及小区地段、出行方便程度、小区规模、小区建筑密度、小区建筑外观、小区绿化、小区公共空间等7个方面,在统计得分时采用反向编码的方式,最高分35分,最低分7分。但作信度检验时,小区地段、出行方便程度删除后,一致性系数反而增加了,所以删除了小区地段、出行方便程度。剩下5项评价的内容直接是小区规划设计本身,以5项反向编码后,最高分25分,最低分5分,各小区的得分情况如表6.20所示。依据评分从高到低排序是朗润园、同济绿园、万科城市花园、馨佳园九街坊、馨佳园八街坊、豪世盛地、馨佳园十二街坊、瑞康居委、永太居委、太原居委、鞍山三村、雁荡居委、庆源居委。各小区的社区认同得分和空间环境评价得分的相关系数是0.194,在0.01水平(双侧)上显著相关。

表6.16 **居民对居住小区的评价**

您对本小区的评价如何(在相应的数字上画"√")

| | 非常满意 | 比较满意 | 一般 | 不满意 | 非常不满意 |
|---|---|---|---|---|---|
| 1. 小区地段 | 1 | 2 | 3 | 4 | 5 |
| 2. 出行方便程度 | 1 | 2 | 3 | 4 | 5 |
| 3. 小区规模 | 1 | 2 | 3 | 4 | 5 |
| 4. 小区建筑密度 | 1 | 2 | 3 | 4 | 5 |
| 5. 小区建筑外观 | 1 | 2 | 3 | 4 | 5 |
| 6. 小区绿化 | 1 | 2 | 3 | 4 | 5 |
| 7. 小区公共空间 | 1 | 2 | 3 | 4 | 5 |

表 6.17 小区空间环境评价信度检验案例汇总

|  |  | N | % |
|---|---|---|---|
| 案例 | 有效 | 989 | 95.1 |
|  | 已排除[a] | 51 | 4.9 |
|  | 总计 | 1040 | 100.0 |

a. 在此程序中基于所有变量的列表方式删除。

表 6.18 小区空间环境评价信度检验统计量

| Cronbach's Alpha 值 | 基于标准化项的 Cronbachs Alpha 值 | 项数 |
|---|---|---|
| 0.851 | 0.849 | 7 |

表 6.19 小区空间环境评价项总计统计量

|  | 项已删除的刻度均值 | 项已删除的刻度方差 γ | 校正的项总计相关性 | 多相关性的平方 | 项已删除的Cronbach's Alpha 值 |
|---|---|---|---|---|---|
| 对小区地段的评价 | 13.7927 | 20.871 | 0.387 | 0.496 | 0.859 |
| 对出行方便程度的评价 | 13.7189 | 21.156 | 0.315 | 0.478 | 0.870 |
| 对小区规模的评价 | 13.5410 | 18.295 | 0.745 | 0.578 | 0.813 |
| 对小区建筑密度的评价 | 13.3266 | 17.668 | 0.723 | 0.644 | 0.813 |
| 对小区建筑外观的评价 | 13.3094 | 17.686 | 0.741 | 0.624 | 0.811 |
| 对小区绿化的评价 | 13.3175 | 17.185 | 0.696 | 0.690 | 0.817 |
| 对小区公共空间的评价 | 13.2346 | 17.299 | 0.695 | 0.702 | 0.817 |

表 6.20 居民对小区空间环境的整体评价

| 小区的名称 | 均值 | N | 标准差 |
|---|---|---|---|
| 朗润园 | 21.9592 | 49 | 2.97181 |
| 同济绿园 | 21.0741 | 108 | 3.20835 |

续表

| 小区的名称 | 均值 | N | 标准差 |
|---|---|---|---|
| 万科城市花园 | 19.6552 | 174 | 3.46186 |
| 馨佳园九街坊 | 19.5315 | 111 | 3.54149 |
| 馨佳园八街坊 | 18.7917 | 72 | 3.64996 |
| 豪世盛地 | 18.0667 | 90 | 3.41773 |
| 馨佳园十二街坊 | 17.9259 | 81 | 3.92039 |
| 瑞康居委 | 16.4490 | 49 | 4.48637 |
| 永太居委 | 16.2778 | 36 | 4.29359 |
| 太原居委 | 16.1064 | 47 | 4.61205 |
| 鞍山三村 | 15.6413 | 92 | 3.82180 |
| 雁荡居委 | 13.7872 | 47 | 4.12277 |
| 庆源居委 | 13.6500 | 40 | 3.59879 |
| 总计 | 18.2259 | 996 | 4.30218 |

表 6.21　　　　　　　　社区认同与空间环境相关性评价

| | | 社区认同 | 空间评价 |
|---|---|---|---|
| 社区认同 | Pearson 相关性 | 1 | 0.194 ** |
| | 显著性（双侧） | — | 0.000 |
| | N | 929 | 906 |
| 空间评价 | Pearson 相关性 | 0.194 ** | 1 |
| | 显著性（双侧） | 0.000 | — |
| | N | 906 | 996 |

注：＊＊在 0.01 水平（双侧）上显著相关。

　　虽然空间环境评价和社区认同呈正相关关系，在统计上也显著，但一些有反差的比较更值得深入的探究。比如空间评价得分偏高，但社区认同较低的万科城市花园、豪世盛地；空间评价得分偏低，但社区认同较高的瑞康居委、太原居委、庆源居委需要再进一步的分析。

　　除了社区层面的空间评价外，居住层面的居民自我评价也有，一共设计了 5 道题，包括住房面积、户型、楼层、通风、采光。各小区评价

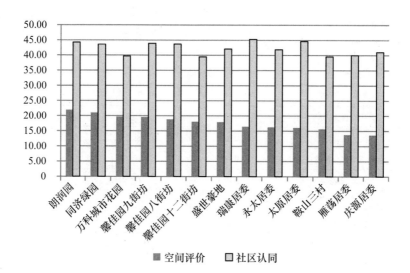

**图 6.1 空间评价和社区认同比较**

得分均值从高到低排列是同济绿园、朗润园、馨佳园九街坊、馨佳园十二街坊、万科城市花园、豪世盛地、馨佳园八街坊、瑞康居委、永太居委、鞍山三村、雁荡居委、太原居委、庆源居委。各小区的社区认同得分和住房评价得分的相关系数是 0.137，在 0.01 水平（双侧）上显著相关。作出社区认同和住房评价的柱状图比较，住房评价较低，社区认同较高的馨佳园八街坊、瑞康居委、太原居委，住房评价较高，社区认同较低的万科城市花园、豪世盛地需要再进一步的分析。

表 6.22　　　　　　　　　　　　**住房满意度评价**

您对现住房的以下方面是否满意：（在相应的数字上画"√"）

|  | 非常满意 | 比较满意 | 一般 | 不满意 | 非常不满意 |
|---|---|---|---|---|---|
| 1. 面积 | 1 | 2 | 3 | 4 | 5 |
| 2. 户型 | 1 | 2 | 3 | 4 | 5 |
| 3. 楼层 | 1 | 2 | 3 | 4 | 5 |
| 4. 通风 | 1 | 2 | 3 | 4 | 5 |
| 5. 采光 | 1 | 2 | 3 | 4 | 5 |

表6.23　　　　　　　　　　**各居住小区住房评价得分**

| 该小区的名称 | 均值 | N | 标准差 |
|---|---|---|---|
| 同济绿园 | 21.5189 | 106 | 3.54356 |
| 朗润园 | 19.6444 | 45 | 2.95539 |
| 馨佳园九街坊 | 19.2946 | 112 | 4.02613 |
| 馨佳园十二街坊 | 19.2346 | 81 | 3.42517 |
| 万科城市花园 | 19.2294 | 170 | 4.17520 |
| 豪世盛地 | 17.8132 | 91 | 3.70559 |
| 馨佳园八街坊 | 17.1364 | 66 | 4.92368 |
| 瑞康居委 | 15.8491 | 53 | 5.48563 |
| 永太居委 | 15.6410 | 39 | 4.48675 |
| 鞍山三村 | 14.3778 | 90 | 4.40780 |
| 雁荡居委 | 14.1702 | 47 | 4.44932 |
| 太原居委 | 14.1042 | 48 | 5.63137 |
| 庆源居委 | 13.4419 | 43 | 5.19295 |

表6.24　　　　　　　　　　**住房评价和社区认同相关性**

| | | 社区认同 | 住房评价反向 |
|---|---|---|---|
| 社区认同 | Pearson 相关性 | 1 | 0.137 ** |
| | 显著性（双侧） | — | 0.000 |
| | N | 929 | 894 |
| 住房评价反向 | Pearson 相关性 | 0.137 ** | 1 |
| | 显著性（双侧） | 0.000 | — |
| | N | 894 | 991 |

注：＊＊在0.01水平（双侧）上显著相关。

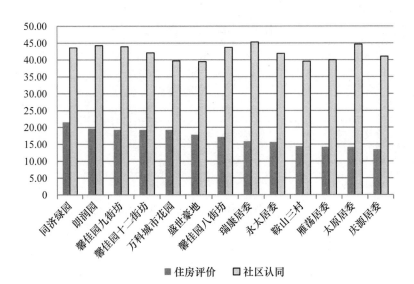

图6.2　住房评价和社区认同比较

# 六　城市社区认同高低的社会后果

## （一）影响社区认同的空间和非空间因素

前面主要讨论了影响社区认同的空间因素，但还有很多非空间因素影响社区认同。在空间因素与非空间因素的组合影响中存在不同的情况。一些空间因素对社区认同的影响可能因为非空间因素的不同而不同。一些非空间因素对社区认同的影响可能会因为空间因素的不同而不同。

1. 空间因素及其社会约束

新都市主义设计理论的本质是创造一种社区意识，并认为社区意识是社会接触数量的函数。新都市主义的社会处方是基于空间决定论，通过空间的组织力量培养居民互动和社区意识。在产生社会联系和社区意识方面依赖环境因素表明，新都市主义的学说与社会学的"芝加哥学派"有很多共同之处。在这一传统中，社会接触由环境特征和生态解释维持，包括住房类型、密度和土地利用组合。通过设计住宅来促进社会互动，鼓励居民离开家园并进入公共领域。这需要私人空间的缩小：房屋通常靠近街道，房屋很小，房屋有朝向街道的门廊。通过拥有清晰边界和清晰中心的小规模、精心设计的社区，可以产生社区意识和睦邻感。当较小的尺度与居住密度增加并列时，进一步促进了面对面的互动。从某种意义上说，个人空间是为了增加熟人的密度而牺牲的，而这种集中营造了一种充满活力的社区精神（Langdon，1994）。在社区一级，城镇中心的密度相对较高，以促进商业可行性，从而恢复公共领域。这个新的"领域"转化为增强的社区意识。如果公共空间是一种居住的乐趣，它们将被使用，通过适当的设计和公共空间的布局来创造地方感。环境和行为之间的转换可能不是直接的，但城镇设计可能具有催化作用。城镇设计可能无法通过在街道布局和公共空间提供的基础上确定性地将人们聚集在一起来建立社区意识，但它可能会刺激其他有助于建立社区意识的因素。[①]

虽然已经证明建筑形式和场地布局可以增加居民互动的频率，但居民互动只是建立社区意识的一个因素。许多其他因素抑制这种互动，比如居民的异质性或充当发生相互作用的必要先决条件，比如居民的同质性。塔伦（Talen）认为，新都市主义者的社会认同与社会科学家研究结果之间存在明显矛盾。虽然有些研究支持居民互动和社区意识与环境因素相关的观点，但这种影响通常只能通过一些中间变量来实现。[②]

在是否增强社区认同方面，西方一个重要的讨论是围绕封闭式社区（gated community），[③] 即严格控制行人、自行车和汽车入口，并且通常以封闭的围墙和围栏为特征的居住区。一些学者认为，由于人们对增加的地域性和共性的反应，封闭社区应该增加大门内的社区意识。根据这个论点，当存在明显的边界并控制访问时，社区意识更有可能发展。布莱克利（Blakely）和斯奈德（Snyder）的开创性著作《美利坚围城——美国封闭式社区调查》（*Fortress America*）介绍了美国各地的

---

① Talen, E., "Sense of Community and Neighbourhood Form: An Assessment of the Social Doctrine of New Urbanism", *Urban Studies*, Vol. 36, No. 8, 1999, pp. 1361 – 1379.

② Ibid. .

③ 国内有"门禁社区""封闭式社区"等多种翻译。

封闭式社区。他们的研究表明，事实上，社区意识不是封闭社区中的主要社会价值，并且围墙社区居民感觉的社区意识是短暂的，基于共同的利益和收入水平，而不是与他们的实际联系。事实上，布莱克利和斯奈德发现，在将他们的社区与其他社区进行比较时，多个封闭的社区居民认为他们的社区意识与其他地方的居民"差不多"。①

封闭式社区对于不同收入社区的社区意识影响也是不同的。高收入社区的研究结果显示，布莱克利和斯奈德以及其他人之前所做的研究结果支持这样一种观念，即住宅设计的封闭式解决方案有助于居民感到更安全，但作为回报，他们没有获得增加实际安全性的好处（以较低的犯罪率衡量）并且可能遭受社区社会结构的侵蚀（以较低的社区意识衡量）。给人们一种虚假的安全感并给他们机会退出周围社区的影响是严重的。也许因为墙壁是由外人建立到社区，并由付费人员或电子设备守卫，居民认为他们的安全得到了照顾。另外，他们认为没有保护自己社区资产的所有权。对可防御空间采取的围墙做法缺乏创造自然监视和社区联系所需的社会责任，这对于地域运作的成功至关重要。②

低收入社区的结果显示出不同但同样令人担忧的结果。事实上，居住在封闭大门后并没有提高社区认同，甚至居民报告的安全感也没有，这表明在低收入社区，门控过程不起作用。低收入的封闭式社区居民并没有像高收入的社区居民那样对社区意识的侵蚀产生同样的负面影响，但他们也没有对他们的安全感增强产生任何积极影响。与高收入社区居民相比，低收入居民的安全感可能更为现实。从调查结果可以看出，在低收入公共住宅区社区，建造昂贵的围栏和大门是不成功的。围栏似乎无助于增加安全感或社区意识或

---

① Wilson-Doenges, G., "An Exploration of Sense of Community and Fear of Crime in Gated Communities", *Environment and Behavior*, Vol. 32, No. 5, 2000, pp. 597–611；［美］布莱克利、斯奈德：《美利坚围城——美国封闭式社区调查》，刘畅等译，中国建筑工业出版社2017年版。

② Wilson-Doenges, G., "An Exploration of Sense of Community and Fear of Crime in Gated Communities", *Environment and Behavior*, Vol. 32, No. 5, 2000, pp. 597–611.

降低实际犯罪率。[①]

一般而言，封闭式社区不会增加社区意识，实际上可能会降低社区意识，并且会产生虚假的安全感或根本没有安全感。就像布莱克利和斯奈德分析了封闭社区的类型一样，封闭社区是否增强社区认同，重要的是要看封闭社区的人口经济背景，以真正理解他们的成功或失败。封闭社区的唯一好处是封闭的围墙使高收入居民感到更安全。[②]从封闭社区是否增加社区认同的相关研究中，更进一步看到了空间的影响要受到非空间的社会因素的约束。

在2016年2月《中共中央　国务院关于进一步加强城市规划建设管理工作的若干意见》（以下简称《意见》）中提出，"新建住宅要推广街区制，原则上不再建设封闭住宅小区"。[③] 国内提出这样的政策，更多的是从城市的交通网络优化和步行的便捷考虑。《意见》并提出，"已建成的住宅小区和单位大院要逐步打开，实现内部道路公共化，解决交通路网布局问题，促进土地节约利用"。在国人已经长时间习惯了封闭小区的情况下，要开放居住小区的围墙并不是件容易的事情，但缩小居住区的规模却相对比较容易，在居住区规模缩小的情况下，即使小区道路不开放，也不会阻断城市的道路，而且随着城市路网密度的增加，居民的步行出行也会更加方便，从而增加居民的日常交往互动。

西方的新都市主义运动及其相关研究显示，空间是否促进社区意识，如何促进社区意识，与居住区的人口结构等因素相关，非空间的社会因素也产生约束作用，因此，除了研究空间因素外，还要研究非空间的社会因素。

2. 社会因素及其空间约束

在社区意识上，有许多非环境因素具有重要作用。例如生命阶

---

① Wilson-Doenges, G., "An Exploration of Sense of Community and Fear of Crime in Gated Communities", *Environment and Behavior*, Vol. 32, No. 5, 2000, pp. 597 – 611.

② Ibid. .

③ 《中共中央　国务院关于进一步加强城市规划建设管理工作的若干意见》，《人民日报》2016年2月22日第6版。

段和居住时间长度，房屋所有权，儿童的存在，作为一名女性（坎贝尔和李，1992），成员资格或归属感（Bradsky 和 Marx，2001）和在附近度过的时间（Riger 和 Lavrakas，1981）都被发现可以增强社区意识。社区成员的家庭状况，如生孩子或结婚，促进了邻里的投资意识增强（Campbell 和 Lee，1992）。这种异质性和对社区的投资反映在婚姻状况、是否有儿童以及年龄和性别差异上。当居民认同邻居时，他们会个性化他们的空间并投资于邻居；他们创造了与物质环境的象征性互动，这有助于对社区的归属感。简而言之，居民与邻居生态系统的互动更多、归属感越强。儿童的数量似乎反映了邻居会面并了解附近居民的机制。因为孩子们出去和其他邻居孩子交往，父母会了解邻居的孩子，反过来他们的父母增强了整体的社区意识。作为一名全职家庭主妇可以最大限度地接触邻居和其他人。① Hunter（1975）发现，当居民共享价值观和需求时，会形成强大的社会纽带，从而增强社区意识。这种社会纽带可以分享的一种方式是让他们随着时间的推移而发展。这种对社区及其居民的承诺或依附被称为物质根源。这种物质根源反映在居住期限和住房所有权方面。

社会关系可以发生的另一种方式是社区成员来自相似背景并因此具有相似社会价值的程度。社区中异质性和多样性的程度可能被认为是多元化的价值观和竞争需求，破坏了社区的强大凝聚力。塔伦认为促进社区意识的重要变量之一就是居民的同质性。如果人口在社会、文化和经济上非常均匀，并且具有统一的家庭条件，那么空间接近和空间安排可能会极大地影响人际行为的人际关系模式。但是，在社会、文化、经济和家庭差异很大的情况下，这些差异将超过新都市主义的空间设计所期望的社会后果。②

① Rogers, G. O., Sukolratanametee, S., "Neighborhood Design and Sense of Community: Comparing Suburban Neighborhoods in Houston Texas", *Landscape and Urban Planning*, Vol. 92, No. 3, 2009, pp. 325 – 334.

② Talen, E., "Sense of Community and Neighbourhood Form: An Assessment of the Social Doctrine of New Urbanism", *Urban Studies*, Vol. 36, No. 8, 1999, pp. 1361 – 1379.

此外，社区的规模很重要；较小的社区使成员更容易联想，熟悉和分享社会价值观和需求。[①] Brodsky 在一项社区意识多层相关研究中，考察了社区人口密度、家庭平均规模、犯罪率等与社区感的关系，研究表明小区犯罪率与社区意识无关；家庭平均规模、人口密度、人均收入与社区意识存在负相关。基于社区资源的有限性，密度、人口过高以及家庭规模较大意味着小区过于拥挤并且很难做到资源共享，这势必影响到社区意识的发展。Brodsky 的研究似乎暗示着经济收入与社区责任意识是两个互不相干的变量。[②]

综上，居住的非空间因素影响居民的社区意识，受到居住区的规模、人口密度等空间特征的影响和约束。

### （二）高社区认同的社会后果

一般来说，提高社区认同水平，增加居民的社区意识是社会研究和城市规划的目的，但从已有的文献积累和实际调查来看，高社区认同与居住区在城市中的区位、规模、密度，与城市的融合程度等因素共同发挥作用，不能仅单看高社区认同的社会后果。在城市中具有优良区位和设计品质的居住区与在城市中处于边缘区位且空间品质不佳的居住区，如果两者的社区认同水平都高，但其社会后果不一定是相同的，前者可能是社会排斥，后者可能是社会隔离。因此，我们不仅要分析高社区认同的一般后果，而且要分析与居住区的地位和等级相关的高社区认同后果。

具有讽刺意味的是，随着人们对社区意识好处的认识不断提高，社区意识在整个西方世界的衰落越来越受到关注。人们常常感到遗憾的是社区意识正在下降。这种下降归因于多种原因，包括较小的家庭网络，郊区化，较长的通勤时间，人口老龄化的长期独立性以及休闲时间电视

---

① Rogers, G. O., Sukolratanametee, S., "Neighborhood Design and Sense of Community: Comparing Suburban Neighborhoods in Houston Texas", *Landscape and Urban Planning*, Vol. 92, No. 3, 2009, pp. 325 – 334.

② 牟丽霞：《城市居民的社区感：概念、结构与测量》，硕士学位论文，浙江师范大学，2007 年。

和社交媒体使用的激增。① 在过去的半个世纪里，生活方式和家庭结构发生了很大变化。然而，研究人员还假设社区建立方式的变化可能导致社区意识的丧失，并且需要更多地阐明发生这种情况的机制。②

强烈的社区意识与改善福祉、增强安全感、参与社区事务和公民责任有关。高质量公共空间可能是增强新住宅开发项目居民社区意识的重要环境。社区中强烈的社区意识可以带来更大的非正式社会控制，有助于解决当地问题。Chavis 和 Wandersman 认为社区意识可以作为催化剂，以三种中心方式鼓励邻里参与：通过影响一个人对社区环境质量的看法，通过加强邻居之间的社会互动以及增加社区内控制和赋权的感知。那些具有强烈社区意识的人通常更快乐，更少担心并且认为自己更有能力处理他们的生活。这表明，提高社区的社区意识也会影响其居民的一般心理健康和福祉。正是这些以居住为基础的网络在日常生活中发挥着重要作用，这些惯例可以说是社会凝聚力的基本组成部分。通过它们我们学会宽容、合作并获得社会秩序和归属感。在特定地区我们被包围的人和我们也可能在选择和约束方面做出重要贡献，并且不那么切实和间接地为幸福和社会价值观念做出贡献。在 Forrest 和 Kearns，Riger 和 Lavrakas 对佛罗里达州海滨镇的研究中，他们表示社区意识可以成为个人幸福的解释工具。社区成员的感受，需要实现和与邻居的共享情感联系被证明与个人健康有关。根据 Farrel 等人的观点，通过邻居之间的社会互动获得的社会支持可能有助于提高人们的幸福感。此外，个人幸福感可以促进个人对邻近活动的兴趣。当地社区的存在、对当地社区的依恋、邻近的模式以及对社区的感觉仍然可以被认为对社区生活质量有价值。③

---

① Francis, J., Giles-corti, B., Wood, L., et al., "Creating Sense of Community: The Role of Public Space", *Journal of Environmental Psychology*, Vol. 32, No. 4, 2012, pp. 401 – 409.

② French, S., Wood, L., Foster, S. A., et al., "Sense of Community and Its Association with the Neighborhood Built Environment", *Environment and Behavior*, Vol. 46, No. 6, 2014, pp. 677 – 697.

③ Farahani, L. M., "The Value of the Sense of Community and Neighbouring", *Housing, Theory and Society*, Vol. 33, No. 3, 2016, pp. 357 – 376.

　　规划研究人员努力揭示某些邻里空间形式与积极影响之间的联系：社会互动、社区意识、身份感、个人幸福感的改善。安全性和更好的健康结果主要是通过对出行行为和行走的影响。[1] 威廉等测试了社区意识与主观幸福感之间的关系，发现社区意识与主观幸福感显著相关。[2] Kuo 等发现高质量的绿色空间与较少的犯罪、较少的家庭内部暴力有关。[3] 环境行为主义者已经揭示了地方依恋在人们住宅选择中的重要性，社会学家已经证明，对于某些群体而言，与空间环境的象征性互动导致了被称为"社区意识"的特定方面。McMillan 认为，美国人可以通过寻求具有强大社会结构的社区，即具有增强的社区意识的区域来弥补现代生活中的非个人的因素。

　　另外，社区意识等概念也可能对生理和心理健康产生不利影响，特别是在较低的社会经济领域。当更强的社区认同与排斥相关时，邻里形式可能被视为资本主义剥削，高档化和流离失所的载体。[4] 到了20世纪60年代，社会学家和许多规划者似乎不愿意以空间的方式界定邻里。Reginald Isaacs 和 Jane Jacobs 对规划邻里的严厉批评引起了广泛的共鸣。阿尔文·绍尔（Alvin Schorr）在他1963年的经典著作《贫民窟与社会不安全》中指出了空间形态的两个关键影响。第一种是"房子是自我的一面镜子"，这表明我们生活的世界构成了我们身份的一个组成部分。我们的房子，尤其是它在社区中的形象，告诉我们很多关于我们是谁。第二种影响源于对人们如何融入（或不融入）更大社区的理解。绍尔（Schorr）区分了"街区居民"和"城市居民"，前者是指

---

① Talen, E., "Social Science and the Planned Neighbourhood", *Town Planning Review*, Vol. 88, No. 3, 2017, pp. 349 – 372.

② Davidson, W. B., Cotter, P. R., "The Relationship between Sense of Community and Subjective Well-being: A First Look", *Journal of Community Psychology*, Vol. 19, No. 3, 1991, pp. 246 – 253.

③ Francis, J., Giles-corti, B., Wood, L., et al., "Creating Sense of Community: The Role of Public Space", *Journal of Environmental Psychology*, Vol. 32, No. 4, 2012, pp. 401 – 409.

④ Talen, E., "Social Science and the Planned Neighbourhood", *Town Planning Review*, Vol. 88, No. 3, 2017, pp. 349 – 372.

那些与周围环境几乎没有联系的人，后者则是那些在更大范围内流动的"城市居民"。城市居民通常有更多的机会接触到城市可能提供的东西，包括社会和经济机会。绍尔认为，一些空间形式（如高架公路）可以将贫困社区与城市的其他部分隔开，并阻止街区居民成为城市居民。不幸的是，许多社区并没有很好地与城市的机会联系在一起，在许多其他社区，"玻璃墙"在心理上阻止居民获得机会。①

对于艾萨克斯（Isaacs）来说，规划中的社区是社会分类的一种手段，他们的真正目的是让穷人与社会隔离开来。对于雅各布斯和其他人来说，规划中的社区"对于自由联想的基本城市质量来说是陌生的"。倡导规划社区的规划者被称为"反城市"，并被视为负责创建那些使批评合法化的隔离街区。② Jane Jacobs 认为，密集的城市地区促进了城市内社会凝聚力社区的创建，"建立"社区的一个关键悖论是，至少在邻里层面，这种社区建设努力在历史上与促进社会同质性和排斥的努力联系在一起。关注社区意识的创造可以培养出最恶劣的社会排斥和文化精英主义。③

已有的相关研究显示，高社区认同对居民的幸福、健康等都有益，但高社区认同对于贫困社区可能带来社会隔离，对于富裕社区可能带来社会排斥，尤其是空间规划使贫困社区无法与城市有机联系在一起，高社区认同就更可能带来隔离。因此，提高社区认同是居住区空间规划努力的方向，但同时要考虑社区能够融入城市更大的社会结构。

## （三）低社区认同的社会后果

低社区认同普遍被认为是负面的，与社区犯罪、社区疏离等相关

① Bothwell, S. E., Gindroz, R., Lang, R. E., "Restoring Community Through Traditional Neighborhood Design: A Case Study of Diggs Town Public Housing", *Housing Policy Debate*, Vol. 9, No. 1, 1998, pp. 89 – 114.

② Talen, E., "Social Science and the Planned Neighbourhood", *Town Planning Review*, Vol. 88, No. 3, 2017, pp. 349 – 372.

③ Talen, E., "The Problem with Community in Planning", *Journal of Planning Literature*, Vol. 15, No. 2, 2000, pp. 171 – 183.

联。居住区的空间规划在促进社区认同时不得不面对一些居住区社区意识下降，社区认同低下的情况。低社区认同在不同的居住区类型下，其社会后果也不完全是负面的。在一些被污名化的居住区，如果居民都接受了被指认的特质，并内化为社区认同，这样的社区认同并不是期望的结果，如果居民不认同和内化这些外部强加的认识，这样的低社区认同也可具有正面的作用。

萨拉森指出，"社会心理意识的缺失或淡化是我们社会生活中最具破坏性的动力"。Nisbet 将社区意识的丧失视为"不祥"，并将使社会的"主要联系领域"（例如，家庭，邻里，教会）错位。普林认为"我们最深层次问题的答案是恢复似乎不再代表现代社区社会生活的共同纽带"。社区互动的下降被认为是消极的。Riger 和 Lavrakas 已经表明，社会和社区支持不仅可以减少情绪压力的后果，还可以帮助预防压力的发展。[①] 普特南提供了令人信服的证据，证明许多疾病，包括感冒、心脏病、中风、癌症和抑郁症，以及过早死亡与社会和家庭关系呈负相关。他的分析表明，贫穷的社会资本与吸烟、肥胖、血压升高一样糟糕或更糟。林德海姆和赛姆将自杀、肺结核、冠心病、精神分裂症、妊娠并发症和酗酒加入与社会关系薄弱相关的不良健康影响列表中。[②]

Brown、Perkins 和 Brown 的一项研究发现，地方依恋和社区意识在社区复兴工作中发挥着重要作用。更具体地说，如果邻居是匿名的，并且没有足够长的时间来发展与该地方的任何情感联系，他们往往不会致力于改善自己的家园，或与邻居和当地机构合作改善整个社区。不幸的是，许多研究忽视了这些基于地点的社区心理联系。[③]

对犯罪和交通安全的较差认识与社区意识相关。Appleyard 和 Lin-

---

① Wilson-Doenges, G., "An Exploration of Sense of Community and Fear of Crime in Gated Communities", *Environment and Behavior*, Vol. 32, No. 5, 2000, pp. 597 – 611.

② Jackson, L. E., "The Relationship of Urban Design to Human Health and Condition", *Landscape and Urban Planning*, Vol. 64, No. 4, 2003, pp. 191 – 200.

③ Manzo, L. C., Perkins, D. D., "Finding Common Ground: The Importance of Place Attachment to Community Participation and Planning", *Journal of Planning Literature*, Vol. 20, No. 4, 2006, pp. 335 – 350.

tell 发现生活在繁忙道路上的人们会因为交通量增加而退出，从而最大限度地减少与邻居的联系，而其他人则将交通和停车场的存在与对区域友好性和安全性的看法联系起来。实际上，感知到的犯罪安全与社区意识（或类似概念）之间的联系已经确立。在当地社区感到不安全的居民可能会限制他们的身体和社交活动，这可能会影响社会关系的形成和社会参与，阻止居民在附近散步。犯罪与社区意识负相关。吸引更多"陌生人"到邻里的土地使用会削弱社区意识，因为居民发现很难区分谁属于谁而不属于谁。事实上，空间环境、感知安全和社区意识往往是交织在一起的。①

Bothwell 等人的研究表明，那些确信他们生活在一个受人尊敬的地方的人在建立和维持与他人的联系方面更加安全。研究提出的证据显示居民对社区空间状况的看法将影响去教堂的出勤率。而研究案例，生活在迪格斯镇的居民不仅是彼此隔绝了，而且他们与城市的其他地方象征性地脱节。生活在迪格斯镇的人们受到了侮辱，原因很简单，他们住在一个失败的公共住房项目中。居民经常将这种耻辱内化，减少他们与诺福克市（Norfolk city）其他人互动的愿望。② 这个案例显示了当一个居住区被隔离、边缘化、污名化后，若居民再将这些认识内化，其社会后果是非常严重的，居民在物质和精神上受到了双重的压力。因此，如果贫困居住区居民具有低的社区认同，有脱离社区向上流动的想法，对于社区来说也许是负面的，但对于居民来说具有正面的意义。

社区的认同与社区的空间和人口特征相关联，认同本身会强化空间和人口特征，增强社区的同质化，若社区本身有诸多缺陷，进一步的高社区认同会强化这些特征，反而低社区认同是有利的。

---

① Wilson-Doenges, G., "An Exploration of Sense of Community and Fear of Crime in Gated Communities", *Environment and Behavior*, Vol. 32, No. 5, 2000, pp. 597 – 611.

② Bothwell, S. E., Gindroz, R., Lang, R. E., "Restoring Community Through Traditional Neighborhood Design: A Case Study of Diggs Town Public Housing", *Housing Policy Debate*, Vol. 9, No. 1, 1998, pp. 89 – 114.

# 七　本章小结

尽管全球化，通信和移动性的趋势对传统的"当地社区"概念提出了挑战，但人们仍然在现代和多变的世界中越来越多地寻求当地的归属感和认同感。因此，正如 Francis、Giles-corti、Wood 和 Knuiman 所指出的那样，"在住宅区内识别和创造促进和加强社区意识的条件对研究人员和规划者来说都是一项重要任务"。[①]

本书的开展是基于城市居住区规划实践问题而展开的：（1）随着城市的快速扩张，大量新建居住区布置在郊区，一些居住区的空间物质环境虽然不错，但居民的满意度不高，对社区的认同度不高；（2）新建居住区多采用成片大规模开发，居住区的同质化程度很高，居民对居住区缺乏归属感，认同感；（3）新建居住区的郊区化、大规模、封闭围墙，使居民依靠机动交通出行的概率加大，居民在居住区内步行交流的机会减少，不利于社区意识的形成。

以上几个问题均延续了物质空间决定论的传统，虽然建筑环境可能不会直接影响社区意识，但它可能会影响居民的感知，从而影响社区意识。本书也是从此角度出发，分析 13 个社区的空间与社区认同的关系。一些研究的初步结果值得进一步思考。

（1）居民更倾向于认同社区的共同规则和利益，对社区的身份和情感联系认同相对较弱。现代城市社区居民有更大的社会网络可以选择，社区只是其社会网络中的一部分，社区对于居民的吸引力一般，居民主动融入社区的积极性相对比较低，但在实际的空间需求方面，社区居民无法超越，社区与居民的实际利益不可分，居民维护社区的公共利益和秩序的积极性比较高。

（2）相较于郊区，市中心居住区的社区认同更倾向于理性、秩序

---

① Wood, L., Francis, L. D., Giles-corti, B., "Sense of Community and Its Relationship with Walking and Neighborhood Design", *Social Science & Medicine*, Vol. 70, No. 9, 2010, pp. 1381 – 1390.

和利益，因为有更多的城市空间选择，市中心居住区在居民的社会交往、情感互动中的作用是下降的，而郊区居民对城市交往空间的选择有限，居民在居住区内有较多的社会互动，增加了对社区的了解和喜爱。

（3）居住小区的空间环境评价和社区认同正相关。研究结果支持通过提高空间环境质量产生积极社会效果。

（4）同是郊区新建的居住小区，但小区间的社区认同水平却有差距。馨佳园九街坊、馨佳园八街坊几个郊区小区的社区认同水平并不低，但豪世盛地的社区认同水平却是最低的。研究结果提示可通过一定的措施提高郊区大型居住区的社区认同水平，引起差异的具体水平还需结合居民的人口结构以及原有居住形式分析，郊区的中心城区拆迁安置居住区，以及农村进城集中安置居住区的社区认同应有区别。

（5）较小的居住区规模和较高的居住区密度有利于居民了解居住区，参与居住区的社会交往和互动，提升居民的社区意识，同时，有利于城市道路交通网络的细密，便于居民步行出行，与城市其他部分的交往和融入。

（6）高社区认同与个人的主观幸福感、安全感和更好的健康结果相关联，低社区认同会带来精神压力、肥胖、血压升高等健康问题，以及缺乏安全感、社区犯罪等社会问题。在提高居住区认同水平时，要防止低收入居住区的社会隔离和高收入居住区的社会排斥，尤其是在提高郊区的低收入居住区的社区认同水平时，要建设合理的公共配套服务设施和道路交通网络使社区融入城市，防止高社区认同水平下的居住隔离。

（7）居住区的空间与社区认同及其社会后果方面的关系是复杂的，空间规划的目的是为期望的社会后果提供可能和机会，防止不利因素和条件的发生。规划者通过将规定的物质空间形式重新定义为"使能"而不是产生，为社会接触提供"机会"而不是确定社会行为。①

---

① Talen, E., "Social Science and the Planned Neighbourhood", *Town Planning Review*, Vol. 88, No. 3, 2017, pp. 349 – 372.

　　社区认同的分析单位是社区，由于调查时间等多方面的限制，本部分研究的调查样本仅有 13 个，因此在样本数量上存在缺陷。空间是影响社区认同的因素，但在比较空间与社区认同的关系时，仅使用了有限的统计调查数据，缺少更多更加细致的比较案例分析。对于已有的居住区空间与社区认同关系的研究结论，缺乏更多的实证数据进行检验。这些都留待下一步的研究。

# 第七章　城市居住区规划与居民的社区参与

改革开放以来，随着我国的经济组织形式逐步由计划经济向市场经济转变，计划经济体制下的单位制慢慢被打破，社区开始"承担起重新整合社会的功能"①，原本单位制下居民的生活和邻里关系也因此发生着巨大变迁。社区是构成城市社会的基本细胞，社区的和谐稳定关系着城市的进步和发展。但社区良性、持续的发展不仅体现在物理空间的合理规划和物质设施的持续增长，同时还体现在社区内居民的积极参与和高效互动，如此才能促进社区环境的优化、创造良好的社区氛围并构建积极和谐的城市社区。②

无论是对居民本身还是对社区整体，社区参与无疑是重要且关键的。对个体而言，社区参与是自身与其他居民、自身与所在社区发生关联的一个重要途径，它如同一座联结居民与社区的"桥梁"；对社区而言，居民高程度的社区参与又是进行社区建设的理想结果，它反映的是城市社区整体的"软实力"。

要提升城市社区的生活质量，营造和谐宜居的社区环境，就必须致力于社区内部居民交往和参与程度的有效提升。然而，城市居民社区参与程度的影响因素却多种多样，既包括宏观层面的社会经济制度、基层治理方式等，也有微观层面的居住空间设计、住宅结构变

---

① 何海兵：《我国城市基层社会管理体制的变迁：从单位制、街居制到社区制》，《管理世界》2003 年第 6 期，第 52—62 页。

② 刘海珍、丁凤琴：《社区参与研究综述》，《咸宁学院学报》2010 年第 6 期，第16—17 页。

化、居民个人特征等。① 本章试图探讨的是，城市居住区规划是从哪几个方面对居民的社区参与产生影响，它的影响是怎样传导的，在规划时应该从哪些空间角度促进社区居民的参与和互动？

# 一　居民社区参与的测量方法

在对居民的社区参与进行测量前，首先要对"社区参与"的概念做准确的描述和界定，以求规范和统一。什么是"社区参与"？"社区参与"可以分成哪些类型？居民在日常生活中最主要的社区参与有哪些？当前学术界对于社区参与的研究集中在哪些方面？下文将通过梳理相关文献，逐一对以上问题进行回答。

## （一）居民社区参与的内涵和分类

### 1. 居民社区参与的内涵

在社会学的发展历史中，德国社会学家滕尼斯（F. J. Tonnies）于1887年首次提出"社区"这个概念。在他的定义中，"社区"表示的是前工业社会中，相同地区或相近行业的人们之间，往往存在着彼此相互认识、同质性较强的小规模群体，他们从事相似的职业，思想价值观念和生活行为方式趋向一致，由此组成了关系极为密切、人情味浓厚、发挥着守望相助功能的社会共同体。② 他认为社区生活是富有生机活力的整体，而工业化的"大城市和社会的状态从根本上说是人民的毁灭和死亡"③。

随着"社区"这一概念的不断演变，当前它涵盖的范围更为具体，指的是在一定地域范围之内、共同生活的居民所组成的社会共

---

① 廖常君：《城市邻里关系淡漠的现状、原因及对策》，《城市问题》1997年第2期，第37—39页。

② 程玉申、周敏：《国外有关城市社区的研究述评》，《社会学研究》1998年第4期，第53—61页。

③ ［德］斐迪南·滕尼斯：《共同体与社会》，林荣远译，商务印书馆1999年版，第333、339页。

同体。① 而城市社区的范围基本上等同于"经过社区体制改革后作了规模调整的居民委员会辖区"②。关于社区参与的定义，不同学者由于研究视角的差异，给出了不同的解释；同时在研究的主要学科上，除社会学外，政治学从社区权力的角度来理解社区参与的内涵。

目前政治学对社区参与的主流定义，社区参与是指在同一地域范围内（社区）生活的居民，在被社区组织和管理的同时，也积极主动地参与社区内部各种事务或活动的决策、组织和实行的行为及过程。③ 由此可以看出，居民在社区内的角色是双重的，既是主体又是客体，既有权利也有义务。在这一定义中，"社区参与"具有四大特点：（1）在社区内生活的居民是开展社区参与的唯一主体；（2）居民进行社区参与的客体包括社区内各种政治、经济、文化、体育等活动；（3）居民参与社区活动的动机是主动的、自愿的、自觉的，不受其他个体或组织的强迫；（4）社区参与的最终目的是促使社区基层权力的合理分配和使用，在社区实现良性发展的同时也促动居民自身的全面进步。④

同时，还有部分学者从更为广义的角度对社区参与这一概念进行了界定：社区参与是指社区内所有合理主体在社区建设、发展、进步过程中所产生的参与行为及过程。不同于上述狭义的定义，广义定义中除了在社区内生活的居民外，承担社区日常发展和运行的相应组织，根据相关法律法规依法享有参与社区事务决策权利的社区团体同样是进行社区参与的主体。⑤

---

① 陈潇潇、朱传耿：《我国城市社区研究综述及展望》，《重庆社会科学》2007 年第 9 期，第 108—115 页。

② 黄广智：《社区建设中居民参与的社会学分析框架》，《广东青年干部学院学报》2003 年第 4 期，第 68—70 页。

③ 王珍宝：《当前我国城市社区参与研究评述》，《社会》2003 年第 9 期，第 48—53 页。

④ 刘海珍、丁凤琴：《社区参与研究综述》，《咸宁学院学报》2010 年第 5 期，第 16—17 页。

⑤ 王骥洲：《社区参与主客体界说》，《山东行政学院—山东省经济管理干部学院学报》2002 年第 5 期，第 3—4 页。

　　社会学学者虽然对上述定义表示认可，但同时认为社区参与的客体不但包括社区治理、社区决策等社区权力的分配，同时还应该有居民的社区认同、社区交往等。对于社区参与的研究，目前社会学的角度主要集中在三个方面：宏观制度层面的分析、居民个体的分析以及文化构建方面的分析①，具体研究问题包括参与过程中的效能感、社区的文化传统与现状、社区人口构成对社区参与的影响路径等。②

　　本书所指的社区参与综合了以上政治学和社会学两个学科的表述，它包含了两个层面。一个层面是居民作为社区发展和建设的主人翁，主动自愿地参与社区各种活动或事务决策、管理和运作的行为及过程；另一层面则指生活在社区中的居民，出于情感交流和社会交往的需要，同其他个体建立的联系网络、互动关系或非正式团体的过程及行为。在这一定义中，社区参与的主体只包括居民群众，但参与的客体除了居民本身外，还有政府组织（如街道），自治组织（居委会），中介组织（非政府组织），社区内商业组织等；其参与意愿是主动的，是居民个人的自发行为。

　　2. 居民社区参与的分类

　　两个层级的社区参与有着不同的分类标准。政治学者根据居民参与的意愿、社区参与的形式、社区参与的渠道和主要参与内容的差异，把社区参与做了不同类型的划分：（1）在居民的参与意愿上，参与社区活动存在积极性强和弱的差别，由此可将其分成动员型参与和自主型参与③；（2）在社区参与的形式上，根据居民参与事务是否经过居民委员会、业主委员会等组织安排，分为组织参与和非组织参与④；（3）在进行社区参与的渠道上，根据参与渠道制度化水平的高

---

　　① 黄广智：《社区建设中居民参与的社会学分析框架》，《广东青年干部学院学报》2003 年第 4 期，第 68—70 页。

　　② 轩明飞：《"大政府与小社会"——街区权力组织建构解析》，《贵州社会科学》2002 年第 2 期，第 47—51 页。

　　③ 王刚、罗峰：《社区参与：社会进步和政治发展的新驱动力和生长点——以五里桥街道为案例的研究报告》，《浙江学刊》1999 年第 12 期，第 72—75 页。

　　④ 刘海珍、丁凤琴：《社区参与研究综述》，《咸宁学院学报》2010 年第 6 期，第 16—17 页。

低，分成制度化参与及非制度化参与[①]；（4）在参与的主要内容上，根据居民参与活动的范围差异，分为社区公共事务参与和邻里私人事物参与；（5）在社区参与行为与现有体制的关系上，可以把社区参与分为体制化社区参与、抗议型社区参与和公共型社区参与三种类型[②]。还有学者将居民参与分为三种形式：一种是对基层政治权力的组织方式，例如社区居民委员会的选举、社区工作站的设立；一种是居民间非正式的自组织方式，例如门栋清洁的整理、楼道卫生的保持、社区公益活动的开展；一种是外部组织或机构与社区居民进行互动合作的参与方式，例如街道召开的居民听证会、物业公司开展的社区团建活动等。[③]

　　社会学所指的社区参与主要为居民同他人发生的社会交往和联系，因此根据交往频率、交往程度的不同可以将社区参与分为邻里交往和社区交往。"邻里"（The neighborhood）是社会学中一个重要的概念，它是指人们基于地缘相近而形成的社会互动关系及地理空间联系。一般而言，人们对邻里的普遍认知便是在住宅附近范围内，与其他居民发生交往和互动。[④] 邻里交往即是居民出于共同生活的需要，在邻里范围内与居民相互接触而发生的人际和支持关系；社区交往涉及的范围更广，只要是同社区内部其他居民的联系均可包含在内。

　　但由于邻里的居住位置相近、地缘关系密切、碎片化交往频繁，邻里交往成为居民日常参与社区活动的主要类型，无论是微观还是宏观层面，邻里交往都有着重要的意义。对居民来说，邻里交往是他们日常最频繁、最主要的社区参与类型，邻里交往使得社区内外的各种消息、新闻、事件被快速传递，居民之间的联结得到加强。对社区而言，邻里交往是建设社区内在生活环境的基础，邻里关系的密切与疏远直接影响着社区整体交往氛围的好坏。简而言之，"邻里关系的和

---

① 杨荣：《论我国城市社区参与》，《探索》2003 年第 1 期，第 55—58 页。
② 黄荣贵、桂勇：《集体性社会资本对社区参与的影响——基于多层次数据的分析》，《社会》2011 年第 6 期，第 1—21 页。
③ 王敬尧：《参与式治理》，中国社会科学出版社 2006 年版。
④ 李道增：《环境行为学概论》，清华大学出版社 1999 年版，第 44 页。

谐是和谐社区的重要标志，也是和谐社区建设的重要内容"。[①]

### （二）关于居民社区参与的研究综述

工业革命以来，随着城市化的快速推进，人类居住区的组织和规划形式也发生着重大变革，"社区""交往空间""邻里关系"等概念逐步进入学者们的研究和讨论中。国内外关于社区参与的研究文献众多，社会学、政治学、建筑学等多个学科普遍表现出对城市社区参与问题的关注，主要集中在这几个方面：城市社区参与的实际现状，影响城市社区参与的因素分析，城市化引发邻里关系的解构与重组和居住区规划与居民社区参与。下文将从以上四个角度出发，对国内外相关学者的研究成果进行梳理。

1. 城市化引起的社区解构和社区重组

社区消失论的理论渊源可以追溯到滕尼斯（F. J. Tonnies）。他在1887 年出版的《共同体与社会》一书中认为社会发展将增加社会成员之间的异质性；社会规模不断扩大，在人们之间发生有机联系，同时社会生活中的亲情、邻里情感则将消失。这种社会的异质和分化导致居民的生活方式、价值观念、文化观念等存在明显差异，他们对社区的认同感被进一步削弱，这使得社区失去了其存在的内在基础。

但是到 20 世纪 70 年代，社区发现论和社区转变论开始出现。萨托斯等人通过一系列个案研究后发现，尽管城市化的发展给人们居住方式带来了一定程度的改变，但并没有导致城市社区的衰败，更没有使得城市趋于消失，当代城市中仍然存在着基于一定地域范围的社区。"社区往往可以通过住户缓冲大规模力量的影响并使自己成为提供相互帮助和居民介入外部世界的安全基地。"[②]

2. 城市社区参与的实际情况

了解社区参与的现状是进一步研究居住区规划与居民社区参与关

---

① 王莉彬：《论和谐社区建设中邻里关系的重建》，《吉林省社会主义学院学报》2006年第 3 期，第 29—31 页。

② 李芬：《城市居民邻里关系的现状与影响因素——基于武汉城区的实证研究》，硕士学位论文，华中科技大学，2004 年。

系的前提和基础，不少学者对我国城市社区中居民的社区参与现状进行了调查。孙龙、雷弢通过在北京多个城区开展的问卷调查发现，目前北京城区居民的邻里交往在总体上呈现出表面化、浅层次、小范围的特征；社区邻里之间日常进行互动和交往的频率不高，并且在"拥有住房产权和不拥有住房产权的居民之间、北京出生和外地出生的居民之间、楼房和平房居民之间存在一定的差异性"[①]；但从整体上看，邻里间彼此仍然发挥着守望相助的支持和联结功能。李芬在进一步的研究中发现，城市社区的邻里相较传统社会的邻里而言其范围发生了很大转变，除地缘关系以外，邻里同时还与亲缘关系（包括血缘关系和姻亲关系）、业缘关系、趣缘关系等交织在一起；另外，传统社会中互帮互助、关系密切的邻里已经被城市社区中彼此礼让、讲究隐私的现实邻里所取代。[②] 托马斯·海贝勒对国内部分城市社区参与的状况作了调查研究，通过沈阳、重庆和深圳三地的实地调查，他发现目前中国社区参与的性质与西方公民参与的概念相去甚远，前者的内容主要属于社会性参与，后者则更多地偏向于政治参与。[③]

多数学者的研究均表明，当前我国城市居住社区邻里间的熟识程度不高、日常互动频率偏低、邻里交往对象不稳定、互助合作程度不深。具体表现在：横向上，社区范围实际已经缩小了，在传统社会背景下，一个居委会、一个里弄都可以被视为社区，而当今即便是同住一栋楼的居民，也大多数存在"相逢不相识"的情况；纵向上，社区参与的程度也大大降低，很多居民对邻居的了解都停留在"对方家里有多少人""邻居主要是做什么工作"等浅层次的认知上，更不用谈去了解居住在同一小区居民的家庭情况。

3. 影响城市社区邻里关系的因素

关于影响居民社区参与的因素可以从多个层面进行展开，当前学

---

① 孙龙、雷弢：《北京老城区居民邻里关系调查分析》，《城市问题》2007 年第 2 期，第 56—59 页。

② 李芬：《城市居民邻里关系的现状与影响因素——基于武汉城区的实证研究》，硕士学位论文，华中科技大学，2004 年。

③ 托马斯·海贝勒：《中国的社会政治参与：以社区为例》，《马克思主义与现实》2005 年第 3 期，第 17—24 页。

术界探讨的主要方向是导致城市邻里间关系弱化的原因。黎甫认为，首先是市场经济导致单位制的社区结构解体、人口流动带来社区居民来源的多样化；其次是居民迫于生活压力对工作投入时间日益增多，搬迁、租房等带来的流动性增大；最后是开发商和物业在规划管理中对社区参与并不重视，服务缺失。① 许加明等人尤其关注城市老年人社区参与的影响因素，通过基于淮安市的实证研究后发现，性别、学历、居住状况和退休前职业是影响城市老年人社区参与的主要因素。② 李芬基于武汉城区的实证研究后指出，年龄较大、文化程度较高、家庭婚姻状况与社会主流状态相近的居民，更可能在社区中获得良好的邻里关系。③ 针对多数学者将社区内居民交往的衰落归咎于社区空间的现状，部分学者指出，居住区的公共空间环境并非影响城市居民交往的决定因素；他们通过对我国城市社区邻里交往的机会、历史根源剖析和比较后发现，人际互动契机的减少才是影响国内社区居民参与和交往的共性、根本因素。④

总体来看，外部的社区整体参与氛围、住宅的空间规划、公共空间的设置、社区组织的管理和服务水平，居民自身的家庭人口结构、休闲生活方式与兴趣爱好、居住年限等因素都会对整个社区的邻里和居民交往产生影响。⑤

4. 居住区空间规划与居民社区参与

从 20 世纪 60 年代起，居民在社区的空间体验、社区规划对社区交往的影响、公共空间与邻里冲突等问题逐渐被学界关注，由此发展出诸多研究成果：

① 黎甫：《浅谈邻里关系与社区建设》，《现代物业》2007 年第 12 期，第 87 页。
② 许加明、曹殷杰：《淮安市城市老年人社区参与现状及影响因素》，《中国老年学杂志》2018 年第 22 期，第 5568—5570 页。
③ 李芬：《城市居民邻里关系的现状与影响因素——基于武汉城区的实证研究》，硕士学位论文，华中科技大学，2004 年。
④ 马静、施维克、李志民：《城市住区邻里交往衰落的社会历史根源》，《城市问题》2007 年第 3 期，第 46—51 页。
⑤ 姬璐璐、覃斌：《新时期城市居住社区邻里关系的影响因子分析》，《山西建筑》2018 年第 28 期，第 14—15 页。

扬·盖尔（Jan Gehl）通过大量的调研和观察后发现，社区内不同公共空间的设计会对邻里间的交往活动产生很大影响，建筑师应该尽可能地利用社区规划，吸引居民到公共空间开展散步、聊天、玩耍等交往。①

魏华等人基于西方的绅士化现象，认为目前中国的大城市也普遍存在居住隔离和分化问题，人们的居住空间和居住环境较以往已经发生了很大变化；同时城市中公共空间的建设存在形式主义问题，许多公共空间如中心广场、大型公园等实际变成展示城市形象和官员政绩的工具；社区内部建筑的盈利取向和交往空间的虚拟化明显增加。②

吴缚龙等考察了南京市邻居的变化，以及住房特征和户口状况如何影响这一过程。研究表明，移民更有可能参与城市邻里互动，这表明移民不仅可以互相交流，而且愿意与当地邻居互动和帮助。邻里层面的社交互动一直是边缘化社会群体获取社交网络的重要手段，并且获得了更好的安全感和归属感。特别是不同社会群体之间的睦邻互动，可以改善个人的社会经济机会，以及促进不同社会群体之间的关系，从而提高社会凝聚力。③

当前国内的城市建设中，地产开发商们对高层住宅的普遍追逐同样值得注意。在高层建筑中，电梯的内部空间较为狭小，居民往往将其作为交通工具而忽视了其作为交往空间的可能性；在居住形式上，高层建筑内的住户以竖向重叠为主，"打破了空间流动的连续性"，使得住户只倾向于在本楼层进行邻里交往；同时，同楼层住户数量规划少，走廊自然采光不足，仅发挥交通功能也不利于住户间的互动。④

对于我国城市居住区中存在的一些影响社区参与的规划问题，一些研究提出了建议，在对社区的道路进行设计时，除了考虑其用

---

① ［丹麦］扬·盖尔：《交往与空间》，何人可译，中国建筑工业出版社 2002 年版。

② 魏华、朱喜钢、周强：《沟通空间变革与人本的邻里场所体系架构——西方绅士化对中国大城市社会空间的启示》，《人文地理》2005 年第 3 期，第 117—121 页。

③ Wang, Z., Zhang, F., Wu, F., "Intergroup Neighbouring in Urban China: Implications for the Social Integration of Migrants", *Urban Studies*, Vol. 53, No. 4, 2016, pp. 651 – 668.

④ 李鹏：《高层住宅内部交通系统中邻里交往空间的研究》，《房材与应用》2003 年第 1 期，第 8—10 页。

于行人、车辆交通的基本功能，还应该实行人车分流的分布格局，在人行道周围设置一定空间用于居民日常休息、散步、交往、玩耍等户外活动；在社区绿化景观的规划方面，应该避免大而空、多而杂的草坪式绿化，注意兼顾观赏性和实用性；在相关配套设施的布置上，座椅、照明灯、垃圾箱、报栏等设施在提高放置数量的同时还需要考虑放置位置、对居民生活的影响程度等因素，例如地板地灯要避免离居住区过近、灯光亮度过高，否则会对居民休息产生干扰。①

5. 针对已有文献的评述

综观上述研究，国内外学者关于社区参与方面的研究成果颇丰。这些成果基本分为两个层面：一个层面是在理论上分析研究，基于学理的层面，如社区消失论、社区规划方法等；另一个层面是以调查分析为主的实证研究，基于操作的层面，如对某城市的整体情况或部分街道开展实地调研，了解社区参与现状，为相关政策的制定提供现实依据。现有研究成果的不足体现在以下三个方面。

（1）研究内容的分散性②

参与研究的学科比较庞杂，社会学、心理学、环境学、城市规划、建筑学等均有所涉猎。但这些学科关于社区参与研究的内容、角度和层次等基本大同小异，多数是对城市社区参与现状的描述分析，结合宏观环境与微观互动方面的文章都是屈指可数。分散的研究内容就使得国内关于这一方面的成果零零散散，不具有系统性。

（2）研究方法的单一性

关于城市社区居民参与的研究，很多学者都是偏向于定性分析，即通过文献法、观察法、访谈法等方式进行资料的收集整理；即便文章中结合了问卷的形式，也还存在着数据采样、分析方法等是否规范的问题。这样就容易导致研究成果的适用范围狭窄，同时在资料的整

① 张程：《浅析居住区邻里交往空间设计的要点》，《山西建筑》2006年第9期，第20—22页。
② 李芬：《城市居民邻里关系的现状与影响因素——基于武汉城区的实证研究》，硕士学位论文，华中科技大学，2004年。

合过程中也是以单变量的处理居多，很少涉及复杂变量。

（3）研究角度的局限性

很多学者都基于国内某一城市或市内某几个街道的社区参与情况进行了实证研究，但多数都是采用个案的方法，停留在对社区参与进行简单描述的层面，缺乏系统分析和解释。同时这些研究局限在探讨整个城市或区域的社区参与情况，没有深入社区内部进行微观的研究和探讨。

### （三）测量居民社区参与的方法

从测量居民社区参与的方法上来看，国内学者们的多数研究成果以定量分析方法为主，同时辅以定性分析工具，整体研究方向也多为实证研究，基于文献和理论层面的研究方法不多。

孙柏瑛等人采用问卷调查这种定量研究方法，随机抽取北京市八个城区，对居民参与社区决策的情况进行了深入调查。① 汪芳、郝小斐把北京市黄松峪乡雕窝村作为个案，采用 AHP 层次分析法对雕窝村居民参与该地区乡村旅游的情况进行了简单分析和评价。② 笪玲、张述林则选取了重庆市璧山县为例，运用 PRS 模型分析了其作为都市近郊社区，其居民社区参与的特点，并提出类似社区居民参与乡村旅游发展的策略。③ 杨敏以武汉市江汉区莲湖社区为个案，分析了不同居民群体进行福利性参与、志愿性参与、娱乐性参与和权益性参与的具体过程。④ 蔡杨则通过以文献研究为主的方法，调查了日本在 20 世纪 60—70 年代在经济社会高速发展倒逼下基层治理模式转型，其依托"社区营造"活动积累的参与式治理实践经验，给我国正在探索的社区参与式治理带

---

① 孙柏瑛、游祥斌、彭磊：《社区民主参与：任重道远——北京市区居民参与社区决策情况的调查与评析》，《中共杭州市委党校》2001 年第 2 期，第 74—79 页。
② 汪芳、郝小斐：《基于层次分析法的乡村旅游地社区参与状况评价——以北京市平谷区黄松峪乡雕窝村为例》，《旅游学刊》2008 年第 8 期，第 52—57 页。
③ 笪玲、张述林：《都市近郊乡村旅游社区参与策略研究——以重庆市璧山县为例》，《改革与战略》2009 年第 6 期，第 128—131 页。
④ 杨敏：《作为国家治理单元的社区——对城市社区建设运动过程中居民社区参与和社区认知的个案研究》，《社会学研究》2007 年第 4 期，第 137—164、245 页。

来一些启示。①

### 1. 实证分析

由上节对居民社区参与的研究现状综述可以发现，国内目前的研究成果主要为理论层面的分析，实证层面的研究不多。即便是已有的实证调查，也多是从宏观上分析城市间、区域间等区域性的居民社区参与情况，深入具体的街道里弄、对不同类型社区进行比较的很少。本书主要采用实证分析的方法，通过 2014 年和 2016 年在上海市的两次综合调查，获取社区内关于居民参与的实际情况。2014 年调查涉及鞍山三村、盛世豪地等 13 个社区，回收有效问卷 1040 份；2016 年调查涉及爱家亚洲花园、东城新村等 54 个社区，回收有效问卷 830份。两次调查期间召开集体访谈座谈会 20 余次，参与观察了 20 多个居住区公共空间的社区活动。

在对社区进行抽样时，充分考虑社区的地理位置、社区类型、主要居民等因素的差异，67 个居住区在空间上包括了上海的内环内和外环外，在社区类型上涉及老式里弄、工人新村和商品房社区，在居住区人口的阶层上包括中产阶层和中低收入阶层，基本实现全覆盖，具有一定代表性。

### 2. 定量与定性相结合

问卷法是本书采用的主要方法。问卷发放的范围即上海市内、中、外环的 67 个居住区，发放的对象是在居委会登记在册的社区居民。抽样时首先按照社区总人口确定样本比例，再综合年龄、性别、户籍等因素随机选取居民发放问卷。问卷内容包括个人基本信息、工作住房情况、社区公共生活、邻里交往、社区认同等 10 个部分。

访谈法被用来辅佐问卷调查。社区内年龄较高的老年人，其视力、文化程度、理解等能力相对较差，常见的问卷调查并不适用。因此本项目调查员在逐一为其口头解释问卷题目和选项时，还会适

---

① 蔡杨：《日本社区参与式治理的经验及启示——基于谙访市"社区营造"活动的考察》，《中共杭州市委党校学报》2018 年第 6 期，第 41—45 页。

时地针对特定问题进行展开，通过跟他们的深入交流以更为清晰准确地了解被调查对象的社区参与情况和主观体验感受。

除问卷和访谈法外，本书还部分利用了观察法。社区居民填写问卷的地点主要集中在社区文体活动室、社区居委会会议室，受访者在填写时也没有相互分隔，可以相互进行交流。因此，在协助居民群众填写调查问卷期间，调查员可以了解到相识居民的日常交往话题、社区内近期的重要事件，也能观察室内正在进行的娱乐休闲活动情况。

# 二　上海居住区居民的社区参与现状

本书所指的社区参与涵盖了居民参与社区治理和社区交往两个层次，为真实准确地反映出上海居住区居民的社区参与现状，下文将从居民参与社区治理和进行社区交往两个维度具体展开。

研究发现，在参与社区治理方面，上海社区居民的组织参与度较高，七成以上受访者都或多或少地参与了社区的某项组织；但他们社区活动的比例较低，只有30.4%比例的受访者经常参加小区组织的各种公共活动，不足1/3；从参与活动的类型来看，主要以社区组织的政治活动、社区公益活动和休闲娱乐活动为主，对于常规的公共事务管理活动参与较少。在邻里交往方面，多数居民认为自身所在居委会的管辖范围便是社区的范围，同一小区的居民便是邻居；社区交往的主要活动为"锻炼身体""散步"和"聊天"，其中中老年群体在交往中更为活跃；整体来看，在上海居住区邻里仍旧发挥着守望相助的功能。

## （一）上海居住区居民参与社区治理的现状

本部分从静态、动态和心理三个层面来测量居民的公众参与情况。静态的公众参与是指社区居民参与社区内组织或团体的情况。动态的公众参与是指社区居民参与社区公共活动的相关情况。心理层面的公众参与是指居民参与社区公共活动的态度和意愿。

1. 社区居民组织参与情况分析

（1）社区居民组织参与情况

本次调查发现，上海社区居民的组织参与度较高，在所有受访者中，七成以上受访者都或多或少地参与了某项组织。组织参与是社区居民公众参与的重要形式，居民通过加入社区组织，参与组织活动，与本社区居民建立沟通联系，从而融洽邻里关系，对于提高社区居民的社区认同感和满意度都有积极的益处。调查数据显示，在所有受访者中，70%以上人口都至少参与了本小区的某项组织或团体，只有28.5%的受访者表示，未参与任何一项组织，有20%左右的受访者参与两项或以上不同类型的组织或团体。

在受访者所参与的各项团体中，首先是参与志愿者组织的比例最高，接近50%。这与近年来上海基层社区治理过程中，动员社会力量参与，号召和组织民众参与各种各样的志愿者组织，如小区治安巡逻、特色帮扶等，大量社区居民被积极动员起来。其次是各类社区兴趣组织，如健身队、读书会、老年人文艺活动等，达到21.8%，超过1/5，这类组织是社区居民根据兴趣自愿参加，具有较好的互动功能，对于增进邻里关系非常有价值。再次是社区党组织和社区治安队，分别达到了18.4%和10.8%。但对于部分能够体现和维护居民利益的社区组织来说，参与度明显不够，如小区业主委员会、社区协商议事委员会、专业协会和社区工会等，一方面，类似组织或团体在某些社区还没有成立；另一方面，类似组织在居民中的知晓度不高。这对于社区居民参与整体社区发展来说，可能存在潜在不利影响。

表7.1　**您是不是本小区下列团体或组织（包括自己组织的）的成员**

| 组织类型 | 居民比例（%） |
| --- | --- |
| 志愿者组织 | 49.0 |
| 各类社区兴趣组织 | 21.8 |
| 社区党组织 | 18.4 |
| 社区治安队 | 10.8 |

（2）社区居民组织参与情况的差异化特征

尽管上海社区居民总体上呈现出较高的组织参与度，但对于不同类型组织而言，社区居民的参与程度也存在一定的差异。下面从年龄、受教育程度和职业类型三个方面来分别探讨他们的组织参与差异。

1）年龄与组织参与差异

不同年龄群体的组织参与偏好也有明显差异，中青年群体更加关注小区居民利益组织，而中老年人群体则更多参加与自身兴趣爱好相关的团体或组织。总体来讲，老年人参与社区组织的积极性较高。一方面，中老年群体拥有充分的闲暇时间；另一方面，在体力方面也没有明显下降，这两点保证他们参与社区组织的积极性和可行性。另外，在兴趣组织方面，中老年群体也比中青年群体有更高的参与度。但与对于涉及小区居民利益的一些组织，如业委会、工会、议事会等方面，中青年群体的参与积极性有较高优势。

表7.2　　居民年龄分组与其是否参与社区的团体或组织交叉

| 年龄分组 | 是（%） | 否（%） |
| --- | --- | --- |
| 35 岁及以下 | 13.3 | 21.0 |
| 36—45 岁 | 9.6 | 10.2 |
| 46—55 岁 | 17.8 | 13.6 |
| 56 岁及以上 | 59.2 | 55.2 |

2）受教育程度与组织参与差异

教育水平越高，对自身利益的认知和维护程度越高，因而他们参与业委会、专业协会等团体或组织的比例越高，这些组织更有助于他们维护自身利益；相反，教育水平较低群体则更倾向于参加志愿组织；对于兴趣组织，不同教育群体都有较高参与比例。调查数据显示，接受过高等教育的群体参与社区协商议事委员会的比例高于高中和初中教育群体。而在志愿者组织参与方面，大学专科及以上人群参与的比例比高中和初中教育群体都低。

表7.3 **居民受教育程度与参与社区志愿者组织、**
**社区协商议事委员会情况交叉**

| 受教育程度 | 是不是本小区志愿者组织的成员 | | 是不是社区协商议事委员会的成员 | |
|---|---|---|---|---|
| | 是（%） | 否（%） | 是（%） | 否（%） |
| 初中及以下 | 34.5 | 36.1 | 22.46 | 35.6 |
| 高中 | 43.2 | 27.5 | 32.36 | 33.6 |
| 大专及以上 | 22.3 | 36.5 | 45.18 | 30.8 |

3）职业类型与组织参与差异

职业地位是人们社会经济地位的重要指标，是学术界划分社会阶层的重要依据。通常人们认为中间阶层群体在社会基层治理中能够发挥更大的作用。本次调查数据从组织参与的角度也部分支持了上述假设。调查数据显示，党政机关和企事业单位负责人、私营企业主等社会上层群体，在业委会、志愿者组织、议事会等方面的参与度都处于较低水平；而专业技术人员、办事人员和一般职员等社会中间层在业委会、志愿者组织、兴趣组织、社区工会等方面则表现出较高的参与度；自由职业者、个体户等社会中下阶层在业委会和社区工会方面，也有较高的参与度；对于职业阶层地位较低的普通工人和服务人员来说，除了志愿者团队和治安团队方面有较高参与之外，其他方面与其他群体相比较都相对偏低。

2. 社区居民活动参与情况分析

在组织社区居民公众参与的静态方面，活动参与是社区居民公众参与的动态方面。活动参与是社区发展和规划调节的重要参考依据。

（1）社区居民参与组织活动情况

从活动参与频率来看，上海社区居民参加小区内组织各种公共活动的积极性并不高。调查数据显示，经常参加小区组织的各种公共活动的比例只有29.2%，不足1/3；有时参加或偶尔参加的比例达到了44.9%；而表示从不参加的比例则达到了25.9%，超过了1/5。这些数据显示上海社区在基层管理过程中，在公共活动方面，仍然存在薄弱环节。

表7.4　　　　　您是否参加过小区组织的各种公共活动

| 问题选项 | 居民比例（％） |
|---|---|
| 经常参加 | 29.2 |
| 有时参加 | 23.6 |
| 偶尔参加 | 21.3 |
| 从不参加 | 25.9 |

（2）社区居民参与组织活动的差异化分析

尽管从总体上看社区居民参与小区公共活动的比例不高，但对于公共活动参与在小区居民中仍然存在明显的群体差异。下面从年龄、受教育程度、职业三个维度做简要分析。

1）年龄与参与公共活动差异

小区公共活动参与的第二个特征是中老年人多，年轻人少。调查数据显示，随着年龄的增加，从35岁及以下，到36—45岁、46—55岁及56岁及以上群体，他们经常参加各种公共活动的比例逐渐增加，依次为11.0%，16.0%，28.8%和44.2%，而从不参加的比例则逐渐降低，依次为36.1%、31.0%、21.9%和10.9%。卡方检验结果显示，这种年龄差异具有统计显著性（$p < 0.001$）。

表7.5　　　居民年龄分组与其是否经常参加小区的公共活动交叉

| 年龄分组 | 是（％） | 否（％） |
|---|---|---|
| 35岁及以下 | 11.0 | 36.1 |
| 36—45岁 | 16.0 | 31.0 |
| 46—55岁 | 28.8 | 21.9 |
| 56岁及以上 | 44.2 | 10.9 |

2）受教育程度与参与公共活动差异

居民受教育程度与其参与社区公共活动的关联呈现出中间高两头低的状态，即教育程度较高和教育程度较低群体的公共活动参与率低，而中等教育程度群体的参与率高。调查数据显示，学历为高中或同等学力群体经常参加小区各种公共活动的比例达到了45.7%，而从不参加各种活动的比例只有22.3%。而学历在初中及以下，大学专科及以上群体中，经常参加小区各种公共活动的比例分别只有32.5%和21.8%，从不参加各种活动的比例分别有39.2%和38.5%。卡方检验结果显示，这种教育差异具有统计显著性（p < 0.001）。

表7.6    居民受教育程度与其是否经常参加小区的公共活动交叉

| 您是否参加过小区组织的各种公共活动（经常参加） | | |
| --- | --- | --- |
| 受教育程度 | 是（%） | 否（%） |
| 初中及以下 | 32.5 | 39.2 |
| 高中 | 45.7 | 22.3 |
| 大专及以上 | 21.8 | 38.5 |

3）职业类型与参与公共活动差异

从职业类型来看，不同群体人口也存在一定的差异。调查数据显示，私营企业主、自由职业者与个体户群体的公共活动参与积极性较低，他们经常参加各种公共活动的比例分别只有14.3%，17.1%和16.7；机关企事业单位负责人、专业技术人员和工人的参与积极性较高，他们对应的比例分别达到了30.6%，32.1%和40.5%。尽管存在观察比例上的差异，但并未通过统计检验（p > 0.05），说明关于职业类型和参与活动之间的关系仍需要进一步观察和分析。

表7.7　　　居民职业类型与其是参加小区公共活动的频率交叉　　（单位：%）

您是否参加过小区组织的各种公共活动

| 职业类型 | 经常参加 | 有时参加 | 偶尔参加 | 从不参加 |
|---|---|---|---|---|
| 机关企事业单位负责人 | 30.6 | 23.5 | 18.4 | 27.5 |
| 办事人员或职员 | 27.4 | 25.1 | 22.3 | 25.2 |
| 一般商业或服务性人员 | 23.1 | 29.9 | 17.9 | 29.1 |
| 各类专业技术人员 | 32.1 | 19.8 | 21.7 | 26.4 |
| 工人（各类机械、运输设备操作者） | 40.5 | 22.3 | 14.5 | 22.7 |
| 私营企业主 | 14.3 | 21.4 | 23.8 | 40.5 |
| 自由职业者 | 17.1 | 20.0 | 28.6 | 34.3 |
| 个体户 | 16.7 | 23.3 | 33.3 | 26.7 |

（3）社区居民参与活动的类型特征

从居民参与活动的类型来看，主要以社区组织的政治活动、社区公益活动和休闲娱乐活动为主，对于常规的公共事务管理活动参与较少。调查数据显示，居民参加过社区政治活动（如居委会选举）的比例达到62.1%，根据实际访问情况，在受访小区中，最近三年尚未进行居委换届的占有一定比例，也就是说，在居委换届过程中，实际参与的比例应高于62.1%，并且大部分居民对居委会选举持较为乐观的态度。参加过社区公益活动的比例达到51.3%，超过半数，说明上海社区居民已经具备一定的志愿精神。对于休闲娱乐活动，是大家喜闻乐见的形式，参与比例也较高，近年来基层社区不断开展各类文化娱乐活动，对于培养社区居民认同感和归属感收到良好的成效。但是，在社区公共事务方面，社区居民参与较少，与公益活动参与较多有一定矛盾，社区基层管理者在动员社区公共事务维护方面仍需要吸引广大居民的参与。

表7.8　　　　　　　　　　居民参与社区活动的类型

| 活动类型 | 居民比例（%） |
|---|---|
| 社区政治活动，如居委会选举 | 62.1 |
| 社区公共事务管理活动 | 10.6 |
| 社区文化娱乐活动（文艺、棋牌、晚会等） | 48.9 |
| 社区公益活动 | 51.3 |
| 其他 | — |

### 3. 社区居民参与态度与意愿分析

参与态度和意愿是居民参与社区组织和公共活动的深层次动机，积极的公众参与态度和意愿是社区发展和规划吸纳居民参与的重要保证，因而，了解社区居民的参与态度和意愿，对于基层社区发展和规划具有非常重要的价值。本次调研通过李克特量表来测量社区居民对于参与社会公共活动的态度和意愿，量表共含有8个指标，见表7.9。

表7.9　　　　　居民参与社区组织和公共活动的态度及意愿

| | 非常不赞同 | 比较不赞同 | 一般 | 比较赞同 | 非常赞同 |
|---|---|---|---|---|---|
| 1. 参加社区活动能够扩大自己的交往范围 | 1 | 2 | 3 | 4 | 5 |
| 2. 参加社区活动能够开阔视野增长见识 | 1 | 2 | 3 | 4 | 5 |
| 3. 参加社区活动拉近了社区内居民的关系 | 1 | 2 | 3 | 4 | 5 |
| 4. 我认为参与社区活动是在浪费时间 | 1 | 2 | 3 | 4 | 5 |
| 5. 我愿意参与社区内的公共事务决策 | 1 | 2 | 3 | 4 | 5 |
| 6. 参与社区公共事务决策，是每个社区居民的权利 | 1 | 2 | 3 | 4 | 5 |
| 7. 能够参加社区活动我觉得很自豪 | 1 | 2 | 3 | 4 | 5 |
| 8. 居民有责任和义务参加社区组织的活动 | 1 | 2 | 3 | 4 | 5 |

（1）上海社区居民公共活动参与态度与意愿分析

对于上述量表，首先进行信度检验，分析发现量表整体信度

Cronbach's α 系数达到 0.840，显示量表可靠性程度较高，能够测量社区居民的公共活动参与态度和意愿。每个指标的描述性统计结果见表 7.9，此处不赘述。对于该量表各项指标，进行加总处理，计算总和得分，每个受访者的得分区间是［8，40］，得分越高，表示居民的参与态度和意愿越积极。调查结果表明，上海社区居民参与态度和意愿较为积极，得分平均分达到了 31.1 分，单项平均分接近 4 分；中位数达到 32 分，表示有一半以上受访者的得分在 32 分或以上，处于较为积极和非常积极的状态。另外，得分标准差为 6.3 分，说明不同居民之间存在一定差异。总体上，说明上海社区居民有比较强的社区公共活动参与意愿，这是支撑他们参与社区组织和公共活动的心理动机。

（2）上海社区居民公共活动参与态度与意愿的差异化分析

虽然总体上，不同社区居民的公共参与态度和意愿较为积极，但在不同群体间是否也存在一定差异？接下来，通过年龄、受教育程度和职业类型三个方面对居民参与态度和意愿进行分组分析。

1）年龄与居民参与态度与意愿

年龄越长者，参与态度和意愿越强。调查数据显示，随着年龄的增加，人们的参与态度和意愿得分也越高，35 岁及以下、36—45 岁、46—55 岁和 56 岁及以上群体的平均得分依次为：29.3、30.6、31.0和 32.0 分，呈逐渐增加趋势。方差检验结果显示，不同年龄组的均值差异具有统计显著性（$p < 0.001$）。

2）教育与居民参与态度与意愿

高学历者参与态度和意愿较低。调查数据显示，接受过大学专科及以上文化教育者，参与态度和意愿的平均得分只有 30.5 分，分别低于初中及以下文化程度者（31.2 分）和高中及同等文化程度者（32.7 分）。方差检验结果显示，大学专科及以上教育程度者的平均得分显著低于高中及同等文化学历者（$p < 0.05$），其他组别之间没有明显差异。

3）职业与居民参与态度与意愿

自由职业者和个体户群体的参与态度与意愿明显低于其他群体。调查数据显示，自由职业者和个体户参与态度与意愿的平均得分只有

28.6 分，明显低于党政机关企事业单位负责人/私营企业主群体（30.9 分）、专业技术人员群体（31.4 分）、办事人员和职员群体（31.1 分）和一般工人与服务人员群体（31.6 分）。方差检验结果显示，自由职业者和个体户群体与其他群体的差异具有统计显著性（p < 0.05），其他群体之间的差异不具有统计显著性。

**（二）上海居住区居民参与社区交往的现状**

1. 参与社区交往活动的主要类型

居民间进行互动的内容和形式是多种多样的，社区的整体交往氛围、户外公共空间的设置、居民的性格特征等都会对其产生影响。根据调查数据，上海居住区居民进行社区交往的前三项活动类型依次为"锻炼身体""散步"和"聊天"。

在问卷中，对于居民开展社会参与活动的主要内容，我们设计了涵盖日常的交往、休息、锻炼、娱乐等 9 种活动类型，并给每种类型设计了频率由低到高的 5 种选项，具体题目设置如表 7.10 所示。此部分问题未能添加至 2016 年的调查中，故而本部分的分析数据来源于 2014 年的 13 个社区调研。

表 7.10　　**居民参与社区交往活动的类型及频率类型量表**

| 频率 | 锻炼身体 | 散步 | 跑步 | 纳凉 | 聊天 | 喝咖啡/茶 | 兴趣活动 | 带小孩玩 | 遛狗 |
|---|---|---|---|---|---|---|---|---|---|
| 几乎从不参加 | | | | | | | | | |
| 一月一次 | | | | | | | | | |
| 一月几次 | | | | | | | | | |
| 每周一次 | | | | | | | | | |
| 几乎每天都去 | | | | | | | | | |

通过对数据进行整理分析后发现，上海市居民在日常生活中主要进行的社区活动为"锻炼身体"和"散步"，选择这两个选项的受访者数量均超过 500 人。居民后续的选项数量排名依次为"聊天""纳

凉"和"跑步"。值得注意的是,"锻炼身体""散步"和"跑步"均是体育类活动,这说明上海市社区的居民对身体健康的保持尤为关注。另外,这些体育活动的开展其实不需要社区内大量居民的参与,单人或小规模的居民即可。

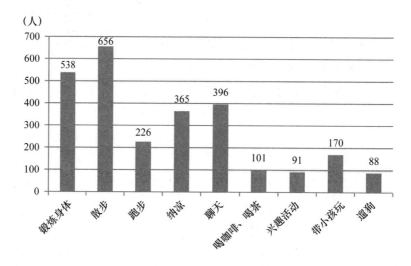

**图7.1 居民参与社区交往活动的类型及总体频率**

表7.11 居民参与社区交往活动的类型及频率

| 活动<br>频率 | 锻炼<br>身体 | 散步 | 跑步 | 纳凉 | 聊天 | 喝咖啡/茶 | 兴趣<br>活动 | 带小<br>孩玩 | 遛狗 |
|---|---|---|---|---|---|---|---|---|---|
| 几乎从不参加 | 216 | 132 | 499 | 355 | 324 | 587 | 628 | 535 | 679 |
| 一月一次 | 23 | 17 | 18 | 21 | 17 | 33 | 15 | 17 | 1 |
| 一月几次 | 50 | 49 | 43 | 56 | 52 | 36 | 39 | 27 | 9 |
| 每周一次 | 142 | 114 | 86 | 88 | 106 | 68 | 60 | 68 | 19 |
| 几乎每天都去 | 538 | 656 | 226 | 365 | 396 | 101 | 91 | 170 | 88 |

2. 居民参与社区交往活动的差异化分析

居民进行社区参与的一个重要活动便是聊天。通过聊天,居民进行着小到邻里琐事、大到国际时事信息的更新和传播,同时在聊天过程中也能增进彼此的感情，阐述自身的价值观念。因此，本部分将通过分析部分居民在社区内进行聊天活动的情况，来反映进行社区交往的居民的相关特征。

根据聊天频率的差异，我们从高到低分别设计了"几乎每天都去""每周一次""一月几次""一月一次"和"几乎从不参加"5 个选项，设置的题目为"您参加户外聊天活动的次数是"。由于 2016 年综合调查的问卷未涉及居民的聊天活动，因此本部分的分析是基于2014 年的调查结果，同时在数据处理上默认将缺失数据剔除。

（1）受教育程度特征

居民受教育程度越高，参与社区交往活动的比例越低。根据不同学历居民选择 5 个选项的比例，可以发现参与社区聊天活动居民的学历特征。选择"几乎每天都去"的居民中，其占比随着受教育程度的升高而减少，"选择几乎从不参加"的居民中，其占比随着受教育程度升高而增加。这说明受教育程度为"初中及以下"的居民是参与社区聊天活动的主体，受教育程度为"大专及以上"的居民几乎不怎么参加社区内的聊天，居民受教育程度与其社区参与率呈负相关。这可能是由于居民的整体文化程度较高时，其获得信息来源广，获得情感支持的途径更多，除了从社区其他居民处取得外，网络、书籍、手机等其他渠道甚至可能是更为重要的渠道。

根据以上分析可以得知，在上海居住区中，进行社区参与的居民主体文化程度较低，他们获得相关资讯的途径较少，因此需要通过在社区内的交流和交往，同他人交换信息，获得社会支持。

表 7.12　　　　　　**居民受教育程度与参与聊天活动的频率**

| 选项 | | 被访者受教育程度划分 | | | |
| --- | --- | --- | --- | --- | --- |
| | | 初中及以下 | 高中 | 大专及以上 | 总计 |
| 几乎每天都去 | 频率 | 175 | 134 | 83 | 392 |
| | 横向比例（%） | 44.6 | 34.2 | 21.2 | 100.0 |
| 每周一次 | 频率 | 35 | 29 | 39 | 103 |
| | 横向比例（%） | 34.0 | 28.2 | 37.9 | 100.0 |

| 选项 | | 被访者受教育程度划分 | | | |
|---|---|---|---|---|---|
| | | 初中及以下 | 高中 | 大专及以上 | 总计 |
| 一月几次 | 频率 | 13 | 20 | 19 | 52 |
| | 横向比例（%） | 25.0 | 38.5 | 36.5 | 100.0 |
| 一月一次 | 频率 | 6 | 6 | 5 | 17 |
| | 横向比例（%） | 35.3 | 35.3 | 29.4 | 100.0 |
| 几乎从不参加 | 频率 | 85 | 97 | 139 | 321 |
| | 横向比例（%） | 26.5 | 30.2 | 43.3 | 100.0 |

（2）年龄特征

居民年龄越大，越倾向于参与社区交往活动。表7.13反映的是参与社区交往的居民，他们整体的年龄组划分情况。首先在横向占比上可以看出，无论是任何一个选项，"56岁及以上"的居民占比基本都超过50%，这是由于填写本次问卷的居民主体为中老年人。因此，再从纵向上对同一年龄组的居民进行比较，可以发现，无论是哪一年龄组的居民，他们选择"几乎每天都去"和"几乎从不参加"两个选项的人数占比均排在前两位。而且整体而言，选择"几乎每天都去"选项的居民随着年龄组的增大，其各自的占比随之增加；选择"几乎从不参加"选项的居民，随着年龄组的增大，他们各自占比基本上在逐步减小。

这说明在上海居住区中，各年龄组的居民要么积极进行社区交往，开展社区活动；要么对社区交往漠不关心，很少同其他居民进行交流，呈现出两极分化的特征。同时，随着年龄的增加，居民更愿意参与社区事务，社区参与的主体还是生活其中的中老年人。在实际调查过程中我们也发现，社区相关的活动设施以服务老年群体为主，社区内活动的主要形式，如太极拳、广场舞等也更适合老年人参加。

表 7.13　　　　　　　　居民年龄组划分与参与聊天活动的频率

| 选项 | | 被访者年龄组划分 | | | | 总计 |
|---|---|---|---|---|---|---|
| | | 35 岁及以下 | 36—45 岁 | 46—55 岁 | 56 岁及以上 | |
| 几乎每天都去 | 频率 | 54 | 37 | 65 | 235 | 391 |
| | 横向比例（%） | 13.8 | 9.5 | 16.6 | 60.1 | 100.0 |
| | 纵向比例（%） | 31.4 | 41.1 | 47.8 | 47.7 | 43.9 |
| 每周一次 | 频率 | 28 | 12 | 20 | 46 | 106 |
| | 横向比例（%） | 26.4 | 11.3 | 18.9 | 43.4 | 100.0 |
| | 纵向比例（%） | 16.3 | 13.3 | 14.7 | 9.3 | 11.9 |
| 一月几次 | 频率 | 11 | 11 | 8 | 22 | 52 |
| | 横向比例（%） | 21.2 | 21.2 | 15.4 | 42.3 | 100.0 |
| | 纵向比例（%） | 6.4 | 12.2 | 5.9 | 4.5 | 5.8 |
| 一月一次 | 频率 | 1 | 2 | 2 | 12 | 17 |
| | 横向比例（%） | 5.9 | 11.8 | 11.8 | 70.6 | 100.0 |
| | 纵向比例（%） | 0.6 | 2.2 | 1.5 | 2.4 | 1.9 |
| 几乎从不参加 | 频率 | 78 | 28 | 41 | 175 | 322 |
| | 横向比例（%） | 24.2 | 8.7 | 12.7 | 54.3 | 100.0 |
| | 纵向比例（%） | 45.3 | 31.1 | 30.1 | 35.5 | 36.1 |
| 总计 | 频率 | 172 | 90 | 136 | 493 | 891 |
| | 横向比例（%） | 19.3 | 10.1 | 15.3 | 55.3 | 100.0 |
| | 纵向比例（%） | 100.0 | 100.0 | 100.0 | 100.0 | 100.0 |

（3）职业特征

居民职业特征与其参与聊天活动的线性相关性不明显。不同受访者由于职业类型的差异，其对社区参与的重视程度以及用于日常社区参与的时间、精力等方面也有一定区别。一般而言，"自由职业者""个体户"等职业类型的居民数量同"工人""办事人员或职员"等职业相比人数较少，因此图 7.2 依据同一职业类型选择参与聊天活动不同频率的占比绘制而成。

如图 7.2 所示，不论何种职业类型的居民，选择"几乎每天都去"和"几乎从不参加"的比例占绝大多数，这说明居民在社区参与的态度上呈现两极分化，与上文结论相呼应。同时，只有"机关企事业单位负责人"和"各类专业技术人员"两种职业类型的居民，其选择不参加社区活动的比例高于积极参与的比例，这可能是由于两种职业类型的社会地位和声望较高，从事这类职业的居民不愿与其他职业声望相对较低的居民一同参与；同时两类职业所要求的文化素质较高，这类居民可以从其他途径获得交往的需求，这也与上文分析居民受教育程度所获得的结论相同。

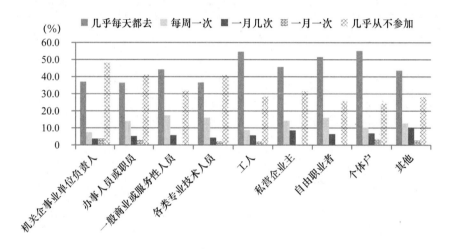

**图7.2 居民职业类型与参与聊天活动的频率类型**

4. 社区居民邻里交往的现状

（1）邻里之间的日常交往

邻里之间的日常交往往往能从微观反映出社区内居民互动参与的情况。整体来看，居民与邻里之间的日常交往频率较低。在调查中，我们设计了"最近两周你拜访邻居的次数"和"最近两周邻居拜访你的次数"两个填空题来对邻里日常上门交往的情况进行测量，调查结果如表7.14所示。

根据调查数据可以看出，邻里之间相互上门拜访的次数范围是较大的，从0次至150次不等。然而，无论是居民拜访其邻居或者是邻居拜访居民本身，两周时间内平均次数为2次多，在这两项中填写次数为"0"的居民数量也最大。这说明，社区内居民之间上门互动的频率是很低的，人们在日常生活中很少到邻居的家中拜访，多数人际交往活动可能都是发生在楼梯、过道、公园等户外空间。

表 7.14　　**最近两周你拜访邻居的次数及邻居拜访你的次数**

| 问卷题目 | 样本数 | 最小值 | 最大值 | 众数 | 均值 | 方差 |
|---|---|---|---|---|---|---|
| 最近两周你拜访邻居的次数 | 934 | 0 | 150 | 0 | 2.4593 | 38.622 |
| 最近两周邻居拜访你的次数 | 931 | 0 | 50 | 0 | 2.1815 | 13.413 |

（2）邻里之间的互助情况

在社会学的研究中，守望相助是邻里发挥功能的一个重要体现，本次调查也验证了这一结论。本次调查在问卷中设计了"你可以顺利地从邻居家借到扳手、螺丝刀之类的工具吗"这一问题，从日常生活中邻里间的借用物品反映其互助情况。

本次调查数据显示，在"完全不可以""基本上可以"和"完全可以"三个选项中，"完全可以"的比例最高，接近 50%；选择"基本上可以"的居民比例同样不低，为 43.47%；"完全不可以"的选择比例虽然较低，但仍然有 6.92%。由此可见，尽管从总体上而言，上海居住区邻里之间的互动频率比较低，但邻居仍然是人们守望相助的重要对象之一。

表 7.15　　**你可以顺利地从邻居家借到扳手、螺丝刀之类的工具吗**

| 问题选项 | 居民比例（%） |
|---|---|
| 完全可以 | 49.61 |
| 基本上可以 | 43.47 |
| 完全不可以 | 6.92 |

（3）邻里之间的冲突情况

在 20 世纪 70—80 年代，上海市居民的主要居住场所为老式里弄中的石库门建筑,一栋建筑中的住户往往需要共用厨房、楼梯等。因此,同一栋楼宇的住户之间、同一里弄的居民之间经常会因为住宅区域划分、社区公共空间的合理分配、家常琐事等问题发生矛盾和冲突。一方面这些矛盾和冲突可能会恶化居民同部分邻里之间的关系,但同时这在客观上也为邻里之间的互动提供了机会。

自 20 世纪 90 年代以来,随着居民对住房条件的日益重视和不断改善,同时部分有能力的居民从里弄迁往商业小区居住,里弄内住户有所减少,这些都使得里弄内出现日常纠纷的可能性越来越小。特别是近年来,上海市政府推进老式里弄改造工程,为石库门内的居民安装抽水马桶、新建公厕等,极大改善里弄居民的住房条件时,也有利于减少里弄纠纷。本次调查也证实了这一变化。当被问及"小区里和您有矛盾的居民数量"时,904 名填写了此问题的被访者中,842 名表示没有发生过矛盾,矛盾数量大于等于 5 名的居民只有 4 位。

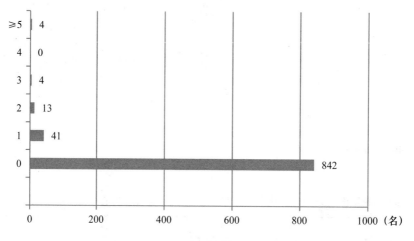

图 7.3　小区里和您有矛盾的居民数量

# 三　居住区区位与居民的社区参与

一般而言,处于城市不同区位的社区,由于其与市中心距离的远近差异,对城市公共空间的依托差异,社区的常住人口结构、公共空间设置情况有着很大的不同。而人口结构、公共空间等因素同社区内的邻里交往、居民交往又有着密切的关系，因此居住区区位对社区参与的影响是显而易见的。

关于区位的定义，它指的是"某事物占有的场所"，这一概念不但带有地理位置的意义，同时还涵盖有空间、布局、位置关系等方面的内容。在本书中，居住区的区位即是社区所处的地理位置以及在该位置上同城市其他空间的相关关系。

### （一）居住区区位与社区参与研究综述

居住区区位可以算作地理学与社会学学科交叉的概念，它既包含有居住区的地理区位，也涵盖了该地理位置上同其他城市空间相关联的"社会区位"。目前国内关于居住区区位的研究成果颇多，主要集中在居民居住区位的选择偏好、不同居住区位对居民生活的影响两个方面。

多数学者的研究结果均证实，整体来看，居民的民族类型、年龄、职业、受教育程度等对其居住区位的选择没有明显影响，影响其居住区位偏好的主要因素多是住房所处的地理位置、交通条件、生活便利程度、居民收入、房价水平、教育环境。[1] 同时，中高收入群体更倾向于选择距离城市中心较近的居住区位，国内未出现"逆城市化"是由于郊区的基础设施、公共服务、交通条件仍不完善。[2] 但不同城市之间居民的居住区位偏好存在细微差别，例如三至四环之间是北京居民选择居住区的首选位置[3]，而芜湖市的居民在选择居住区位时则更加偏好城中片区（老城区）。[4]

---

[1] 张小玉、张志斌：《兰州市居民居住区位偏好研究》，《干旱区资源与环境》2015年第5期，第36—41页。

[2] 郑思齐、符育明、刘洪玉：《城市居民对居住区位的偏好及其区位选择的实证研究》，《经济地理》2005年第2期，第194—198页。

[3] 张文忠、刘旺、李业锦：《北京城市内部居住空间分布与居民居住区位偏好》，《地理研究》2003年第6期，第751—759页。

[4] 焦华富、吕祯婷：《芜湖市城市居住区位研究》，《地理研究》2010年第3期，第336—342页。

探讨不同居住区位对居民日常生活的影响是当前学术界在此方向研究的又一重点。沈洁关注的是上海市不同居住区位的移民，他们城市融入的状况是否存在显著差异。研究发现，移民们出于房价的考量，往往会选择在郊区的低成本住房，但郊区所处区位却使得他们减少了接触上海本土居民的机会，很难与本地社会建立起多样化的社会网络；同时整体上看，中心城区的移民更容易享受到优质的就业服务和公共资源，其收入水平总体高于郊区移民。① 王晶则指出，即便居住区位同样在郊区，本地人口和外来人口的社会融合程度也存在明显不同。由于国内城市郊区的就地城市化比率较高，本地人口原有的熟人关系、社会网络并没有被彻底打破，他们的社区参与、社会信任、非正式互动程度较外来人口而言明显更高。② 另外，居住区位对居民的日常出行也有着重要影响，张萍等基于上海市金鹤新城的实证研究发现，金鹤新城的居民以本地动迁户为主，同时还有部分外来务工人员；居民出行的方向分成区内和区外，区内出行的方向为嘉定区，区外出行则具有面向中心城的向心性。③

### （二）基于调查数据的实证分析

1. 分析数据的来源

内环高架路、中环路、外环路是上海城市空间划分的重要界线。2014 年调研的总共 13 个社区中，有 7 个处于内环内，它们分别是鞍山三村、同济绿园、瑞康居委、庆源居委、雁荡居委、永太居委和太原居委；剩下 6 个处于外环外，它们分别是馨佳园八街坊、馨佳园九街坊、馨佳园十二街坊、万科城市花园、万科朗润园和豪世盛地。在 2016 年调研的 54 个社区，全部位于内环内。因此，考虑到两次调研

---

① 沈洁：《当代中国城市移民的居住区位与社会排斥——对上海的实证研究》，《城市发展研究》2016 年第 9 期，第 10—18 页。
② 王晶：《居住区位及隔离程度对城镇居民社会融合的影响——以厦门市海沧区为例》，《中国社会科学院研究生院学报》2017 年第 4 期，第 82—90 页。
③ 张萍、杨东援：《上海外围大型社区居民属性和出行行为——基于嘉定江桥金鹤新城的实证研究》，《城市规划》2012 年第 8 期，第 63—67 页。

均未涉及中环社区，本节的分析对象为上海的内环内和外环外社区；同时，鉴于在对比过程中内环内与外环外社区数据的对称性，本节数据分析的来源为2014年调查的数据。

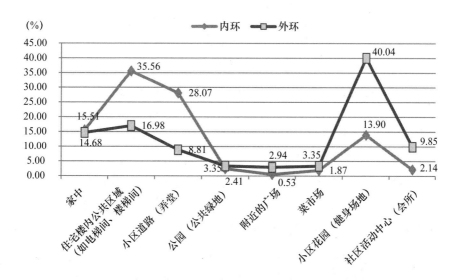

**图7.4　内环内和外环外居民进行邻里交往的主要场所**

区位是一个空间概念，社区区位对居民社区参与的影响也主要体现在空间上。为了了解内环内和外环外社区居民进行社区参与的空间有何不同，我们在问卷中设计了"您平时和小区里的邻居们交往的主要场所是"这一问题，调查结果如图7.4所示。2014年调研的13个社区共回收有效问卷1040份，剔除未回答问题"您平时和小区里的邻居们交往的主要场所是"的问卷后，共获得内环内社区问卷374份，外环外社区问卷477份。根据同一区位的社区居民选择不同交往场所的比例，可以得知该区位居民的主要交往场所。图7.4即是结合内环内和外环外社区居民选择不同场所的占比绘制而成。

根据数据图可以发现，内环居民同邻里进行交往的主要场所分别是"住宅楼内公共区域"（如电梯间、楼梯间）、"小区道路"（弄堂）、"家中"和"小区花园"（健身场地），选择这4个选项的居民比例均超过 10%；而外环居民选择跟邻里交往空间比例超过 10% 的有"小区花园"（健身场地）、"住宅楼内公共区域"（如电梯间、楼梯间）和"家中"。虽然内环内和外环外居民进行社区参与的主要空间基本相同，但其选择的比例却存在很大的差异。下文将通过对图 7.4 数据的分析，对内环内和外环外社区的居民参与进行社会影响评价。

2. 对内环社区居民社区参与的社会影响评价

（1）社区参与情况对比分析

从空间位置上看，内环社区处在上海城市的核心，其周围一般是商业金融中心或交通枢纽，日常生活便利，各种交通发达，这也造成了社区所处地段的地价高昂。中心城区住宅区的整体规模一般较小。7 个社区中除同济绿园外，其余为工人新村和老式里弄。里弄内部的居住密度很高，多数里弄的户均面积都没有超过 50 平方米。[①]

高密度的人口聚集很容易引发资源争夺、邻里纠纷等社区冲突事件，这在一定程度上阻碍了居民间和谐关系的建立。同时在交往空间的设置上，高地价的限制以及本身里弄内部高密度的人口使得社区内没有公共活动场地或活动场地面积过小，这导致在交往空间上无法对居民的社区参与进行推动和引导。而在社区外，商业写字楼、购物中心、奢侈品专卖店等商业场所已经将里弄包围。因此，社区居民在同邻居进行日常交往的场所主要是楼梯、走廊、小区道路、小区门口等狭小、非专用的公共空间内。

同时从人口结构上看，由于里弄的多数居民均是上海本地的中老年人，他们在社区内居住的时间很长，邻里的流动较小，社区内部居民之间熟悉程度较高。这些老年人在退休后，有着大量的时间和精力参与社区内的活动和交往，因而他们积极进行社区参与的可能性更高。不过，由于里弄的石库门建筑相对老旧，居住质量较低，有经济条件的居民基本都往外搬迁，留下大量可供出租的廉价房屋。对外来来沪务工者而言，里弄内的房屋租赁费用较低，离自身工作的地点较近，生活和交通便利，因而大量外来人口开始进入社区。

---

① 本数据是根据调查时获得的"社区总户数"和"社区面积"推算而成。

（2）社会影响评价

对居民的交往活动而言，内环社区的优势是较为明显的。社区内以上海本地的中老年人群体为主，彼此相识程度高，有利于居民积极主动地进行社区参与；同时，小规模的社区范围使得用于居民交往的公共空间不多，人们只能通过开拓其他公共空间、开放私人空间等途径来满足交往的基本条件，这从整体上提高了社区内的空间利用率。但其劣势也值得我们注意，面积过小的公共空间使得部分居民多样化的交往需求难以得到有效满足，人们在利用公共空间时也存在一定的竞争关系，社区存在着潜在的冲突和矛盾；少数居民在往返于居住区和城市广场、公共花园等场所的过程中，其用于社区参与的时间和精力成本大大增加，遭遇的安全风险也会更高。近年来，大量外地人口、中低收入者和房地产中介组织涌入社区，里弄内部人员流动性加剧，社区安全、社区秩序、邻里交往等受到一定威胁，从长远来看这对社区的整体参与氛围是不利的。

3. 对外环社区居民社区参与的社会影响评价

（1）社区参与情况分析

在地理位置上，外环由于同城市商业中心有很长距离，因而地价与市中心相比有所降低。较低地价使得社区建设成本降低，住宅区占地规模相应扩大，用于居民社区参与的活动空间有了较大改善，这为居民参与社区事务提供了实际上的可能性。另外，多数住宅区内放置的健身、游戏、绿化休闲、凉亭等设施为居民的邻里交往和日常休闲活动提供了相应的空间保障，家长在场所内看护儿童的过程中，也使得户外活动场所成为邻里交往的重要空间。外环社区与城市中心的距离较远，对市中心的商业、休闲、娱乐场所依赖性不强，住区内各种服务自成体系，提供满足居民需求的各种服务设施和场地。

不过外环社区之间的品质差异较大，部分社区在规划时太过注重经济效益而忽视社区品质建设，将社区内的大量场地用于建筑居住楼，其社会公共活动空间与居住规模相比较为不足。外环多数社区的建设时间不久，其建筑形式多以高层为主，围合感差，在一定程度上抑制交往。在人口结构上，外环较低的房价吸引了大量不能在市中心买房的新进年轻白领，同时还有部分老人及儿童，他们被称为"新上海人"。然而由于社区范围较大，其中居民的职业类型、收入水平、生活习惯等存在一定差别，相对于内环社区而言，邻里在"住宅楼内公共区域"（如电梯间、楼梯间）交往的比例大大降低。居民进行户外活动的场所虽然也在社区内部，但多是陪同家人或个人锻炼，邻里交际活动少，社区整体的邻里交往需求并不强烈。

（2）社会影响评价

此类社区的优势比较明显，社区内的服务自成体系，能够满足居民商业、休闲活动的需要。交往空间的设计上也涵盖多个层次，这使得住户不必前往城市中心，在社区中便可获得娱乐、休闲、团体等多种交往活动的需求。小型的商店或商业超市的引入，使得居民在进行商业活动时也有可能引发人际交往等交际活动。同时在地价上，外环相较于内环明显降低，社区占地面积更大，用于景观环境及交往空间的场地更多。大面积的场地为良好优质的景观设计和交往活动提供了空间前提，同时缓解了交往时的拥挤感，居民在开展社区参与和邻里交往时有着自己的私密空间。

外环社区的局限性主要体现在其内部的商业、娱乐、休闲设施的服务对象基本是生活在其中的住户，涵盖的范围较窄，商品的种类、活动的类型、服务的水平等方面与城市中心仍存在不小的差距，居民日常交往在一定程度上受到限制。同时组成社区居民的人口来源复杂，多数居民的居住时间不久，难以形成对社区的强烈认同感和归属感，居民的整体参与度是很低的。

## 四　居住区密度与居民的社区参与

居住区密度是个宽泛的概念，它既可以是社区内的人口密度，也可以是社区内的建筑密度。在本章中，我们主要讨论的是城市居住区规划与居民社区参与的相关关系，因而此处的居住区密度指的是社区内的建筑密度，即容积率。容积率属于城市规划中的概念，其定义为一定地块上允许修建的建筑的总面积与该地块总面积的比值。容积率和住宅类型的对应关系参见表5.5。

### （一）居住区密度与社区参与研究综述

反映城镇建设用地效率的一个重要标准便是容积率。过高的容积率会导致城市交通拥堵、社区内部居住环境不佳等城市问题，过低的容积率则使得城市的土地利用率不高。[①] 在中国大力推进城市化进程的过程中，高容积率的高层建筑成为大城市的"标配"；虽然这能够缓解城市人口过多的问题，但是也缩减了城市的公共空间，造成社区内邻里关系弱化。[②] 有学者认为应该从规划布局、户型产品、建筑立面和社区景观四个方面统筹考虑，来建设出满足住户社区参与需求的高品质住宅社区。[③] 新都市主义的核心观点是通过紧凑的空间形态和步行环境等可以增加社会互动促进社区。本书第三章第二节对空间形态与社区参与已有较多综述，这里不再展开。

### （二）基于调查数据的实证分析

1. 分析数据的来源

从表5.5可以看出，不同容积率对应不同的建筑类型。本文从两次实际调研的数据以及上海居住区的现实情况出发，并在参考表5.5相关标准的基础上，将容积率与建筑业态的组合方式划分成三类：容积率小于1.2的低层社区，容积率在1.2—2.0的多层社区，容积率高于2.0的高层社区。根据此标准，2014年和2016年两次调查所涉及的67个小区中，高层建筑为主的社区有12个，多层建筑为主的社区有46个，低层建筑为主的社区有9个。

---

① 张舰：《中外大城市建设用地容积率比较》，《城市问题》2015年第4期，第12—16页。

② 吴昊琪：《迈向垂直社区——城市高密度地区高层居住建筑内部公共空间设计研究》，硕士学位论文，重庆大学，2014年。

③ 李高翔：《高容积率下住宅社区品质营造探讨——以武汉雄楚1号项目为例》，《规划师》2014年第S4期，第91—95页。

居民对社区相关事务的感知从侧面反映出该社区的整体状况。为了解社区容积率的差异对居民社区参与有何影响，本节对居民社区参与的测量分为三个维度，分别是互助感知、参与感知和整体感知（表7.16）。每个问题最低分为1分，表示强烈不同意问题内容，最高分为5分，表示对问题内容强烈同意。根据对容积率的划分标准，分别计算各类型社区的居民选择三个测量问题的平均值（图7.5）。

表7.16 居民社区参与状况测量表
（1表示强烈不同意，5表示强烈同意）

| 问题内容 | 强烈不同意——→强烈同意 | | | | |
|---|---|---|---|---|---|
| 小区里大部分人都愿意相互帮助 | 1 | 2 | 3 | 4 | 5 |
| 大部分小区居民参与精神很高 | 1 | 2 | 3 | 4 | 5 |
| 总的来说，小区居民间的关系是和睦的 | 1 | 2 | 3 | 4 | 5 |

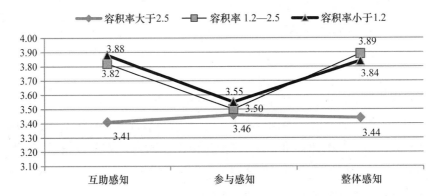

图7.5 不同容积率社区内居民对社区的感知情况

观察图7.5的数据后可以发现，无论是居民对社区内部的互助感知或参与感知，还是对社区居民关系的整体感知，以高层建筑为主的社区均低于以低层或多层建筑为主的社区，在互助感知和整体感知上的差异尤为明显。而对以低层建筑为主的社区和以多层建筑为主的社区进行比较后,我们可以看到两者的差异并不是十分明显,低层建筑为主的社区在互助感知和参与感知上稍高于多层建筑为主的社区,但是在社区整体感知上低于多层建筑为主的社区。下文将试图分析导致图7.5所示现象的原因,并对不同社区的社区参与情况进行社会影响评价。

2. 对高层建筑社区居民社区参与的社会影响评价

(1) 社区参与情况分析

在以高层建筑为主的社区中,社区容积率较高,尽管几栋高层建筑便可组成一个小型小区,但一栋住宅内的住户较多,其容纳的居民数量是很大的。独栋的高层住宅与多层住宅组团的规模相似,但是在纵向垂直方向形成共有的生活圈。因此居民同地缘关系更为密切的同一楼层或临近楼层之间的交往较为密切,接触强度较高,更容易从中获得社会交往和支持的需求。居民与同楼层居民或临近楼层居民交往的主要公共空间为楼层入口大厅、电梯、走廊等公共空间,集中于住宅区内部。

另外,居民与同一栋楼的其他住户交往较为被动,大家在使用共同的交通出入空间电梯时产生了联系,但彼此间只是面熟或相识,这使得他们交往的形式多为碰面时打招呼,难以产生深入交流。居民与住宅区内的其他楼栋的居民联系较少,在规模较大的住宅区不同楼栋的居民互相见面的机会更少,同一小区不同楼栋的住户相互不认识的概率极高。这便使得在以高层建筑为主的社区内,居民对彼此之间互助、参与和整体关系的感知都低于其他类型的社区。

(2) 社会影响评价

高层建筑社区在住宅楼宇的布置上较为集中,它使得居住区面积占地较小,楼宇之间留出大面积的活动场地用于健身、娱乐、绿化等作用,为社区居民多样化的交往需求创造出空间条件。同时高层建筑社区基本是在近年修建的,社区的日常保洁由物业公司管理,专业化和商业化的物业公司能够为社区提供良好整洁的物理环境,这对社区居民的参与和交往也是有利的。不过在传统的邻里交往中,居民的社交范围基本是沿水平方向延伸。呈现出类似同心圆的特征。而高层建筑在设计过程中，在同一楼层往往并未布置较多的住户数量；同时开发商出于提高土地利用效率的考虑，在同一楼层的公共空间面积并不宽大，这对推动居民进行社区参与是不利的。同时，高层建筑都规划有电梯，居民从楼底到居住楼层的过程中并不需要与其他楼层发生关联，这也减少了其进行社区参与的可能。

3. 对多层建筑社区居民社区参与的社会影响评价

（1）社区参与情况分析

相较于高层建筑而言，多层建筑的楼层数较少，在居民交往的现状方面，同一单元的住户在日常生活中经过反复碰面，逐渐认识同一楼层的部分居民并开始交往。因此多层建筑社区的居民对社区整体的居民关系更为认可，邻里之间互助程度更高。陈鸿在调查成都的交桂一巷住宅小区时发现，多层建筑中的居民进行社区参与的内容可以分成三类：（1）日常的居住行为，如在出入时寒暄打招呼、在小卖部购物等；（2）娱乐休闲活动，如成年人之间的棋牌游戏、在户外照看小孩；（3）正式的社区活动，如居委会选举、社区广场舞比赛等。[①]

同时在这类社区中，住宅区内提供商业、文教、娱乐、健身场所，这些场所不但面向社区居民，同时也对外开放。在社区内部，水池、凉亭、假山、休闲广场、儿童乐园等场所的设计有利于吸引居民组团前往，增进社区活力；在社区道路、广场、住宅楼前等区域也设置有大面积的绿化草地。

（2）社会影响评价

商业文教、娱乐休闲和宅前绿地三种空间的设置体现出多层建筑社区内交往空间的层次变换，这种变换体现在交往规模由小到大的逐层跳跃，有利于满足居民们的相关需求。社区内部自有的便利店、棋牌室等小型休闲设施的设计不但在满足居民生活需要的同时减少了居

---

① 陈鸿：《成都多层居住小区户外邻里交往空间探讨》，《四川建筑》2005年第3期，第35—36页。

民获得这些需要的时间和精力成本，同时在一定程度上成为社区内部的典型地标。

虽然相较于高层建筑社区，多层建筑社区更能推动和满足居民多样化的交往需求，但多层建筑社区对交往空间的设计和规划主要体现在室外，邻里交往最紧密的走廊、电梯等空间的规划仍旧较为缺失。另外住户在住宅区内通过时缺乏与外界相连的交往点，可以通过空间设计进行弥补。如住宅楼前放置部分遮阳伞、座椅、饮料贩卖机等设施，形成小范围邻里交往的共享空间，便可引发住户在进出大楼时有一定的交往活动。多层建筑因少有地下车库，小区道路人车分流较少，影响居民的步行安全感，不利于居民的交往。因此，多层建筑社区要处理好步行道的安全，减少机动车干扰，同时增加可以停留、可以坐下、可以交谈的空间节点，促进交往。

4. 对低层建筑社区居民社区参与的社会影响评价

（1）社区参与情况分析

一般而言，低层建筑为主的社区应该具有社区规模较大、住户较少和人口密度低的特点，相邻的住宅可能存在无人居住的情况，社区住户彼此间相隔较远，超出邻里交往的地域范围，因此居民对其社区参与和互助的感知程度应该较低。然而上海的低层建筑区主要为老式里弄，虽然这些里弄的容积率不高，但由于历史原因，里弄内却居住着大量的居民。这些居民在里弄内的居住时间较长，彼此了解程度很深，因而他们对社区有着很强的认同和归属感，无论是互助感知、参与感知还是居民关系的整体感知，都达到较高水平。

低层住宅社区内，居民对社区整体居民关系的感知稍低于多层建筑为主的社区的原因可以归纳为两个方面：一方面，由于社区整体规模较为拥挤，居民之间为了争夺公共空间的使用、邻里摩擦等事件时有发生，这些在一定程度上影响了个别居民之间的交往关系；另一方面，随着近年来外地人口的不断涌入，社区内上海本地居民同外来的非上海居民之间存在着潜在的竞争和矛盾，这可能也使得里弄内居民的整体关系被矛盾激化了。

（2）社会影响评价

虽然里弄内居民的社区参与程度较高，邻里交往密切，居民关系融洽。但旧式里弄内部的居住条件较差，生活其中的居民对其认同感不高，多数人都有拆迁或搬迁的愿望。同时旧式里弄所在区位多位于上海的商业繁荣地段，政府出于城市规划及城市面貌的考量，也对多数里弄进行了拆除。里弄所代表的低层高密度建筑已经被商业区及高层建筑所取代，这对社区居民参与的影响主要体现在：（1）居民来源的混合度提高，交往对象多元化；（2）交往的空间范围扩大，居民社区认同和归属感不高。

# 五　居住区空间混合度与居民的社区参与

在由计划经济向市场经济转型的过程中，我国城市社区的空间混合度也经历着一定变化。在计划经济体制中，城市居民严重依赖于单位制，居民住所往往由单位进行统一调控分配，因此同一单位的居民基本居住在相同社区；在社区内部，居民的经济收入、单位类型异质性不大，主要差异体现在工作岗位上。然而随着市场经济体制的建立，单位制对城市居民的管控日益削弱，人们的居住选择不受单位束缚，经济收入、单位类型也逐步遵从市场调配，收入和职业成为居民间异质性的显著表现。[1]

关于划分社区居民异质性的变量，学术界曾有过一定讨论。由于人的属性是多样化的，既有自然生理属性，也有社会家庭属性，不同划分标准可能会导致社区居民异质性的较大差异。因而在经验研究中，在划分社区内部居民的混合度或异质性时，需要固定在一定维度上，如此才能统一对比的标准。国外学者在进行相关研究时，采用的主要测量维度是职业、收入、种族和民族。由于国内少数民族聚居社区与种族隔离并不普遍，在国内的混合居住研究，一般以阶层混合研究为

---

[1]　蔡禾、贺霞旭：《城市社区异质性与社区凝聚力——以邻里关系为研究对象》，《中山大学学报》（社会科学版）2005 年第 2 期，第 133—151 页。

主，居民社会经济地位水平的差异最为明显，阶层的代表性指标包括了职业特征。因而，本节主要从职业的维度进行异质性水平构建。

### （一）居住区空间混合度与社区参与的研究综述

不同社会阶层的混合居住是很多欧洲国家应对社会排斥、实施城市复兴的核心政策。在目前的研究中，混合居住是欧洲国家应对住房所有权类型多样化的主要举措。具体包括：通过拆除、出售社会住房和将废弃的社会住房改建为私人住房来吸引较高收入群体迁入社会住房里，或者要求新发展地区有一定比例的社会住房。[1] 孙斌栋等人还对美国的混居政策进行了分析，他们认为混居政策的实施分散了贫困集中，提高了邻里安全感和满意度，为邻里社交网络多样化提供了机会，尤其是给低收入家庭的孩子带来了明显的积极影响，但混居政策对低收入家庭成人的就业、收入和福利依赖是否具有影响却存在争议。[2]

而在中华人民共和国成立初期，乡村小农经济背景下基于地缘和血缘形成的邻里关系，以及城市单位制度下居民对单位和国家资源的高度依赖，成为社区整合的有利基础。然而随着改革开放对以上关系的打破，纵向上居民的阶层分化加大，横向上城乡之间、地区之间人口流动加剧，这些都提高了城市社区社会空间的混合度。[3] 关于社区居民混合度高低所产生的影响问题，有学者使用社会网络理论中社会资本和社会距离两种分析方法，对不同阶层的居民生活在同一社区的可行性和优势进行验证，认为在当前发展不同阶层居民混合居住能够提高社区参与程度，缓和居住隔离矛盾，有利于实现居民安居乐业和社会和谐发展。[4] 李菁怡基于江苏省的实证研究发现，社区内部异质

① 孙斌栋、刘学良：《欧洲混合居住政策效应的研究述评及启示》，《国际城市规划》2010 年第 5 期，第 96—102 页。

② 孙斌栋、刘学良：《美国混合居住政策及其效应的研究述评——兼论对我国经济适用房和廉租房规划建设的启示》，《城市规划学刊》2009 年第 1 期，第 90—97 页。

③ 贺霞旭、刘鹏飞：《中国城市社区的异质性社会结构与街坊/邻里关系研究》，《人文地理》2016 年第 6 期，第 1—9 页。

④ 田野、栗德祥、毕向阳：《不同阶层居民混合居住及其可行性分析》，《建筑学报》2006 年第 4 期，第 36—39 页。

性程度的高低对居民社区认同感的影响不大，拓展社区公共空间，促进居民的社团参与，才是提升居民邻里关系，增强社区凝聚力最重要且稳定的因素。[①]

**（二）基于调查数据的实证分析**

1. 分析数据的来源

关于职业类型差异程度的测量可以参考其标准差值的大小。通过将不同职业对应成不同数值（表7.17），并计算同一社区内所有数值的标准差，即可反映出该社区内居民职业类型的差异程度。而对于居民社区参与程度的测量，设置问题"总的来说，小区居民间的关系是和睦的"，并由被访者选取从1至5总共五个整数来表示从强烈不同意到强烈同意的程度。通过对2014年13个社区的数据分别进行整理后，绘制出图7.6如下：

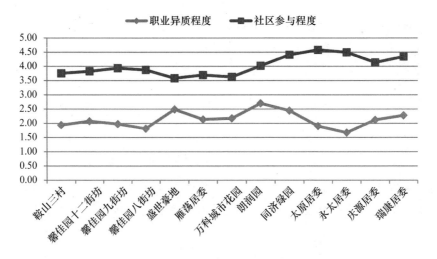

图7.6　居民的职业异质差异程度与其对社区居民关系的感知程度

---

① 李菁怡：《城市社区异质性与邻里社会资本研究——以江苏为例》，《中共南京市委党校学报》2016年第3期，第80—91页。

表7.17                            居民职业类型的分类及赋值情况

| 职业类型 | 相应赋值 |
|---|---|
| 机关企事业单位负责人 | 1 |
| 办事人员或职员 | 2 |
| 一般商业或服务性人员 | 3 |
| 各类专业技术人员 | 4 |
| 工人（各类机械、运输设备操作者） | 5 |
| 私营企业主 | 6 |
| 自由职业者 | 7 |
| 个体户 | 8 |
| 其他 | 9 |

　　观察图7.6后可以看出，居民的职业异质程度与其对社区居民关系的整体感知程度基本呈现出负相关的关系，即社区内居民的职业类型越多，社区整体的参与程度就越低。下面将对高混合度和低混合度社区的社区参与进行影响评价，所谓"高混合度社区"和"低混合度社区"是相对的，两者没有明确界限，本节主要用社区参与程度开展对比研究。"高混合度社区"的典型特征便是社区内居民的职业种类众多，收入差别较为明显，民族类型较多等，"低混合度社区"的典型特征是其内部居民之间的职业基本相同或者相似，收入水平基本相当，民族类型大致为同一种。

　　2. 对高混合度社区居民社区参与的社会影响评价

　　（1）社区参与情况分析

　　在混合度较高的社区，居民的各种属性差别很大。以职业差异为例：一方面，人们通过职业劳动获得赖以生存的经济收入，收入差异很容易导致生活水平、居住条件的不同，因此基于职业而产生的社会分层是显而易见的；另一方面，职业还对应着社会声望、价值观念的属性，同类职业的人们往往有着相近的文化观念和生活方式。因此相近职业类型的居民在日常话题、价值认同、生活方式等方面更容易交流，他们居住在同一社区则能够建立起良好的邻里关系，反之职业差异越大邻里关系的密切程度则会越弱。①

1998 年住房制度改革后，城市居民获取住房的主要渠道从单位转变到市场，居住的空间分布从以前的单位聚居转变为按收入差异来聚居。社区的主要功能是作为居民居住和生活的场所，因而对居民而言，他们更愿意居住在同自身生活方式相近、价值观念相似的社区。而在高混合度的社区，由于经济收入、职业差异等因素导致居民的价值观和生活方式存在较大不同，这使得社区内居民参与和交往的整体氛围不浓，邻里之间的关系淡漠，居民彼此交往程度较低。因此在居住社区的选择中，人们往往会选择跟自身生活方式贴近、经济收入相符的社区。高收入者居住在优质商品房、小栋别墅等高档社区，中等收入者居住在工人新村、高层公寓等普通社区，低收入者则只能选择老式里弄、郊区安置房等稍差的居住社区，加剧社区隔离。

（2）社会影响评价

对高混合度的社区而言，其积极影响主要表现在通过不同阶层、属性的居民居住在同一社区，能够在一定程度上降低城市居住区的分化和隔离，缓解社会矛盾；同时不同类型的居民居住在相同地域内，也为其相互间进行交往和互动提供了可能。然而就调查社区来看，高混合度社区的消极影响不容忽视。多类型居民的加入使得社区内部的互动和交往不多，邻里之间缺乏交流，甚至还会在某些方面竞争和对抗引发矛盾和冲突。

3. 对低混合度社区居民社区参与的社会影响评价

（1）社区参与情况分析

在低混合度的社区，居民彼此间的身份更为接近。亚里士多德曾说，人们更喜欢与自己相似的人。相似的特征使得人们更加愿意与对方进行交流和交往，关于对方的观念和行为也更为认可。因此在同质性较强的社区，居民积极地同他人发生互动，主动地参与社区内相关活动，增强对社区的认同和归属感。然而对于过高或过低混合度的社

---

① 贺霞旭、刘鹏飞：《中国城市社区的异质性社会结构与街坊/邻里关系研究》，《人文地理》2016 年第 6 期，第 1—9 页。

区，我们也需要辩证地看待其影响：在社区混合度较低的社区，居民之间的同质性更强，更容易发生互动交往，提升社区内部活力，但这样做的结果可能是增大了城市中社区之间的隔离，呈现出富人区和"贫民窟"两极分化的景象；在混合度高的社区，例如在同一社区内设计不同档位层次的住房，促使不同阶层的居民混合居住，但由于居民之间来源各异，异质性较大，如此极易导致社区内邻里关系淡漠、参与程度不高的问题。[①]

（2）社会影响评价

低混合度的社区有利于推动居民之间的互动交往，提升社区的整体参与水平，并通过依赖居民在社区的大面积的交往和互动网络，提高居民对社区的认同感和归属感。但同时应该注意的是，大规模的同质性社区建设在一定程度上会加剧城市的居住隔离和分化，这对居住共同体的凝结是不利的。

在当今社会，居住区的设置还意味着其他城市资源的使用。高收入者在相近区域的聚集很容易引发其他公共交通、医疗、教育资源，高档商业服务，大型便利超市等设施和服务的联动，低收入者所在社区的相关资源和服务事实上被剥夺了，这很容易激发社会的潜在矛盾，诱发社会动荡。因而进行社区规划时，"邻里同质、社区混合"的社区组织方式值得借鉴。它不但可以实现适当人口规模的良性交往关系的建立，而且多样化的住宅及相应的多样化的消费、休闲及服务场所，为居民提供了多样化选择的条件，丰富了邻里交往内容。

# 六　社区参与程度高低的社会后果

社区要保持良性的运行和发展，居民的参与便至关重要。居民在积极参与社区活动的过程中，不但满足了自身交往和情感的需

---

① 蔡禾、贺霞旭：《城市社区异质性与社区凝聚力——以邻里关系为研究对象》，《中山大学学报》（社会科学版）2005 年第 2 期，第 133—151 页。

求，同时也与他人和社区内的非正式组织搭建起互动网络，有利于营造富有活力和生机的社区环境，最终增强社区的整体凝聚力。在参与程度低的社区中，居民生活的整体氛围是压抑的，社区居民之间很少进行有益的互动，人们争夺社区资源，视他人为竞争对手、彼此防范。这种环境下，居民与居民团体之间、居民与居民之间很容易爆发矛盾冲突，人们对社区也难有强烈的认同和归属感，加剧社区人口的流动性，这对社区长远的发展建设而言是不利的。根据影响结果的层次，社区参与程度高或低所导致的社会后果可以分成居民和社区两个层面。

### （一）居民层面的后果

1. 影响居民的日常交往需求

"人的本质并不是单个人所固有的抽象物，实际上，他是一切社会关系的总和。"① 城市中的每个人更是不可避免地要与周围的人发生社会关系。而人在从婴儿到成人这个社会化的过程中，交往便是其中的一个重要部分。马斯洛的需求层次理论将人的需求按照阶梯状散布分为五个层次，分别是生计、安全、交际、自傲、自我完结的需求。交往是其中一个重要组成部分。

人的交往对象不但有父母、亲戚等基于血缘关系形成的群体，也有邻居、同学、同事等源于地缘、学缘、业缘关系形成的群体。而在现代社会的基本社会关系中，居住区是个人在学校、工作单位和家庭之外进行交往的主要区域，人一生的大部分时间都是在社区里度过的。社区不但是儿童开始社会化进程的起点，也是老人安享晚年生活的主要场所。因此，社区参与的程度对居民的交往需求有着重大的影响。②

在参与程度高的社区，居民通过自身主动的参与行为，与其他居民建立起交往联系。在这种联系中，居民的社交和情感需求获得满足，有利于减少在城市这种"陌生人社会"背景下极易导致的孤寂

---

① 《马克思恩格斯全集》第三卷，人民出版社 1972 年版，第 5 页。
② 万征：《城市居住区空间环境与邻里交往研究》，硕士学位论文，四川大学，2006 年。

感，使居民感受到自身被他人认可和需要。而在社区参与程度低的居住区，居民邻里之间"对面相逢不相识""老死不相往来"，缺少基本的沟通交流，这很容易导致人们满足不了自己的交往需求，产生孤独、抑郁的低落情绪，甚至产生自杀行为。

2. 影响居民的危机处理水平

社区参与不仅能满足居民的交往需求，同时它也有着守望相助、相互支持的功能。居民在参与社区活动的过程中，逐步认识和了解到社区其他居民的相关情况，获得其他居民的认可和信任，这其实也是在日益扩大着自身的社会支持网络。在有着基本互信的前提下，居民们在小范围区域内彼此提供合理的相互保护和相互帮助，使邻里间有安全感和信任感，在生活中互通有无，共同解决生活难题等。[①] 例如在上海老式里弄中，找邻居帮忙照看老人和小孩、在下雨天帮忙收取衣服、借用资金以备急用等行为，其实在无形中提升了居民处理日常生活和重大事件危机的水平，为居民及时有效地解决困难增添了一份保障。

所以，社区参与也类似于一种储蓄机制，它保存的是邻里之间的人情。这种人情的实质也是一种交流，只是不像商业交易中的等价交流。人情交流无法衡量其具体价值，也没有表明具体的报价。这种相互欠情面的互动方法，具有其特有的作用：其一是相互欠着情面，变相地推进了居民之间的互动，增进彼此的心意；其二便是情面类似于一种储蓄，可在遇到困难或面临需求时获得帮扶。

在当今人口老龄化日益突出的今天，社区参与所发挥的守望相助功能具有非常现实的意义。高层度参与的社区里，人人彼此互动，通过共同合作解决自身或他人遇到的困难。在克服困难的过程中，既增进了居民之间的情感联结，同时也能够带动其他居民，形成示范效应。相反，低程度参与的社区中，多数居民都抱着"事不关己，高高挂起"的心态，对于他人遇到的困难不管不问，同样自己面临危机时

---

① 刘佳燕：《关系·网络·邻里——城市社区社会网络研究评述与展望》，《城市规划》2014 年第 2 期，第 91—96 页。

也只寻求家庭内部解决。整个社区之间邻里关系冷漠，人人只关心自身利益，这使得居民的危机处理水平其实是不高的。

### （二）社区层面的后果

城市社区的功能不仅仅表现在提供住所，同样还应有满足居民生活需求、促进居民日常交际、获得一定精神满足的作用。在同一片居住社区中，居民通过与社区内他人进行认识、交往、熟悉等过程，获得社会资本，建立起互动关系，从而逐步形成对社区的认同感和归属感。基于对社区的认同和归属，居民会自觉地维护社区秩序，推动社区建设，进一步地影响社区居住质量。因而居民的社区参与是构建和谐社区的一个关键方面，从一定程度上说，它决定着社区的发展。

#### 1. 影响社区的公序良俗

在中国传统的农业社会中，邻里关系就是一种熟人社会和熟人关系。居住在相近区域的多数是有着血缘关系的亲人，自然便是熟人；即便是不同宗族，由于传统文化所强调的"安土重迁"观念，加之小农经济为主体的社会，消息闭塞，政府管制，人们往往都是世代居住一方，代代为邻。诸如"李家村""葛家庄"等类似的地名叫法便是很好的印证。在这种长时间的生活和相处过程中，邻里关系不仅是一种日常生活状态，同时具有道德教化和文化传承等功能。在传统文化中，评价一个地方的乡风民俗，就是传统邻里是否和睦稳定、互帮互助，直接反映当时社会的精神文明和社会文明程度。[①]"乡田同井，出入相友，守望相助，疾病相扶持，则百姓亲睦"，这便是孟子对理想邻里关系的描述。

尽管随着时代的变迁和社会的进步，传统社会背景下的社区邻里关系已被现代社区多元化的新型邻里关系所代替，但邻里关系仍旧保持着对社区文化建设和监督的影响。在邻里的社区参与过程

---

① 肖群忠：《论中国古代邻里关系及其道德调节传统》，《孔子研究》2009 年第 4 期，第 17—23 页。

中，其实还蕴藏着一种道德舆论的监督机制[1]，社区里每个成员都需要遵守社区内部约定俗成的风俗习惯。主动孝敬老人、参加公益活动等道德层面的民俗民约是无法制定在社区的规章制度之中的，它需要社区居民彼此间的督促和监督。居民们通过主动的社区参与，逐步形成社区内部独有的公序良俗和价值观，同时又受到这些默认的规范体系的约束，接受舆论的监督；在两者的彼此作用下，社区的邻里关系能够达到和睦融洽的结果。如果居民参与程度较低，在社区内部不但难以形成特有的公序良俗，而且在某一居民违反社区规定后也无人关心，这对社区整体环境、对社区内儿童的健康成长都是不利的。

2. 影响社区的良性发展

一般来说，社区的发展可以分为两个层级：一层是量的增长，具体表现在外在物理和社会环境上，例如社区生活中布置的各类设备设施、公共活动空间、社区组织机构等的发展；另一层是质的增长，这种增长是内在的，主要包括社区意识、社区情感、社区认同以及社区文化氛围的形成及发展。对社区的认同归属感、社区的整体凝聚力等都是需要社区所有成员通过共同组织、共同参与，依托合作的力量来解决自身面临的相关问题并最终获得成功的过程中滋养而生的。社区的良性发展不仅包括量的增长，更是要有质的提升。在这种内在质的提升中，高程度的居民参与就尤为重要。[2]

社区中共同生活的居民基于一定相同的利益或者是面临类似的问题，具有共同的利益诉求，这便是形成社区意识、建立社区情感、产生社区归属感的前提。在居民参与程度高的社区，随着其内在建设的深入发展，社区不但是居民工作之外的住宿和休息场所，更是人们进行娱乐活动、获得情感支持的重要领域。同时，居民还会通过参与社区志愿活动、邻里互助行为等形式表达自身对社区的认同，由此又促

---

① 黎甫：《浅谈邻里关系与社区建设》，《现代物业》2007 年第 12 期，第 87 页。

② 严惠兰：《论城市中社区参与的功能及其实现》，《中共福建省委党校学报》2004 年第 12 期，第 25—27 页。

进了互助网络和社会支持网络在社区内的扩大。

相反，在参与程度低的社区，社区内各项事务活动难以得到居民的有效支持，社区日常生活缺乏群众基础和动力来源。在社区的内在发展上，居民们社区意识较差，对社区没有较强的认同感和归属感，人文环境不佳，成员之间也难以建立起普遍的社会联系。在这样的背景中，社区障碍、社区失调、社区冲突等因素被无限地扩大。外在发展上，人们对社区环境建设不管不问，只考虑自己的"一亩三分地"，公共设施容易被破坏、公共空间容易被占据，社区整体环境朝着失序的方向发展。

# 七　本章小结

在本章中，城市社区参与是指在社区生活的所有居民，出于情感交流和社会交往的需要，同其他个体建立联系网络、互动关系的过程及行为。对居民而言，居住区是其在家庭、公司或学校外，第三种进行交往的主要区域，社区参与影响着居民的日常交往需求和危机处理水平；对社区而言，居住区内居民交往的程度和状态决定着社区内在的发展和整体氛围。目前学术界对于社区参与的关注集中在城市社区参与的现状、影响城市社区参与的因素、城市化引发邻里关系的解构与重组和居住区规划与居民社区参与四个方面，现有研究成果的不足体现在研究内容过于分散和研究方法较为单一。

本章综合运用定量和定性分析方法，对课题组 2014、2016 年的社区调查数据进行分析，以了解上海居住区居民的社区参与现状，并对城市居住区规划与居民的社区参与进行实证研究。

研究发现，居民进行社区参与的主要活动为"跑步""体育锻炼"和"聊天"。同时，居民的社区参与率与其受教育程度呈负相关，与其年龄阶段呈正相关，受教育程度低的中老年人更愿意参与各类社区活动。而关于邻里交往方面，上海的社区内邻里间上门互动的频率很低，主要交往活动发生在楼梯、过道、公园等户外公共空间；邻里之间的矛盾和冲突较少，邻居仍然是人们守望相助的重要对象之一。

　　城市居住区规划与居民社区参与的实证研究分为居住区区位与居民社区参与、居住区密度与居民社区参与和居住区空间混合度与居民社区参与三个板块。在居住区区位方面，内环内社区居民的社区参与程度更高，社区公共空间的利用率更高，但存在由空间争夺引发潜在冲突和矛盾的可能性。外环外社区的空间规划更为合理，其用于交往的公共空间面积更大，社区内部商业、娱乐、休闲服务自成体系，不过其人口来源复杂，多数居民的居住时间不久，难以形成对社区的强烈认同感和归属感，居民的整体参与度较低。

　　在居住区密度方面，主要采用容积率这一概念来反映社区内的建筑密度。研究发现，高容积率的高层建筑在垂直方向的延伸改变了水平方向有利活动及空间环境延续的特征，但其大面积的绿化、娱乐等场所为社区居民多样化的交往需求创造出了空间条件；容积率次之的多层建筑社区，其内部自有的便利店、棋牌室等小型生活、休闲设施有利于推动居民交往互动，但住宅楼宇内部的走廊、电梯等空间的规划仍较为缺失；容积率最低的低层建筑社区理论上居民社区参与和互助程度应该较低，但由于上海低层建筑社区主要为老式里弄，居民的居住时间较长，无论是互助感知、参与感知还是居民关系的整体感知，都达到较高水平。

　　在居住区空间混合度上，混合度反映的是社区的异质性水平。本章以职业的维度为基础进行异质性水平构建，通过数据分析后发现，居民的职业异质程度与其对社区居民关系的整体感知程度基本呈现出负相关的关系，社区内居民的职业类型越多，社区整体的参与程度就越低。

# 第八章　城市居住区规划与社区冲突

　　研究城市社区冲突，就要先理清城市社区冲突相关联的内涵，什么是冲突？冲突与城市社区冲突的基本内涵有没有一致性？冲突表现有哪些特征？冲突的社会后果是怎样的？冲突就是有目的地贯彻行动者自身的意志而不顾他方或多方反对的社会关系。① 张菊枝、夏建中认为冲突更多是消极意义的。② 冲突表现为三个特征。第一，互动性。冲突在任何社会环境中都会产生，最可能发生在个人与群体相互沟通交流的场域，并且随着冲突的组织化程度越高，发生冲突的可能性会大大增加。第二，对立性。传统冲突理论家一致认为，资源的稀缺性是社会冲突发生的根源，不同利益主体的资源占有差异构成了冲突利益主体潜在的冲突，不同利益主体会通过各种方式去占有稀缺资源而引发冲突。第三，事件性。冲突事件更大意义上涉及的是突发性事件或者是偶然性事件，这一事件本身包括多个互动单元的潜在利益主体。冲突程度影响冲突的扩散与升级。冲突程度表现在两个方面：冲突主体的目标一致性、共享资源。冲突主体的目标越不相容，资源共享程度越高，冲突程度越高，反之越低。③ 掌握冲突的基本内涵、特征以及冲突程度有利于我们开展城

---

① ［德］马克斯·韦伯：《经济与社会》，阎克文译，上海世纪出版集团 2018 年版，第 129 页。

② 张菊枝、夏建中：《城市社区冲突：西方的研究取向及其中国价值》，《探索与争鸣》2011 年第 12 期，第 60—65 页。

③ 陈幽泓、刘洪霞：《社区治理过程中的冲突分析》，《现代物业》2003 年第 6 期，第 34—41 页。

市社区冲突研究，也为我们研究城市社区冲突提供基础框架和思想源泉。

在对城市社区冲突的概念、特征、研究现状梳理的基础上，从城市居住区规划的空间视角出发研究社区冲突，不同学者就空间与冲突的关系进行相关理论研究。都市生活与城市空间息息相关，沃斯认为都市生活的特征主要表现为三个要素：规模、密度和异质性。[1] 甘斯提出了都市生活的文化视角，对沃斯的理论进行辩驳，认为都市生活不仅要从空间特征中反映，而且取决于居住者的年龄、性别、财富、生命阶段等。[2] 费舍尔研究了城市中的亚文化，一个地方的城市性越强，非规范的行为就越容易发生。[3] 还有学者提出社区解组概念分析社区冲突的原因，社区分化、社区密度等均对社区冲突产生影响。[4] 上海居住区的区位、密度以及空间分异程度是否会对社区冲突产生影响？哪些关键空间因素影响了社区冲突？通过科学合理的居住区规划影响评价，减少住房不平等对弱势群体的不利影响，提升社区认同度和满意度，降低社区冲突度。

# 一　城市社区冲突的测量方法

## （一）城市社区冲突理论的研究现状

### 1. 城市社区冲突的相关概念

社区冲突，一般是指在社区内发生的各种冲突，包括社区公域性冲突（广场舞纠纷、车位纠纷等）和社区私域性冲突（邻里矛盾等）。关于社区冲突不同学者有不同的定义，主要有利益诉求说、社会影响以及冲突属性说。利益诉求说认为社区冲突是指社区内的个人

---

① Wirth L., "Urbanism as a Way of Life", *American Journal of Sociology*, Vol. 44, No. 1, 1938, pp. 1 – 24.

② 蔡禾：《城市社会学：理论与视野》，中山大学出版社 2005 年版，第 73 页。

③ 同上书，第 78 页。

④ Coleman, J. S., *Community Conflict*, Glencoe：The Free Press, 1957.

或团体为各自的利益和目标而产生的互相竞争的过程。① 卜长莉等学者也认同该观点，但增加了社区冲突的地域性，地域性强调社区冲突是在特定空间系统的具体场域发生的。② 社会影响说强调社区冲突对整体或局部社会生活的影响，在社区这一空间地域内，冲突的扩散升级可能会对社会生活的各个方面产生不同程度的影响，轻则不利于社区和谐，重则对社会稳定产生不利影响，对基层政权的合法性构成挑战。③ 冲突属性说延续了相关学者的概念解释，原珂在强调社区冲突的公共属性的基础上，增加了冲突范围属于人民内部矛盾的非对抗性冲突，城市社区冲突是指发生在城市社区这一独特地域内，相关利益主体围绕特定公共事务或问题而展开的相互抵触、对立、排斥等非对抗性冲突。④

结合上述学者的观点，城市社区冲突是指发生在城市社区的具体场域范围内，不同利益主体围绕城市社区内具有公共属性的事件而展开的显性的、激烈的、对抗性的冲突，一旦没有及时解决利益受损者的矛盾问题，就可能造成严重的社会后果，诱发社会运动的产生。

2. 城市社区冲突的特点

根据城市社区冲突的定义以及相关学者关于城市社区特征的论述，社区冲突主要围绕主体、范围、事件、形式、后果等五个方面展开。第一，从冲突主体方面看，冲突主体多涉及社区居民、业委会、街居组织以及物业管理等其他利益主体。第二，从冲突范围方

① 张晓霞：《城市新型社区中权利冲突的根源分析》，《城市发展研究》2007 年第 14 卷第 1 期，第 77—81 页。

② 卜长莉：《当前中国城市社区矛盾冲突的新特点》，《河北学刊》2009 年第 1 期，第 16—18 页。

③ 秦瀚波：《论新市民社区冲突及化解路径》，《中国管理信息化》2015 年第 18 卷第 16 期，第 230—232 页；金世斌、郁超：《社区冲突多极化趋势下构建合作治理机制的实践维度》，《上海城市管理》2013 年第 6 期，第 58—63 页；杨淑琴：《从业主委员会的自治冲突看社区冲突的成因与化解——对上海市某社区冲突事件的案例分析》，《学术交流》2010 年第 8 期，第 124—127 页。

④ 原珂：《中国城市社区冲突及化解路径探析》，《中国行政管理》2015 年第 11 期，第 125—130 页。

面看，冲突是在特定系统产生的，主要在城市社区这一具体的场域范围内产生。第三，从冲突事件方面看，冲突主要围绕社区共有资源的所有权和管理产生，表现为城市社区内代表公共属性的事件。包括社区公共利益的共享、社区公共资源的分配、社区公共环境的维护等，冲突事件一般是利益导向为主。第四，从冲突形式方面看，社区冲突表现为显性的、激烈的、对抗性的。显性表现在社区冲突的能够被可识别性，比如邻里矛盾、车位纠纷、广场舞纠纷等；激烈表现为社区冲突的冲突程度为中低强度，一般利益导向的社区冲突通常对政权的合法性不构成挑战；对抗性表现为冲突属性在本质上可以归属于人民内部矛盾基础上的对抗形式的非对抗性冲突。第五，从冲突后果方面看，社区冲突的利益受损群体如果问题没有得到及时解决，对社区争议问题处理不当，可导致冲突扩散和升级，其后果将会对基层政权的合法性、和谐社区的建设、公民社会的培育带来不利影响。

3. 城市社区冲突理论的研究进展

西方的城市社区冲突理论从冲突研究的经典理论如涂尔干、马克思、韦伯、齐美尔等学者身上汲取了丰富的理论资源，后经科尔曼、桑德斯的发展，到20世纪70年代的制度分析和马克思主义城市空间分析学派和90年代的新城市生活运动进入成熟阶段。国内的社区冲突研究起步较晚，一般主要关注社区冲突的原因、演进机理与解决办法，很少研究居住区空间与社区冲突的关系，事实上，居住区规划与社区冲突有着紧密联系，轻则影响邻里关系，重则诱发社会运动，影响社会和谐与基层政权的稳定。

（1）社会冲突研究的经典理论

冲突理论的形成有很长时间的发展历史，在社会学中是可以和功能理论相持的重要理论分支之一。形成以来，许多著名社会学者如马克思、韦伯、齐美尔、迪尔凯姆、达伦多夫等都从相关角度出发对冲突的内涵和边界进行诠释，冲突研究的经典理论如表8.1所示。

表 8.1                                不同视角下的冲突理论

| 冲突研究的经典理论 | |
| --- | --- |
| 社会结构<br>视角 | 1. 马克思的阶级观点：经济基础与上层建筑，生产力与生产关系<br>2. 韦伯地位分层视角：基于共同生活方式的身份群体产生了社会封闭<br>3. 涂尔干结构视角：社会潮流与自杀率的关系 |
| 功能视角 | 1. 齐美尔：一定程度的社会冲突是社会生存延续的基本要素<br>2. 达伦多夫：辩证冲突论分析了整合与冲突、稳定与变迁的关系<br>3. 科塞：冲突的安全阀功能 |
| 情感视角 | 1. 柯林斯：情感分层与社会冲突的关系 |
| 利益视角 | 1. 特纳：资源稀缺性与社会冲突的关系 |

　　古典社会学者从不同视角出发构建了冲突理论的框架体系，奠定了古典社会冲突理论的理论基础，这一时期的代表人物有马克思、韦伯、涂尔干、齐美尔等。马克思的生产力与生产关系、经济基础与上层建筑的两对关系是分析阶级斗争与社会发展的关键。当生产关系不适应先进生产力的发展，上层建筑同时落后于一定的经济基础时，先进阶级就会通过革命的方式推翻落后的阶级，推动社会的发展。韦伯从地位群体的分层视角分析社会冲突，主要从地位、权力、声望等角度展开论述。身份群体共同的生活方式产生了社会封闭，对社会的流动性产生一定的抑制作用。① 涂尔干从社会结构出发分析重大的社会问题，他在《自杀论》中提出，心理变态、自然因素、种族遗传问题都不是解释社会自杀率的密钥，社会潮流对社会自杀率有很好的解释作用，在这本书中，涂尔干就突出了社会结构变迁对社会冲突的重要影响。② 齐美尔认为一定程度的社会冲突是群体生存和延续的基本要素。③ 后来的学者在古典冲突社会学者的基础上拓展了冲突理论，

---

① ［德］马克斯·韦伯：《经济与社会》，阎克文译，上海世纪出版集团 2018 年版，第 420—425 页。
② ［法］埃米尔·涂尔干：《自杀论》，冯韵文译，商务印书馆 2008 年版，第 19—91 页。
③ 周建国：《人际交往、社会冲突、理性与社会发展——齐美尔社会发展理论述评》，《社会》2003 年第 4 期，第 8—11 页。

比如达伦多夫的辩证冲突论和科塞的功能冲突论，更是将社会学的冲突研究推向一个新的顶峰。达伦多夫认为社会冲突是客观存在的，社会在不断走向整合、稳定与共识的道路上，也必然会伴随着冲突、变迁与压制等，两者是辩证统一的。① 科塞一反以前学者侧重冲突的消极功能，提出社会冲突的安全阀等正功能。② 特纳从利益视角分析社区冲突，不同利益主体占有资源的不同是产生冲突的主要原因。③ 也有学者从情感视角出发研究社区冲突，柯林斯的互动仪式链与冲突社会学揭示了情感分层对社会冲突的作用。④

从冲突研究中可以看出冲突是社会发展的常态，贯穿着人类社会和文明发展的始末，传统的经典理论主要关注结构、功能、情感以及利益视角，对社区冲突的研究富有指导意义。

（2）国内外对城市社区冲突的研究进展

国外的城市社区冲突研究从产生到现在一直方兴未艾，目前的城市社区冲突可以分为四个阶段：第一阶段，随着西方工业化和城市化的发展，出现了一系列的社会问题，社会学家开始将视野转向社区层面，倡导社区复兴，来挽救城市化、工业化带来的社区危机。第二阶段，芝加哥学派开始从城市生态和城市结构层面分析社区问题，从居住区规划角度提出同心圆、扇形、多核心模型来解决城市规划问题。第三阶段，社区冲突的发展阶段，开始从社会结构向社区层面转变，代表人物有科尔曼、葛木森、桑德斯等。第四阶段，社区冲突开始从居住区空间结构层面分析社区冲突，制度分析和马克思城市空间分析以及新城市生活运动学派从居住空间和政治过程分析社区冲突，居住空间渗透着不同利益主体的权力博弈，通过规划政策加剧着住房不平等。国外关于社区冲突的研究进展见表8.2。

---

① 张凤娟：《解读马克思与达伦多夫的社会冲突理论》，《法制与社会》2016年第27期。
② 王彬彬：《浅析科塞的社会冲突理论》，《辽宁行政学院学报》2006年第8卷第8期，第46—47页。
③ ［美］乔纳森·特纳：《社会学理论的结构》，邱泽奇等译，华夏出版社2001年版，第162—191页。
④ ［美］兰德尔·柯林斯：《互动仪式链》，林聚任等译，商务印书馆2016年版，第156—193页。

表 8.2 　　　　　　　　　　　**国外关于社区冲突的研究进展**

| 兴起 | 西方工业化与城市化阶段：许多社会学家意识到工业化、城市化给现代都市带来的危机①，要求复兴社区，以涂尔干、滕尼斯为代表<br>1. 涂尔干：《社会分工论》提出机械团结与有机团结②<br>2. 滕尼斯：《共同体与社会》对基于整体本位的共同体和基于个体本位的社会进行区分③ |
| --- | --- |
| 上升 | 20 世纪上半叶，芝加哥学派将社区作为考察单位，从城市生态的视角分析城市空间的结构问题<br>理论模型：伯吉斯的同心圆模型④，霍伊特的羽扇形发展模式⑤，多核心理论模式⑥等 |
| 发展 | 分为两个阶段：第一阶段：社会结构视角，以科尔曼、葛木森等学者为代表，第二阶段：社区场域视角，以桑德斯为代表<br>1. 从社会结构研究社区冲突。1957 年，科尔曼《社区冲突》⑦ 把社区冲突归结为社会整合度不够。20 世纪 60 年代，葛木森对冲突进行了类型学划分，分为常规冲突和积怨冲突<br>2. 从社会场域视角研究社区冲突。桑德斯在《社区论》中从权力的分配逻辑、社区的对立关系、居民的尖锐情绪等三个角度研究社区冲突 |
| 成熟 | 这一阶段关注 20 世纪 70 年代发达国家城市内部资本和劳动之间、各个社会群体之间的冲突下的住宅供给问题，包括制度分析下的区位冲突理论和马克思主义城市空间分析⑧及新城市生活运动<br>1. 区位冲突理论：福尔姆的空间与权力博弈关系，⑨ 扬的空间具有一系列附加价值⑩（医疗、教育等）<br>2. 马克思主义城市空间分析：列斐伏尔：抽象消费空间主宰现代都市生活。哈维的全球空间重组与身体的解放<br>3. 新城市生活运动：杜阿里：引入传统街坊设计理念注入都市生活⑪ |

---

① 李玉华：《西方社区发展进程、理论模式及其启示》，《天中学刊》2009 年第 24 卷第 1 期，第 55—57 页。

② ［法］埃米尔·涂尔干：《社会分工论》，渠东译，生活·读书·新知三联书店2000 年版，第 33—92 页。

③ ［德］裴迪南·滕尼斯：《共同体与社会》，林荣远译，商务印书馆1999 年版，第 2 页。

④ ［美］帕克、伯吉斯、麦肯齐：《城市社会学：芝加哥学派城市研究》，宋俊岭、郑也夫译，华夏出版社1987 年版，第 52—113 页。

⑤ Hoyt, Homer, *The Structure and Growth of Residential Neighborhoods in American Cities*, U. S. Government Printing Office, 1939.

⑥ Harris, C. D., Ullman, E. L., "The Nature of Cities", *Annals of the American Academy of Political & Social Science*, Vol. 242, No. 1, 1945, pp. 7 – 17.

⑦ Coleman, J. S., *Community Conflict*, Glencoe：The Free Press, 1957, pp. 1 – 4.

⑧ 谢富胜、巩潇然：《城市居住空间的三种理论分析脉络》，《马克思主义与现实》2017 年第 4 期。

⑨ Form, W. H., "The Place of Social Structure in the Determination of Land Use：Some Implications for A Theory of Urban Ecology", *Social Forces*, Vol. 32, No. 4, 1954, pp. 317 – 323.

⑩ Young, K., *Essays on the Study of Urban Politics*, Palgrave Macmillan UK, 1975.

⑪ ［美］大卫·哈维：《希望的空间》，胡大平译，南京大学出版社 2006 年版，第164—166 页。

国内关于城市社区的研究起步较晚，国内学者关于社区冲突的研究主要是关于社区冲突的发生原因、类型、频度、演进机理以及社区冲突的治理方式，但很少从关键的空间要素入手分析城市社区冲突。

居住社区密度、居住社区的空间混合度、居住社区的区位等因素是否会对社区冲突产生影响，有关学者针对社区空间结构提出不同的观点。李强和李洋通过对某小区两种住户的研究，发现居住分异与社区关系影响甚大，它会造成不同群体的社会距离扩大，疏远感增强，不利于社会团结和和谐社区建设。[①] 城市规划作为空间资源配置的调控工具，应当通过构建适宜的居住空间发展模式，缩小不同阶层的住房资源差异。[②] 不同学者基于自己的学科提出相应的解决方案。孙立平提出"大混居，小聚居"模式，[③] 万勇、王玲慧提出建构多中心组团式的城市结构、增加混居的可能性来促进城市融合。[④] 龚海钢提出减少社区规模、奉行以人为本的规划理念以及增加小区的服务设施来打破阶层的隔离，降低居住分异造成的影响。[⑤] 刘冰、张晋庆从规划角度对居住空间分异问题进行了思考，建议要加强社区文化氛围建设，创造出多样化的交往空间，对于历史保护性建筑，应提升其历史价值和使用价值，提高居住区的综合服务水平。[⑥] 区位也对社区冲突有重要影响。东部地区的经济发展水平、公民素质、媒体的宣传报道等优于中西部地区，所以发生在东部地区的邻避型群体性事件并引起

---

① 李强、李洋：《居住分异与社会距离》，《北京社会科学》2010 年第 1 期，第 4—11 页。

② 秦红岭：《如何认识居住空间分异?》，《人类居住》2017 年第 3 期，第 52—55 页。

③ 孙立平：《"大混居与小聚居"与阶层融合》，2006 年 6 月 14 日，http://www.aisixiang.com/data/9867.html。

④ 万勇、王玲慧：《城市居住空间分异与住区规划应对策略》，《城市问题》2003 年第 6 期，第 76—79 页。

⑤ 龚海钢：《从"分异"走向"融合"——"大混居、小聚居"居住模式的思考》，《消费导刊》2007 年第 14 期，第 236—236 页。

⑥ 刘冰、张晋庆：《城市居住空间分异的规划对策研究》，《城市规划》2002 年第 26 卷第 12 期，第 82—85 页。

选址变更的机率要大于中西部地区。[①] 王春兰、杨上广分析了东部大城市中心城区和郊区的区位矛盾，人口空间布局的快速调整虽然一定程度缓解了中国东部大城市中心城区负载过大的压力，但造成大量人口尤其是弱势群体转移到郊区，给郊区政府的管理也带来一定的影响。[②] 不仅东中西以及中心城区和郊区之间有冲突，而且中心城区和郊区之间各有各的冲突，比如中心城区的停车纠纷问题，中心城区和郊区的广场舞纠纷问题，都是因为城市运行的社区化造成的。因此张俊提出城市与社区的协同治理，如果在保证资源有限的情况下，提高停车位的使用率，减少社区冲突。[③] 社区密度也可能增加社区冲突，社区密度的空间指标可以用容积率来表示，国内关于容积率的研究主要关于容积率与房价的关系，[④][⑤] 而忽略了容积率产生的社会问题。容积率过高会造成社区居住环境变差，容积率过低，造成空间资源浪费。[⑥] 容积率的计算是一个复杂的过程，容积率与地价高度相关，一旦地价上涨，地产开发商就会基于利益最大化的考量，在与政府展开博弈的同时，势必会增加社区空间的开发密度，其结果就是容积率不断攀升，影响社区居民的幸福感，给社区带来很多潜在的矛盾与冲突。[⑦]

城市社区冲突理论从社会冲突理论上汲取了许多思想来源，但社会冲突理论主要站在社会结构的角度分析社会变迁与社区冲突的关

---

① 高新宇、秦华：《"中国式"邻避运动结果的影响因素研究——对 22 个邻避案例的多值集定性比较分析》，《河海大学学报》（哲学社会科学版）2017 年第 19 卷第 4 期，第 65—73 页。

② 王春兰、杨上广：《大城市人口空间重构及其区位冲突问题初探——以上海为例》，《华东师范大学学报》（哲学社会科学版）2007 年第 39 卷第 1 期，第 73—77 页。

③ 张俊：《缘于小区公共空间引发的邻里冲突及其解决途径——以上海市 83 个小区为例》，《城市问题》2018 年第 3 期，第 76—81 页。

④ 欧阳安蛟：《容积率影响地价的作用机制和规律研究》，《城市规划》1996 年第 2 期，第 18—21 页。

⑤ 冷炳荣、杨永春、韦玲霞等：《转型期中国城市容积率与地价关系研究——以兰州市为例》，《城市发展研究》2010 年第 17 卷第 4 期，第 116—122 页。

⑥ 李雪铭、张大昊、田深圳等：《城市住宅小区容积率时空分异研究——以大连市内四区为例》，《地理科学》2018 年第 38 卷第 4 期，第 531—538 页。

⑦ 何浪：《我国控规中容积率影响因素及存在问题探讨》，《低碳世界》2017 年第 32 期，第 153—154 页。

系，科尔曼、葛木森尤其是桑德斯的研究使社区冲突研究聚焦于具体的微观情境，给国内社区冲突的研究提供了理论与方法借鉴。然而国内关于社区冲突的研究也有很多局限，主要从城市社区冲突的原因、演进机理、解决方案等展开论述，很少从关键的空间因素对城市社区冲突进行剖析，实际上居住小区所在的区位、空间分异情况以及社区密度都会在不同程度上对社区冲突产生影响，因此在社会影响评价上要考虑空间层面对社区冲突的影响，从而优化空间资源布局，促进不同阶层的交往与融合。

### （二）城市社区冲突的测量方法

研究城市社区冲突的测量方法总体上可以归为两类：质性分析和定量分析。两者的共同点都属于实证分析的范畴，但是两者从样本的类型学来看，质性文本分析侧重于单案例质性分析，包括 QCA 定性比较分析在内的多案例质性分析。单案例质性分析的优势可以对一个城市社区冲突的发展脉络、演进机理进行一个详细的深描，但案例本身的特殊性不能作一般意义的推广。多案例和中等样本的 QCA 定性比较分析可以通过典型案例的比较分析，发现城市社区冲突的异同点，进而更好地解决社会问题。定量分析一般采用问卷调查和数据分析的形式，样本量巨大，可以对全国或者某个地域的社区冲突问题做一个多阶段分层次的抽样了解，但样本容易受到很多主观因素的干扰。质性分析和定量分析各有利弊，赵鼎新认为可以把质性分析和定量分析的优点结合起来，以质性分析的理论作为分析的基础，用定量分析的数据作为支撑，强调解释传统与解读传统的结合。①

1. 质性分析

（1）单案例质性分析

已有的单案例研究主要关注城市社区冲突的演进机理、利益主体以及冲突的治理领域。关于城市社区冲突的演进机理一般涉及城市社

---

① 赵鼎新：《解释传统还是解读传统？——当代人文社会科学出路何在》，《社会科学文摘》2004 年第 6 期，第 32—33 页。

区冲突的根源，社区冲突的扩散与升级等方面；也有学者从社区冲突的利益主体层面以及社区治理层面提供了建议和方案。单案例研究如表8.3所示。

表8.3                     社区冲突的单案例研究

| | | 冲突地点 | 冲突背景 | 作者 |
|---|---|---|---|---|
| 原因 | 社会结构 | 沪郊南村 | 外来农民自身的机构制约与弱势地位① | 华羽雯、熊万胜 |
| | | 上海市P区某清真拉面馆 | 社区居委会作为中国基层社会的行政末梢神经，在基层政府与社区居民的需求面前面临多重困境② | 李正东 |
| | | 天津市河东区与东丽区交界处 | 生计型参与者和权责型参与者，分别代表国家与社会的两种关系，权责型参与者在结构上的强势地位使得社区冲突矛盾存在就必须要有权责型参与者的存在才能治理和化解③ | 王星 |
| | 认同分歧 | 天津HX园社区 | 冲突的扩散和升级有一个质变的临界点，从利益冲突到认同冲突是冲突激化升级的关键因素④ | 原珂 |
| | 具体问题 | 北京市东城区 | 广场舞所具有的群体意识和自我强化的功能是广场舞"大场面"和"大动静"的根源所在，但冲突根源却是由于噪声扰民产生⑤ | 杨继星 |

① 华羽雯、熊万胜：《城郊"二元社区"的边界冲突与秩序整合——以沪郊南村为个案的调查与思考》，《上海城市管理》2013年第3期，第49—55页。

② 李正东：《城市社区冲突：强弱支配与行动困境——以上海P区M风波事件为例》，《社会主义研究》2012年第6期，第90—96页。

③ 王星：《利益分化与居民参与——转型期中国城市基层社会管理的困境及其理论转向》，《社会学研究》2012年第2期，第20—34页。

④ 原珂：《城市社区冲突的扩散与升级过程探究》，《理论探索》2017年第2期，第42—51页。

⑤ 杨继星：《个体化时代的集体行动：社区草根体育组织的动机诉求与矛盾冲突——以广场舞为例》，《体育与科学》2016年第3期，第82—88页。

续表

| | | | | |
|---|---|---|---|---|
| 主体 | 居委会、基层政府 | 上海市 P 区某清真拉面馆 | 社区居委会作为中国基层社会的行政末梢神经，在基层政府与社区居民的需求面前面临多重困境 | 李正东 |
| | 居委会、基层政府、物业 | 上海市 LJ 社区 | 基层政府一直越位干涉社区管理，致使 LJ 社区目前无法选出令人满意的物业，一直处于无序管理状态① | 杨淑琴 |
| | 居委会、业委会、物业公司 | 天津市 M 小区 | 社区的自治结构受两个方面的约束：第一，社区内部利益高度分化，无法达成共识；第二，外部资源介入让社区问题无法通过正常渠道处理 | 王星 |
| 治理 | 源头治理 | C 市清塘社区 | 街居组织围绕社区公共资源的使用上与社区居民产生争议，社区居委会的角色错位导致信任断裂② | 陈立周 |
| | 制度建设 | BJ 市 L 社区 | 80 年代、90 年代的住房和商品化改革使社区物业在城市业态呈现一种勃勃生机的状态，需要新的制度架构来处理不同利益主体的矛盾③ | 闫臻 |
| | 社区参与 | 北京市某回迁社区 | 基层政府、开发商、法院、民众等社区冲突主体均基于各自的利益诉求采取符合社会规范的冲突应对策略引发了群体性事件的产生④ | 张菊枝 |
| | 自治组织 | 上海徐汇区长虹坊社区 | 社区业主一方的意见领袖如何利用制度变迁下的自治空间来争取社区自治，是社区冲突得以治理的关键⑤ | 曾文慧 |

① 杨淑琴：《从业主委员会的自治冲突看社区冲突的成因与化解——对上海市某社区冲突事件的案例分析》，《学术交流》2010 年第 8 期，第 124—127 页。

② 陈立周：《从"协调冲突"到"源头治理"——城市化进程中的社区治理与社会工作介入》，《社会工作与管理》2017 年第 17 卷第 1 期，第 45—51 页。

③ 闫臻：《从社区的利益冲突看社区治理中的制度缺失问题——以 BJ 市 L 社区为例》，《兰州学刊》2009 年第 8 期，第 131—135 页。

④ 张菊枝：《社区冲突再生产及其应对策略——以北京市某回迁社区房屋质量冲突为例》，《晋阳学刊》2014 年第 2 期，第 77—86 页。

⑤ 曾文慧：《社区自治：冲突与回应——一个业主委员会的成长历程》，《城市问题》2002 年第 4 期，第 54—57 页。

单案例质性分析关于城市社区冲突的研究仅仅就案例的原因、演进机理等进行一个深描，虽然典型案例的研究有利于拓展对社区冲突的深入了解，可以把握一个社区冲突的微观领域的不同利益主体的博弈、冲突的根源，但对于城市居住区的空间规划鲜有影响，无法从空间层面与社区冲突的关系进行全方位的解析。

（2）多案例质性分析

国内关于社区冲突的多案例分析较少，主要围绕冲突的调解和冲突的结果进行分析。李婷婷、李亚利用北京理工大学的学科平台，组建研究网络，收集掌握国内社区冲突的案例或案例线索，选取三个不同性质的典型案例：非营利组织调解楼房加固案、资深调解专家调解业委会选举纠纷案以及学者型团队调解宁波菜市场改建案，他们对三个案例的来龙去脉进行剖析后，认为调解是应对社区公共冲突的有效手段，但关于社区公共冲突治理的理念方法仍需进一步完善。[1] 万筠、王佃利基于40个案例的模糊集定性比较分析对中国邻避冲突结果的影响因素进行研究，他以抗争者视角出发，以求找到影响抗争者偏好结果的不同条件。研究发现城市业主群体在面临环境方面的争议时往往会选取理性的行动策略，意见领袖在邻避冲突的解决过程中发挥作用有限。[2]

城市社区冲突的单案例和多案例质性分析共同点在于通过对具体案例的分析，对一个或多个社区冲突案例进行纵向或横向的解剖，从微观领域把握社区冲突的发展脉络，但局限于不能在中观层次或者居住小区的空间环境等方面对住户小区进行研究，而不具有更深层次的推广意义。

2. 定量分析

国内关于社区冲突的定量文章主要从居住区空间规划的角度出发分析社区冲突，社区冲突是如何因社区公共空间的不当使用和争夺产

① 李婷婷、李亚：《调解社区公共冲突：基于3个案例的分析》，《北京理工大学学报》（社会科学版）2015年第17卷第2期，第61—70页。
② 万筠、王佃利：《中国邻避冲突结果的影响因素研究——基于40个案例的模糊集定性比较分析》，《公共管理学报》2019年第16卷第1期，第66—76页。

生的，不同类型的社区冲突有哪些类型的维权途径，以及社区冲突是如何在一定程度上影响公民性建构的。

　　社区冲突的原因可能是城市运行问题的社区化造成的，城市将某部分居住规划用地划分给某小区后，就不再承担小区的公共设施服务建设，社区公共设施如公园、花园等很大，但每个人分摊的社区公共资源的面积很小，这就很容易引发社区不同利益主体层面的摩擦与冲突。张俊基于对上海浦东 83 个小区的调查发现，城市社区冲突具有普遍性，以往学者过分强调小区的社区交往功能，忽略因争夺城市空间而产生的邻里冲突问题，社区冲突主要发生在公共空间资源的不当利用上。① 周健认为城市社区公共空间应当是城市社区物理空间与人际互动空间的结合。② 目前，上海市城市社区公共空间中冲突的表现主要有：私人空间对城市社区公共空间的影响，市场经营对城市社区公共空间的影响，管理机制对城市社区公共空间的影响等。在私人空间领域，主要表现为四种情况：房屋出租、宠物扰民、车位纠纷、广场舞纠纷等。在市场经营领域，主要表现为菜市场和夜市排档堵塞交通、污染环境，给小区的安全增加诸多隐患。在管理机制上表现为物业管理上的冲突、街居矛盾以及居民与居委会之间的摩擦。针对三种领域，周健提出建立人际互动机制，构建以联席协商会议为轴心的多种形式的协商机制。可李友梅指出公民社会不仅要提出社区共治，而且要建立权力协调体系，使社区治理有法可依，有章可循。③ 吴晓林通过对全国九大城市的问卷调查发现，城市社区冲突的物业纠纷具有普遍性，业主与物业之间最容易发生社区冲突。业主与物业纠纷排在前三位的是物业费高、服务质量差，公共场所缺乏或者被占用，水

---

　　① 张俊：《缘于小区公共空间引发的邻里冲突及其解决途径——以上海市 83 个小区为例》，《城市问题》2018 年第 3 期，第 76—81 页。

　　② 周健：《人际互动与城市社区公共空间冲突的消解——上海市 24 个社区调研的启示》，《河南大学学报》（社会科学版）2011 年第 51 卷第 2 期，第 54—58 页。

　　③ 李友梅：《社区治理：公民社会的微观基础》，《社会》2007 年第 27 卷第 2 期，第 159—159 页。

电、网络、电梯价格、质量维修问题等。①

公共空间的争夺是产生社区冲突的重要原因，然而当社区冲突发生时，居民和政府又是如何通过互动处理社区冲突的，社区冲突有没有建设性作用，不同学者通过实证分析展开相关研究。结合五个特大城市社区的研究，原珂发现转型期社会城市社区居民和基层政府解决社区冲突存在两种路径：温和的路径和暴力的路径。在居民层面，一般采取调解、信访、仲裁、诉讼的温和方式解决社区冲突，一旦冲突无法得到圆满解决，就可能诉诸暴力。在基层政府层面，政府一般通过冲突的调解、化解、管控来处理社区冲突，如果影响社会稳定，可能会对冲突进行暴力压制。② 原珂从数据中发现转型期中国城市社区冲突的化解主要以调解和对话为主，诉讼和仲裁作为辅助手段，采用信访和暴力的手段较少，这可能是城市居民在遇到社区冲突时会采用的维权方式。具体来说，单位制社区和商品房社区一般会采用温和型的处理方式，两者可能受熟人网络和综合素质的影响较大；综合混合式社区和过渡演替式社区一般会采用诉讼和借助暴力维权。生活在传统街坊式的社区居民采取的方式相对理性，通常借助对话调解和诉讼的方式来解决社区冲突。闵学勤通过对五个城市的1000多份问卷分析，发现社区冲突发生的频度、目标和深度对公民性建构有不同程度的影响。由于个体差异、城市差异未显著影响公民性差异，表面上对社会有消极影响的社区冲突，可能会孵化出公民精神和公民文化。③

关于城市社区冲突的定量分析围绕居住区空间规划展开，但很少从关键的空间结构因素对社区冲突进行研究，社区冲突的原因很大程度上是由于城市运行问题的社区化造成的，城市规划本应该配置好不

① 吴晓林：《中国城市社区的业主维权冲突及其治理：基于全国9大城市的调查研究》，《中国行政管理》2016年第10期，第128—134页。
② 原珂：《治理与解决：中国城市社区冲突治理主体及现解决方法》，《北京理工大学学报》（社会科学版）2017年第19卷第4期，第67—78页。
③ 闵学勤：《社区冲突：公民性建构的路径依赖——以五大城市为例》，《社会科学》2010年第11期，第61—67页。

同空间的资源结构，但在运行层面却将很多事情放任给社区层面去做，人均拥有的社区公共资源太少，就很容易产生社区冲突，然而当社区冲突发生时，学者主要从居住区规划的角度看待和处理社区冲突问题，对待社区问题，既要立足于居住区，也要放眼城市。这才是未来解决社区冲突的发展方向。

### （三）关于城市社区冲突测量方法的评述

掌握社区冲突的概念、特征有利于对城市社区冲突的基本内涵的边界有一个清楚的界定，结合城市社区冲突的研究现状、测量方法，从而发现社区冲突研究的不足与空白，从而提出研究社区冲突的新视角和新方法。

城市社区冲突研究从经典社会冲突理论汲取了很多思想和理论资源，比如从宏观的社会结构视角看待社区冲突，社区冲突是经济、政治、文化综合影响的结果，但冲突的经典理论未能从具体的社区场域来分析社区问题，桑德斯的社区冲突研究以及芝加哥学派、制度分析学派和马克思主义城市空间分析、新城市生活运动拓宽了对社区层面的研究，不同的社会群体在空间的居住分布上存在分异，居住空间分异又通过住房资源和住房的附加价值加固了社会阶层的不平等，产生了各种各样的社区问题和冲突。从城市社区冲突的测量方法来看，国内的研究主要集中于质性分析，可以对一个或多个案例的演进机理进行一个深描或比较分析，但案例的特殊性和典型性很难在更大的范围和程度上进行推广应用，定量分析的社会调查研究相对较少，即使有也是从宏观上分析地域、城市间等区域性的居民社区冲突情况，很少从关键的居住空间结构因素层面深入具体街道里弄、比较不同类型社区之间居民社区冲突现状。

## 二 上海居住区社区冲突现状

### （一）数据来源及方法说明

同济大学社会学系先后两次对上海市居住区社区展开调查，图

8.1 是 2014 年和 2016 年调查小区的位置图。第一次是 2014 年关于上海 13 个小区做的调查，涉及中心城区和郊区两个地带，共收到问卷 1040 份，去掉性别、户籍缺失项后，共保留有效样本问卷 1027 份，占样本总体的 98.8%；第二次涉及中心城区 54 个社区，共收到问卷 830 份，去掉性别、户籍缺失项后，共收到有效问卷 769 份，占调查样本的 92.7%。

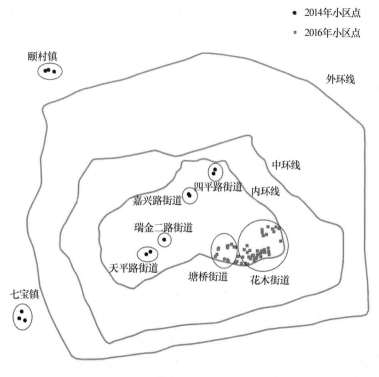

图 8.1　2014 年和 2016 年调查小区位置

## （二）上海市居住区社区冲突特征

### 1. 冲突因互动而产生

张菊枝、夏建中认为冲突的一个表现特征就是互动性，冲突在任何环境都会产生，尤其会在互动比较频繁的场域内发生。[1] 在上海这个超大规模城市的居住小区中，个人室内的私密空间无法满足居民公共生活的需求，社区居民不仅是自己家庭的一分子，也是社区的重要成员之一，其公共生活一般在社区的公共空间展开，这些场所包括社区的楼道、电梯、花园、公园、绿地、停车场等。公共空间承载了居民日常互动的需要，为社区生活提供了空间场所。

在"您平时和小区的邻居们交往的主要场所是"的问题选项中，通过 SPSS 22.0 对 2014 年和 2016 年的数据调查如图 8.3 所示，小区居民在小区公共空间的活动居多，这些公共空间包括小区住宅楼内的电梯和楼道等区域，而家中和小区外的邻里交往较少。

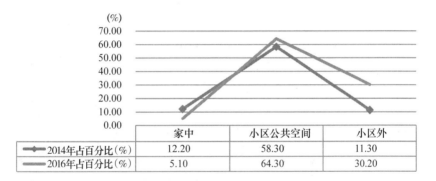

| | 家中 | 小区公共空间 | 小区外 |
| --- | --- | --- | --- |
| 2014年占百分比（%） | 12.20 | 58.30 | 11.30 |
| 2016年占百分比（%） | 5.10 | 64.30 | 30.20 |

**图 8.2 居民和小区邻居交往的主要场所**

在居民选择跳广场舞场所时，从表 8.4 的数据可以看出，小区的空地或绿地是第一选择，其次考虑小区的绿地或广场，最后选择小区附近的公园。从小区居民公共娱乐的场所选择可以发现，场所选择考虑两个特点：就近和便利。社区空间是居民公共交往和社区生活的平台，社区互动大多在这个载体上展开。互动有两方面作用：第一，增强社区认同感和社区参与感；第二，可能引发冲突与矛盾，以小区的

---

① 张菊枝、夏建中：《城市社区冲突：西方的研究取向及其中国价值》，《探索与争鸣》2011 年第 12 期，第 60—65 页。

广场舞为例，对参与者来说是娱乐身心和放松锻炼，而对于附近居民来说，可能就是噪声污染。也有学者如杨继星通过对具体的广场舞冲突进行研究，[①] 他认为广场舞冲突在中国当前社会一度陷入治理困境，广场舞问题是由于公共文化设施供需矛盾造成的，但实际上的冲突根源确是由于噪声扰民产生的。

表8.4　　　　　　　　居民跳广场舞的场所选择

| 时间＼场所 | 2014 年调查占比（％） | 2016 年调查占比（％） |
|---|---|---|
| 小区内的空地或绿地 | 50.0 | 30.3 |
| 小区外的绿地或广场 | 21.4 | 29.9 |
| 小区附近的公园 | 17.5 | 24.9 |
| 其他 | 11.1 | 14.9 |

2. 冲突程度空间分布和参与的不均衡

同一种类型的社区冲突，在中心城区和郊区的冲突程度可能是不一致的，以停车位引起的邻里冲突为例，如表8.7所示，在2014年，郊区涉及6个社区，样本量为591份，中心城区样本量为436份，包括6个社区。郊区因停车位而产生的纠纷与矛盾占到郊区样本总数的14%，而中心城区的因停车问题而产生的矛盾占到中心城区样本的24%，接近郊区冲突占比的两倍。

表8.5　　　　　　　　区位与停车位冲突

| | | 争夺停车位引起的邻里冲突 | | 总计 | 占比（％） |
|---|---|---|---|---|---|
| | | 否 | 是 | | |
| 区位 | 郊区 | 507 | 84 | 591 | 14 |
| | 中心城区 | 333 | 103 | 436 | 24 |

① 杨继星：《个体化时代的集体行动：社区草根体育组织的动机诉求与矛盾冲突——以广场舞为例》，《体育与科学》2016 年第 3 期，第 82—88 页。

李晟晖将上海中心城区停车难问题归结为三大矛盾：供需总量、供应结构、设施布局。① 张俊分析了因公共空间使用而产生的邻里冲突，停车位问题会引发多米诺效应，社区闲置空地、绿地、广场等被侵占，居民的社区幸福感降低，社区冲突会增加，势必会增加基层政府的治理压力，影响基层政权的合法性。就停车位纠纷而言，小区居民会基于利益受损程度和自己的处事方式，选择是否参与社区冲突。② 以广场舞纠纷为例，影响小区居民参与社区冲突的因素有很多，比如对噪声的敏感度、距离广场舞场所的远近等原因，但是否介入社区冲突，则根据自身利益的相关程度决定。当前的广场舞带来的负面信息越来越多，扰民不断、纠纷不止，如因广场舞噪声，福州男子怒砸跳舞者的音响，武汉广场跳舞者被泼粪，北京男子鸣枪放藏獒冲散广场的跳舞者，这些极端行为只会激化跳舞者以组织化的方式与之对抗，使冲突事件朝恶性状态发展。③

总之，冲突程度在空间分布存在不均衡性，中心城区因为建设时间早，配套设施完善，但空间规划布局相对滞后；郊区建设时间晚，空间规划相对完整，但配套设施相对较差。冲突对居民的利益损害也是存在不均衡的，小区居民根据不同的利益损害程度决定是否参与社区冲突，虽然当前发生的社区冲突是低程度的、非对抗的，但如果没有恰当处理，就会引起社区冲突的扩散与升级。

### 3. 冲突后果总体可控

桑德斯强调社区冲突包括六个阶段，分别是发起、提案前、提案、社区行动、决定、事后等，这六个阶段是呈闭环状循环往复的。④ 国内有学者认为社区冲突的发展可能有三种方向：缓解、化解与升级。原

---

① 李晟晖：《对缓解上海中心城区"停车难"问题的建议》，《科学发展》2013 年第 9 期，第 102—106 页。

② 张俊：《缘于小区公共空间引发的邻里冲突及其解决途径——以上海市 83 个小区为例》，《城市问题》2018 年第 3 期，第 76—81 页。

③ 陈兵：《冲突与调和："广场舞"纠纷的法理探析》，《法制与社会》2016 年第 13 期，第 72—73 页。

④ ［美］桑德斯：《社区论》，徐震译，黎明文化事业股份有限公司 1982 年版，第 412—413 页。

珂以天津市 HX 园社区物业冲突为例，认为冲突的扩散和升级有一个质变的临界点，从利益冲突到认同冲突是冲突激化升级的关键因素。[①]

冲突后果是可控的。在 2014 年和 2016 年的上海综合问卷调查中，量表设置从 1 分到 5 分共计 5 个答案，对居民的社区认同度进行测量，分值越高，表示小区居民对社区认同度越高。总共涉及 12 个问题，这些问题分别是"喜欢我的小区"；"告诉别人我所住的小区感到很自豪"；"小区里大部分人都愿意相互帮助"；"大部分小区居民参与精神都很高"；"总的来说，小区居民间的关系是和睦的"；"我对小区发生的事情很感兴趣"；"我是小区内重要一分子"；"我会自觉遵守小区的各项规章制度"；"破坏小区公共秩序的行为应该受到制止和批评"；"如果不得不搬走会很遗憾"；"当遇到坏人时，周边的邻居能够挺身而出"；"当小区的集体利益受到损害，我会参加小区居民为此发起的联合行动"。12 个问题加总最低分为 12 分，最高分为 60 分，1796 份调查问卷的结果显示，社区居民的社区认同度均值为 45 分左右。在小区是否有邻里冲突这个选项中，社区冲突频率存在的平均值在 0.69，两个调查显示社区冲突是客观存在的，但没有影响小区居民的社区认同感。

冲突后果虽然总体可控，但稍有不慎，可能会诱发冲突的扩大与升级，使社区冲突复杂化，所以仍需强化防控。如上海市 P 区 M 风波事件中，社区的清真拉面馆的污染物对社区居民的日常生活产生干扰，而没有得到居委会的有效解决，在调节社区冲突的过程中又没有赋予相关的权责，以至于使普通的社区居民的矛盾上升为民族矛盾。[②]

简而言之，小区居民在社区公共空间中开展日常生活与娱乐，公共空间的不当利用影响居民的自身利益，如果不能平衡好社区居民或者利益群体的利益关系，就会使社区冲突从简单的利益冲突上升到认

---

[①] 原珂：《城市社区冲突的扩散与升级过程探究》，《理论探索》2017 年第 2 期，第 42—51 页。

[②] 李正东：《城市社区冲突：强弱支配与行动困境——以上海 P 区 M 风波事件为例》，《社会主义研究》2012 年第 6 期，第 90—96 页。

同冲突，甚至影响基层政权的合法性。比如当前的业主维权冲突虽然总体温和可控，但是社区冲突随时都有升级为结构冲突的可能。[1]

### （三）争夺公共空间的社区冲突

争夺公共空间是社区冲突的重要原因。在 2014 年和 2016 年"什么引发邻里冲突"的问题中，原因包括违章搭建、群租、争夺停车位、争夺晾晒场地、噪声、带宠物进电梯、其他情况以及无邻里冲突等。居民根据自己的日常经验选择是否有邻里冲突。其中，违章搭建和群租都是属于管理不规范引发的社区冲突，前者是侵占了社区公共空间，后者是违背了社区的管理规章。

基于公共空间的使用产生的社区冲突主要包括四个选项：争夺停车位、争夺晾晒场地、噪声、带宠物进电梯等。在小区里没有邻里冲突选项中，社区冲突频率最小值为 0.38，最大值为 1。意味着每个社区都有社区冲突发生。从图 8.4 可以看出，其中因为管理规范执行不利引起的社区冲突占到郊区冲突样本总数的 48%，中心城区因管理规范执行不利的占比为 40%。因为争夺公共空间的使用导致的社区冲突占到郊区样本总数的 52%，而中心城区因公共空间使用矛盾导致的社区冲突占到样本总数的 60%，可见争夺公共空间是社区冲突的重要原因。

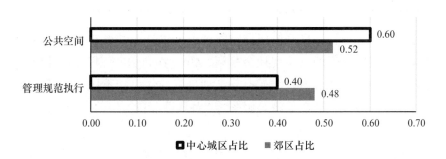

图 8.3　争夺公共空间的社区冲突

---

① 吴晓林：《中国城市社区的业主维权冲突及其治理：基于全国 9 大城市的调查研究》，《中国行政管理》2016 年第 10 期，第 128—134 页。

# 三 居住区区位与社区冲突

## （一）区位与冲突的研究进展

### 1. 西方关于区位与冲突的研究

西方的区位冲突理论主要聚焦于空间与权力的关系展开，面对20世纪70年代西方发展滞缓与消费超前的矛盾，芝加哥学派从韦伯关于城市的类型学中汲取思想资源，针对相应问题探求新的理论解释。韦伯认为，城市已经不单单是一个军事、市场聚合体，而且也拥有部分自治的能力，围绕着城市空间分配的稀缺性，城市空间生产开始一系列理性化的政治过程，[①] 北美的政治学家和地理学家就空间与权力的交互关系，发展出区位冲突理论。区位冲突理论一反芝加哥学派认为土地使用的变迁是个体选择的结果，而是掌握不等权力和影响的利益群体相互博弈的结果，该理论汲取了韦伯的社会合理性的分析框架，着眼于土地使用领域的斗争，将空间过程与政治过程有机联系起来。[②]

福尔姆（Form，W. H.）认为住房配给模式不是个体消费者自由竞争的结果，而是不同利益主体如开发商、企业、个人以及职业经理人等相关利益群体不断讨价还价和冲突的结果，不同目的的利益群体相互角逐的过程产生了住房资源的空间配置。[③] 福尔姆的观点暗含了住宅资源的稀缺性，良好的居住空间区位不仅是一种稀缺资源，而且意味着与住房配套的一系列社会福利，扬（Young K.）将外部性引入冲突视角的政治学语境，个人拥有某种良好的住房，不仅可以享受良好的教育、医疗、社会保障等服务，[④] 而且可以获得韦伯所说的声望、

---

① ［德］马克斯·韦伯：《非正当性的支配——城市的类型学》，康乐等译，广西师范大学出版社2005年版，第1—13页。

② 谢富胜、巩潇然：《城市居住空间的三种理论分析脉络》，《马克思主义与现实》2017年第4期，第27—36页。

③ Form，W. H.，"The Place of Social Structure in the Determination of Land Use: Some Implications for A Theory of Urban Ecology"，*Social Forces*，Vol. 32，No. 4，1954，pp. 317–323.

④ Young，K.，*Essays on the Study of Urban Politics*，Palgrave Macmillan UK，1975.

权力，总之会对个人家庭的各种资本如文化资本、社会资本、经济资本带来一系列附加价值。精英主义理论认为社会精英决定着社会公共资源和价值的配置，社会权力掌握在精英手中，自然会制定有利于自己的政治决策，在住房配给过程中也不例外。① 福尔姆也通过自己的经验研究证实了精英主义的假设，利益群体的社会经济地位越高，对住房配给的影响就越大，这样会产生一种两极分化，掌握资源与权力的人占有好的住房区位，而掌握资源较少或不掌握资源的群体被边缘化，这样的社会结构一旦固化，冲突就不可避免。韦伯从地位群体的角度谈社会封闭问题，地位群体通过财富、文凭、住房、职业等实现阶层的居住隔离，反过来进一步加固阶层分化。② 随着城市居住社区越来越强调种族、职业、收入、教育程度，三种权威的社会秩序固化，社会流动性减弱，弱势群体的利益无法得到保障，底层群众处于维护自身生存的需要，也会对当前的社会经济秩序的合理性提出挑战。

2. 国内关于区位与冲突的研究

国内关于区位与冲突的分析首先用于预测社会问题，提前针对冲突进行前端处理，祝锦霞、鲍海君、徐保根基于遥感和 GIS 技术，模拟开发商的区位选择视角，构建基于 Agent 的建模方法，研究征收拆迁区域的识别框架。③ 徐迁、祝锦霞运用 Logistic 回归和决策树两个模型对杭州市城区 60 多个拆迁小区的空间区位进行分析。④ 调查结果显示临近高架入口、医院的拆迁小区会产生征收拆迁冲突，距离河流、学校较远的拆迁小区较远也不易产生拆迁冲突。针对分析结果，解决拆迁冲突区位与拆迁户的关键要做好两个方面，第一，做好利益补

---

① Mills, W. C., "The Power Elite", *Political Science Quarterly*, Vol. 71, No. 4, 1957, pp. 955 – 973.

② ［德］马克斯·韦伯：《经济与社会》，阎克文译，上海世纪出版集团 2018 年版，第 420—425 页。

③ 祝锦霞、鲍海君、徐保根：《开发商区位选择行为模拟与征收拆迁冲突区域的识别——以杭州市萧山区为例》，《中国土地科学》2013 年第 11 期，第 59—64 页。

④ 徐迁、祝锦霞：《城市征收拆迁冲突的空间区位条件影响机制研究》，《特区经济》2017 年第 1 期，第 82—85 页。

偿，平衡好拆迁导致的相关利益群体的损失。第二，优化空间布局和基础设施建设，降低区位条件过度的吸引力，均衡地区间发展的关系。

其次用于分析宏大的国家建设，如对外投资领域，而且还针对具体的中观和微观领域进行一个细致入微的分析，如空间重构、征收拆迁以及里弄认同层面。刘亦乐、刘双芹基于区位选择分析视角，从政治风险方面研究了我国企业在亚洲国家进行区位选择的主要因素，研究表明东道国的社会经济状况、投资回报与宗教冲突是我国企业进行对外投资的主要考虑因素。[①] 区位可以影响一个国家的投资选择，通过区位的投资偏好降低政治风险，然而区位之间也会有矛盾产生。王春兰、杨上广分析了东部大城市中心城区和郊区的区位矛盾，中国东部大城市中心城区城市负载过大，面临着人口疏解的巨大压力，人口空间布局的快速调整将大城市的过量人口尤其是弱势群体疏散到郊区，带来了大都市内部的冲突与摩擦，郊区政府在政府管理上和政府财政支付层面面临巨大压力。城市发展过程中呈现的浮躁情绪、政府间横向与纵向的沟通机制受阻以及公众低参与度共同促成了这一矛盾与冲突的产生。[②] 张俊以上海 89 条里弄，1121 名居民的问卷调查为依据，运用多层线性模型（HLM），从里弄和个人两个层次分析影响里弄认同的因素。在区位层次上，根据里弄周围的设施如交通、医院、历史风貌区三个因素检验里弄认同度，结果显示里弄周围设施与里弄认同程度没有显著性，反而年纪、邻里关系、居住条件以及主观经济收入对里弄认同更为显著。[③]

国外对区位与冲突的关注相对集中在城市空间与权力博弈的关系上，城市的空间秩序一定程度上代表了权力和不同阶层拥有或获

---

① 刘亦乐、刘双芹：《东道国政治风险对我国在亚洲国家对外直接投资的影响——基于区位选择分析视角》，《商业研究》2015 年第 60 卷第 8 期，第 102—107 页。

② 王春兰、杨上广：《大城市人口空间重构及其区位冲突问题初探——以上海为例》，《华东师范大学学报》（哲学社会科学版）2007 年第 39 卷第 1 期，第 73—77 页。

③ 张俊：《上海里弄认同的多层线性分析与政策建议》，《住宅科技》2018 年第 4 期，第 54—61 页。

取资源的差异，对国内的研究有很重要的启发意义，国内的研究一般集中于大的宏观层次的区位研究，很少从一个城市空间结构的微观领域分析社区冲突。

**（二）居住区区位与社区冲突的实证分析**

1. 数据来源

数据主要来源于 2014 年上海市综合社会调查，分析方法主要采用 GIS 地理信息系统分析和 SPSS 数据分析。经验证明，GIS 空间分析与城市规划编制与规划设计相结合，有利于合理确定城市发展规模和优化城市空间布局，毋庸置疑会提高城市规划编制的科学性和准确性。

本书用 ARCGIS 地理信息系统主要是处理上海市 13 个居住小区的空间分布情况，如图 8.5 所示，结合上海市内环、中环、外环的分

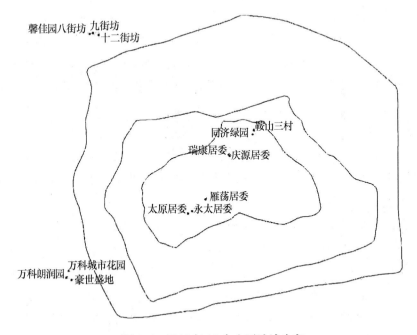

**图 8.4　2014 年 13 个小区地域分布**

界线，将鞍山三村、馨佳园（十二街坊、九街坊、八街坊）、豪世盛地、雁荡居委、万科城市花园、朗润园、同济绿园、太原居委、永太居委、庆源居委、瑞康居委输入地理信息系统，结果显示七个社区在上海市内环分布，其中内环的西南方向分布三个社区：太原居委、永太居委、雁荡居委，内环的东北方向分布四个社区：鞍山三村、同济绿园、瑞康居委、庆源居委。剩余 6 个社区分布在外环外，其中万科城市花园、万科朗润园、豪世盛地分布在外环外的西南方向，馨佳园三个街坊分布在外环外的西北方向。中心城区与郊区的小区数规模相当，其中中心城区有效受访者 436 名，占 42.5%，郊区受访者 591 名，占 57.5%。针对上海市居住区位与社区冲突的关系，采用的是描述分析里面的交叉表分析，分别输入区位和产生邻里冲突的 6 个原因：违章搭建、群租、车位纠纷、争夺晾晒场地、噪声污染以及宠物扰民等。

2. 实证分析

社区冲突类型用邻里交往与社区安全的问题"本小区有以下情况引起的邻里冲突吗？"答案包括违章搭建、群租、争夺停车位、争夺晾晒场地、噪声、带宠物进电梯等，接着用 SPSS 的描述分析里面的交叉分析来描述社区区位与社区冲突类型的关系，然后将相关数据绘制到统一的图表中，图表显示对于郊区而言，6 种社区冲突按照占比的优先顺序分别是违章搭建、群租、噪声、车位纠纷、带宠物进电梯、争夺晾晒场地等，对于中心城区而言，六种社区冲突按照占比的优先顺序分别是车位纠纷、违章搭建、群租、噪声、争夺晾晒场地、带宠物进电梯等。

结果如图 8.5 所示，中心城区和郊区在违章搭建、噪声污染、群租有共性，但中心城区在车位纠纷引起的社区冲突更为明显，占中心城区样本量的 24%，高于郊区冲突占比 10 个百分点；争夺晾晒场地次之，占到中心城区样本总量的 8%，高于郊区冲突占比 3 个百分点。郊区的社区冲突独特之处表现在带宠物进电梯上，占到郊区样本总量的 14%，高于中心城区 8 个百分点。

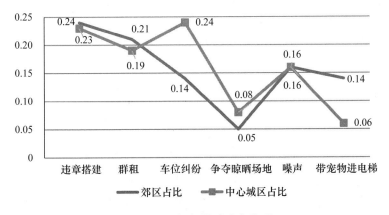

图 8.5　区位与社区冲突类型

中心城区停车位问题相对比较严重，得到了上海市第五次综合交通调查结果的证实。[1] 根据第五次综合交通调查结果显示，中心城区夜间停车位供给严重不足，居住区配建停车位为 64 万个，而夜间居民的停放需求为 133 万辆，配建缺口比例从 2009 年第四次综合交通社会调查的 37% 扩大到 2015 年第五次综合交通社会调查的 52%。其次，郊区客车的占有率为 160 辆/千人，比中心城区高 32 辆/千人，郊区面临着职住分离的矛盾，势必会增加中心城区的压力，从而将城市区位的矛盾传导到社区层面，从而产生居住区社区冲突。

郊区宠物进电梯现象较中心城区更为严重。上海的中心城区多为老旧公房和多层无电梯住宅，而郊区新建的小区多为高层有电梯小区，对于郊区的高层有电梯小区来说，考虑到居民的需求，电梯的使用率高，不仅可能会出现电梯损坏引发的物业冲突，而且可能会引发居民间的利益冲突，如在电梯吸烟、宠物进电梯扰民等纠纷。当前居住区规划中，由于频发启动电梯，造成电梯在实际运行中出现各种问题，因此要做好电梯的预防性维护，电梯应用单位要涉及远程监控系

---

[1]　上海市城乡建设和交通发展研究院：《上海市第五次综合交通调查主要成果》，《交通与运输》2015 年第 31 卷第 6 期，第 15—18 页。

统，加强日常巡检，对电梯各个重要部位进行重点保养和维修，[①] 来减少因电梯使用导致的各种社区冲突。

# 四　居住区密度与社区冲突

## （一）居住区密度与社区冲突的研究现状

容积率概念首先由美国芝加哥土地区划管理制度提出，容积率＝居住小区总建筑面积/居住小区用地面积。在社会的改革转型时期，必然会潜伏着各种各样的问题，这些矛盾的产生很多与城市化建设相关，因此就需要对城市居住区进行合理规划，而居住区社会影响评价在城市规划与管理中占有重要地位，决定着一个城市整体规划和中远期建设的发展，而容积率作为居住区社会规划影响评价的一项定量指标，反映城市中建设用地的开发强度，在某种程度上，容积率反映了房屋幢间距、绿化率、小区外活动空间、道路面积、采光以及居住环境的质量，[②] 往往是开发商和政府博弈的重点。[③] 国内学者关于容积率的研究有很多，基本是涉及容积率与房价的关系，[④][⑤] 而忽略了容积率产生的社会问题。容积率过高会造成社区居住环境变差，相反会造成建筑空间的浪费。[⑥][⑦] 国内房地产行业的蓬勃发展，使居住区容积率逐渐呈现显著的空间自相关特征，

---

① 潘金棵：《电梯维护保养与安全运行的实现思考》，《城市建设理论研究》（电子版）2017 年第 30 期，第 20 页。

② 张群：《建立上海市居住区环境影响评价指标体系的研究》，硕士学位论文，同济大学，2004 年。

③ 贾志强：《旧城改造过程中的地块容积率合理值研究》，《山西建筑》2018 年第 18 期。

④ 欧阳安蛟：《容积率影响地价的作用机制和规律研究》，《城市规划》1996 年第 2 期，第 18—21 页。

⑤ 冷炳荣、杨永春、韦玲霞等：《转型期中国城市容积率与地价关系研究——以兰州市为例》，《城市发展研究》2010 年第 17 卷第 4 期，第 116—122 页。

⑥ 李雪铭、张大昊、田深圳等：《城市住宅小区容积率时空分异研究——以大连市内四区为例》，《地理科学》2018 年第 38 卷第 4 期，第 531—538 页。

⑦ 柴家依：《城市居住用地容积率研究——以宁波市镇海新城为例》，中国城市科学研究会、江苏省住房和城乡建设厅、苏州市人民政府：《2018 城市发展与规划论文集》，中国城市科学研究会、江苏省住房和城乡建设厅、苏州市人民政府，北京邦蒂会务有限公司 2018 年版，第 11 页。

体现了住宅开发与规划有序性的提高。[①] 但容积率的计算是一个复杂的过程，容积率与地价高度相关，一旦地价上涨，地产开发商基于对自身利益的最大化考量，就会通过增加建筑密度和规模来提高经济效率，增加居住区的容积率，造成社区居民的幸福感下降，给社区带来很多潜在的矛盾与冲突。[②]

居住用地容积率间接影响了居民公共利益，[③] 造成了社区冲突，甚至对基层政权的合法性产生影响。对于居住小区来说，社区冲突主要围绕公共空间的争夺产生。比如小区道路、花园、公园、医院等基础设施，它们貌似和居住用地容积率的高低没有联系，但如果把这些基础设施均摊到每一户居民时，两者就会发生关系。容积率越高的社区，小区人口越多，在社区公共资源恒定的时候，每个人占有的公共资源就会越少，造成生活品质和环境质量低下，居民的利益一旦受到损害，就会产生各种各样的社区冲突。

### （二）居住区密度与社区冲突的实证分析

#### 1. 数据来源

同济大学社会学系与上海同济城市规划设计研究院联合课题组分别在 2014 年和 2016 年两次对上海的 67 个社区进行社区调查，收到样本问卷 1870 份，在对样本数据进行清理和取均值后，有效受访对象 1796 人，地域覆盖中心城区和郊区两个地带。问卷个人层次如表 8.6 所示，涉及社区居民的性别、年龄、户籍、收入、居住设施、社区冲突等方面。社区冲突是根据问卷中"本小区有以下情况引起的邻里冲突吗"来设置因变量，问题包括违章搭建、群租、争夺停车位、争夺晾晒场地、噪声（练钢琴、放音响等）、带宠物进电梯等，

---

① 李少英、吴志峰、李碧莹等：《基于互联网房产数据的住宅容积率多尺度时空特征——以广州市为例》，《地理研究》2016 年第 35 卷第 4 期，第 770—780 页。

② 何浪：《我国控规中容积率影响因素及存在问题探讨》，《低碳世界》2017 年第 32 期，第 153—154 页。

③ 邱鹏、牛强、夏源：《公共利益视角的居住用地容积率确定方法研究》，《城市发展研究》2017 年第 8 期，第 20—25、62 页。

其他（需注明）等，每个答案"是或否"分别用 1 和 0 表示，因变量取几个问题的加总之和得到社区冲突频度。

表 8.6 **个人层次变量说明**

| 个人层次变量描述 | |
| --- | --- |
| 变量名称 | 变量说明 |
| 性别 | 男 = 1，女 = 2 |
| 户籍 | 上海户口 = 1，外地户口 = 0 |
| 年龄 | 岁 |
| 收入 | 每月税前月收入 |
| 居住设施 | 分为四个部分：室、厅、卫、厨四个部分，综合分越高，居住条件越好 |
| 社区冲突 | 测量方式见"社区冲突水平的测量" |

问卷社区层次如表 8.7 所示，社区规模、社区密度、社区房挂牌单价主要来自 58 同城和链家等国内知名房地产网站数据。

表 8.7 **社区层次变量说明**

| 社区层次变量描述 | |
| --- | --- |
| 变量名称 | 变量说明 |
| 社区规模 | 小区面积 |
| 社区密度 | 容积率，数据来源于链家、58 同城等知名房产网站 |
| 挂牌单价 | 社区住房交易单价，数据来源同社区密度 |

**2. 研究假设**

社区冲突水平是社区和居民两方面相互影响和作用的结果，不同社区类型，社区冲突程度不一样，居民个人层次的差异也影响了社区冲突水平。居民个人层次的变量有性别、年龄、户籍、收入、居住条件等，社区层次的变量涉及规模、密度、房价等。多层线性模型一般应用于适合分层研究的数据结构，分层数据结构存在嵌套形式，另一层数据往往对一层数据产生影响。① 社区冲突是社区和居民个人两个层次作用的产物，因此适宜用多层线性模型（HLM6.0）来研究社区冲突水平，在借鉴其他学者的基础上，结合本书的研究内容提出如下假设。社区冲突的影响层次和因素见图 8.6。

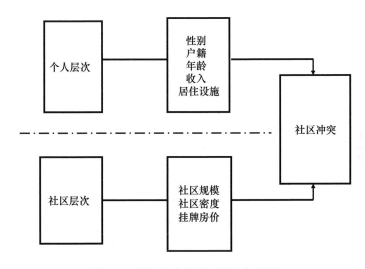

**图 8.6　社区冲突的影响层次与因素**

假设一：不同性别间的社区冲突水平存在明显差异。

假设二：外地户口比本地户口的社区冲突水平更高。

假设三：年龄与社区冲突水平呈负相关关系，年龄越大，冲突程度越小；反之，越大。

假设四：居民的经济条件与社区冲突水平呈正相关关系，经济条件越好，冲突越高，反之，越低。

假设五：居民的居住条件越好，社区冲突水平越低，反之越高。

假设六：不同规模之间的社区冲突水平存在明显差异。

假设七：容积率不同的社区冲突水平存在显著差异。

---

① 王天夫、崔晓雄：《行业是如何影响收入的——基于多层线性模型的分析》，《中国社会科学》2010 年第 5 期，第 165—180 页。

假设八：不同层次房价的社区冲突水平有显著差异。

3. 变量描述与统计结果

（1）变量描述

社区层面和个人层面的变量描述如表8.8和表8.9所示。

表8.8　　　　　　　　　　　社区层次变量描述

| 变量名称 | 样本数 | 均值 | 标准差 | 最小值 | 最大值 |
|---|---|---|---|---|---|
| 社区规模（小区面积） | 67 | 87381.20 | 105397.61 | 1876.91 | 574993.98 |
| 社区密度（容积率） | 67 | 1.96 | 0.76 | 0.41 | 5.00 |
| 挂牌单价（万元/平方米） | 67 | 7.97 | 2.36 | 3.60 | 16.00 |

表8.9　　　　　　　　　　　个人层次变量描述

| 变量名称 | 样本数 | 均值 | 标准差 | 最小值 | 最大值 |
|---|---|---|---|---|---|
| 性别 | 1796 | 1.57 | 0.50 | 1 | 2 |
| 户籍 | 1796 | 0.88 | 0.33 | 0 | 1 |
| 年龄 | 1796 | 51.62 | 15.30 | 15 | 102 |
| 收入（个人月收入税前） | 1796 | 6212.23 | 10558.69 | 0 | 300000 |
| 居住设施 | 1796 | 5.08 | 0.00 | 0 | 13 |
| 社区冲突 | 1796 | 1.29 | 0.00 | 0 | 6 |

（2）统计模型

表8.10是三种模型假定，分别是虚无模型、随机模型和截距模型。

分层线性模型用于检验不同层次变量是否有嵌套关系发生，根据多层线性模型的建立步骤，用HLM6.0对虚无模型、随机模型和截距模型进行检验。首先，虚无模型用于检验变量之间是否存在跨级相关，不同层次变量只有存在显著差异，随机模型和截距模型的分析才能得以继续。然后，个体层次的假设使用随机模型进行检验，也能判定个体层面的社区冲突是否有不同的截距，为检验截距模型提供基础。最后，截距模型用来检验个体和社区层次的变量，分析 LEVEL - 2 在多大程度上导致了社区冲突水平的差异，三种模型都采用稳健性误差的方法。所有模型的统计公式和模型假定如表 8.10 所示。

表 8.10　　　　　　　　　　**三种模型假定**

| 固定模式 | 虚无模型 | 随机模型 | 截距模型 |
|---|---|---|---|
| LEVEL - 1 | $Y = \beta0 + r$ | 社区冲突 = β0 + β1 × 性别 + β2 × 户籍 + β3 × 年龄 + β4 × 收入 + β5 × 居住设施 + r | 社区冲突 = β0 + β1 × 性别 + β2 × 户籍 + β3 × 年龄 + β4 × 收入 + β5 × 居住设施 + r |
| LEVEL - 2 | β0 = γ00 + μ0 | β0 = γ00 + μ0；β1 = γ10 + μ1；β2 = γ20 + μ2；β3 = γ30 + μ3；β4 = γ40 + μ4；β5 = γ50 + μ5 | β0 = γ00 + γ01 × 社区规模 + γ02 × 社区密度 + γ03 × 挂牌单价 + μ0；β1 = γ10 + μ1；β2 = γ20 + μ2；β3 = γ30 + μ3；β4 = γ40 + μ4；β5 = γ50 + μ5 |
| 模型假定 |  | μ1 = μ2 = μ3 = μ4 = μ5 = 0 | μ1 = μ2 = μ3 = μ4 = μ5 = 0 |

## （3）结果说明

表 8.11　　　　　　　**HLM 多层线性模型分析结果**

| 固定模式 | | 社区冲突的多层次分析模型及结果 | | | | | |
|---|---|---|---|---|---|---|---|
| | | 虚无模型 | | 随机模型 | | 截距模型 | |
| | | 回归系数 | 标准误 | 回归系数 | 标准误 | 回归系数 | 标准误 |
| LEVEL - 1 | 截距项 | 1.49 *** | 0.08 | 1.78 *** | 0.19 | 1.62 *** | 0.34 |
| | 性别 | — | — | - 0.13 ** | 0.05 | - 0.13 ** | 0.05 |
| | 户籍 | — | — | 0.04 | 0.09 | 0.04 | 0.09 |
| | 年龄 | — | — | 0 | 0 | 0 | 0 |
| | 收入 | — | — | 0.00 + | 0 | 0.00 + | 0 |
| | 居住设施 | — | — | - 0.01 | 0.02 | 0 | 0.02 |
| LEVEL - 2 | 社区规模 | — | — | — | — | 0 | 0 |
| | 社区密度 | — | — | — | — | 0.21 | 0.08 ** |
| | 挂牌单价 | — | — | — | — | - 0.03 | 0.02 |

续表

| | | 方差成分 | $\chi^2$ 检验 | 方差成分 | $\chi^2$ 检验 | 方差成分 | $\chi^2$ 检验 |
|---|---|---|---|---|---|---|---|
| 随机效应 | 第二层 | 0.31 | 475.62 *** | 0.31 | 469.28 *** | 0.29 | 413.37 *** |
| | 第一层 | 1.36 | — | 1.35 | — | 1.35 | — |
| | $R^2 level-1$ | — | — | 1% | — | — | — |
| | $R^2 level-2$ | — | — | — | — | 7% | — |

注：+ 表示 $p < 0.1$，* 表示 $p < 0.05$，** 表示 $p < 0.01$，*** 表示 $p < 0.001$。

虚无模型分析：首先对不加入任何预测变量的虚无模型进行检验，根据公式 $\rho = \tau00/ (\tau00 + \sigma2)$，计算因变量社区冲突的跨级相关：$ICC = 0.31/ (0.31 + 1.36) = 18.6\%$，结果显示同一社区内的居民社区冲突表现显著大于不同社区冲突的一致性，而 18.6% 是由社区间差异引起的，社区居民的冲突水平在社区层次上变异显著，社区因素所引发的变异占到总变异的 18.6%。来自社区水平的显著变异（$\chi^2 = 475.62$，在 0.001 水平显著）显示说明，有必要将该水平的影响因素纳入多层次模型的分析当中，以获得更为精确的分析结果。

随机模型分析：在虚无模型中对社区冲突的跨级相关进行检验后，纳入个人层次的社区居民变量。随机模型中的随机效应分析显示 $R^2 level-1 = 1\%$，说明在水平 1 中，社区冲突水平被居民个体因素变量解释 1%，不同社区截距的随机变异达到显著（$\chi^2 = 469.28$，在 0.001 水平上显著），同时个体层面的变量对社区冲突水平的斜率也存在显著的社区差异，因此有必要将水平 2 中的社区层次因素纳入截距模型，以考察其影响和表现。随机模型中支持了假设 1，结果显示男性居民的社区冲突水平高于女性 0.13 分。（$p < 0.01$）假设二、三、四、五在随机模型中不显著。

截距模型分析：社区密度对社区冲突水平具有显著的正向影响（$\gamma02 = 0.21$，$p < 0.01$）即容积率提高 1 个单位，社区冲突水平提高 0.21 分，容积率越大，社区冲突水平越高。统计学检验不支持假设六和假设八的假设。随机效应分析结果显示：$R^2 level-2 = 7\%$，说明在截距变量减少时，社区层次变量能够对 7% 的组间方差进行解

释，同时又检验了性别的统计显著性。

多层线性模型表 8.11 支持社区密度是影响社区冲突的重要因素，容积率与社区冲突相关。① 因争夺社区空间而产生的社区冲突是城市层面的问题传导到社区层面造成的。城市在自身的运行过程中可能会将城市主体的问题传导到居住小区。② 社区居民作为城市的一分子，既可以享受到社区的各种便利，也能从快速的城市化建设中获得幸福感，然而由于城市的公共基础设施距离居住区较远，而自身的社区公共空间又无法满足小区居民的需求，使社区公共空间难以负载，如果容积率过大，每个人均摊的社区公共设施的面积就会过少，很容易引发社区冲突。

# 五　居住区空间混合度与社区冲突

## （一）居住区空间混合度与社区冲突的研究现状

居住空间分异既是城市居住区规划政策差异的后果，同时对城市居住区规划有着重要的塑造作用。城市规划以及政府政策在结构上促进了居住空间分异的形成，③ 而人群的能动性和自主性又加剧了居住空间分异的程度。④⑤ 就城市居住空间而言，城市极化现象和马赛克现象不断发展，出现了以围墙、电子摄像头、保安等为标志的门禁社区，⑥ 出于利益最大化的考虑，开发商通过市场机制对高档的门禁社区设置了

---

① 邱鹏、牛强、夏源：《公共利益视角的居住用地容积率确定方法研究》，《城市发展研究》2017 年第 8 期，第 20—25、62 页。

② 张俊：《缘于小区公共空间引发的邻里冲突及其解决途径——以上海市 83 个小区为例》，《城市问题》2018 年第 3 期，第 76—81 页。

③ 汪光焘：《认真研究改进城乡规划工作》，《小城镇建设》2004 年第 28 卷第 11 期，第 14—18 页。

④ 孙卓：《居住与公共服务设施空间分异研究——以合肥市滨湖新区为例》，硕士学位论文，合肥工业大学，2016 年。

⑤ 杨珺丽、谷人旭：《1949—2015 年上海居住空间扩张演化特征及驱动因素——基于新增住宅小区数据的实证分析》，《内蒙古师范大学学报》（自然科学汉文版）2018 年第 47 卷第 4 期，第 326—329、333 页。

⑥ 何艳玲、汪广龙、高红红：《从破碎城市到重整城市：隔离社区、社会分化与城市治理转型》，《公共行政评论》2011 年第 4 卷第 1 期，第 46 页。

较高的房价，通过挤出效应让隔离社区成为高收入人群居住的场所，同时配备优良的服务设施来对低收入人群实行隔离，高收入人群也希望通过房价等机制减少因低收入人群空间聚集带来的各种社会问题。① 居住空间分异和阶层的分化又进一步增加低收入阶层的相对剥夺感，引发各种群体性事件和社会冲突。

居住空间分异指的是在一个城市中，不同阶层、不同收入水平的居民，或者本地人口与外来人口因为资源占有的差异，而被分隔在不同的居住空间的状况。② 当前的分异状况主要是通过住房类型的差异来体现的，不同群体基于自己的消费能力和财富通过不同的住房类型来实现空间分异。③

在传统单位制社会里，城市住房是作为一种福利分配给城市居民的，住房不平等主要发生在占据人口大多数的一般群众与少数单位制的"再分配精英"之间。④ 伴随着20世纪90年代的财政分权改革，地方政府纷纷实行土地财政，原有单位主导的住房分配体制也发生重大改变，城市居民不再依靠单位进行福利分房，而是通过市场交易来获得，出现了所谓的"住房地位群体"。⑤ 住房阶级是指社会阶层结构中处于上层的人群，同时也占据着高品质的社会住房，⑥ 住房对阶层认同发挥着非常显著的作用，⑦ 优势上层群体往往拥有高品质、大

① McKenzie, E., "Constructing the Pomerium in Las Vegas: A Case Study of Emerging Trendsin American Gated Communities", *Housing Studies*, Vol. 20, 2005, pp. 187 – 203.

② 秦红岭：《如何认识居住空间分异?》，《人类居住》2017年第3期，第52—55页。

③ 张海东、杨城晨：《住房与城市居民的阶层认同——基于北京、上海、广州的研究》，《社会学研究》2017年第5期，第39—63页。

④ 梁翠玲、赵晔琴：《融入与区隔：农民工的住房消费与阶层认同——基于CGSS 2010的数据分析》，《人口与发展》2014年第2期，第23—32页。

⑤ 李强：《转型时期城市"住房地位群体"》，《江苏社会科学》2009年第4期，第42—53页。

⑥ 张海东、杨城晨：《住房与城市居民的阶层认同——基于北京、上海、广州的研究》，《社会学研究》2017年第5期，第39—63页。

⑦ 张文宏、刘琳：《住房问题与阶层认同研究》，《江海学刊》2013年第4期，第91—100页。

面积的住房。<sup>①</sup> 这些社会住房在物理空间上表现为高品质的门禁社区，它们通过围墙、门禁设备以及小区安保人员防止陌生人进入。<sup>②</sup> 在城市空间除了单位公房和商品房等社会住宅外，也有许多动迁房和经济适用房等保障性住房，它们是为了满足中低收入群体需要而建设的住房，但保障性住房往往选择在各种配套设施都比较滞后的郊区。以杭州的公租房空间分布为例，他们在区位选址上往往呈现交通不便、位置较远、职住分离、居住区分布集中等特征。<sup>③</sup> 李强、李洋通过对一个新建社区的回迁户和商品房住户进行研究，发现两种群体通过空间分异后，群体社会分化程度被强化，如果没有明确的政策干预，居住空间分异和社会距离的问题会变得更严重，甚至加剧社会分化。<sup>④</sup>

传统居住空间分异主要研究居住空间规划与阶层分化的关系，1998 年开始的住房改革，导致了高中低住房群体的分异，城市核心区被商品房社区和高档商业占据，弱势群体逐步位于边缘化和郊区化的保障型社区，<sup>⑤⑥</sup> 从而为大量潜在的群体性事件提供斗争动力，但国内很少有人研究居住空间分异与微观的社区冲突的关系，本书将在实证分析里阐明居住空间差异与社区冲突的关系。

### （二）居住区空间混合度与社区冲突的实证分析

1. 数据来源

本书在 2014 年和 2016 年的上海市综合社会调查的 67 个社区的

① 边燕杰、刘勇利：《社会分层、住房产权与居住质量——对中国"五普"数据的分析》，《社会学研究》2005 年第 3 期，第 82—98 页。

② Blakely, E. J., Snyder, M. G., "Fortress America: Gated Communities in the United States", *Contemporary Sociology*, Vol. 65, No. 4, 1998, pp. 192–195.

③ 茹伊丽、李莉、李贵才：《空间正义观下的杭州公租房居住空间优化研究》，《城市发展研究》2016 年第 23 卷第 4 期，第 107—117 页。

④ 李强、李洋：《居住分异与社会距离》，《北京社会科学》2010 年第 1 期，第 4—11 页。

⑤ 陈鹏：《城市治理困境的生成与消解——基于城市空间的视角》，《安徽师范大学学报》（人文社会科学版）2018 年第 46 卷第 4 期，第 105—110 页。

⑥ 李斌、王凯：《中国社会分层研究的新视角——城市住房权利的转移》，《探索与争鸣》2010 年第 1 卷第 4 期，第 41—45 页。

基础上，从 58 同城、链家等国内知名房地产网站查找 67 个小区的社区类型，然后结合调查员对社区情况的访谈，把 67 个社区划分为四个类型：商品房、单位房、保障房（动迁房、经济适用房等）以及上海的传统住宅里弄。

2. 实证分析

在 2014 年和 2016 年的问卷调查中，有一个问题是是否有邻里冲突，因为邻里关系是在社区中发生的，客观上反映了社区冲突情况。本书用 SPSS 22.0 对是否有邻里冲突和社区名称作交叉分析，每一个社区样本中反映的冲突量与社区样本数之比作为因变量，用于估计一个社区的社区冲突频率，然后把不同的社区转化成不同的社区类型，如图 8.7 所示。

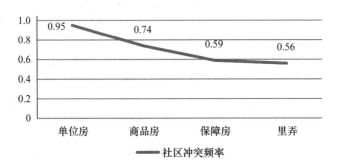

图 8.7　不同类型居住区的社区冲突比较

单位公房社区的社区冲突频率最高，为 0.95；商品房其次，社区冲突频率为 0.74；保障房和里弄的社区冲突频率最小且相当，分别为 0.59 和 0.56。市场经济体制下，传统单位制分房继承了改革前的住房分层秩序，而且构建了一种以财产为基础的新的住房秩序。[1] 使得单位社区可以凭借自己的资源同社区的相关利益者进行博弈，从而引起社区冲突。商品化住房的社区冲突频率紧随着单位公

---

[1]　李强、王美琴：《住房体制改革与基于财产的社会分层秩序之建立》，《学术界》2009 年第 4 期，第 25—33 页。

房社区，城市业主阶层自身具有的身份特质就决定了在一定程度上要维护自己的合法权益。① 商品房的物业纠纷具有普遍性，业主也经常用上访和游行来维护自己的合法权益。② 保障房社区和里弄社区的社区冲突频率相对较低。在保障房和里弄社区中居民间的邻里冲突较少与居民的居住时间、认同感和情感联结相关。③④

考虑到上海市不同小区的居住空间分异情况，对于里弄和保障房的住房群体来说，侧重于生活消费偏好型，居住区规划应考虑商业配套，规模开发，提高中低档社区的公共资源配置水平，⑤ 满足居民的日常需求。对于单位公房和商品房社区来说，主要侧重于环境营造和品位提升，居住密度和容积率不宜过大，应当注重小区的生态建设。⑥

对于里弄而言，里弄是上海目前人均居住面积小、居住密度大、外来移民多的居住地块，上海将保留 730 万平方米的里弄建筑，⑦ 在既定目标确定后，既要保护好里弄的风貌，也要改善里弄的居住环境，实现里弄居住功能的提升，使里弄的居住功能与上海的城市发展阶段相匹配，成为上海居住空间的重要组成部分。⑧⑨

---

① 王刚、宋锴业：《基于邻避运动视域的中产阶层功能重新审视——以 R 市的"核邻避运动"为例》，《河海大学学报》（哲学社会科学版）2017 年第 19 卷第 4 期，第 74—82 页。

② 唐亚林：《"房权政治"开启中国人"心有所安"的新时代——评吴晓林新作〈房权政治：中国城市社区的业主维权〉》，《经济社会体制比较》2016 年第 6 期，第 190—194 页。

③ 赵捷、吴昊、高思航：《基于房地产视角的大城市保障性住房经济空间环境研究——以武汉市为例》，《城市建筑》2018 年第 23 期，第 67—71 页。

④ 张俊：《上海里弄认同的多层线性分析与政策建议》，《住宅科技》2018 年第 4 期，第 54—61 页。

⑤ 侯丽鸿：《谈城市居住空间分异现状及其规划调节思路》，《山西建筑》2012 年第 38 卷第 33 期，第 11—13 页。

⑥ 曹嵘：《城市居住区位研究——以上海市中心城区为例》，硕士学位论文，上海师范大学，2003 年。

⑦ 吴宇：《上海将保留 730 万平方米传统里弄住宅》，2017 年 9 月 18 日，http://www.xinhuanet.com/local/2017-09/17/c_1121677816.htm。

⑧ 张俊：《上海里弄风貌传承与居住满意度提升》，《上海城市管理》2018 年第 27 卷第 5 期，第 75—81 页。

⑨ 张俊：《老城区旧里弄的文化功能转化与再造——以上海为例》，《上海城市管理》2016 年第 25 卷第 4 期，第 31—34 页。

对于保障房而言，上海的大型保障房社区出现在嘉定、宝山等区①，当前上海保障房体系中，共有产权住房和动迁安置房比例较大，廉租房和公租房占有比例偏少，无法保障中低收入群体的住房需要，②2014 年和 2016 年调查的 67 个社区中也证实了相关研究，其中有三个小区"馨佳园八街坊，九街坊和十二街坊"都属于动迁安置房，保障房社区还存在空间集聚的特点，③其交通、医疗、教育等服务设施均落后于中心城区，而且通勤上下班也面临着职住分离状况，势必会引起心理不适，从而加剧社区层面的冲突。因此有研究提出拓宽保障房供给模式，优化现有保障房结构以及合理规划保障房区域，形成良好的居住环境，提升居民的居住满意度。④

一般认为，商品房社区居民在住房地位群体中处于较高阶层。⑤市中心的商品房社区环境和住房条件一般较好，由于房价较高，社区少有低收入群体。但郊区的商品房社区类型比较多，存在低收入群体聚集的情况。孙立平提出"大混居，小聚居"模式，来减少社会距离促进阶层融合。⑥龚海钢提出减小社区规模、奉行以人为本的规划理念以及增加小区的服务设施来打破阶层的隔离，降低居住分异造成的影响。⑦万勇、王玲慧提出建构多中心组团式的城市结构、

---

① 张汤亚：《我国大中城市实行混合居住的必要性及其规划模式探讨》，《住宅科技》2012 年第 32 卷第 3 期，第 1—6 页。

② 静嘉：《上海保障房社区管理发展研究》，《上海房地》2018 年第 12 期，第 46—51 页。

③ 李梦玄、周义：《保障房社区的空间分异及其形成机制——以武汉市为例》，《城市问题》2018 年第 10 期，第 77—84 页。

④ 静嘉：《上海保障房社区管理发展研究》，《上海房地》2018 年第 12 期，第 46—51 页。

⑤ 李强：《转型时期城市"住房地位群体"》，《江苏社会科学》2009 年第 4 期，第 42—53 页。

⑥ 孙立平：《"大混居与小聚居"与阶层融合》（2006 - 06 - 14），[2019 - 01 - 10]，http：//www. aisixiang. com/data/9867. html。

⑦ 龚海钢：《从"分异"走向"融合"——"大混居、小聚居"居住模式的思考》，《消费导刊》2007 年第 14 期，第 236—236 页。

增加混居的可能性来促进城市融合。① 空间分异不仅是外部结构强加的结果，也可能是各地位住房群体自愿选择的结果，因此解决社区冲突问题，不仅要从政策上思考改进，而且要从空间隔离上予以努力，在城市规划理念中突出交往型规划的理念，让中高档社区的人群和弱势群体能够在"生活世界"和"公共圈"相互适应理解。②③

# 六　社区冲突的社会后果

## （一）社区冲突的积极后果

### 1. 有利于实现基层治理现代化

社区冲突就意味着基层的社区治理存在相应的问题，就需要在制度层面不断创新来改进基层治理方式，努力实现基层治理能力和治理体系现代化。冲突与治理是国家治理能力与体系的核心组成部分，是习近平新时代中国特色社会主义思想的精髓所在，是我们党和国家治国理政的重要方针之一。社区作为国家治理的基本单元，社区治理现代化推进一步，国家治理现代化才会迈开一大步。想要实现基层治理现代化，就是要以打造共建、共治、共享的社会治理格局为目标，要以提高人民群众的参与感和获得感为支撑，要以基层党建为重要抓手，要以破解社会流动与分化的现实问题为突破，要以基层党建机制创新来凝聚党心、民心，通过打造群众广泛参与的治理机制，推进基层社会治理现代化。④

部分学者从社区的具体问题出发，提出一系列有利于提高基层治

---

① 万勇、王玲慧：《城市居住空间分异与住区规划应对策略》，《城市问题》2003 年第 6 期，第 76—79 页。

② 刘冰、张晋庆：《城市居住空间分异的规划对策研究》，《城市规划》2002 年第 26 卷第 12 期，第 82—85 页。

③ 陈云：《居住空间分异：结构动力与文化动力的双重推进》，《武汉大学学报》（哲学社会科学版）2008 年第 5 期，第 744—748 页。

④ 滕文炜：《基层社会治理现代化：时代逻辑与路径选择——基于社区治理的文本分析》，《传播力研究》2018 年第 18 期，第 1—3 页。

理能力的路径方案。倪赤丹基于深圳新围社区调查，提出通过构建社区利益共同体，再造社区权威，培育社区自治组织、建设社区居民参与机制，实现基层治理体系和治理能力现代化。[①] 杨丽梅、靳永雷以攀枝花市东区大渡口街道社区为例，提出党建和自治组织在市区治理中的重要性。街道社区结合自身实际，抓好非公企业党建工作，凸显党员先锋作用，使群众自治性组织成为党政联系人民群众的纽带和桥梁。[②]

冲突与治理并行不悖，社区治理就是不断遇到新问题，想出新方案，提出新思路，从而不断提高基层治理能力，建立全方位的治理体系。建设好、培育好基层社区，为实现国家治理现代化的重中之重，是国家治理能力和体系的基本环节和重要节点。抓好基层社会治理，解决社区层面的问题与矛盾，建立相应的制度规则来建立基层治理体系，才是民心所向、题中之义。

2. 有利于培育公民社会

社区冲突可以为培养共同体意识提供条件。通过相关利益和事件的聚焦，让每一个与社区利益息息相关的居民关心社区的发展，积极参与社区的治理。赵守飞、陈伟东认为要想建设好公民社会，首先要建成公民社区。[③] 如果一个人对自己相关的社区置若罔闻，不关心社区的公共事务，还想让他承担更大的公民责任，确实不太现实，只有调动社区居民的积极性，培养公民的主人翁意识，使其参与社区公共事务的决策中，才能为创建共同体提供平台。

社区冲突有利于把握两对关系。王颖认为中国公民社会崛起由两条线索组成，第一条是由政府自上而下主导的放权改革和住房建设构成，主要涉及街道、居委会等利益主体。第二条是由业主自下而上主

① 倪赤丹：《基层社区治理体系与治理能力现代化的路径选择》，《特区实践与理论》2015 年第 3 期，第 105—109 页。
② 杨丽梅、靳永雷：《基层治理能力现代化的实践和展望——以攀枝花市东区大渡口街道社区为例》，《四川行政学院学报》2016 年第 4 期，第 89—91 页。
③ 赵守飞、陈伟东：《公民社区建设和中国现代化之路——兼评〈建构中国的市民社会〉》，《甘肃社会科学》2013 年第 2 期，第 139—142 页。

导推动的民主治理改革构成，涉及社会保障改革和住房改革兴起的业主和物业管理组织。① 王芳指出不同类型的社区，公民社会的形态和程度也是不一致的，不同的公民社会也会选择不同的治理模式。② 同时还可以表示同一个城市不同发展程度的社区类型：公民社会兴起阶段、形成阶段、成熟阶段。社区冲突一般发生在公民社会兴起和形成的阶段，这两个阶段可以先后通过政府主导以及政府与社会合作的社区治理模式来促进公民社会的培育。李友梅指出公民社会要处理好两个方面的关系，第一，公民社会要求实现社区共治；第二，要把握好公民社会的微观基础，如果不能把握好两者的关系，就很容易造成社区冲突。③

　　社区冲突对于促进公民社会的发育还有很多案例说明，比如张敏杰以杭州 F 社区为例揭示了住房改革对国家社会关系所产生的影响，借助个案分析试图找到影响居民社区参与的可能原因，并梳理出 F 居民社区参与过程中所反映出来的公民社会特征。④ 聂洪辉认为公民社会的形成不仅表现为公民权利意识的觉醒，而且还取决于公民社会的目标是否有公共议题的更高层次的价值追求，是否在追逐个人利益的时候，将社会利益统一起来。⑤ 崔晶对厦门 PX 事件和广东番禺邻避冲突事件做了一个对比分析，厦门最大的环保组织厦门绿十字虽然参与市环保局组织的环评报告，但对街头抗争行为却采取了不闻不问的做法，这完全不符合公民社会的角色，而不在会江村附近建立垃圾场后，部分业主仍然没有停止抗争的步伐，呼吁政府不要把垃圾焚烧厂建在其他地区居民的后院，这种抗争行为从不在我家后院，到不在所有居民的后院，空间性的超越表明了居民集体行动公民学习能力的增

　　① 王颖：《公民社会在草根社区中崛起》，《唯实》2006 年第 10 期，第 45—49 页。
　　② 王芳：《公民社会发展与我国城市社区治理模式选择》，《学术研究》2008 年第 11 期，第 68—72 页。
　　③ 李友梅：《社区治理：公民社会的微观基础》，《社会》2007 年第 27 卷第 2 期。
　　④ 张敏杰：《住房改革进程中的公民社会发育——以杭州 F 社区为例》，《浙江社会科学》2008 年第 5 期，第 30—35 页。
　　⑤ 聂洪辉：《业主维权、公民精神与公民社会》，《宜宾学院学报》2015 年第 15 卷第 9 期，第 47—55 页。

强，从维护自身权益到关注更大程度的权益，说明公民与政府之间存在一种良性互动，① 可能正如俞可平所说善治就是实现自上而下和自下而上的互动治理，有效沟通是关键，会为公民社会提供一定的借鉴基础。②

3. 有利于制度的渐进性变迁

城市社区冲突有利于制度的渐进性变迁，渐进变迁是分步骤实施的，一方面对以前的制度进行路径依赖，另一方面又创新社会管理模式，实现社区变革。制度均衡由诺斯提出，无论制度如何变迁，不会给任何团体或个人增进额外的利益。③ 结合我国社区建设和社区冲突的现状，社区冲突的实质更多是由物质利益冲突引发的社区问题，现阶段的社区治理显然没有实现帕累托最优，所以需要制度变迁。王敬尧以武汉市江汉区社区建设为例，认为我国社区建设的实质就是城市社区制度变迁的过程，用市场经济体制下的治理模式取代计划经济施带的单向性行政管理体制。④ 这种新型治理体制即为互动合作制度体制。他把互动合作体制划分为五个阶段。第一阶段，社会转型时期会出现一系列社会冲突和矛盾，中央政府要求地方维护社会稳定的压力开始与居民为解决自身问题而引发的社会冲突相遇。第二阶段，政府回应阶段，基层政府意识到制度变迁是唯一可能的路径选择，这一阶段是多方互动的结果。第三阶段，地方政府的制度变迁往往是渐进性的，其是否有推广意义，往往取决于中央和省级政府的认可程度。第四阶段，地方政府在制度设计和创新当中开始发挥主要角色，地方政府开始动员社会大众，以求获得民众支持。第五阶段，从试点到推广。好的制度设计从区域向全国推广，从而激发社会活力。

---

① 崔晶：《中国城市化进程中的邻避抗争：公民在区域治理中的集体行动与社会学习》，《经济社会体制比较》2013 年第 3 期，第 167—178 页。

② 俞可平、李景鹏、毛寿龙等：《中国离"善治"有多远——"治理与善治"学术笔谈》，《中国行政管理》2001 年第 9 期。

③ 杨光斌：《诺斯制度变迁理论的贡献与问题》，《华中师范大学学报》（人文社会科学版）2007 年第 46 卷第 3 期，第 30—37 页。

④ 王敬尧：《"互动合作"的制度变迁模型——以武汉市江汉区社区建设为例》，《华东师范大学学报》（哲学社会科学版）2005 年第 37 卷第 5 期，第 18—24 页。

国内外关于社区的制度变迁对中国社区建设和社区治理有很好的启示意义。吴晓林对中国台湾社区建设政策的制度变迁进行研究，以期对转型期中国大陆的社区冲突和社区治理提供借鉴意义。20 世纪 90 年代以后台湾地区的社区营造政策注重政府层面和社区层面的相互配合，社区营造的社区层面由社区自主完成，而执行层面由政府来掌舵。① 申语顺、刘大宇以制度变迁的视角分析瑞典学习圈模式在中国社区治理的作用。学习圈提供给公民聚会和社交的地方，通过平等参与，共同协商，广泛参与，促进社区公民间的信息和资源共享，才能为民主打造一种创新、活力的平台。② 制度变迁是一个过程，借助国内外社区制度变迁的先进经验，结合城市社区的不同发展阶段和不同类型，才能找到适合自己发展的生存土壤。

**（二）社区冲突的消极后果**

1. 不利于和谐社区建设

建设和谐社区不仅可以巩固基层政权，而且从长远看也可以实现社会稳定。目前我国处在改革的深水期和转型期，社区层面出现的各种冲突表明当前的社区居民自治还未能适应构建和谐社区的需要。社区冲突如果没有得到有效治理，将在和谐社区建设的若干方面产生影响。不利于居民的政治参与，不利于社区利益的一致化，不利于巩固党在基层社区的执政基础。

第一，不利于居民的政治参与，社区冲突激化只会让居民用脚投票，随着城市化和工业化建设的加快，居民随着社会经济地位的提高，政治参与的热情也不断提升，社区冲突一方面反映了社会问题在基层社区的矛盾，另一方面也反映了居民的维权意识和权利意识不断提高，如果社区冲突没有解决好居民政治参与的正常渠道，没有建立正常的制度参与规则，社区冲突就会极容易演变为群体性事件，不利

---

① 吴晓林：《台湾地区社区建设政策的制度变迁》，《南京师范大学学报》（社会科学版）2015 年第 1 期。

② 申语顺、刘大宇：《瑞典"学习圈"模式在中国社区治理中的应用——基于制度变迁的视角》，《管理观察》2014 年第 24 期，第 146—149 页。

于经济社会的长远发展和社会的稳定。

第二，社区冲突导致社区利益分化严重。随着单位制的解体，国家对社区服务、社区建设、社区治理的政策强调，引发新一轮的社区治理的狂潮。目前社区层面存在三种业态：自治组织、行政组织、专业组织。他们分别代表社区业主委员会、居民社区自治组织以及由业主委员会委托授权的物业管理组织。社区冲突如果没有得到有效解决，社区层面的治理基本会出现无序层面。社区冲突的利益分化包括居民与居委会之间，居委会与业委会之间，业委会与物业之间以及三种组织之间的矛盾。在居民与居委会之间，原因是居委会的角色错位使其成为基层政权的行政末梢神经，承担了太多不该承担的社会管理职能，也没有相应的行政权，以至于在处理居民社区问题时表现得无能为力。比如李正东针对当前的基层政治生态，对上海市 P 区 M 风波事件的清真拉面馆的社区污染的纵深研究，发现社区居委会作为社区的自治组织，是服务于广大社区居民的，但在调解社会冲突的过程中又没有赋予相关的权责，以至于使普通的社区矛盾上升为民族矛盾。居委会与业委会也会出现利益分化，社区居委会是法定的群众性自治组织，协助街道治理各种社区问题，提供各种社区服务，而业委会是业主自我选举产生的委员会，其选举程序和职权行使时，可能会受到居委会的干预。① 杨淑琴关于上海市 LJ 社区长期无序管理的研究发现，作为基层政府的行政末梢神经和基层政府如果干预不当或者越位干涉，将会妨碍社区治理。②

第三，不利于巩固党在基层社区的执政基础。社区居民是党的群众基础和依靠力量，社区党组织也是党在城市党建的主要依托。社区冲突如果没有得到合理解决，社区的组织建设就不可能得到加强，党的各种路线、方针、政策就很难传达到群众中去，党群关系就会出现

---

① 李正东：《城市社区冲突：强弱支配与行动困境——以上海 P 区 M 风波事件为例》，《社会主义研究》2012 年第 6 期，第 90—96 页。
② 杨淑琴：《从业主委员会的自治冲突看社区冲突的成因与化解——对上海市某社区冲突事件的案例分析》，《学术交流》2010 年第 8 期，第 124—127 页。

冲突和矛盾，党组织无法把群众团结在基层党组织和政府周围，从而对党在城市中的组织基础和群众基础产生威胁，从而削弱党的执政地位。①

2. 对基层政权的合法性构成挑战

政权的合法性指的是民众对政权的支持度，关于合法性，韦伯、哈贝马斯、亨廷顿等人都有相关著述。马克斯·韦伯将政权的合法性分为：基于传统的合法性、基于卡里斯玛型领袖的合法性以及基于法理型权威的合法性。在韦伯眼里，传统的合法性是基于传统习俗以及长者权威的基础，一般发生在世袭王朝或村落的老人政治；卡里斯玛型权威是基于对领袖超凡魅力和特殊的政治信任而建立的政治统治；法理型统治是建立在规则和法律的基础上，人们服从的不是习惯与风俗，也不是领袖权威，而是来自内心对法律的遵从。韦伯认为一个政治社会平稳运行的关键就是要建立法理型社会，这样的政权才具有合法性。② 哈贝马斯对合法性危机的论述最具经典，哈贝马斯认为合法性危机在任何政权社会都存在，古代社会、现代社会如苏联、威权政体都具有合法性危机，即便是资本主义社会，也有合法性危机。③ 亨廷顿从社会变迁的角度谈政权的合法性问题，现代化意味着不稳定，而现代性意味着稳定，社会革命往往发生在从传统向现代过渡的现代化阶段，工业化、城市化的发展，识字率的提高，人们权利意识的觉醒对民主的需求相应提高，而滞后的政治建设无法满足人们日益增加的政治参与需求，政治参与对一般民众出现参与真空地带，底层民众的政治需求无法得到满足，政权的合法性就会降低，随即会出现对政治的冲击与破坏。④

在我国 20 世纪社区服务和社区建设的浪潮中，基层政权出于对

① 王建祥：《夯实基层政权基石 努力构建和谐社区》，《甘肃理论学刊》2005 年第 10 期，第 21 页。

② R. 马丁、罗述勇：《论权威——兼论 M. 韦伯的 "权威三类型说"》，《国外社会科学》1987 年第 2 期，第 30—32 页。

③ 李莉琴：《试论哈贝马斯合法性理论》，《前沿》2005 年第 10 期，第 50—52 页。

④ 邹静琴、谢俊平：《现代性获取危机与社会稳定：亨廷顿 "差距理论" 及对当代中国的启示》，《社会科学家》2009 年第 6 期，第 38—41 页。

社会稳定的考虑，一般会依据行政强权对基层的社区冲突进行压制，就会造成部分利益主体的利益受到损害，闹访、上访以及恶性群体性事件对基层政权的合法性进行一定程度的冲击，降低了基层民众对基层政权的政治信任，基层政治生态呈现差序政治信任，人们只信任上级政府，而对同级政府的权威和合法性进行质疑。第一，从价值观来说，社区冲突打破了公众对传统意识形态的信奉，社区冲突一般呈现利益导向，当居民的利益受损，而无法通过正常的渠道进行解决时，基层党政机关、宣传部门在社区宣讲的意识形态，政策法令都会失去效力，从而产生对基层政权权威的质疑。① 第二，社区冲突会对传统街居制的治理方式提出挑战，社区冲突问题一定程度是居委会的角色错位问题。街居制的传统治理社区的方式已经无法适应现代基层社会的发展，随着单位制社区的瓦解，城市社区的空间发展逐步多元化，出现了不同的利益主体。比如业主委员会以及业主委员会委托授权的物业管理公司、传统的街居组织以及各种社区组织，居委会虽然在法律文本层面是居民自我教育、自我管理、自我服务的基层群众自治性服务组织，但受基层党政机关的管辖和指导，实际上在一定程度上已经成为基层政权的行政末梢神经，尤其是现在对社会稳定的强调，基本上下放给居委会来解决，可居委会在调节社区冲突中往往杯水车薪，很难发挥作用，居民就通过对居委会的不信任引发对基层政权合法性的政治不信任。第三，社区冲突对当前的立法工作提出挑战。1954 年制定的《街道办事处组织条例》和 1989 年颁布的《居民委员会组织法》，已经不能满足当前基层社会治理的基本需求。现有关于社区的立法建设很滞后，制度建设落后于社区建设，也是当前社区立法中存在的严重问题，导致社区冲突缺少法律法规的指导，而引发各种社会问题。

3. 诱发社会集体行动的产生

21 世纪初孙立平在访问法国后，提出断裂社会这个概念，断裂

---

① 马纾：《建设社会，还是建设政权？——从政权合法性角度看当前的社区建设》，《学海》2006 年第 3 期，第 36—39 页。

的社会区别于多元的社会，在一个断裂的社会中，社会中各个部分的诉求很难统一，有时可能会达到一种难以理解的程度，管理这样众口难调的社会会相当困难，特别是在社会转型阶段，政府只能集中精力解决某方面的问题，就很容易忽视某些群体的要求，一旦无法对某些利益群体的诉求提出回应，社会冲突就很可能演化为大的社会运动。①关于集体行动和社会行动两个概念，有学者根据是否具有组织性做了明显区分。前者是自发性的，后者是组织化的，共同点都是制度化的一种抗争行为，如果一个国家没有将社会冲突包括社区冲突在内纳入制度化的解决轨道，发生大规模、有强烈破坏性的集体行动或社会运动就很有可能。②

　　涉及具体的住房建设改革，郭于华、沈原、陈鹏等人在《居住的政治》中写道，伴随着住房商品化，不同利益主体围绕居住空间的社会分化和利益博弈趋于显著，这一利益博弈和社会抗争揭示了国家、市场、社会之间的互动关系，他们将围绕住房利益进行的社会抗争划分为五大类型：失地农民抗争、拆迁抗争、争取私有产权的抗争、保护文化遗产的社会行动以及业主维权和社区自治运动。其中他们将目光聚焦在城市老住户的抗拒拆迁行动、新建商品房小区各类业主维权行动以及社区自治组织的建立与努力三个方面，这些抗争行为都具有一种共同特征：行动的公共性，居民权利意识的觉醒，出于维护自身权益的需要而进行的社会抗争。③原珂认为社区冲突的恶化升级往往发生在一个临界点，从利益诉求引发的社区冲突演变为一种认同冲突。④很多社区冲突刚开始只是单纯的利益诉求，经过多方利益主体的调解无效后，逐渐演化为带有利他性的政治诉求，从而使冲突发生质的变化。原珂以北京阿苏卫建垃圾焚烧事件为例，对社区冲突的扩

---

①　孙立平：《我们在开始面对一个断裂的社会?》，《经济管理文摘》2004 年第 7 期，第 36—39 页。

②　赵鼎新：《社会与政治运动讲义》，社会科学文献出版社 2018 年版，第 2—3 页。

③　郭于华、沈原、陈鹏：《居住的政治》，广西师范大学出版社 2014 年版，第 17—25 页。

④　原珂：《城市社区冲突的扩散与升级过程探究》，《理论探索》2017 年第 2 期，第 42—51 页。

散升级进行一个解说，在北京昌平的阿苏卫反垃圾焚烧事件中，100多名来自奥北等社区的居民因反对自家后院修建垃圾焚烧厂，而计划在举办2009年北京环境卫生博览会的农业展览馆集结，但恰逢中华人民共和国成立六十周年，现场出于维护稳定的需要，多名居民被带走。这一事件后，一部分居民退出维权之路，另一部分居民开始踏上维护自己人身、精神权益的政治抗争之路。当前的业主维权冲突虽然总体温和可控，但是社区冲突随时都有升级为结构冲突的可能。[①]

## 七　本章小结

在当前的市场化机制下，制定合理、公平的居住区规划社会影响评价是必要的，在住房群体阶层分化的情况下，居住区规划要坚持公平、正义的原则，保护弱势群体的利益，防止潜在社会风险的发生。当前的居住区规划一定程度上是政府政策指向和人们自主选择的产物，居住区的区位、规模、密度以及类型等空间结构因素不同程度地影响着社区的邻里关系和社区认同，制造着各种社区冲突和矛盾，即空间结构在某种程度生产着各种社区冲突。通过研究当前社区中关键空间因素对社区冲突的社会后果，从而为提供科学、合理的居住区规划社会影响评价提供宝贵建议。

城市社区冲突是指发生在城市社区的具体场域范围内，不同利益主体围绕城市社区内具有公共属性的事件而展开的显性的、激烈的、对抗性的冲突，一旦没有及时解决利益受损者的矛盾问题，就可能造成严重的社会后果，诱发社会运动的产生。表现为冲突范围、冲突主体、冲突事件、冲突形式、冲突后果等五个特征。国外的社区冲突研究一般站在宏观的社会结构层面分析社区冲突发生的原因、演进机制等，国内的社区冲突研究汲取了国外社区冲突研究好的理论资源，逐渐从宏观向具体的社区层面研究社区冲突，但局限于未能从关键的空

① 吴晓林：《中国城市社区的业主维权冲突及其治理：基于全国9大城市的调查研究》，《中国行政管理》2016年第10期，第128—134页。

间因素出发分析社区冲突的原因。国内在看待社区冲突问题上一般也站在维稳的视角提出社区治理的观点，如何正确看待社区冲突，影响着未来社区生态的发展。社区冲突从积极的社会后果来说，有利于提高基层治理能力，实现基层治理现代化；有利于培养公民意识，塑造公民社会；有利于健全和完善社区层面的制度和规则，促进制度的渐进性变迁。但是一旦没有考虑好社区层面利益受损者的利益，就会引发社区冲突，不利于建设和谐睦邻社区，而邻里关系的破坏可能会诱发更大的社区冲突。对城市居住区进行科学、合理的空间布局，可以有效减少社区冲突的发生。

　　本章以2014、2016年同济大学社会学系完成的社区调查为基础，分析上海市社区冲突的发展研究现状，研究发现上海市的社区冲突存在以下特征。第一，冲突因互动而产生，社区居民的交往场所一般在社区的公共场所进行，社会交往越频繁的地方越容易滋生社会冲突。第二，冲突程度空间分布和参与不均衡，不同区位的社区冲突类型是不一样的，以停车位为例，上海市中心城区因停车位纠纷引起的社区冲突几乎是郊区的两倍，冲突的参与程度也不一样，不同利益主体结合自己的利益受损程度选择是否进入社区冲突。第三，冲突可控但可能升级，大部分社区冲突一般停留在利益冲突上，如果没有及时解决利益纠纷，就可能造成社区冲突扩散升级。研究还发现上海市的社区冲突是中低程度的，主要围绕社区公共空间展开利益博弈。具体表现如下：在社区区位层面，中心城区在停车位纠纷上更为突出，中心城区建设历史早，供应结构不合理，夜间停放车辆的停车位远远不能满足中心城区的需求；郊区因宠物进电梯引发的社区冲突居多，中心城区一般为老小区，好多小区没有安装电梯，而郊区多为新建小区，基本多为安装电梯的多层或高层建筑，容易滋生因宠物扰民的社区冲突；在社区规模及密度层面，社区规模和房价对社区冲突水平没有显著影响，而容积率对社区冲突水平有显著的正向影响；在社区空间混合度层面，本书主要从社区类型学划分上分析居住区空间分异，研究发现，单位社区和商品房社区易引发社区冲突，而动迁房、经适房等保障性住房和传统里弄存在较低程度的社区冲突。相较而言，传统里弄住宅的居民社区冲突可能性最低，这与居民的居住时间、邻里关系和社区认同等相关。

建立科学、合理的居住区规划影响评价，要结合上海市社区现状的实际，合理进行空间布局，减少社区冲突，针对不同区位，不同社区的密度、规模、面积等，以及不同的社区类型，因地制宜地进行科学的规划设计，提供多种样式的社区类型，满足不同阶层住户群体的需要，保障弱势群体的利益，减少因居住区规划不合理带来的消极社会后果。

# 第九章　城市居住区规划的社会影响机制

　　城市居住区规划是城市总体规划的重要组成部分，居住区是社会治理的基本单元，也是居民集聚、休憩的重要场所，城市居住区规划的好坏对城市社区治理、居民生活的便利度和幸福度，以及和谐社区的建设等具有重要影响。根据社会空间辩证法的观点，物质空间为个人的社会行为搭建了外在的行动框架，因此物质空间的规划影响居民的个人行为；同时，居民可以在既有的外在框架下进行积极的建构，赋予公共空间以一定的意义，形成公共空间与居民个人行为之间的有效互动。即居民的社区认同依赖于物质环境，但并不为物质环境所完全决定。通过对城市居住区规划的适当干预，可以促进社区融合、社区参与，避免社区冲突。为此，首先要探讨城市居住区规划的社会影响机制与路径，以便于提出城市居住区规划的社会影响评价模式，为城市居住区规划实践提供建议。具体而言，城市居住区规划差异的社会影响主要有四个方面。

　　第一，居住区空间规划影响居住区的空间分异程度。居住区规划在房屋质量、面积、公共区域以及配套生活设施等方面的规划差异将会吸引不同特质与资源条件的人群入住，进而形成居住区居民在财富能力、个人素质、社会网络资源等方面的差异与类聚，"物以类聚，人以群分"，从而形成实质上的居住分异现象。居住空间分异则会进一步加剧阶层分化，如果没有必要的公共服务配套设施以及阶层流动机制，居住空间分异则可能会通过代际传递机制演变为阶层固化现象，进而拉大贫富差距，激化社会矛盾，影响社会稳定与发展。

第二，居住区规划差异影响邻里效应的作用发挥。邻里效应一般是指邻里居民具有某些方面的特征，这些特征会对其他居民造成社会经济结果方面的影响。[①] 高档住宅区一般聚集着富裕群体居民，而棚户区或大型居住区则是经济条件相对较差的居民的聚集区。一些高档住宅区一般具有较为严格的门禁设置和安保设施，通过围墙等与外界社区相隔离，在子女教育、课外活动等方面高档住宅区和一般居民小区的居民之间都存在较大的差异。城市是一个陌生人社会，邻里的某些特征和小区的人文社会环境在某种程度上影响着小区居民的社会资本积累。高档住宅区的居民在个人素质、受教育程度、财富资源、文化资源等方面都具有优势地位，通过社会互动机制等邻里效应的作用机制，优势资源可以在小区内部进行再生产；类似地，贫民区或棚户区的居民在财富资源、文化资源、个人素质和教育资源等方面相对缺乏，通过邻里交往的过程，劣势资源也在小区内部进行再生产，从而进一步加大了高档小区和贫民区居民在社会资本方面的差距。

第三，城市居住区规划差异直接对社区营造产生影响。社区是一个社会学概念，一般而言，社区是指在一定区域内聚集的有共同的价值认同和情感纽带的居民集合体。实现从一般意义上的"小区"到有温度的"社区"的转变就需要进行社区营造。简而言之，社区营造就是将一定区域内的居民聚集区建设成为以场所认同和情感关怀为核心纽带的社区共同体的过程。城市居住区规划就是进行社区营造的重要环节。传统的城市居住区规划是以政府和专业的规划师为主体进行的规划，以这种方式建设的小区具有强制性介入的特点，对配套设施配置和公共空间建设方面缺乏深度的关注，注重小区的居住功能，而对社区交往和公共活动缺乏考虑，不利于后期社区的建设与发展。良好的居住区规划应注重当地居民的意见和建议，在规划的过程中注重通过居民参与规划提高居住区规划的科学

---

① 盛明洁：《欧美邻里效应研究进展及对我国的启示》，《国际城市规划》2017 年第 6 期，第 42—48 页。

性、合理性和便民性，使居住区规划有利于社区居民的互动与社区
凝聚力的提升。

　　第四，居住区规划直接影响居民的生活品质。城市社区是城市居
民的主要活动区域，居住区规划直接影响居民生活的便利度、舒适度
等。随着人口结构的变化以及人们对生活质量的关注度的不断提高，
人们对居住区的设计以及相关配套设施的适配度要求不断提升。因
此，一般而言，居住区规划应坚持以人为本，同时在规划理念和设施
配套方面应具有长远眼光和超前意识，应考虑到社区居民的未来需求
以及社会需求的刚性变化特征。以居住区电梯问题为例，2000 年前
后，中国仍在建设无电梯小区，但随着人口老龄化的不断发展，老龄
化群体的出行问题日益凸显，无电梯小区的弊端日渐显现，严重影响
居民的生活品质与便利度。

　　根据国家统计局的数据，2017 年年底，中国城镇的常住人口数
量达到 81347 万人，比 2016 年底增加 2049 万人，城镇常住人口数量
占总人口的比重为 58.52%，比 2016 年底增加 1.17%。即便如此，
中国的城市化水平距离发达国家 80% 的城市化率还有较大距离，意
味着未来我国的城市化还有巨大的发展空间。[1] 随着城镇化的不断推
进，大量人口涌入城镇，居住在城市社区，对城市社区功能建设和社
区治理提出了挑战。此外，随着市场经济体制改革的不断推进，中国
城市空间结构发生了巨大的变化，单位制体制下职住合一的传统居住
模式逐渐转变为市场化的、自由选择式的新型居住模式。同时，城市
空间的集约、重组推动了城市地价的上升，导致住宅价格的升高，城
市更新和产业结构调整带动了郊区居住区的建设，出现了居住空间的
郊区化趋势[2]，城市中心区域因为具有完善的医疗、教育、文化娱乐
等公共服务，其住宅价格往往较高，从而在总体上形成了差异化的住
宅分配体系，客观上推动了社会阶层的分化。城市居住区规划作为影

---

　　① 《中国城镇化率升至 58.52%》，《人民日报》（海外版）2018 年 11 月 26 日，http: //
society. people. com. cn/n1/2018/0205/c1008 - 29805763. html。

　　② 曾文：《转型期城市居民生活空间研究——以南京市为例》，硕士学位论文，南京
师范大学，2015 年。

响城市社区居住功能完备度、影响社区融合程度以及居民幸福度和发展程度的重要方面，具有重要的研究价值和实践意义。总体而言，居住区规划对城市居民的居住空间分异程度、邻里效应的作用发挥、社区建设与社区营造的结果，以及社区居民的生活品质具有重要影响，并具有相应的社会影响机制。本章将围绕城市居住区规划的社会影响及影响机制进行研究。

# 一　居住空间分异的社会影响

居住空间分异是城市居住区规划差异的重要社会后果，同时也是城市居住区规划差异的重要社会影响机制之一。20 世纪 60 年代以后，随着生产资料的全球性流动，社会生产方式和经济结构出现了重大转折，影响着全球的城市化进程，同时也重塑着城市的空间结构安排，城市成为在经济、政治、社会生活等方面高度异质的空间，城市极化现象和马赛克现象不断发展，推动了割裂、多样化的社会空间结构的形成。就城市居住空间而言，出现了以门禁制度、围墙、安全设备等为标志的城市隔离社区。[①] 根据经验，如果居住区的居民越是集中于某一阶层或人群，房产买卖以及后期的物业管理中所涉及的合同交易、物业管理等方面的纠纷越少，居住区越易于进行管理。[②] 出于管理方便的需要，房产开发商更倾向于针对某一特定阶层或人群进行房产住宅的开发设计，并在营销等方面面向不同类型的人群进行相应隔离社区的推销。为了使利润最大化，开发商对高档的隔离社区往往设置了相对较高的房价，通过市场交易机制对低收入人群形成了挤出效应，最终使高端的隔离社区成为高收入人群的居住场所。此外，为了增加高档小区的吸引力，开发商往往在小区周边配置较好的私立学校、医院以及商场等，进一步对低收入人群形成隔离，使隔离社区成为中上层阶层

---

① 何艳玲、汪广龙、高红红：《从破碎城市到重整城市：隔离社区、社会分化与城市治理转型》，《公共行政评论》2011 年第 4 卷第 1 期，第 46 页。

② 同上，第 50 页。

的特有生活方式，成为满足中产阶级消费需求的特殊商品。[①]

实质上，隔离社区是城市居民在居住空间和生活方式上分异的外在表现，在居住空间上的隔离造成了居民在公共物品或公共服务方面的供给和消费的分异，高品质社区往往配置了较好的教育、医疗、文化娱乐等公共服务资源，与完善、高品质的公共服务更为接近，低品质的社区则往往与较差的教育、医疗、文化娱乐等方面的公共服务接近。在市场化的房地产交易机制下，高品质社区意味着房屋价格较高、生活消费较高，具有较强财力的人群才能够选择入住高品质社区，从而形成了以消费能力和财富能力为区分机制的社会分异现象，并通过社会交往的内卷化加剧了社会阶层的分化。社会阶层的分化以及居住空间的极化会增加低收入阶层的相对剥夺感，特别是当发生公共服务不足以及社会保障缺失等问题时，低收入阶层倾向于放大问题的原本影响，并以群体集聚的方式争取权益，极易引发群体性冲突或社会冲突。

### （一）居住空间分异与公共服务资源失配

居住空间分异主要是指具有不同特征的人群在居住空间上的分异现象。居住空间分异现象的形成具有多方面的原因，既有研究基于实证研究发现，城市规划以及政府政策的引导对于居住空间分异的形成起到结构性的作用，人群的自主选择则加剧了居住空间的分异程度。[②]包括教育、医疗资源在内的公共服务资源是居住空间的重要附加资源[③]，影响着人群对居住空间、居住区位的选择，同时居住空间的分异也影响着公共服务资源的分布，二者相互影响，相互形塑。本部分主要探讨基于城市居住区规划差异所形成的居住空间分异现象与公共

---

① McKenzie, E., "Constructing the Pomerium in Las Vegas: A Case Study of Emerging Trends in American Gated Communities", *Housing Studies*, Vol. 20, 2005, pp. 187－203.

② 孙卓：《居住与公共服务设施空间分异研究——以合肥市滨湖新区为例》，硕士学位论文，合肥工业大学，2016年。

③ 朱静宜：《居住分异与社会分层的相互作用研究——以上海为例》，《城市观察》2015年第39卷第5期，第98—107页。

服务资源分布的关系和影响。

城市规划基于公共利益对城市的土地使用进行安排，具有公共政策属性，其本身就是一项公共政策，[①] 在城市空间分布与区域发展结构以及资源调配等方面具有一定的政策指向性。就城市居住区规划而言，大型保障房社区、公共租赁住房以及廉租房等保障性住房形式是城市规划政策性指向的主要体现之一。保障性住房是为了满足中低收入群体居住需要而建设的住房，为了节省成本，这些保障性住房大多选址在城市的郊区，具有较大的规模和体量以及相对较低的价格。但保障性住房的郊区化区位选择同时也意味着教育、医疗、购物等配套设施的滞后。以上海市为例，为了稳定房地产市场，上海市政府推出了保障房建设计划，通过在郊区建设价格较低、集中居住的大型保障性住房基地，缓解城市居民的住房压力。上海市的大型居住社区具有位于城市郊区（图9.1）、规模较大，居民来源比较复杂且老弱群体占据较大比重，以及社区治理难度较大等特点。[②] 此外，茹伊丽等通过对杭州市公租房空间分布特征的考察发现，杭州的公租房在区位选址上呈现出位置偏远、交通便利度较低、职住分离、居住区分布集中、医疗教育等基础服务设施不健全等特征，并且在社区内部存在缺乏公共交往空间、社区共同体意识不足、与邻近社区和中心城区的联结较弱等问题，形成较为明显的居住空间分异与社会空间分异现象。[③] 郊区化虽然并不等同于公共服务缺乏，但一般而言，"郊区化"在很大程度上与公共服务缺乏具有较大的关联性，城市化的快速发展使城市政府首先关注于城市人群的居住需求，在居住区规划时虽然也有规划购物场所、学校等，但在实践中这些公共服务与配套设施往往滞后于居住区的建设。

---

① 汪光焘：《认真研究改进城乡规划工作》，《小城镇建设》2004年第28卷第11期，第14—18页。

② 孙荣、汤金金：《上海市大型居住社区精细化治理机制研究》，《上海房地》2017年第3期，第46—49页。

③ 茹伊丽、李莉、李贵才：《空间正义观下的杭州公租房居住空间优化研究》，《城市发展研究》2016年第23卷第4期，第107—117页。

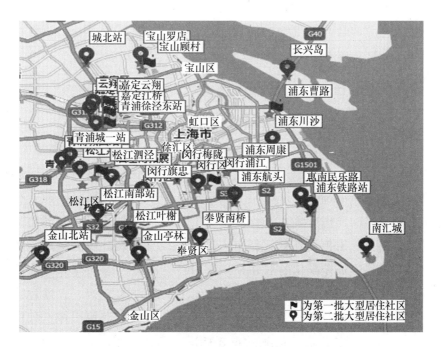

**图9.1　上海市大型保障性居住区大多选址在城市郊区**

从狭义层面来说，技术性是城市规划的本质属性，是支撑城市规划政策性的基础。① 城市居住区在房屋质量、面积和户型等方面的差异直接影响有居住需求的人群对居住区的选择，房屋的质量较好、面积适中或宽敞，以及户型适宜，在交易市场上表现为较高的房价，这类城市居住区的居民一般为经济能力较强的社会中上层阶层，占据着较好的教育、医疗以及文化娱乐资源，一般处于城市的中心区域或交通便利、环境资源优势明显的城市郊区，具有完善的公共服务资源；相对而言，较差的房屋质量、较小的面积以及较差的户型则意味着相对较低的房价，这类居住区的居民一般是经济能力较弱的社会中下层阶层，其所居住的社区周围的公共服务资源并不完善，交通条件相对较差。由于居住空间的分异，城市居民在居住区区位和居住区房屋质

———————————

① 石楠：《城市规划政策与政策性规划》，博士学位论文，北京大学，2005 年。

量等方面所面临的条件并不相同，对城市公共服务资源和设施的接近性也不相同，出现了基于居住空间分异现象的城市公共服务资源的失配问题。

### （二）居住空间分异与阶层分化

居住空间分异现象的产生与我国处于社会转型期的现实相关，市场经济的深入发展以及城市化进程的推进使我国的城市居住区规划、建设与营销都带有市场调节的痕迹。房地产开发商为了迎合社会各个阶层的住房需要，进行差异化的居住区规划，并以差异化的房屋价格对外出售居住区，城市人群根据自身的经济能力等选择居住区，最终形成差异化的居住格局。居住空间分异容易导致社会阶层分化，具体的作用过程和机制包括以下几个方面。第一，通过住房分配体系进行阶层划分，是否具有房屋产权以及获取房屋产权的途径成为划分"住房阶级"的重要标准。第二，不同居住区的居民在居住空间和生活环境、社会互动范围与方式，以及对社会阶层的自我认同或阶层意识方面具有差异，实质上加剧了阶层分化。第三，通过再生产机制，阶层分化可能会导致代际传递，形成阶层固化，阻碍社会阶层流动。

首先，住房阶级的出现是阶层分化的重要表现。在市场经济体制下，住房成为个人财富的重要组成部分，是否拥有住房产权是进行社会阶层划分的重要参考，住房差异以及由此导致的住房不平等现象是中国城市居民社会阶层差异的重要特点。[①] 在传统的单位制体制下，城市住房往往被作为一种福利分配给城市居民，在这种体制下，住房不平等问题尚不明显，住房不平等主要发生在占据人口

---

① Logan, J. R., Bian, Y., "Inequalities in Access to Community Resources in a Chinese City", *Social Forces*, Vol. 72, No. 2, 1993, pp. 555 – 576; Bian Yanjie, John Logan, Hanlong Lu, Yunkang Pan and Ying Guan, "Work Units and Housing Reform in Two Chinese Cities in Danwei", In Xiaobu Lu & Elizabeth Perry (eds.), Danwei, *The Chinese Work Unit in Historical and Comparative Perspective*, New York: M. E. Sharpe, 1997.

大多数的一般群众与少数的单位制中的"再分配精英"之间。① 改革开放以后，中国的土地利用政策发生了改变，特别是在 20 世纪 90 年代中国进行了财政分权改革，将地方政府的财权上收，事权下放，增加了地方政府的财政压力，地方政府纷纷推行土地财政，推动了土地价格的上升。此外，原有的单位主导的住房分配体制也发生了重大改变，城市居民不再依靠单位进行福利分房，而是通过市场交易方式进行房屋的购买。在住房市场中，根据区位、质量、面积、户型等，住房被分为不同的品质等级，具有一定社会经济资本的人才能够拥有住房，个人的政治条件、经济能力、职业状况等社会资本影响其对住房商品的获得。② 城市居住区的居住空间分异既是社会阶层分化、贫富分化的一种体现，同时又进一步推动了社会阶层的分化。基于此，有学者认为，我国城市社会中存在着"住房地位群体"。③

住房阶级是指在社会阶层结构中处于上层的人群，其住房条件也处于住房结构的上层，反之则处于下层。④ 住房阶级是住房不平等发展的产物，住房不平等的出现有多方面的原因，既有国家方面的原因，也有市场和社会方面的原因。单位制体制下基于权力和职业地位所形成的住房安排秩序通过非正式的制度被固定了下来；市场经济下通过收入、政治资源等形成的新的不平等也逐渐显现，从而产生了基于国家和市场双重作用机制的住房不平等。⑤ 个人拥有住房资源的情况反映了其社会经济地位，通过观察个人的住房情况，可以管窥其在

① 梁翠玲、赵晔琴：《融入与区隔：农民工的住房消费与阶层认同——基于 CGSS 2010 的数据分析》，《人口与发展》2014 年第 2 期，第 23—32 页。

② 边燕杰、刘勇利：《社会分层、住房产权与居住质量——对中国"五普"数据的分析》，《社会学研究》2005 年第 3 期，第 82—98、243 页；郑辉、李路路：《中国城市的精英代际转化与阶层再生产》，《社会学研究》2009 年第 6 期，第 62—86、244 页。

③ 李强：《转型时期城市"住房地位群体"》，《江苏社会科学》2009 年第 4 期，第 42—53 页。

④ 张海东、杨城晨：《住房与城市居民的阶层认同——基于北京、上海、广州的研究》，《社会学研究》2017 年第 5 期，第 39—63 页。

⑤ Zhao Wei and Xueguang Zhou, "From Institutional Segmentation to Market Fragmentation: Institutional Transformation and the Shifting Stratification Order in Urban China", *Social Science Research*, Vol. 1, 2016.

社会阶层中的位置。① 孙洛龟通过对韩国的房地产发展与社会阶层分化的研究发现，韩国社会的贫富差距分化主要是由以土地和房地产为主的不动产的财富分化引起的。② 芦恒则直接从房地产阶级社会的概念入手，认为中国社会的转型既是社会经济政治结构的转型，也是从"单位中国"到"房地产中国"的转变。③ 总体来看，住房分化已经成为中国社会阶层分化的重要指标之一④，"住房阶级"的出现表明居住空间分异对社会阶层分化的影响。

其次，居住空间分异还通过居住环境、生活方式、社会交往和阶层认同对阶层分化产生影响。居住空间分异在物理空间上主要表现为隔离社区的产生，隔离社区一般是指限制社区外部人员进入、社区内部公共空间高度私有化的城市居住区，通常通过篱笆、围墙或门禁设备以及小区安保人员防止陌生人进入。⑤ 隔离社区是住房分化的表现之一，财富能力较强的中上阶层倾向于选择具有较高住房财富价值的高档住宅，这些住宅往往位于环境优美、区位便捷的社区中，实行高度的封闭管理，陌生人无法随意进入，社区实际上成为富裕阶层的私有空间，形成居住空间和阶层意识上的双重隔离。随着市场经济的发展以及差异化住房分配体系的完善，住房不仅仅是提供庇护的住所，也外化成为个人财富与身份的象征，住房的质量、面积、功能分区、区位等均反映着个人在阶层分层中的位置，不同品质等级的住房吸引不同阶层的城市居民入住，从而形成了社会阶层在物理空间上的类聚与分化。

---

① Saunders, P., "Beyond Housing Classes: the Sociological Significance of Private Property Rights in Means of Consumption?", *International Journal of Urban & Regional Research*, Vol. 8, No. 2, 2010, pp. 202 – 227; Fussell, P., *Class: A Guide Through the American Status System*, New York: Summit, 1983.

② ［韩］孙洛龟：《房地产阶级社会》，芦恒译，译林出版社 2007 年版。

③ 芦恒：《房地产与阶层定型化社会 读〈房地产阶级社会〉》，《社会》2014 年第 4 期，第 229—242 页。

④ 李强、王美琴：《住房体制改革与基于财产的社会分层秩序之建立》，《学术界》2009 年第 4 期，第 25—33 页。

⑤ ［美］布莱克利、斯奈德：《美利坚围城——美国封闭式社区调查》，刘畅等译，中国建筑工业出版社 2017 年版。

以财富为基础的城市住宅的分化使城市居住区出现了符号区隔的现象。根据布尔迪厄的观点,在分化的社会中,容易出现各个场域的区隔现象。[①] 中上阶层追求住房的高品质与优越的区位、环境条件等,在市场化社会中,为了获取高额利润,开发商具有迎合富裕阶层需求的动力,别墅区等高档住宅区在住房改革后纷纷涌现,一方面体现了城市居民居住要求的提升,另一方面也体现了居民的阶层分化愈加明显。住房与居住空间的品质不仅代表了居民的财富能力,也成为其社会身份与地位的外在表现。社会阶层的分化一方面表现在显性的物理居住空间上的隔离与分化,形成了有形的居住边界;另一方面也表现在不同居住空间中的居民对于自身阶层的判断与认同之中。居民的居住环境与住房品质对其阶层认同产生影响,一般而言,居民的住房品质越好,其对自我的阶层认同越高。张海东、杨城晨通过对城市居民住房与阶层认同的关系进行实证研究后发现,在对个体层面的影响因素进行控制以后,在高档别墅区等高级住宅中居住、拥有较大的房屋面积、房屋具有较高的市值、住宅具有比较高级的物业管理,以及拥有房屋产权的城市居民倾向于具有较高的自我阶层认同。[②]

除了居住空间上的隔离,城市居住空间分异还通过生活方式与社会交往方面的类聚与分化促进阶层的分化。居住在别墅区等高档住宅区的富裕阶层具有自己的生活方式和惯习,其文化娱乐项目一般也具有较高的消费水平,其更倾向于在同一阶层的圈子内进行社会交往,与其他阶层或住宅区的居民交往较少,使富裕阶层与中低收入群体之间的纵向交流沟通较少,拉大了阶层之间的空间距离与社会距离。此外,目前的居住区规划以微观层面的类聚与宏观层面的差异化为特征,具体而言,高档住宅区一般配备有完善的公共服务设施和高级的物业管理服务,其住宅价格和小区管理收费相对较高,中低收入

---

① [法]皮埃尔·布尔迪厄:《区分:判断力的社会批判》,刘晖译,商务印书馆 2015年版。
② 张海东、杨城晨:《住房与城市居民的阶层认同——基于北京、上海、广州的研究》,《社会学研究》2017年第5期,第39—63页。

阶层往往难以承担入住高档社区的费用。因而，高档住宅通过价格、符号象征等方式无形中形成了对社区入住人员的挑选机制，具有较高经济收入以及社会资本的居民才能够入住高档社区，中低收入群体则倾向于选择相对应的价格较低的小区住宅。通过这种差异化的住宅分配体制，最终形成同质化的社区居住格局。基于地缘上的便利性，社区居民的社会交往倾向于在同社区的居民中以及阶层相同或相近的人群中展开，不同阶层之间的交往较少，不利于社会支持性资源在阶层间的流动，增加了阶层固化的可能性，从而使阶层分化日益明显和放大。

最后，阶层分化通过再生产机制实现代际传递，不利于社会流动的实现与社会活力的释放。居住空间分异通过居住空间的隔离塑造了有形的居住边界，通过生活方式以及居民之间文化资本的差异形成内部类聚、外部分化的社会交往范围和团体，塑造了"大分化、小聚居"的居住空间分异和社会分化格局。客观的社会地位与生活方式是社会空间的两个方面，后者是象征体系的外显行为，个人的知识修养、礼仪谈吐以及穿着等行为过程中的表现都体现了个人的位置[1]，反映了个人所处的社会阶层、身份地位。个人所处的社会阶层与其居住空间的分异相互作用和影响，转型期社会阶层的分化强化了居住空间的分异现象，居住空间的分异反过来加剧了社会阶层的分化。居住区品质的好坏反映了个人所拥有资本的多寡，包括经济资本、社会资本和文化资本等，并最终通过教育和文化的再生产机制进行资本的代际传递，实质上就是阶层的再生产过程，在这个过程中阶层的固化逐渐形成和显现，阻碍了阶层之间的流动与互动。在《真正的穷人：内城区、底层阶级和公共政策》一书中，作者威尔逊对美国内城区和底层阶级进行了研究，指出早期研究将有关不平等体验与有关不平等结构相结合的讨论的重要意义，通过这种研究方法来解释美国处于劣势的黑人在出生时所面临的经济和社会境地，以及这种先天性的经济社会条件对

---

① ［法］皮埃尔·布尔迪厄：《区分：判断力的社会批判》，刘晖译，刘商务印书馆2015 年版。

黑人后天形成的社会适应方式以及特定的行为规范与行为方式等所具有的重要影响①，从侧面反映了社会阶层分化的代际传递现象。

### （三）区隔现象与社会矛盾的激化

居住空间分异不仅使城市居民在地理空间上出现居住隔离，还导致社会隔离的出现，产生了各种形式的区隔现象。居住空间的隔离以及附着在居住空间上的公共服务供给的不平等易使中低收入阶层具有相对剥夺感，出现阶层之间的对立和冲突。低收入群体在居住空间上的聚集容易形成各种社区问题，使社区成为犯罪、毒品和社区贫困等问题聚集的场所，增加社区治理的难度。而较为富裕的中产阶层群体在其居住空间中通过门禁、围墙以及保安等力量构筑起属于自身阶层的私有化的"中产空间"，形成了中产阶层的文化和生活方式，使中产阶层具有自身的中产阶层认同，同时也增加了不同群体居住空间之间的张力与对抗。② 不同社会阶层依托自己的居住空间和社会资源形成阶层内部的亚文化，但由于不同阶层之间缺少对话与交流，容易产生阶层张力。以纽约为例，纽约的哈莱姆区是黑人居住区，社区居民经济收入较低，社会地位低下，被主流社会阶层所排斥。其在外出就业和社会交往等方面的劣势地位使社区居民内部形成较强的凝聚力，在工作和生活上形成了社区内的社会支持网络，并形成了社区自身的文化。在面临外部侵害权利的事件时，社区居民自发团结起来与社会的主流阶层抗争，以维护自身的经济、政治和社会利益。③ 这种行为在形成社区亚文化和进行社区建设的同时也造成了社区居民与其他阶层居民之间的隔离和疏离，不利于资源的整合和社会阶层的流动，加剧了不同社会群体之间的对立情绪。

---

① ［美］威廉·朱利叶斯·威尔逊：《真正的穷人：内城区、底层阶级和公共政策》，成伯清、鲍磊、张戌凡译，上海人民出版社2007年版。
② 马丹丹：《中产阶层社区的涌现——从中国住房改革的角度梳理》，《社会科学论坛》2015年第6期，第168—184页。
③ 张昱：《高速转型期城市居住空间分异的调控策略研究》，硕士学位论文，华中科技大学，2004年。

此外，社会区隔还通过礼仪、穿着、言谈、举止等各种符号区隔方式成为社区居民日常生活的一部分，内化为其日常生活方式和惯习，并通过教育和文化的再生产机制在代与代之间进行传递，形成代际区隔，这意味着优势资源在很大程度上始终集中在少数的富裕阶层手中，并通过马太效应增加社会的贫富差距和社会不平等程度，造成阶层的极化和断裂，使处于不利地位的社会中下层群体极易形成相对剥夺感，仇富心理盛行，容易引发社会矛盾。对于基层政府来说，维稳是其常规任务中的重要内容，而低收入群体往往是政府维稳的重要关注群体，低收入群体在经济、文化和社会资本方面不具有优势地位，在住房市场化的背景下，大量的低收入群体居住在住房价格较低、品质较差的社区中，公共设施和教育、医疗等公共服务资源较为缺乏，社会剥夺感较强。当发生权益受损事件时，低收入群体更可能采取非理性手段进行维权，如通过动员相同阶层的群体组织群体性事件等来获得政府和社会的关注与重视。此外，低收入阶层往往具有较低的受教育程度、较低的理性程度和情绪控制能力，面临较大的生存压力，一些微小的事件也可以通过"共振效应"得到充分的放大，从而引发激烈的社会矛盾。

## 二　邻里效应的形成与传导机制

当前，我国社会正处于社会经济的转型之中，不断显现的社会分化是其主要特征。社会经济结构的转型以及社会阶层的分化通过城市规划政策和城市规划理念的转变作用于城市居民的居住空间，具体表现为居住空间分异现象。市场经济的深入推进提高了人们的生活水平，同时也带来了日益明显的群体分化和空间极化问题，城市居住空间分化为富人聚居区以及下层阶级聚居区等，城市人群在空间上的同质聚居以及不同阶层群体之间的社会差距拉大会带来什么样的邻里效应？其社会影响如何？邻里效应具体通过什么样的传导机制产生社会影响的？这些都是需要进一步研究探讨的问题。

**（一）邻里效应的内涵及其社会后果**

1. 邻里效应的内涵

传统研究认为，个人的社会经济地位和状况受个人层面的教育、努力程度等以及家庭层面的家庭教育、社会资源等方面的影响。到 20 世纪 80 年代，研究者发现个人所居住的社区和邻里的特征也会对个人的社会经济状况产生影响，因而邻里效应及其社会影响开始成为学术界关注的重要议题。一般而言，邻里效应就是指居住区中邻里某些方面的特征会对个人的社会态度和行为以及社会经济产出产生影响。邻里效应一词最早出现在美国社会学家威尔逊在 1987 年出版的著作《真正的穷人：内城区、底层阶级和公共政策》一书中。威尔逊认为，在美国的主流社会之外存在着一些贫民窟，这些贫民窟往往被外界的主流社会所排斥，具有较高的失业率，并且贫民窟中的中产阶层纷纷外迁，低收入群体流入社区，社区老年人口增加，社区中的学校质量等硬件条件影响居民的选择和机会，邻里某些方面的特征会对社区居民的行为和态度产生影响，并最终影响居民的就业、教育和社会经济地位等。[1] 此外，邻里效应还会对社区居民的身体健康、职业流动、工作转换和教育机会等方面产生影响。[2]

桑普森扩大了传统的邻里效应的定义，认为人们对邻里差异进行反应，这些反应所组成的社会机制和做法反过来则会塑造人们的人际关系、行为和观念等，人们的人际关系、行为和观念等与社区互相作用，重新定义了城市的社会结构。因此，邻里效应具有地域性和超地域性，并且与个人行为紧密联系。[3] 邻里之间的差异以及基于差异所形成的邻里不平等等现象会推动城市社会结构的变迁，成为城市社会

---

① ［美］威廉·朱利叶斯·威尔逊：《真正的穷人：内城区、底层阶级和公共政策》，成伯清、鲍磊、张戎凡译，上海人民出版社 2007 年版。

② 汪毅：《欧美邻里效应的作用机制及政策响应》，《城市问题》2013 年第 5 期，第 84—89 页。

③ ［美］罗伯特·J. 桑普森：《伟大的美国城市：芝加哥和持久的邻里效应》，陈广渝、梁玉成译，社会科学文献出版社 2018 年版，第 1 页。

转型的重要驱动力和中介。[1]

根据邻里与居民个人或家庭之间的关系，可以将邻里分为五种类型：一是孵化器（incubator），这类邻里能够为低收入的个人或家庭提供社会支持、社会网络资源以及服务等，具有一定的稳定性，这种类型的邻里可以带动社区居民社会经济水平的逐渐提升；二是发射台（launch pad），这种类型的邻里虽然也会为低收入的家庭提供资源，但往往在自身的家庭经济状况获得改善后会选择迁出社区，具有较高的邻里流动性；三是选择性邻里（neighborhood of choice），这类邻里具有迁入家庭比社区原有家庭社会经济状况要好的特点，主要有两种表现形式，一种是混合型社区中的邻里，在这种邻里关系中，社会经济地位较低的家庭受益，另一种是低收入家庭被社会经济地位较高的家庭所"挤出"，也就是社区的绅士化过程；四是舒适社区（comfort zone），这类邻里能给予低收入家庭在文化和社会经济方面的支持，邻里的社会经济地位缓慢提升，邻里较为稳定且满意度较高；五是隔离邻里（i-solating neighborhood），这类邻里之间的满意度和相互依赖程度较低，社区居民与外部社区之间较为疏离，邻里的社会经济状态较难提升。[2]

2. 邻里效应的社会影响

根据邻里类型的不同划分，邻里效应具有不同维度的社会影响。目前，学术界对邻里效应的研究主要以贫困人口聚集区或下层阶层聚居区为研究对象，在此基础上，西方的研究者提出了邻里效应理论[3]，该理论认为贫困的邻里环境和邻里的某些特征会使社区居民之间相互影响，并形成社区亚文化和社会行为规范、价值观等，进一步加剧社区居民社会交往的内卷化以及社区的贫困化程度。相关的实证研究已经证实了邻里的某些特征与社区内儿童和青少年的社会行为、特征等

---

① Robert J. Sampson, "Neighbourhood Effects and Beyond: Explaining the Paradoxes of Inequality in the Changing American Metropolis", *Urban Studies*, Vol. 56, No. 1, 2019, pp. 3-32.

② Coulton, C., Theodos, B., Turner, M. A., Family Mobility and Neighborhood Change: New Evidence and Implications for Community Initiatives, Urban Institute, 2009.

③ Bauder, H., "Neighbourhood Effects and Cultural Exclusion", *Urban Studies*, Vol. 39, No. 1, 2002, pp. 85-93.

具有相关性，具体表现在一些社会问题往往会捆绑在一起出现在社区范围内，如青少年犯罪、低出生体重、婴儿死亡率、辍学和虐待儿童等。① 概括而言，在目前已有的研究中，邻里效应与居民健康、居民的迁居意愿和行为、社会排斥、阶层分化等议题紧密相关。在保持个人或家庭条件不变的情况下，邻里对居民个人或家庭的生活机会，如就业以及阶层流动等具有重要影响，贫困社区更容易遭受社会排斥②；相比于中产阶层或上层阶层聚居的社区，下层阶层聚居的贫困社区在社区公共服务和社会资源等方面更有可能面临不足。此外，基于刻板印象等社会心理过程，贫困社区居民更有可能被污名化而成为被特殊对待的"危险分子"，在社会交往和就业机会获得等方面成为被边缘化的群体，缺少社会支持的贫困居民在高度的社会压力下有可能会做出极端的行为，影响自身和社会公众的安全。除了对个人或家庭的生活机会、社会交往和发展产生影响外，邻里效应还会对个人或家庭成员的身体健康产生影响，主要表现为通过对社区居民行为态度、心理状况以及卫生习惯的影响而对身体健康产生的直接影响，以及通过有限的社会资源、恶劣的生活环境和较大的压力累积而对居民健康产生的间接影响。③

就城市居住区规划而言，邻里效应会影响居民的就业、邻里满意度和居民的迁居行为与迁居意愿。邻里效应通过信息传播和规范约束对个人的社会网络产生影响④，个人的社会网络影响个人对就业信息的获取以及个人对社会规范的遵守和自我约束程度，进而对个人的就

① Sampson, R. J., Morenoff, J. D., Gannon-Rowley, T., "Assessing 'Neighborhood Effects': Social Processes and New Directions in Research", *Annual Review of Sociology*, Vol. 28, No. 1, 2002, pp. 443-478.

② Buck, N., "Identifying Neighbourhood Effects on Social Exclusion", *Urban Studies*, Vol. 38, No. 12, 2001, pp. 2251-2275.

③ Doyle, P., Fenwick, I., Savage, G. P., "Management Planning and Control in Multibranch Banking", *The Journal of the Operational Research Society*, Vol. 30, No. 2, 1979, pp. 105-111.

④ Damm, A. P., "Ethnic Enclaves and Immigrant Labor Market Outcomes: Quasiexperimental Evidence", *Journal of Labor Economics*, Vol. 27, No. 2, 2009, pp. 281-314.

业结果产生影响。特别是对于低收入群体而言，邻里之间的社会网络有助于提供就业信息，扩展就业机会。邻里的收入混合程度、居住规模、类型、居住的稳定程度及整体就业水平能够通过影响剥夺邻里社会网络的质量、规模和类型而对居民个人或家庭的就业产生影响。邻里满意度对居民个人或家庭的幸福感与生活质量具有重要影响，邻里满意度是指居民个人或家庭对邻里交往或邻里满足自身需要与期望的程度。在早期的研究中，学者一般认为个人的人口统计学或社会经济特征会影响居民的邻里满意度，后来，学术界发现邻里的某些特征也会对居民的邻里满意度产生影响，这种邻里特征既包括客观的邻里特征，也包括个人对邻里特征的主观感知。[1] 一般认为，良好的邻里关系可以增加居民的社会资本、提供友情等，从而提高邻里融合程度并最终提升居民个人或家庭的邻里满意度。[2] 邻里居住的稳定性会影响居民的邻里满意度，同时邻里满意度反过来也会对居住的稳定性产生影响，[3] 此外，个人在社区内的经济投资（如是否拥有住房产权）或社会投资（如是否结婚生子）等也会影响个人对邻里的依赖程度和满意度。[4]

邻里效应还会对居民个人或家庭的迁居意愿与行为产生影响，造成居民在居住空间上的自我选择与流动，从而促进居住空间分异现象的形成。在解释居民的迁居意愿和行为时，学术界通常用非均衡模型来进行分析，产生最优解的关键之一是满足居民家庭需求和自身承受能力的邻里环境。[5] 当现今的居住条件不能产生均衡结果时，意味着

① 盛明洁：《欧美邻里效应研究进展及对我国的启示》，《国际城市规划》2017 年第 6 期，第 42—48 页。

② Dassopoulos, A., Batson, C. D., Futrell, R., et al., "Neighborhood Connections, Physical Disorder, and Neighborhood Satisfaction in Las Vegas", *Urban Affairs Review*, Vol. 48, No. 4, 2012, pp. 571 – 600.

③ Kasarda, J. D., Janowitz, M., "Community Attachment in Mass Society", *American Sociological Review*, 1974, pp. 328 – 339.

④ Janowitz, M., *The Community Press in an Urban Setting: The Social Elements of Urbanism*, University of Chicago Press, 1967.

⑤ Coulton, C., Theodos, B., Turner, M. A., "Residential Mobility and Neighborhood Change: Real Neighborhoods Under the Microscope", *Cityscape*, 2012, pp. 55 – 89.

当前的居住条件不是最优条件，此时，居民会倾向于选择迁居。空间同化理论（spatial assimilation）认为，少数族裔常常与失业、贫穷等特征相联系，族裔实质上是个人社会经济地位的"代理人"，[①] 社会经济状况越好，个人或家庭的迁居能力越强。

此外，现有研究还较为关注邻里效应对青少年发展的影响。居民的社会阶层通过教育等再生产机制可以实现代际的传递与继承，从宏观上看，阶层的再生产容易形成阶层固化，[②] 而教育在某种程度上能够打破阶层壁垒，实现社会阶层的流动。居民的居住环境与区位将居民与特定范围内的社会群体以及服务设施和公共服务资源等联系起来，对居民的生活机会与日常互动产生影响，[③] 社区邻里通过空间集聚效应对青少年的学业产生影响，邻里的优势集聚有利于青少年的学业发展，相反，邻里的弱势集聚则不利于青少年的学业进步。[④] 优势邻里具有优质的教育资源和青少年服务设施等公共产品，有助于青少年学业发展。[⑤] 同时优势邻里能够为社区中的青少年提供更好的行为示范，在受教育程度良好、工作稳定的中产阶层成员为主的社区中，邻里能够为青少年提供良好的行为榜样，在这样的社区中，青少年更重视教育、更不容易辍学，往往学业表现更好。[⑥] 而在贫困社区中，青少年的受教育机会缺乏，社区邻里中也缺乏能够为青少年提供榜样的群体，青少年的学业及发展受限。在中国情境下，邻里效应对青少

---

① Krivo, L. J., Peterson, R. D., Kuhl, D. C., "Segregation, Racial Structure, and Neighborhood Violent Crime 1", *American Journal of Sociology*, Vol. 114, No. 6, 2009, pp. 1765 – 1802.

② 边燕杰、芦强：《阶层再生产与代际资源传递》，《人民论坛》2014 年第 1 期，第 20—23 页。

③ Sharkey, P., *Stuck in Place: Urban Neighborhoods and the End of Progress toward Racial Equality*, Chicago: University of Chicago Press, 2013.

④ 刘欣、夏彧：《中国城镇社区的邻里效应与少儿学业成就》，《青年研究》2018 年第 420 卷第 3 期，第 5—15、98 页。

⑤ Wodtke, G. T. M., "Parbst, Neighborhoods, Schools, and Academic Achievement: A Formal Mediation Analysis of Contextual Effects on Reading and Mathematics Abilities", *Demography*, Vol. 54, No. 5, 2017, pp. 1653 – 1676.

⑥ Owens, A., "Neighborhoods and Schools as Competing and Reinforcing Contexts for Educational Attainment", *Sociology of Education*, Vol. 83, No. 4, 2010, pp. 287 – 311.

年发展的影响依然存在，孙伦轩运用中国教育追踪调查（2013—2014）的数据对中国城镇青少年成长的邻里效应进行检验，发现社区中青少年的教育状况与特点与其所在社区的邻里特征具有明显的关联。[①]

### （二）邻里效应的传导机制

在城市社区中存在邻里效应是现有研究的共识，在此基础上，学者们探讨了邻里效应的作用机制和传导机制，较有代表性的有以下几种观点，如有研究认为社会互动、社会规范、机构资源与日常活动是邻里效应传导的四种主要机制[②]；也有研究认为邻里效应可以通过社会互动、环境机制、制度机制以及地理区位机制进行传导[③]；还有研究从分类研究的角度将邻里效应的传导机制分为内生机制、外生机制和相关机制[④]等。综合而言，邻里效应的传导机制主要有社会化机制、社会服务机制与环境区位机制三种。

首先，社会化机制主要指邻里之间以及邻里内部群体与外部群体之间通过社会交往等直接或间接的方式相互影响的机制，主要表现在社会网络的影响、模范或榜样效应、集体效能与代际传递。社会网络的影响主要是社区居民通过社会交往形成的社会支持网络，一般而言，社会交往和居住空间具有一定的同质性，相同阶层或社会经济地位的个人更倾向于进行交往和联系。中低收入阶层的居民通过住房价格等市场化的筛选机制而聚居在相同的小区中，并在日常生活交往中

---

① 孙伦轩：《中国城镇青少年成长的邻里效应——基于"中国教育追踪调查"的实证研究》，《青年研究》2018 年第 11 期，第 31—38、92 页。

② Sampson, R., Morenoff, J. and Gannon-Rowley, T., "Assessing 'Neighborhood Effects': Social Processes and New Directions in Research", *Annual Review of Sociology*, Vol. 2, 2002, pp. 443 – 478.

③ Galster, G., "The Mechanisms of Neighborhood Effects: Theory, Evidence, and Policy Implications", In M. van Ham, D. Manley, N. Bailey, L. Simpson, and D. Maclennan (Eds.), *Neighborhood Effects Research: New Perspectives*, Dordrecht: Springer, 2011.

④ Manski, C. F., *Identification Problems in the Social Sciences*, Cambridge: Harvard University Press, 1995.

形成相互之间的主要的社会网络。居住在贫困邻里的中低收入阶层与社区外部的联系相对较少，与中上层的成功人士的社会交往更少①，形成社区隔离的状态；并且从贫困邻里中迁出的社区居民即便迁移至较为富裕的中上层阶层社区，仍然会与原来的社交网络保持联系②，即中低阶层居民的社交网络具有较强的持续性。这容易导致中低收入阶层社交网络的固化，进而影响其就业信息的获得与社会资源的扩充，从而影响生活机会的获得与生活质量的提高。榜样或模范效应指社区居民的个人期望或生活目标的建立易受邻里的影响。尤其在中低收入阶层聚居的社区，处于剥夺地位的居民往往缺乏高收入、高学历的邻里，受此影响，居民对自身的社会经济地位的期望往往也较低，形成一种贫困的思维和文化。在剥夺邻里中，社区居民的不良行为还会对其他居民尤其是未成年人群体产生消极影响。集体效能主要是指居民的社区融合程度与对社区规范和社会规范的遵从程度，社区融合程度较高则邻里之间的相互信任程度高，居民的生活幸福感相对较高，社区冲突较少；居民对社会规范或社区规范的遵从程度影响社区犯罪率，缺少社会控制的社区其社区冲突或犯罪的概率较高。代际传递则是指邻里之间的交往模式和氛围会通过影响父母的社会行为、心理状态以及社会经济状况等而对下一代产生影响。现有研究已经证实，邻里的社会经济状况与家庭教育的质量呈正相关关系，而家庭教育的质量与儿童的语言、阅读以及行为特征等具有正相关关系③，可见，邻里的社会经济特征会通过代际传递对下一代产生影响。

社会服务机制指居民居住区及其周边的社会服务机构的质量、数量及分布会影响居民的生活质量与未来发展。社会服务机制所涉及的

① Tiggs, L. M., Browne, I. and Green, G. P., "Social Isolation of the Urban Poor", *The Sociological Quarterly*, Vol. 1, 1998, pp. 53–77.

② Popkin, S., Harris, L. and Cunningham, M., *Families in Transition: A Qualitative Analysis of the MTO Experience*, Washington, DC: Urban Institute Report Prepared for the U. S. Department of Housing and Urban Development, 2002.

③ Greenberg, M. T., Lengua, L. J., Coie, J. D., et al., "Predicting Developmental Outcomes at School Entry Using a Multiple-risk Model: Four American Communities", *Developmental Psychology*, Vol. 35, No. 2, 1999, pp. 403–417.

服务及服务机构等大多属于公共物品，具有公共属性，主要包括公共
服务机构与服务设施（如医院、学校、社区服务中心等）以及商业服
务类型（各式商店）等。居住区公共服务的质量是影响个人或家庭居
住地选择的重要因素之一，特别是公立学校的质量以及居住区附近医
疗服务资源的状况对个人的居住偏好影响较大；中低阶层居住区的公
共服务质量与中上层阶层居住区的公共服务水平具有较大差距，① 因
此，中低收入阶层聚居的剥夺邻里社区的居民在具有一定的社会经济
能力之后，出于子女教育及对优质医疗资源的偏好等的考虑，倾向于
向公共服务水平较高的地区迁居，这也是我国目前学区房价格持续上
升的重要原因。此外，不同品质的居住区周边的商业服务类型也有所
不同，基于市场需求的不同，投资者会根据居住区居民的社会经济特
征、消费特征和偏好等进行商业服务类型的设定。在中低收入阶层聚
居的社区周边往往聚集了中低档的餐饮、娱乐服务等商业服务类型，
如有学者研究发现在剥夺邻里社区周边往往聚集着烈酒、违禁药品等
商店，会影响居民的身心健康，② 当迁居至贫困率较低的社区后，居民
个人接触烈酒的机会会明显降低，相应地，其酗酒率也会明显降低。③

　　环境区位机制是指居住区所处的物理环境、社会环境以及区位等
会对居民的生活质量产生影响，影响居民的生理与心理状态。社区的
物质条件会影响居民的社区认同感，破败的社区环境会降低居民的社
区认同感，并对邻里集体效能的发挥造成消极影响；④ 此外，衰落的
社区与犯罪行为具有紧密联系。⑤ 在环境污染日益严重的情势下，环

① Condron, D. & Roscigno, V., "Disparities Within: Unequal Spending and Achievement in an Urban School District", *Sociology of Education*, Vol. 76, No. 1, 2003, pp. 18 – 36.

② 汪毅：《欧美邻里效应的作用机制及政策响应》，《城市问题》2013 年第 5 期，第 86 页。

③ Briggs, X., "Moving Up Versus Moving Out: Neighborhood Effects in Housing Mobility Programs", *Housing Policy Debate*, Vol. 1, 1997, pp. 195 – 234.

④ Ross, C. E., Pribesh, M. S., "Powerlessness and the Amplification of Threat: Neighborhood Disadvantage, Disorder, and Mistrust", *American Sociological Review*, Vol. 66, No. 4, 2001, pp. 568 – 591.

⑤ Kelling, G. and Wilson, J. Q., "Broken Windows: The Police and Neighborhood Safety", *Atlantic Monthly*, Vol. 1, 1982, pp. 29 – 38.

境质量也会对居民个人的生活质量产生重要影响，中低收入阶层聚居的社区环境质量相对较差。在城市化快速推进的过程中，一些城市在城郊建设了大型居住区，大型居住区的居民以当地的动迁居民、当地农民和外来务工人员为主，城郊地区同时也是生产性工厂的所在地，工厂排放的污染、产生的噪声等对居民生活和身体健康产生了消极影响。此外，居住区所处的区位会影响居民的生活满意度，居住在大型居住区的居民往往面临职住分离的困境，城市规划中职住分离的现象不仅增加了个人的负担，同时也对城市公共交通和基本服务设施的匹配提出了挑战，特别是对特大型城市而言，职住分离会造成城市管理和服务中的种种问题。配套设施建设的不完善降低了居民的生活满意度。

# 三　基于城市规划差异的社区问题形成机制

城市居住区是居民聚居的场所，同时也是社会治理的重要单位，城市社区规划的好坏会对社区治理产生影响。城市规划具有政治属性和工具属性，不同属性下的城市规划具有不同的内涵。城市规划差异下社区问题的形成机制具体表现在政策性城市规划差异会导致社区隔离现象的产生；工具性城市规划差异会导致居住区使用上的缺陷；此外，城市更新过程中的社区空间格局和利益结构的调整可能会带来社区冲突。

## （一）政策性城市规划差异导致的阶层隔离

城市规划具有公共政策属性。当城市规划为了解决城市公共问题而存在时，城市规划具有政治属性，是政治过程的产物，此时，保证城市规划的正义性就成为城市规划的重要议题。[①] 随着城市化的快速推进，城市空间格局面临较大调整，地方政府通过城市规划进行人、

---

① 姚尚建：《作为公共政策的城市规划——政治嵌入与利益整合》，《行政论坛》2015年第 5 期，第 8—13 页。

财、物等资源在空间上的调配和重组，以适应快速城市化的需要。市场机制的深入发展使社会的贫富差距拉大并逐步显现，城市社会出现了以收入为重要标准的分层机制，富裕阶层、中产阶层以及低收入阶层的划分日益明显。在市场经济机制的作用下，房地产商为了追逐高额利润，建设了针对中上层阶层人群需要的高档住宅区，并以优质的教育、医疗和文化娱乐设施等进行匹配，这种高档住宅区往往具有较高的住宅价格，普通工薪阶层难以承受高昂的房价而被屏蔽在高档住宅区之外，使高档住宅区成为高收入阶层的聚居区。市场化的价格区分机制使社会阶层分化日益明显，而政府主导的政策性规划则进一步加剧了这种居住区隔离及阶层隔离问题。

在城市建设用地的约束下，城市发展由外围扩张型向内部精细化发展模式调整，城市发展趋向高密度；同时，人口大规模向城市迁移，产生了大量的居住需求，为了解决中低收入阶层的居住需求，城市政府通过城市规划在土地价格相对便宜的城市郊区建设了大量的大型居住区或保障性住房，并以相对较低的价格对外出售。保障性住房通常位于城市郊区，配套设施不健全、交通不便，往往成为中低收入阶层的聚居地，客观上导致阶层的隔离以及贫困人口的聚集，增加了大型居住区或保障性社区沦为城市贫民窟的风险，对社区治理提出了较大的挑战。

### （二）工具性规划差异导致的住宅区使用缺陷

在城市化过程中，作为一种工具的城市规划承担了城市居住区设计的任务，但因为居住区设计中的用地局限、成本控制以及技术和规划设计理念等方面的原因，居住区设计中存在一些缺陷，影响了居民生活的便利度。具体来说，工具性的城市规划差异所导致的住宅区使用缺陷主要表现在居住区规划中忽略停车位、电梯等公共场地和设施的重要性，对居民的生活造成了诸多不便；居住区公共空间的不足所导致的居民对公共空间的争夺而形成的社区冲突等。

随着汽车社会的到来，居民的汽车拥有量增加，对停车位的需求随之上升，但目前的城市规划中对停车位的规划数量不足，导致停车难问题的出现。据国家发展与改革委员会的统计，到 2014 年底，我国的汽车保有量为 1.54 亿辆，其中，私人小汽车的数量为 1.05 亿辆，而我国大城市的汽车与停车位的比例为 1∶0.8，中小城市的汽车与停车位的比例为 1∶0.5，而在发达国家，汽车保有量与停车位的比例达到 1∶1.3。① 此外，根据初步测算，我国的汽车保有量每年净增 1900 万辆，加剧了我国的停车难问题。在城市居住区中，围绕停车位的争夺，社区居民之间极易发生摩擦和冲突。为了了解上海市城市社区的人口结构、社区参与、邻里交往与公共空间活动的情况，课题组在 2016 年对上海 54 个小区进行了调查，调查结果显示，有 48.6% 的居民认为小区存在"争夺停车位"的冲突，在社区冲突类型的所有选项中占比最高。居住区是居民休息生活的场所，会产生大量的停车需求，但城市老旧居住区在规划建设时缺少长远眼光，没有对小区未来的停车需求进行有效的评估，在居住区规划和建设时很少建立地下停车场，导致小区停车位紧张，而有限的地上停车位并不能满足居民需求。

除了停车位，原有的城市居住区规划对社区人口结构缺乏有效的评估，没有考虑老龄化社会的到来及其对住宅区建设的适老化要求，在住宅区建设时没有配备电梯等适老化设施，这些空间缺陷导致老年人的出行困难，对社区生活造成长期的影响。高龄老年群体由于身体机能的衰退，不便于通过楼梯进行上下楼，由于老旧居民小区缺乏电梯，许多老年人选择减少出行需求，不利于老年群体的身体健康与生活需要的满足。为此，一些小区通过居民协商合作，对小区补建电梯，但补建电梯一方面成本较大，另一方面对居民的协商合作能力提出了要求，因为重新修建电梯涉及空间的再次调整及不同居民的个人利益，也增加了社区冲突的可能性。因此，在居住区规划和建设中，需要树立前瞻思维，对居民的现有需求和潜在需求进行有效的评估和延伸，防止难以弥补缺陷空间的出现就非常关键了。

---

① 《大城市汽车与停车位比例约为 1 比 0.8 鼓励社会资本投资》，2018 年 12 月 30 日，http：//business. sohu. com/20150926/n422157930. shtml。

此外，城市居住区规划还涉及居民区公共空间的建设，公共空间规划的不足以及位置失当等都会增加引发社区冲突的可能性。一般的研究认为，居住小区的公共空间是促进邻里交往的重要场所。在小区公共空间充裕、空间设施设计合理、居民参与度高的情况下，公共空间的确能够促进邻里交往。而当居住小区公共空间有限、居民的需求呈现多样化时，形成有序的公共空间使用规则并不容易。理想的状态是通过居民的参与和协商产生小区公共空间使用的规则和秩序，但现实状况则更多地呈现冲突的状态。[①] 根据课题组 2016 年对上海市 54 个居民小区的问卷调查结果，在引发社区冲突的原因中，"噪声、带宠物进电梯、争夺晾晒场地"分别占比 25.1%、17.3%、10.2%，综合来看，基于公共空间争夺的冲突总占比为 54.8%，可见公共空间的使用问题是引发邻里冲突的重要原因。[②] 因此，城市居住区规划中需要重视对公共空间的规划，通过参与式规划等方式提高居民对公共空间规划和建设的参与程度，在有限的空间范围内实现公共空间的民主化规划、科学化建设与最大化利用。

### （三）城市更新引发社区冲突

城市化的快速推进使城市更新的速度加快，社会的不断发展使得城市居民的需求趋于多样化，客观上要求进行城市更新，但在城市更新的过程中因为空间结构和利益关系的调整，容易引发社区冲突。例如，在居民对社区环境日益重视的背景下，居住区周边建设变电站或垃圾焚烧厂等邻避设施时，大多会受到居民的强烈抵制，甚至引发邻避运动。又如，在城市化快速推进的背景下，城市周边的规划变动的可能性较大，开发商在城市郊区建设商品房住宅，在其原有的规划中居住区周边是绿地或公园，开发商以此为销售亮点进行住宅的销售；但在后来的建设中，规划为绿地或公园的地块被用作他途，居民就会

---

① 张俊：《缘于小区公共空间引发的邻里冲突及其解决途径——以上海市 83 个小区为例》，《城市问题》2018 年第 3 期，第 77 页。

② 同上。

认为自己根据合同和约定的利益没有实现，就会产生利益诉求，引发居住区居民维护权益的集体行动。因此，城市更新不仅要根据城市空间的功能分区进行空间调整，还要坚持以人为本，考虑居民的社会关系结构，通过发动居民参与城市更新规划，提高城市更新规划的民主性。

具体而言，城市更新既需要满足社区居民的居住和生活需求，保留社区原有的社会关系和结构，同时也要对居住区空间结构进行必要的重新调整。在城市更新的过程中也要注意避免引发社区冲突。城市居住区的更新主要有三种方式，一是进行彻底的拆除和重建，这种方式适用于那些完全丧失了居住功能的老旧居住区。二是小规模渐进的更新方式。这种方式可以保护居住区原有的社会关系结构，有利于后期的社区治理和社区建设的开展。这种方式主要适用于基本具备居住功能，但随着时间的推进，居住区住宅在配套设施上不能满足居民需求的居住区，如上海的二级旧里基本没有厨卫设备或者需要共用厨卫设备，在以前能够满足居民的需求，现在居民的生活水平提高后，有改善配套设施的需求。三是居住区建筑和空间环境具体的更新方式。比如居住区的适老化改造，居住区公共空间的改造，居住区建筑保护的技术和措施等。① 以居民需求为导向，在利益调整和整合的基础上进行城市更新活动，有效地避免了社区冲突的发生。

## 四 空间规划与社区营造的互动机制

党的十九大提出，要提高人民的获得感、幸福感和安全感。社区是社会治理的基本单位，也是社会治理的"最后一公里"，社区建设和营造的质量好坏关乎居民的生活质量和幸福感。社区营造的概念最初来自中国台湾地区，是在吸收英国的"社区建造"、美国的"社区设计"以及日本的"造町"等理念的基础上逐步发展起来的，最初

---

① 张俊：《多元与包容——上海里弄居住功能更新方式探索》，《同济大学学报》（社会科学版）2018 年第 29 卷第 3 期，第 45—53 页。

主要是围绕文化层面的议题开展。① 社区营造是以建设社区共同体和社区共同体意识为前提和目标，通过动员社区居民参与社区公共事务，凝聚社区共识，提升社区居民的自治能力等推动社区自主发展。② 社区认同感的形成是社区营造的重要成效和衡量标准之一。社区营造的有效推进、社区认同感的培育离不开对社区空间的有效规划，良好的城市居住空间规划应有助于推进城市社区建设和社区营造，增强居民社区认同感。在进行城市空间规划时，需要以增强社区认同感为主导，通过参与规划等方式促进居民的社区参与，提升居民对社区空间规划的满意度。此外，社区空间是一个物理性的空间概念，需要通过社区营造活动不断丰富和完善社区空间的意涵与内容，使社区空间成为有温度的人文空间，成为社区居民交流与交往的重要场所。以空间为载体，以社区营造为手段，打造熟人社区。

## （一）以空间规划增强居民社区认同

社区的概念最初由社会学家滕尼斯提出，滕尼斯将人类生活共同体区分为社区和社会两种类型，社区是一种社会有机体，基于地缘关系而形成，具有共同的价值观念和情感。滕尼斯所认为的社区更多的是传统意义上关系亲密的社会团体，但随着人员和生产资料的流动，在现代社会背景下，社区的内涵和外延被不断扩大，不仅是一种物理空间，更是一种情感的认同与归属感。早期的社区研究认为社区居民的参与是社区形成的核心机制，③ 居民的参与可以促使社区意识的形成与社区资本的积累。但实际上，中国的社区参与情况与西方社会不同，中国城市社区居民存在社区参与程度不高、社区公共意识不足以

---

① 于海利：《互助与博弈：试论台湾社区营造中多元主体的互动机制》，《湖北社会科学》2018 年第 6 期，第 58 页。

② "文建会"：《社区总体营造简报资料》，台北："文建会"1995 年版。转引自于海利《互助与博弈：试论台湾社区营造中多元主体的互动机制》，《湖北社会科学》2018 年第 6 期。

③ 杨敏：《作为国家治理单元的社区——对城市社区建设运动过程中居民社区参与和社区认知的个案研究》，《社会学研究》2007 年第 4 期，第 137—164 页。

及社会资本较低等问题。① 为了促进居民的社区参与以及社区共同体的形成，在进行城市居住区规划时不仅需要考虑居住区的功能性需求，还需要兼顾居民情感和精神层面的需求，要考虑社区居民的社会阶层背景，对于低收入群体聚集的居住区注重居住区基本功能的完善，如教育、医疗等公共服务资源的匹配；对于高档居住区，则注重居住品质的提升，以及资源的合理、适度配置，减少公共服务资源的浪费。此外，还应综合考虑居民的来源、人口结构、社会文化背景、社会资本等，在此基础上进行有温度的空间规划的设计与重构。

随着城市化进程的推进，城市的规模不断扩大、城市的空间范围不断扩张，一些原本属于城市郊区地带的居住区也被纳入城市更新的范围之内，形成了拆迁安置小区。但我国现有的城市居住区规划较少考虑到拆迁安置地原有居民的生活习惯、文化习俗和社会情感联结等因素，以统一化、千篇一律的城市居住区规划模式进行拆迁安置，导致居民在新的居住区中面临许多社会适应问题，使居民原有的社会联结关系断裂、原有的生活习惯及文化习俗没有得到应有的尊重，居民的社区认同与社区归属感较弱，影响居民的社区参与程度，也可能会引发社区冲突。此外，城市是一个陌生人社会，城市社区的居民来源比较复杂，特别是新建居民小区，市场化的交易方式增加了居民来源的复杂度。以上海市郊区的大型居住社区为例，这些大型居住社区既有当地的拆迁安置居民，也有城市建设中被异地安置的被拆迁户，还有通过市场化手段购房入住的普通居民，各类居民具有不同的居住需求，城市居住区规划应当考虑到居民的多样化需求，在满足居住区基本功能的前提下对居民的需求进行研判，制定个性化的需求回应机制，满足各类群体的需求。例如，对于城市扩张过程中兴建的农民安置房居住区，可以根据农民的生活习惯和交往需求，仿照村落的"院落式"布局设计一些开放式的社区公共空间，通过单体建筑的围合形

---

① 张宝锋：《城市社区参与动力缺失原因探源》，《河南社会科学》2005年第7期，第22—25页。

成"基本院落",再以"基本院落"围合成"组团院落",若干个"组团院落"最终形成"小区中心院落"。① 通过这种贴近居民生活习惯的公共空间的营造,吸引居民进行社区参与。

社区记忆与社区认同是一种正向关系,一般来说,社区记忆越强,社区认同也越强。② 在城市建设和更新的过程中,城市规划应当对承载居民集体记忆的建筑和居住区进行保护式的更新,使老旧小区既能在功能上满足居民的需求,也能在精神上成为居民的情感联结和纽带,以情感联结夯实居民之间的关系,丰富社区社会资本,从而有利于形成良性的邻里关系和纽带。滕尼斯最初提出的社区概念表征着一种共同体精神,具有一定的情感联结,与高度理性的现代城市社区形成了鲜明的对比。传统的社区基于血缘和地缘的关系联结基本上实行自我管理和自我发展,而现代社会中社区的运转离不开社区治理体系。"二战"以后,许多国家面临着失业、疾病、经济发展缓慢以及社会矛盾突出等问题,为了解决这些问题,开始出现运用社区资源进行社区自助治理的尝试;20 世纪 50 年代,联合国开始在世界其他地区推广这种基于社区的发展策略。通过对社区治理起源的追溯,可以发现,在一定程度上社区治理源于社会变迁导致的社区情感维系的衰微,即社区治理是为了对因利益分割、社会矛盾突出等导致的人们普遍出现的消极情感的制度性回应。③

城市管理者逐渐意识到社区记忆对于居民生活的重要性,逐渐转变了城市更新的理念和方式,在城市更新规划中加强对承载社区共同记忆的老旧建筑的保护、修缮与功能更新,在城市居住区规划中更加注重对以人为本理念的践行。以上海市为例,为了传承城市历史文脉,对城市进行有机更新,上海市在 2017 年 7 月出台了《关于深化

---

① 黄景勇、黄婷、杨林:《农村拆迁安置小区户外空间环境设计研究——以江苏省泰州市高港区庆丰村为例》,《安徽农业科学》2009 年第 37 卷第 10 期,第 4751 页。

② 吴理财:《农村社区认同与农民行为逻辑——对新农村建设的一些思考》,《经济社会体制比较》2011 年第 3 期,第 123—128 页。

③ 文军、高艺多:《社区情感治理:何以可能,何以可为?》,《华东师范大学学报》(哲学社会科学版)2017 年第 6 期,第 28—36、169—170 页。

城市有机更新促进历史风貌保护工作的若干意见》，要求以保护保留为原则、以拆除为例外对上海市老旧小区、二级旧里进行历史文化风貌区的保护与更新；2017 年 11 月，上海市政府又出台了《关于坚持留改拆并举深化城市有机更新进一步改善市民群众居住条件的若干意见》，对城市有机更新的具体方案进行了细化，实现了城市更新从"拆改留"到"留改拆"的转变。城市内城区域往往聚集着城市本地的居民，长期的居住生活使其对所生活区域具有较深的情感，因此城市内城更新需要充分考虑老旧小区居民的需求，在城市居住区规划中对老旧住所及承载共同社区记忆的居住区进行保护式的更新与修缮，增强居民的社区认同。具有共同情感联结的社区居民在后期的社区治理中倾向于进行积极的社区参与和社区建设活动，有利于促进熟人社区的营造，丰富居民的社区社会资本，从而有利于居民个人的社区生活及发展。

### （二）以参与式规划提升社区规划的满意度

社区营造需要有良好的空间规划作为支撑，而社区居民参与社区规划，可以更好地调动居民的社区参与意识，增强居民的社区参与能力，最终提升居民的社区认同感和归属感，为社区发展做出贡献。城市居住区规划最初是以技术为导向，由专业的城市规划师参与完成，这种城市规划方式较少考虑本地居民的社会关系结构和社区的历史文化传承，在实践中容易出现居民接受度不高以及割裂原有社区关系等"水土不服"的问题。此外，21 世纪以后，我国的城镇化速度加快，但在实践中，我国存在着人口城镇化与土地城镇化速度不匹配的现象，从 2004 年到 2015 年，我国的城镇建设用地面积从 3.08 万平方公里扩展到 5.16 万平方公里，城市建设用地面积增加了 70%，但城镇人口从 5.43 亿增长到 7.71 亿，增长了 42%。① 此后，我国实行严格的土地保护制度，城市建设用地的扩张速度有所减缓，城市发展模

---

① 李郇、彭惠雯、黄耀福：《参与式规划：美好环境与和谐社会共同缔造》，《城市规划学刊》2018 年第 1 期，第 24 页。

式开始由增量发展向存量发展转变，传统的"摊大饼"式的外围扩张型城市建设模式开始向内部精细化改造的城市建设和规划模式转变。① 城市规划更加注重以人为主导，以需求为导向进行社区的规划重建。作为居住空间的主体，社区居民更加了解社区的文化与社区中的各种复杂的关系结构，社区居民参与规划成为提高社区规划精准度和满意度的重要方式。

城市空间规划需要以人为本，在充分了解社区居民的社会关系结构以及居民的空间需求的前提下，进行空间布局和规划。社区居民的年龄结构特征、居民来源及居民的社会经济状况等影响其对居住区空间的使用需求，因此，社区规划需要细化居民需求，因地制宜地进行有针对性的、回应性的空间规划设计。参与式规划是城市居住区规划"在地化"的重要保障和途径，居民参与规划体现了城市居住区规划的多元价值取向，有利于协调社区多元利益结构，形成人性化的、满意度高的社区空间规划。同时，居民参与规划也是居民社区参与的一种表现，有利于锻炼居民的社区参与、组织协调、沟通表达等能力，有利于培养社区居民的自治能力，增加居民的社区归属感，形成开放、包容的社区文化氛围，从而有利于推进社区营造的发展。

参与式规划是在开放式规划理念的背景下，通过召开居民座谈会、进行社区规划方面的社区问卷调查，或通过网络信息平台等渠道以大数据分析的方法分析居民的活动特征与出行轨迹②等，为社区规划提供参考。参与式规划打破了传统的由政府和城市规划技术精英主导的城市规划格局，形成了协商式、开放式的规划模式，有利于提高城市空间规划的科学性、民主性。由于城市化速度的加快，存量发展的城市发展模式使得城市更新的速度加快，城市居住区作为居民聚居的场所，面临着进行社区重建的任务，需要具有社区规划等专业知识的专家参与社区规划并进行相关的组织协调工作，在这种背景下，社

---

① 李昊、王鹏：《智慧城市发展与参与式规划研究》，《北京规划建设》2017年第6期，第44—49页。

② 蔡晓晗、姜晓帆、陶亮亮：《以规划需求为导向的参与式规划新模式——以大数据、信息平台为例》，《2018城市发展与规划论文集》2018年版。

区规划师开始出现并发挥作用。社区规划师最早于 20 世纪 60 年代在英美等发达国家产生，是专门从事社区规划的个人、群体或机构。目前，我国的社区规划师制度尚处于探索和实践阶段，尚没有出现国家层面的统一的社区规划师制度，但各地在社区规划的实践中陆续出现了社区规划师的实践探索，主要表现为我国台湾地区、深圳和上海等地的社区规划师实践。

台湾地区在 1999 年开始出现社区规划师制度，当时台北地区最先开始了社区规划师的探索实践，主要目的在于为社区提供专业的规划咨询与整体的环境设计，以形成自下而上的社区参与规划，促进社区营造的发展。2000 年，台湾通过推行"青年社区规划师培训计划"为社区规划师培养后备人才，社区规划师制度逐渐清晰。一般而言，社区规划师是指一群具有高度热情且进入社区的专业规划者，通过坐落于社区中的在地化的社区规划师工作室，就近为社区环境进行诊断工作并为当地居民提供有关社区建筑和公共环境议题方面的专业咨询，并协助当地社区制定能够推动地区环境改善的策略，以提升社区的公共空间品质与环境治理。① 台湾地区的社区规划师具有公共性、在地性与服务性三种特征②，其中在地性是社区规划师最为重要的特征，指社区规划师需要对当地的环境和社区关系与文化具有相当程度的了解并能够就近提供社区规划相关的专业咨询服务。

深圳市的社区规划师模式主要有四种：行政力量推动型、专业技术人员担纲型、社区主导型和城市更新下的市场驱动型。其中，行政力量推动型模式是指以深圳市城市规划主管部门推动，将行政系统内的人员派驻社区成为社区规划师，并定期深入社区提供规划服务，通过自上而下的方式进行社区规划服务。专业技术人员担纲型模式仍以行政系统力量为主导力量，但派驻的社区规划师则来自规划部门的专业技术人员，通过技术的联结与沟通促进各部门的合作。社区主导型

---

① 杨芙蓉、黄应霖：《我国台湾地区社区规划师制度的形成与发展历程探究》，《规划师》2013 年第 29 卷第 9 期，第 32 页。

② 同上。

模式指以社区为主导，通过聘请社区规划师进行自我的社区规划服务。城市更新下的市场驱动型模式是以城市更新地区的原村集体经济组织为主体，聘请规划专业技术人员，当城市更新发生以后，由聘请的城市规划人员参与更新单元的编制过程。[①]

作为超大型城市的典型代表，上海的城市更新速度较快，同时，上海的历史文化资源较为丰富，城市更新的过程中需要注意对里弄等特色文化资源的保护，进行保护式的开发和老旧空间的活化利用，上海的城市更新和社区改造更需要有代表居民利益的专业规划师的参与。2018 年初，上海市杨浦区在全市层面率先推出社区规划师制度[②]，通过行政力量主导，聘请辖区内以城市规划专业著称的同济大学的规划专家为社区规划师，与杨浦区辖区的街镇形成一对一的结对指导关系，对社区的更新做长期的跟踪式指导服务。社区是城市公共服务的"最后一公里"，社区功能是否完备、社区服务是否到位直接影响居民的生活品质。城市管理涉及居民生活的方方面面，"城市管理要像绣花一样精细"，社区是城市管理的基本单位，为了提升城市管理的精细化程度以及城市治理的质量和效率，上海在社区治理方面进行了持续的探索，社区规划师制度是其中的重要内容。社区规划师参与的城市更新改变了资本和市场力量主导居民生活空间建设的局面，使城市空间更新更切合居民的需求，带动了空间更新过程中居民的参与和规划意见的表达，提高了居民对居住区规划的满意度。

城市空间规划和更新需要树立以人为本的理念，通过"多方合作、公众参与"的方式进行具体运作，基于不同的参与动机和逻辑，政府、开发商和社区居民等利益相关者之间存在冲突和矛盾，专业社区规划师的参与能够有效调节各利益相关者之间的关系[③]，形成有效协商的社区空间规划与更新的主体关系结构。目前，我国居民的社区

① 吴丹、王卫城：《深圳社区规划师制度的模式研究》，《规划师》2013 年第 29 卷第 9 期，第 36—40 页。
② 柳森：《"第一个吃螃蟹"的社区规划师》，《上观新闻》2018 年 1 月 20 日。
③ 刘思思、徐磊青：《社区规划师推进下的社区更新及工作框架》，《上海城市规划》2018 年第 4 期，第 28—36 页。

参与意识和参与能力较弱，参与式规划既要培育和调动社区居民的参与意识，同时也要通过聘请专业的规划专家为居民提供社区规划的专业服务咨询，提升居民的社区规划认知和知识。在城市更新速度加快的背景下，社区规划师制度的建立能够提升社区规划的满意度、科学性、民主性，使城市社区规划更加具有"温度"。

### （三）以社区营造丰富公共空间内涵

根据马斯洛的需求层次理论，人具有生理需求、安全需求、社交需求、尊重需求以及自我实现的需求，城市居住区规划不仅需要在宏观上与城市总体功能分区和规划布局保持一致，同时还需要在微观方面考虑居民的需求。随着经济社会的发展，城市已建成居住区在功能和区位等方面不可避免地存在一些缺陷，原来基本能满足居民需要的居住区随着时代的发展已不能满足居民日益增长的居住需求，需要进行居住区的改造等，居住区的改造既包括物质空间的改造，也包括人文空间的营造，前者是后者的载体。在某种程度上，社区营造可以弥补城市居住区空间规划的缺陷与不足，盘活居住区空间资源，激发居住区空间的活力。

城市是陌生人社会，城市社区居民之间的交往更多地发生在社区公共空间范围内，因此城市居住区规划需要对公共空间的设计给予关注。根据2014年和2016年课题组对上海市67个居民小区的调研，上海城市社区内邻里之间上门互动的频率较低，邻里之间的主要交往活动发生在楼梯、过道、公园等户外公共空间内。规模适度、位置适宜的公共空间是促进居民交往的前提，但在城市人口剧增、城市用地日益紧张的情况下，提高城市居民区公共空间的品质和使用效率是活化公共资源、进行社区建设的重要路径，因此，需要以社区营造为切入点，以社区营造项目和活动带动居民对社区公共事务的参与，提升居民社区参与的范围和程度，实现政府治理、社会调节和居民自治的良性互动。一般认为，社区营造是指以社区为基础，通过整合各种社会资源与力量，通过动员社区居民参与实现社区的自组织、自治理和自发展的过程。社区营造离不开政府的支持、社会力量的成长与社会组织的引导和帮扶。区别于传统的自上而下的社区管理，社区营造主要有以下几个特点：第一，在组织形式上，社区营造是全体居民以自组织的方式进行社区参与；第二，社区营造的内容比较广泛，涵盖居民生活的各个方面，概括起来主要有"人、文、地、产、景"五个方面，包括社区居民的社会交往活动及社会福利、社区文化的传承与创新、地理环境、产业发展以及生活环境的改善与经营等；第三，在集体行动方面，社区营造需要通过共识的达成与资源的整合实现集体行动，最终实现治理目标的达成与社区的和谐发展。①

政府提出社区精细化治理的背景是社区治理任务的繁重与复杂化，需要提高治理的针对性、准确度与精细化程度。为此，国家通过简政放权的改革逐步将治理权力和资源下沉至最基层的街道一级政府，由基层政府通过治理资源的调配与调整进行治理任务的分配。但政府的注意力资源有限，难以提供因时而异、因地而异的具体管理服务，需要当地居民进行在地化的参与治理。以福建厦门曾厝垵的建设管理问题为例，曾厝垵被称为"中国最文艺渔村"，文化创意产业集聚，吸引着大量的游客，拉动了地方经济的发展并实现了居民生活的改善。但在市场力量的驱动下，烧烤、大排档等付租能力强的经营者占据着大量的公共空间，形成了对文化创意产业的挤出效应，影响着当地旅游业的可持续发展。对此，当地政府采取与商家协商等措施试图整合地方产业结构，但收效甚微。为此，地方政府转变思路，以美好环境共同缔结工作坊的形式对地方治理力量进行整合，以社区为基点，以居民群众参与为核心，搭建政府、规划师和群众三方互动平台，并在社区规划师等专业力量的引导下，从空间环境改造与相关体制机制的构建着手，形成多元主体共同参与的社区规划、建设实践，最终解决了社区发展中的难题，并增强了居民的社区认同感和归属感，以及自我管理和服务的能力。② 通过居民参与与多方联动的社区

① 刘雪梅：《社区营造：公共治理的基层实践》，《四川行政学院学报》2017 年第 6 期，第 37—41 页。
② 李郇、刘敏、黄耀福：《社区参与的新模式——以厦门曾厝垵共同缔造工作坊为例》，《城市规划》2018 年第 42 卷第 9 期，第 39—44 页。

营造活动，挖掘了社区空间潜力，实现了对社区空间的重构与活化利用。

随着城市化速度的加快，在城市的外环区域出现了一些新建小区，相比于内城区，新建小区的人口密度相对较低，为了节省建设成本，增加收益，新建小区往往以高层建筑为主，入住居民以年轻白领居多，这部分群体既缺少时间参与社区建设与营造，同时也缺少参与社区治理的意识，总体而言，新建居民小区缺少共同的社区情感联结。对此，以社区居委会为主体的社区自治组织应针对不同群体的特点，制定个性化的社区活动，如针对年轻全职妈妈可以开设全职妈妈交流沙龙，定期聘请育儿专家开设讲座，吸引全职妈妈参与，以此为契机为居民创造社区交往与沟通的机会。此外，针对上班一族，以社区居委会为牵头力量，以社区服务中心为空间载体，可在周末安排针对上班族的娱乐、健身、交友活动等，活跃社区气氛，增强社区居民之间的熟识度与社会联结程度，逐步打造熟人社区。

自20世纪90年代以来，中国城市完成了大规模的扩张，城市建设土地数量迅速减少，城市规划开始从增量发展转向存量发展，由外围扩张型向内部精细化改造转型[1]，城市更新改造成为当前城市规划的重要内容。随着建筑年限的增加，内城区的老旧小区面临着建筑老化、居住品质下降等问题，需要进行维修、更新和改造。在改造的过程中应采取分类施策的原则，对已经丧失居住功能的建筑进行拆除重建；对于居住功能不完善、厨卫配套不健全的房屋采取改扩建、内部格局调整等方法增设厨房和卫生间等，完善房屋的居住功能。[2] 以上海市为例，城市中心区域的老旧小区居民以上海本地的老年人为主，长期的里弄生活使邻里之间熟识度较高，社区的情感联结较深，邻里守望相助在一定程度上也可以缓解社区治理的压力。对此，上海市以"确保结构安全、完善基本功能、传承历史风貌、提升居住环境"为

---

① 李昊、王鹏：《智慧城市发展与参与式规划研究》，《北京规划建设》2017年第6期，第44—49页。

② 范佳来：《上海打响"留改拆"攻坚战！"多策并举"让老房子焕发新生命》，《上观新闻》2018年8月29日。

原则进行城市居住区更新规划。对于有一定历史文化价值的老旧小区，应在保证满足居民基本居住需求的前提下，以居住区的"微更新"代替传统的大拆大建，既能够节约社会建设的成本，也能够保留居民原来的生活方式，减少因生活方式的调整导致的社区冲突事件的发生。城市居住区的微更新实质上是居住区空间的重塑，是对城市居住区中那些承载了居民强烈情感、集体记忆的场所进行保护，并通过改造为城市老旧小区注入新的生命力。[①] 与传统的城市更新方式相比，微更新更注重从城市社区的细小地方入手进行空间的重塑与改造，提升居住区公共空间的品质与内涵，进而提高社区居民对公共空间的利用效率和频率。在不影响居住区原有的社会联结和社会结构的前提下对居住区公共空间进行微小的更新和改造，提升居民的居住满意度和幸福感，从而达到对附着着城市文化记忆的历史建筑和街区的保护与再利用，同时也能够提升老旧小区居民的获得感和幸福感。

口袋公园是老旧小区微更新治理中使用频率较高的治理策略。1963 年，口袋公园的概念在美国纽约公园协会组织的展览会上首次被提出，其原形是高密度城市中心区散布的、呈斑块状分布的小公园，常被用来描述城市中规模很小的绿色开放空间。[②] 与传统的城市公园不同的是，口袋公园往往布置在城市的畸零空间，具有规模小、形态多样化和亲社会性等特征，在美化居住区环境的同时也提供了居民休憩、交流的场所与空间，是社区的重要公共空间类型。口袋公园的建设通常以设计师为主导，社会组织、社区居民、社区居委会、物业和业委会等组织也是重要的参与主体，口袋公园的建设和维护过程，同时也是社区治理的"三驾马车"以及社区居民和专业设计师协商互动、利益整合和调整的过程。口袋公园可以丰富社区景观层次，释放社区公共活动空间，进而带动社区活力，满足居民对居住区生活环境的要求，提高居民幸福感和获得感；口袋公园的建设可以促

---

① 冯婧萱：《旧建筑改造中的表皮更新》，硕士学位论文，天津大学，2007 年。

② 宋若尘、张向宁：《口袋公园在城市旧社区公共空间微更新中的应用策略研究》，《建筑与文化》2018 年第 11 期，第 139—141 页。

进高密度都市区的空间更新与社区治理的有机结合，实现空间规划与社区营造的有效结合。

上海五角场创智空间是城市畸零空间活化利用的一个典型案例。在城市开发的大背景下，上海的人均住房面积得到了提升，以个人和家庭为单位的私人空间及其心理模式得到了充分的发展，但与此同时，社区公共空间以及发生在公共空间中的邻里交往却不断萎缩。[①]为了开拓社区公共空间，提升公共空间的品质与活力，2015 年上海出台了《上海市城市更新实施办法》，[②] 上海市绿化局此后在此背景之下协同杨浦区政府对五角场创智天地片区的闲置用地进行改造利用，并和企业合作并委托第三方社会组织四叶草堂进行运营和维护。[③]社会组织对这片街区空间进行绿化设计，使其成为儿童玩耍的乐园和社区居民交流的空间。在日常运营中，社会组织则通过联络资源，设置相关议题，搭建政府、企业、高校和居民之间沟通交流的平台，通过社区营造活动，激发居民的参与兴趣和社区活力，同时也能够拉近不同社会阶层居民之间的心理距离，通过社区活动释放邻里效应的积极作用。对于已建成但品质不高、利用效率较低的社区公共空间，社区营造可以丰富空间内涵，重新赋予空间以活力和生命力。

# 五　本章小结

中国改革开放四十多年，伴随市场化改革、住房制度的变革以及城市化的快速发展使我国的城市空间发生了巨大的变迁。计划经济时期职住合一的单位制居住模式被市场经济体制下差异化的住房选择机制所代替，住房在一定程度上成为个人财富的重要组成部分和财富地

---

① 于海、邹华华：《上海的空间故事，从毛泽东时代到邓小平时代》，《绿叶》2009 年第 9 期，第 84—90 页。

② 马宏、应孔晋：《社区空间微更新：上海城市有机更新背景下社区营造路径的探索》，《时代建筑》2016 年第 4 期，第 10—17 页。

③ 刘悦来、尹科娈、葛佳佳：《公众参与协同共享日臻完善——上海社区花园系列空间微更新实验》，《西部人居环境学刊》2018 年第 4 期，第 8—12 页。

位的重要象征，以住房价格为主要的区分机制，社会成员之间出现了较为明显的分化。为了迎合住房市场的多样化需求，房地产开发商建设了不同品质的住房，社会经济地位较高、收入较高、社会资本较为丰富的群体有能力选择品质较好的住房，而社会经济地位较低、收入较低、社会资本相对匮乏的个人或家庭倾向于选择价格较低的住房，而价格较低的住房往往在区位、住房质量、户型以及面积等方面处于劣势，其居住的舒适度等方面不及品质较好的住房，居民对不同品质住房的选择行为加剧了居住空间分异的程度。居住空间分异往往会加剧公共服务资源的配置不均衡和社会阶层的分化，并导致社会区隔现象的出现，容易激化社会矛盾。

居住空间分异现象会产生一定的社会影响，研究发现，在居住区中邻里的社会经济特征会对居民个人或家庭的社会经济产出或结果产生影响，这一效应被称为邻里效应。通过社会化机制、社会服务机制以及环境和区位机制等，邻里效应还会影响居民的健康、居民的迁居意愿和行为、社会排斥、阶层分化等。此外，作为一种公共政策，城市规划需要兼顾各个阶层的城市居民的居住需求，其对保障房社区的区位选择等客观上对社会阶层分化产生影响。同时，作为一种工具的城市规划在居住区的规划设计中缺乏对社会人口结构和居民潜在需求的有效研判等，随着汽车社会和老龄化社会的来临，城市居住区缺少停车位、电梯以及公共空间的问题愈加明显。而在城市更新的过程中，城市居住区建设的实际与前期的城市规划之间可能存在一定的差距，可能对居民的个人利益造成一定程度的影响，容易引发社会冲突，如城市拆迁纠纷等。因此，城市居住区规划需要以人为本，通过培育社区规划师等方式鼓励居民主动参与居住区规划，提升居住区规划的民主性、科学性，以及居民对居住区规划的满意度；通过参与式规划，还可以提升居民的社区认同感和归属感，从而有利于构建和谐的社区公共空间。对于那些在功能和形态上存在明显缺陷的社区公共空间，可以通过社区"微更新"的方式对零散空间进行活化利用，以社区营造的方式吸引居民参与公共空间的活动与治理，以公共空间为载体，以社区营造活动为媒介，增强社区居民对社区事务的参与程度与频率，打造熟人社区，增强邻里之间的融合程度，发挥邻里效应的积极作用。

此外，应将城市居住区规划纳入社区治理的链条中，将其作为社区治理的一个重要环节，在进行城市居住区规划时除了从技术方面进行居住区功能的完善以外，还需要综合考虑居住区规划可能对社会阶层分化造成的影响，从有利于后续社区治理、社区营造以及人的全面发展的角度审慎规划，综合考虑居住区区位的选择分布、居住区周边配套设施的配置，以及教育、医疗、文化娱乐等公共资源的分配。对于低收入居住区而言，选择公共服务和配套设施相对完善的区位进行低收入居住区的布局可以在就业、教育和文化娱乐等方面为低收入群体提供优质资源，从而在一定程度上阻断和减缓低收入阶层继续向下流动的路径，实现社会阶层的良性流动；对于高档居住区而言，要从资源优化配置的视角进行资源的整合，提高资源的利用率，利用市场机制进行配套服务的筛选和供给，防止公共服务资源在高档居住区的过度配置和集聚，提高公共服务资源的普惠度，彰显公共资源的公共性特点。以公众关注度比较高的教育资源为例，目前我国中小学实行分片划区管理的制度，即"学区制"，其目的在于实现教育资源的优化配置，以强带弱，促进义务教育资源的均衡发展，但在实践中，为了获得在优质学校就读的机会，公众竞相在优质学校附近购买"学区房"，在推高优质学校周围房价的同时，也拉大了社会阶层之间的差距，高收入阶层占据着优质的教育资源，而低收入阶层只能选择教育资源相对较差的学校就读，通过再生产机制，这种阶层差别进行着代际的传递与延续，不利于阶层流动。对此，在市场机制之外，政府可以通过宏观调控手段，将部分中低收入居住区选址在公共资源配置完善的区域，促进阶层融合的实现。

# 第十章　城市居住区规划的社会影响评价模式

在上海居住区调研的基础上，本章试通过对国内外相关研究资料的整理，提出城市居住区规划的社会影响评价模式。评价模式基于居住区规划的类型学划分，提出不同的程序性评估要点，重在维护低收入群体的利益，最大限度彰显社会公平，促进和谐社会的建设。另外，模式建构重视社会影响评价之可操作性、建设性和开放性，以终为始，以始为终，一以贯之。通过对选取的4个已建成居住区项目的试评估，演练评价模式在贯彻评价原则、重程序轻指标、灵活运用评价方法等内容的实际操作过程，对评价模式进行检验与调整。我们认为，基于类型学划分的程序性评估与有侧重的评价是重要的，体现了评价模式的可操作性和开放性。本章设计的城市居住区规划社会影响评价模式为规划设计、管理部门和居民提供了参考。

## 一　社会影响评价的指标与方式

指标的建构和方式的选取，是社会影响评价过程中的基本步骤之一。所谓"指标"，指的是运用可量化的数字或定值，对既定结果中需要达成的指数、规格、标准等内容进行衡量的一种方法性表达。一个关于评价指标的共识是，全面的指标体系虽然在目标上增加了安全感，但在实际的评价和实施过程中往往面临多目标的力量分散，反而降低了评价的有效性和现实价值。因此，有针对性和可变的指标体系是提升评价模式科学性的重点。"方式"，即可用以规定或认可的形式和方法。社会影响评价方式正逐步从偏重事前评价转向"事前—事中—事后"全过程评价，从重客观指标评价转向重过程参与式评价，从单一评价主体转向多元评价主体。

### （一）社会影响评价的指标

1. 西方社会影响评价指标的建构

从 1969 年的《国家环境政策法》（NEPA），到 1994 年的《社会影响评价原则与指南》，再到 2003 年的《国际社会影响评价的原则与指南》和 2015 年的《社会影响评价：项目社会影响评价和管理的指南》，欧美在社会影响评价指标上的建构经历了将近 50 年的发展历程。在这近 50 年的时间内，西方社会影响评价指标的建构总体上经历了从"指标体系提出"到"指标体系建构"再到"指标体系完善"三个阶段的发展过程，形成了一套较为完整和稳定的社会影响评价指标体系。

第一阶段：1969—1994 年，评价指标的提出和初步建构。在这一阶段，社会议题被正式纳入环境影响评价（EIA）中，有关社会影响评价（SIA）的实践和研究逐渐得到广泛的关注。得益于《国家环境政策法》（NEPA）的支持，西方两大社会影响评价机构——"国际影响评价协会"（IAIA）和"社会影响评价原则和指南跨组织委员会"先后成立。同时，许多学者（Audrey Armour，1990；Gramling，Freudenburg，1992；Burdge Rabel，J.，1994 等）就社会影响评价的指标应该包括什么、如何划分、如何量化等问题展开了一系列的讨论和研究，并形成了各自的基础理论和体系雏形。多元视角下的研究和实践成果为社会影响评价提供了多种多样的指标体系建构思路和模式选择。

第二阶段：1994—2003 年，评价指标体系的系统建构。这一阶段，学者们不断地在前人的研究成果上对社会影响评价指标进行着完善和补充（Juslen，J.，1995；Frank Vanclay，1999 等）。1994 年出版的《社会影响评价原则与指南》一书，明确界定了社会影响评价的五大指标和 32 项变量，第一次系统性、跨学科地建构出了社会影响评价的指标体系。同时，世界银行（World Bank）和许多跨国金融机构、大型投资银行在项目援助和项目投资过程中也逐渐引入社会影响评价，探索性地形成了"贫困与社会影响分析"方法（PSIA）和"赤道原则"（EP），为这一阶段社会影响评价指标体系的建构起到了很好的补充作用。社会科学界和公共中介机构对于社会评价本质和方法认识的一致性大大增强。[①]

第三阶段：2003年至今，评价指标体系的完善和丰富。这一阶段，社会影响评价指标体系纳入了更多的内容，适用范围更广，并形成了新的建构趋势和取向。2003年，《社会影响评价原则与指南》修订再版，由Frank Vanclay主编的《国际社会影响评价的原则与指南》出版。与之前相比，2003年的两本《指南》，在已有发达国家之外，同时将发展中国家也涵盖在内，扩展了评价涵盖的范围，使得社会影响评价同样可适用于国家间贷款与国际援助机构。2015年，IAIA又出版了《社会影响评价：项目社会影响评价和管理的指南》，其目的是通过提供指南和准则，帮助机构、从业人员以及相关人群理解和运用社会影响评价。评价指标的构建逐渐形成了一些新的趋势和取向，它要求评价指标能够反映一些如社会性别、可持续、协商民主、冲突调解、贫困再生产、尊重和实践人权等原则和观念。同时，指标的构建除了针对具体项目开展外，还应更进一步，考虑到促进社会整体发展的作用（Frank，Esteves，2011）。

2. 我国社会影响评价指标的构建

我国对社会影响评价指标的研究始于20世纪80年代末。1986年，在联合国开发计划署（UNDP）和英国国际发展署（DFID）的支持下，我国开始对投资项目社会评价的理论及方法进行系统研究。得益于西方已有的丰富的研究理论与实践经验，我国社会影响评价指标体系的建构发展迅速，从20世纪90年代开始至今，先后出版了《投资项目社会评价方法》（1993）、《投资项目社会评价指南》（1997）、《投资项目可行性研究指南》（2002）、《中国投资项目社会评价指南》（2004）、《中国投资项目社会评价——变风险为机遇》（2007）、

---

① ［美］泰勒、布赖恩、古德里奇等：《社会评估：理论、过程与技术》，葛道顺译，重庆大学出版社2009年版，第11页。

表10.1

西方社会影响评价指标建构发展一览表

| 来源 | 时间 | 出版方 | 指标数 | 一级指标 | 二级指标 | 意义 |
|---|---|---|---|---|---|---|
| 《国家环境政策法》(NEPA)① | 1969 | 美国国会 | 0 | "人的环境"要"全面解释",包括"自然环境和人与环境的关系"。各机构在评估所谓的"直接""效应之外,还需要将"……文化、经济、社会……"的影响也纳入评价内容中 |  | • 将社会议题纳入环境影响评价中 • 社会影响评价(social impact assessment SIA)开始出现 • 有关社会影响评价的实践和研究逐渐得到广泛的关注 |
| 《将影响评估纳入规划过程》② | 1990 | Audrey Armour | 3 | 生活方式 | 如何在日常生活、工作、娱乐和互动 | 社会影响评价指标体系建构的第一次尝试和雏形 |
|  |  |  |  | 文化 | 共同的信仰、习俗和价值观 |  |
|  |  |  |  | 社区 | 凝聚力、稳定性、性格、服务和设施 |  |
| 《机遇——威胁,发展与适应:建立全面的社会影响评价框架》③ | 1992 | Gramling 和 Freudenburg | 6 | 生物和卫生系统 |  | 提供另一种建构视角 |
|  |  |  |  | 文化系统 |  |  |
|  |  |  |  | 社会系统 |  |  |
|  |  |  |  | 政治/法律制度 |  |  |
|  |  |  |  | 经济系统 |  |  |
|  |  |  |  | 心理系统 |  |  |

① Assessment, S. I., "Guidelines and Principles for Social Impact Assessment", *Environmental Impact Assessment Review*, Vol. 15, No. 1, 1995, pp. 11-43.
② Armour, A., "Integrating Impact Assessment into the Planning Process", *Impact Assess Bull*, Vol. 8, No.1/2, 1990, pp. 3-14.
③ Gramling, R., Freudenburg, W. R., "Oppotunity-threat, Develpoment, and Adaption: Toward a Comprehensive Framework for Social Impact Assessment", *Rural Sociol*, Vol. 57, No. 2, 1992, pp. 216-234.

续表

| 来源 | 时间 | 出版方 | 指标数 | 一级指标 | 二级指标 | 意义 |
|---|---|---|---|---|---|---|
| 《社会影响评估：一本关于芬兰经历的书》① | 1995 | Juslen J. | 6 | "标准"社会影响 | 关于噪声水平、污染等 | 提供另一种建构视角 |
| | | | | 社会心理影响 | 如社区凝聚力、社交网络中断 | |
| | | | | 参与恐惧 | | |
| | | | | 进行评估的影响 | | |
| | | | | 对国家和私人服务的影响 | | |
| | | | | 对移动性的影响 | 如交通、安全、障碍 | |
| 《环境影响评价指南》② | 1999 | Frank Vanclay | 8 | 生活方式 | 如何在日常生活、工作、娱乐和互动 | • 对1990年Audrey Armour理论的回应和补充 • 为2003年IAIA出版的《指南》中的指标建构提供指导和借鉴 |
| | | | | 文化 | 共同的信仰、习俗、价值观、语言或方言 | |
| | | | | 社区 | 凝聚力、稳定性、性格、服务和设施 | |
| | | | | 政治制度 | 人们在多大程度上参与影响其生活的决策，正在发生的民主化程度以及为此目的提供的资源 | |
| | | | | 环境 | 人们使用的空气和水的质量；他们吃的食物的可用性和质量；他们所面临的危险或风险，灰尘和噪声的程度；卫生设施的充分性、人身安全以及对资源的获取和控制 | |

① Juslen, J., "Social Impact Assessment: a Book at Finnish Experiences", *Proj Appraisal*, Vol. 10, No. 3, 1995, pp. 163 – 170.
② Vanclay, F., *Handbook of Environmental Impact Assessment*, Oxford: Blackwell Publishing, 1999, pp. 301 – 326.

续表

| 来源 | 时间 | 出版方 | 指标数 | 一级指标 | 二级指标 | 意义 |
|---|---|---|---|---|---|---|
| 《政策改革对穷人的影响分析》① | 2002 | 世界银行 | 6 | 健康和幸福 | 以类似于世界卫生组织定义的方式理解"健康":"一种完整的身体、精神和社会福祉状态，而不仅是没有疾病或虚弱" | 强调贫困人群和弱势群体在社会影响评价中的主体地位 |
| | | | | 个人和财产权利 | 特别是人们是否受到经济影响，或者经历个人劣势，其中可能包括侵犯其公民自由 | |
| | | | | 恐惧和抱负 | 对自己安全的看法，对社区未来的恐惧，以及对未来和孩子未来的渴望 | |
| | | | | 就业 | | |
| | | | | 价格 | 包括生产、消费、关税和工资 | |
| | | | | 对于物品和服务的获得 | | |
| | | | | 资产 | | |
| | | | | 转移支付和税收 | | |
| | | | | 权威 | | |

① Carvalho, S., "Analyzing the Effects of Policy Reforms on the Poor: an Evaluation of the Effectiveness of World Bank Support to Poverty and Social Impact Analyses", *World Bank Publications*, 2010.

续表

| 来源 | 时间 | 出版方 | 指标数 | 一级指标 | 二级指标 | 意义 |
|---|---|---|---|---|---|---|
| 世界国际金融机构和大型投资银行① | 2003 | | 0 | 赤道原则（EP）：• 硬性规定对项目可能对环境和社会的影响进行综合评估 • 要求利用金融杠杆促进该项目在环境保护以及周围社会和谐发展方面发挥积极作用 | | • 强调机构与公司在社会影响评价中的社会责任 • 形成了一个实务上（de facto）的硬性准则 |
| 《社会影响评价的原则与指南》 | 1994 | 美国社会影响评价原则和指南委员会/（主要作者：Burdge Rabel J） | 5 指标 32 变量 | 人口特征 | 1. 人口规模；2. 密度和变化；3. 种族和宗教信仰的分布状态；4. 移民；5. 流动人口；6. 季节性或休闲度假的居住人口 | • 第一个系统性、跨学科的社会影响评价 • 社会科学界和公共中介机构对于社会评价本质和方法认识的一致性大大增强 |
| | | | | 社区与制度结构 | 7. 志愿组织；8. 社团活动；9. 地方政府的规模和结构；10. 变化历程；11. 就业和收入特征；12. 弱势群体的公平的就业权利；13. 地方、区域、商业划区的多样性；14. 产业、规划和区划活动 | |
| | | | | 政治和社会资源 | 15. 权力和权威的分配；16. 新移民和原住民的冲突；17. 资金的证明、鉴定；18. 感兴趣和受影响的政党；19. 领导能力和特征；20. 国际组织的合作 | |

① http://equator-principles.com/wp-content/uploads/2018/01/equator_principles_chinese_2013.

续表

| 来源 | 时间 | 出版方 | 指标数 | 一级指标 | 二级指标 | 意义 |
|---|---|---|---|---|---|---|
| 《国际社会影响评价的原则与指南》[1] | 2003 | 国际影响评价协会（IAIA）（主要作者：Frank Vanclay） | 8 | 个体和家庭的变迁 | 21. 对风险、健康和安全的感知；22. 对移民和拆迁的关注；23. 对政治和社会制度的信任；24. 居住的稳定性；25. 熟悉人的密度；26. 对政策、工程的态度；27. 家庭和友谊网络；28. 对社会福利的关注 | 涵盖的范围更广，适用于国际贷款与援助机构，并可同时适用于发达国家和发展中国家 |
| | | | | 社区资源 | 29. 社区基础设施的改变；30. 本地人口；31. 土地利用方式的改变；32. 对文化、历史、宗教和考古资源的影响 | |
| | | | | 生活方式 | 如何生活、工作、娱乐及在日常生活中和他人互动 | |
| | | | | 文化 | 共享的信念、习俗、价值、语言或方言 | |
| | | | | 社区 | 社区的凝聚力、稳定性、特色、所提供的服务以及所拥有的设施 | |
| | | | | 政治系统 | 民众能够参与影响他们生活的决策之程度、民主化的程度以及促成民主化所需要的资源 | |

① Frank Vanclay, "International Principles for Social Impact Assessment", *Impact Assessment & Project Appraisal*, Vol. 21, No. 1, 2003, pp. 5 – 11.

续表

| 来源 | 时间 | 出版方 | 指标数 | 一级指标 | 二级指标 | 意义 |
|---|---|---|---|---|---|---|
| 《社会影响评价的概念、过程和方法》① | 2004 | Burdge Rabel, J. | 5指标 28变量 | 环境 | 人们使用的空气、水资源之质量，食物之取得与其品质，暴露于噪声、粉尘、威胁与风险的程度，合宜的卫生条件，生命安全及人们如何取用并且掌控资源 | 对1994年《社会影响评价指南》和2003年《社会影响评价的原则与指南》的补充与完善 |
| | | | | 健康与幸福 | 在减少残疾或疾病的基础上，保持生理、心理、社会及精神上的良好状态 | |
| | | | | 个人权利与财产权 | 尤其是当人们受到经济冲击，或遭遇不利个人的处境，甚至其公民自由受到侵犯的状况 | |
| | | | | 恐惧和心愿 | 居民对安全的感知，对社区未来的担忧以及自身与下一代对未来的心愿 | |
| | | | | 人口 | 1.人口变化；2.工人流动；3.旅游性居民；4.人口安置；5.年龄、性别、种族和民族构成 | |
| | | | | 社区制度 | 6.项目态度；7.群体活动；8.地方政府；9.规划活动；10.行业多样化；11.生活/家庭收入；12.经济不平等；13.就业职位平等；14.就业职位 | |

① [美]伯基：《社会影响评价的概念、过程和方法》，杨云枫译，中国环境科学出版社2011年版，第43页。

续表

| 来源 | 时间 | 出版方 | 指标数 | 一级指标 | 二级指标 | 意义 |
|---|---|---|---|---|---|---|
| | | | | 社区变迁 | 15. 外来机构；16. 机构合作；17. 新社会阶层；18. 商业/工业重心；19. 旅游性居民 | |
| | | | | 个人和家庭 | 20. 日常生活活动；21. 宗教与文化活动；22. 家庭结构；23. 社会网络；24. 公共健康安全；25. 休闲 | |
| | | | | 设施 | 26. 社区基础设施；27. 征地和土地设置；28. 已知的文化、历史、宗教和考古遗址 | |
| 《社会影响评价：项目社会影响评价和管理的指南》① | 2015 | 国际影响评价协会（IAIA）（主要作者：Frank Vanclay） | 5指标 20变量 | 环境影响 | 1. 噪声；2. 可能的污染；3. 限制动物活动 | • 提供指南和准则，帮助人机构、从业人员运用社会影响评价群理解和相关人员运用社会影响评价<br>• 对2003年《国际社会影响评价的原则与指南》的补充和进一步指标量化 |
| | | | | 经济影响 | 4. 有利于地方经济；5. 地方通货膨胀；6. 政府收入增加 | |
| | | | | 健康影响 | 7. 粮食减少；8. 心理压力；9. 员工对地方疾病抵抗力不足；10. 医疗设备需要被分享 | |

① Vanclay, F., Esteves, A. M., Aucamp, I., et al., "Social Impact Assessment: Guidance for Assessing and Managing the Social Impacts of Projects", *Project Appraisal*, Vol. 1, No. 1, 2015, pp. 9 – 19.

续表

| 来源 | 时间 | 出版方 | 指标数 | 一级指标 | 二级指标 | 意义 |
|---|---|---|---|---|---|---|
| | | | | 对基础建设的影响 | 11. 因不良建设导致道路崩塌；12. 建厂的交通流量增加；13. 交通流量的交通流量增加；14. 农夫无法取得农地 | |
| | | | | 社区影响 | 15. 失去社区认同；16. 部落战争；17. 抗争（社区运动）；18. 不同的宗教信仰（流动的劳工）；19. 本地社区的不确定性；20. 对人权可能的侵害 | |

《市政公用建设项目社会评价导则》（2011）等专业书籍，学界对于社会影响评价指标的研究也逐渐从"借鉴欧美国家和国际组织的评价指标和标准"向"建构适合中国国情的独有的综合评价指标"发展（施国庆、董铭，2003；李强、史玲玲、叶鹏飞、李卓蒙，2010；周忠科、王立杰，2011；李强、史玲玲，2011；滕敏敏、韩传峰、刘兴华，2014；严荣、颜莉，2017 等），社会影响评价指标的理论建构取得了一定的成果。

与相对丰富的理论成果相比，我国社会影响评价指标的实践成果较为匮乏。一直到 2007 年 4 月，在《国家发展改革委发布关于发布项目申请报告通用文本的通知》（发改投资〔2007〕1169 号，以下简称《通知》）中，才首次有章节涉及社会影响评价指标方面的运用。[①]《通知》沿用 2002 年《投资项目可行性研究指南》中的指标建构方法，将社会影响评价指标量化为社会影响效果分析、社会适应性分析和社会风险及对策分析三个方面。在项目审批程序中，不对项目的社会影响评价做强制性要求，可在说明情况后，不进行社会影响评价相关分析。

总体来看，相较西方成熟完善的社会影响评价指标体系，我国当前评价指标的构建尚处在起步阶段。首先，不论是学界还是相关政府部门，都还没有对形成统一的权威评价指标体系达成一致意见。其次，当前社会影响评价指标的适用对象，往往界定为"投资项目"，而具体到工厂、道路、水利、居住区等不同项目的评价指标有何不同、如何构建，还没有明确的划分。再次，社会影响评价尚未作为不可或缺的环节而被纳入项目审批程序中，在评价指标的实施和执行力度上欠缺公信力的强制介入。最后，已建构的评价指标体系多讲求大而全，力求涵盖人口、教育、就业、文化、社区生活等方方面面的内容，导致指标数量繁多，缺乏评价重点和针对性。全面的指标体系虽然在目标上增加了安全感，但在实际的评价和实施过程中往往面临多目标的力量分散，反而降低了评价的有效性和现实价值。

---

① 《国家发展改革委关于发布项目申请报告通用文本的通知》（发改投资〔2007〕1169 号），http：//www.ndrc.gov.cn/gzdt/201705/t20170518_847743.html。

表10.2

**国内社会影响评价指标建构发展一览表**

| 来源 | 时间 | 出版方 | 指标数 | 一级指标 | 二级指标 |
|---|---|---|---|---|---|
| 《投资项目社会评价方法》① | 1993 | 王五英、于守法、张汉亚 | 14指标 39变量 | 人口 | 1. 人口变化; 2. 计划生育; 3. 劳动力; 4. 人口迁移; 5. 文化素质; 6. 利益群体 |
| | | | | 文化教育 | 7. 义务教育; 8. 文盲半文盲; 9. 文化娱乐、体育设施; 10. 文物古迹与旅游 |
| | | | | 卫生保健 | 11. 医疗保健设施和人均医生数量; 12. 疾病传播和卫生健康习惯 |
| | | | | 基础设施和当地城市建设 | 13. 现状与规划; 14. 与当地社区发展相结合 |
| | | | | 社会组织 | 15. 增加管理机构; 16. 对已有组织结构的影响 |
| | | | | 项目与当地社区人民生活的相互影响 | 17. 家庭收入; 18. 居住条件; 19. 公用服务设施; 20. 社会福利; 21. 生活习惯; 22. 居民生活供应; 23. 职工生活供应; 24. 职工社会生活 |
| | | | | 社会保障 | 25. 项目对当地人民的社会保障，如老年人、残疾人等的社会保障 |
| | | | | 社会安全、稳定 | 26. 民族团结; 27. 国防、巩固边防; 28. 交通; 29. 犯罪率; 30. 自然灾害 |
| | | | | 利益群体 | 31. 项目受益者; 32. 项目受损者; 33. 如何补偿 |
| | | | | 物资供应 | 34. 原材料、燃料、动力等物资供应 |

① 王五英、于守法、张汉亚：《投资项目社会评价方法》，经济管理出版社1993年版，第36—39页。

续表

| 来源 | 时间 | 出版方 | 指标数 | 一级指标 | 二级指标 |
|---|---|---|---|---|---|
| | | | | 社会习俗 | 35. 乡规民约、风俗习惯限制和影响 |
| | | | | 地方政府 | 36. 政府的态度与支持 |
| | | | | 群众参与 | 37. 邀请参加，听取意见，取得支持与谅解；38. 当地群众是否参与 |
| | | | | 项目发展 | 39. 地方政府管理机构与项目的互适性 |
| 《投资项目社会评价指南》① | 1997 | 原国家计委投资研究所和建设部 | 22 | 社会政治、安全、人口、文化教育等 | 1. 对当地人口的影响；2. 就业效益；3. 公平分配效益；4. 文化教育；5. 卫生保健；6. 社会安全；7. 社会稳定；8. 民族关系；9. 妇女地位；10. 国防；11. 国际威望；12. 人民生活；13. 基础设施服务设施；14. 社会结构；15. 社会组织；16. 生活习惯、道德规范；17. 宗教信仰；18. 生活质量；19. 人际关系；20. 社区凝聚力；21. 社会福利、社会保障；22. 其他 |
| | | | | 项目的社会影响分析 | 居民收入、生活水平和质量，就业、不同利益群体、脆弱群体利益；文化，教育，卫生；基础设施和社会服务容量；少数民族风俗习惯和宗教信仰 |
| | | | | 项目与所在地区的互适性分析 | 不同利益群体的态度、参与程度与方式；各级组织的态度、支持和配合；预测现有技术、文化状况能否适应项目的建设 |
| 《投资项目可行性研究指南》② | 2002 | 原国家计委、中国国际工程咨询公司 | 3 | 社会风险分析 | 对可能影响项目的各种社会因素进行研究的基础上，对一些影响面大、持续时间较长，并容易导致较大矛盾的社会风险因素进行预测，分析可能出现这种风险的社会环境和条件 |

① 国家计委投资研究所，社会评价课题组：《投资项目社会评价指南》，经济管理出版社1997年版，第122~25页。
② 《投资项目可行性研究指南》编写组：《投资项目可行性研究指南》，中国电力出版社2002年版，第29页。

续表

| 来源 | 时间 | 出版方 | 指标数 | 一级指标 | 二级指标 |
|---|---|---|---|---|---|
| 《投资项目社会评价研究》① | 2003 | 施国庆、董铭 | 6 | 项目区社会经济调查及初步社会文化分析 | |
| | | | | 项目利益相关者分析 | |
| | | | | 脆弱群体分析 | |
| | | | | 项目机构与管理分析 | |
| | | | | 持续性评价 | |
| | | | | 公众参与分析 | |
| 《中国投资项目社会评价指南》② | 2004 | 中国国际工程咨询公司 | 3 指标 19 变量 | 收益和参与指标 | 1. 参与项目的贫困家庭百分比; 2. 参与项目的妇女百分比; 3. 参与项目的受项目影响者/当地人口百分比; 4. 参与项目的少数民族家庭百分比 |
| | | | | 目标人群指标 | 5. 为项目工作的当地人口的总数和工作天数; 6. 为项目工作的贫困线以下家庭的比例和工作天数; 7. 在与项目有关产业工作的当地人口的总数和总工作天数 |
| | | | | 项目业绩监测指标 | 8. 家庭人口和构成; 9. 受教育程度、识字率和目前学校出勤情况; 10. 获得医疗服务的情况、使用安全饮用水的情况; 11. 使用电话和邮政通信的情况、使用互联网的情况; 12. 使用电话; 13. 户口和国籍状况; 14. 居民中所有收入成员的收入来源; 15. 家庭各成员上午/月收入情况; 16. 家庭成员在外工作人数; 17. 家庭主要支出; 18. 农业家庭的耕地面积、主要农产品生产和销售产品额和数量; 19. 所拥有的耐用品数量 |

---

① 施国庆、董铭:《投资项目社会评价研究》,《河海大学学报》(哲学社会科学版) 2003 年第 2 期, 第 43 页。
② 中国国际工程咨询公司:《中国投资项目社会评价指南》, 中国计划出版社 2004 年版, 第 26—27 页。

续表

| 来源 | 时间 | 出版方 | 指标数 | 一级指标 | 二级指标 |
|---|---|---|---|---|---|
| 《城镇市政设施投资项目社会影响后评价内容及指标体系的构建》① | 2006 | 张飞涟、张涛 | 7 | 对当地投资、就业环境及公平分配的影响 | 当地吸引投资额的变化率；当地新增就业机会和岗位数；当地基尼系数的变化 |
| | | | | 对区域内不同利益群体的影响 | 受益群体的影响范围及影响程度；受损群体的影响范围及受影响的程度；弱势群体的影响范围及受影响程度 |
| | | | | 对当地居民生活、健康及文教的影响 | 影响区域内居民生活、消费水平的变化；影响区域内居民卫生健康水平的变化；影响区域内居民受教育程度的变化 |
| | | | | 对当地基础设施和社会服务容量的影响 | 当地基础设施年投资额的变化率；当地第三产业产值的变化率 |
| | | | | 对所在地区自然资源综合利用的影响 | 所在地区资源开发利用程度的变化；所在地区土地使用合理程度的变化 |
| | | | | 对所在地区少数民族风俗习惯和宗教的影响 | 与所在地区少数民族风俗习惯和宗教的融合度 |
| | | | | 投资项目征迁安置的影响 | 项目征迁安置的影响 |

① 张飞涟、张涛：《城镇市政设施投资项目社会影响后评价内容及指标体系的构建》，《改革与战略》2006 年第 11 期，第 6—8 页。

续表

| 来源 | 时间 | 出版方 | 指标数 | 一级指标 | 二级指标 |
|---|---|---|---|---|---|
| 《城市建设项目前期社会影响评价及其应用》① | 2008 | 宋永才、金广君 | 17 | 1. 公众参与; 2. 项目态度; 3. 管理机构; 4. 社会保障; 5. 社区福利; 6. 国家国际威望; 7. 组织结构; 8. 民族团结; 9. 卫生保健; 10. 教育; 11. 文化娱乐; 12. 生活供应; 13. 居住条件; 14. 收入; 15. 控制人口; 16. 生活设施; 17. 社区基础设施、城市建设及其发展 | |
| 《探索适合中国国情的"社会影响评价"指标体系》② | 2010 | 李强、史玲玲、叶鹏飞、李卓蒙 | 5 | 人口与迁移 | 项目影响的人群,人口迁移规模,人口居住密度,移民土地安置、补偿兑现现况情况,移民生计变化情况 |
| | | | | 劳动与就业 | 产业结构变化,耕地面积、质量,森林面积变化,劳动力构成,就业率,收入水平,主要经济来源,贫困人口比率,项目提供的就业机会 |
| | | | | 生活设施与社会服务 | 自来水普及率,人均住房面积,道路质量等级,与集镇的距离,教育设施和教师学生比,医疗设施和千人拥有医生数,社会保障水平和覆盖率,商业设施情况,娱乐、健身、娱乐设施,生活垃圾处理设施,生活垃圾收容载量 |
| | | | | 文化遗产 | 自然遗迹,人文景观,特有的歌舞,宗教和民间礼仪等 |
| | | | | 居民心理与社会适应 | 信息公开度,项目的公众参与率,对项目社会发展对策的满意度,项目建设过程中的心理状态,社会关系网络的变化,项目导致的纠纷及其解决情况 |

① 宋永才、金广君:《城市建设项目前期社会影响评价及其应用》,《哈尔滨工业大学学报》(社会科学版) 2008 年第 8 卷第 10/4 期,第 23—27 页。

② 李强、史玲玲、叶鹏飞、李卓蒙:《探索适合中国国情的"社会影响评价"指标体系》,《河北学刊》2010 年第 1 期,第 13 页。

续表

| 来源 | 时间 | 出版方 | 指标数 | 一级指标 | 二级指标 |
|---|---|---|---|---|---|
| 《大型煤化工项目的社会影响分析与评价》① | 2011 | 周忠科、王立杰 | 3 | 促进社会进步 | 保障能源安全、提高资源利用效率，促进煤化工产业发展，促进地方经济发展，加快煤基地产业结构调整 |
| | | | | 促进地方发展 | 加快地区城市化进程，加速改善基础设施条件，增加搬迁居民的金融资本 |
| | | | | 改善居民生活 | 为当地提供大量就业机会，增加居民收入，促进劳动力知识和技能的提高 |
| 《旧工业建筑再利用社会影响后评价研究》② | 2013 | 樊胜军、蒋红妍、钟兴润等 | 8 | 就业 | 就业机会；裁减人数；社会矛盾 |
| | | | | 收入分配 | 收入分配公平；贫富收入差距；实现收入公平分配；减轻贫困，帮助脱贫；生活水平 |
| | | | | 生活条件和质量 | 人口和计划生育；住房条件和服务设施；教育、卫生营养和体育活动；文化、历史娱乐 |
| | | | | 受益者的范围及其反映 | 界定受益者；投入和服务是否达到了原定的对象；实际受益者比例；受益程度；受益者范围 |
| | | | | 参与状况 | 当地政府和居民的态度及参与程度；参与机制是否建立 |
| | | | | 社区发展 | 基础设施建设和政策；社会安定；社区福利；组织和管理机制 |
| | | | | 少数民族风俗和宗教 | 民族和宗教建设政策；风俗习惯、生活方式、宗教信仰；民族矛盾、宗教纠纷 |
| | | | | 弱势群体利益 | 项目建设和运营对当地妇女、儿童、残疾人员利益的正、负面影响 |

① 周忠科、王立杰：《大型煤化工项目的社会影响分析与评价》，《辽宁工程技术大学学报》（自然科学版）2011年第5期，第23—30页。
② 樊胜军、蒋红妍、钟兴润等：《旧工业建筑再利用社会影响后评价研究》，《工业建筑》2013年第43卷第10期，第11—14页。

续表

| 来源 | 时间 | 出版方 | 指标数 | 一级指标 | 二级指标 |
|---|---|---|---|---|---|
| 《中国大型基础设施项目社会影响评价指标体系构建》[①] | 2014 | 滕敏敏、韩传峰、刘兴华 | 7 指标 26 变量 | 个人与家庭 | 1. 家庭结构居住稳定性；2. 新居民和原住民的冲突；3. 人均收入水平；4. 移民安置；5. 劳动力就业 |
| | | | | 政治与社会结构 | 6. 对政府和社会制度的信任；7. 权力行使机制；8. 权力和权威的分配 |
| | | | | 项目的直接影响 | 9. 居民对项目的参与度；10. 居民对项目的认可度；11. 对公众风险、健康和安全的影响；12. 对居民思想观念、风俗习惯等的影响；13. 土地价值变化 |
| | | | | 公共资源 | 14. 社会福利的变化；15. 公共财政收入；16. 对地区 GDP 的影响 |
| | | | | 生态环境 | 17. 对项目范围内生态环境的影响；18. 能源利用方式的转变与利用率的变化；19. 环境污染与城市容貌 |
| | | | | 社会适应性 | 20. 居民社会参与度；21. 社会角色重新定位；22. 是否产生新的社会阶层 |
| | | | | 社区与基础设施 | 23. 社区服务的获得情况；24. 人口数量与密度的变化；25. 人口迁移规模；26. 社区基础设施的改变 |

[①] 滕敏敏、韩传峰、刘兴华：《中国大型基础设施项目社会影响评价指标体系构建》，《中国人口·资源与环境》2014 年第 24 卷第 9 期，第 170—176 页。

续表

| 来源 | 时间 | 出版方 | 指标数 | 一级指标 | 二级指标 |
|---|---|---|---|---|---|
| 《大型居住社区的社会影响评价研究——以上海三个大型居住社区为例》① | 2017 | 严荣、颜莉 | 5 指标 30 变量 | 人口特征 | 1. 小区人口总数量；2. 非户籍人口占比；3. 每年新增人口数量比率；4. 低收入者占比；5. 60 岁以上老人比率；6. 患有重病、身体或者智力障碍比率；7. 享受最低生活保障比例；8. 入住率；9. 出租率；10. 高收入者居住有产权保障房比例；11. 就业率 |
| | | | | 社区与制度结构 | 12. 到上班地点花费时长；13. 对小区居委会管理的看法；14. 对小区自发组织活动的看法；15. 小区物业服务是否市场化；16. 对小区公共信息公开的看法 |
| | | | | 政治和社会资源 | 17. 对征收安置政策的执行力度的看法；18. 搬迁到小区居住后生活变化程度 |
| | | | | 个体与家庭变迁 | 19. 对现在的住房面积的看法；20. 对小区房屋质量的看法；21. 对小区物业服务的看法；22. 小区里熟人的数量；23. 对小区居住后生活的认可度 |
| | | | | 社区资源 | 24. 出行的便利程度；25. 对小区周边养老服务的看法；26. 对小区供水情况的看法；27. 对社区环境卫生的看法；28. 对小区周边医疗保健的看法；29. 对社区安全的看法；30. 对周边商场、银行配置的看法。 |

① 严荣、颜莉：《大型居住社区的社会影响评价研究——以上海三个大型居住社区为例》，《同济大学学报》（社会科学版）2017 年第 10 卷第 28/5 期，第 116—124 页。

续表

| 来源 | 时间 | 出版方 | 指标数 | 一级指标 | 二级指标 |
|---|---|---|---|---|---|
| 《北京旧工业地段更新项目社会影响后评价调查与分析》① | 2018 | 刘静雅、林耕 | 4指标20变量 | 对人口和就业的影响 | 1. 就业岗位；2. 居民收入；3. 流动人口 |
| | | | | 对社会文化的影响 | 4. 整体形象；5. 保留程度；6. 文化氛围；7. 新旧融合；8. 文化娱乐；9. 文化教育；10. 城市面貌 |
| | | | | 对市民社会生活的影响 | 11. 城市交通；12. 居民交流；13. 公众支持参与；14. 居住环境；15. 地价变化；16. 交流体验空间 |
| | | | | 对资源环境的影响 | 17. 节约资源；18. 修复程度；19. 内部环境氛围；20. 利用效率 |

① 刘静雅、林耕：《北京旧工业地段更新项目社会影响后评价调查与分析》，《天津城建大学学报》2018年第1期，第121—128页。

### （二）社会影响评价的方式

1. 社会影响评价的几种主要方式

（1）事前评价

事前评价，也称"初步社会评价"，即在项目立项阶段，项目实施之前开展的主要对项目可行性进行评估的社会影响评价方式。一般来说，事前评价由项目建设者自身、第三方机构和专家共同完成。项目建设者以评价目标及对象的特点为依据，通过专家意见咨询或委托第三方代评的方式对既有的一系列评价指标进行分类、筛选和统计，经过反复多次的"咨询—反馈—修改"过程后，最终将趋于统一的专家意见作为具体评价指标体系的建构标准。[①] 由于项目立项阶段分析研究时间很短，事前评价一般只能在较短时间内完成（一般约为两周），故只能进行快速社会评价。

事前评价的主要任务包括：调查了解项目拟建地点的社会经济现状与有关社区的基本情况，明确项目的目标；明确项目目标人群，对拟建项目的社会效益与影响进行推测并描述，了解有关社区各群体的基本需要，主要受益群体的基本需求及其对拟建项目的态度和初步行动；大体预测项目的社会影响与所可能导致的社会问题的复杂程度；识别项目潜在的社会风险并尝试提出解决措施。在初步研究后，工作人员应就是否要在项目可行性研究阶段进行详细的社会影响评价提出意见，并提出项目从社会因素分析出发是否可行和建议是否批准项目建议书的意见。[②]

（2）事中评价

事中评价，也称"项目实施阶段社会评价""项目监测阶段的社会评价"，它涵盖了项目从投资建设到运营直到项目寿命终了的整个过程。为了践行事中评价要求将项目建设者、受影响群体（包括受益

---

① 郭亚军：《综合评价理论、方法及应用》，科学出版社 2007 年版，第 14 页。
② 国家计委投资研究所、社会评价课题组：《投资项目社会评价指南》，经济管理出版社 1997 年版，第 92 页。

群体和受害群体）、当地政府、社区、社会组织、评估机构、专家等都纳入评价过程中。然而，当前的多数事中评价依旧由项目建设者主导，主要目的在于推动项目建设进程，保证项目成功实施。由于涉及不同利益群体的相互协商、制约的作用，以及一些不确定因素的介入，事中评价往往是一个动态、变化着的过程。

事中评价要求评价人员不断地及时地了解项目的进展情况以及所遇到的问题，以便及时采取措施，解决实施过程中出现的一些新情况、新问题，保证项目尽量按计划顺利地实施。这就需要将一个较为系统的监督评估机构嵌入项目执行机构内部，对应的信息体系应能将项目各部分所处状态的信息定时反馈到管理决策层，这些信息包括：项目的投入与产出、实物产出的分配情况、是否按照计划到达受益者手中、实物产出产生了什么影响、受益者实际参与的进行状况、项目的产出和服务是否按目标提供给受益者和受益者组织的状况等。对于一般建设项目，如果项目实施中没有建立监测评价机构，应由项目投资者在实施中组织几次中期监测评价，以完成项目实施阶段的事中评价。①

（3）事后评价

事后评价，也称"项目后评价"，是指一种统筹式、系统式的项目总结，它是项目决策管理的反馈环节，评价内容包括项目的决策、执行、效益、后续管理和影响等，评价时间为项目建设完成后的某一特定节点。事后评价分为两种，一种是由项目投资单位组织写出的"项目完成报告"中的后评价，另一种是项目完成后若干年（一般为五年）由决策部门组织进行的以社会影响评价为主的后评价，本书仅讨论后一种。事后评价的内容主要包括影响评价、项目与社会相互适应性分析和持续性分析。因为在事后评价时，项目的持续性问题比事前和事中评价时容易看清楚，因此事后评价尤其关注项目的可持续性和普遍适用性。事后评价的目标有：其一，通过总结项目的有益经验

---

① 国家计委投资研究所、社会评价课题组：《投资项目社会评价指南》，经济管理出版社1997年版，第94—97页。

与不利教训，形成普适建议，为今后相似项目提供经验借鉴；其二，从项目管理的角度来说，将反馈环节严格纳入管理流程中，将大大消除或减轻由于管理不善导致的不利社会影响，提高投资效益；其三，可为国家、地方改进投资决策管理，完善相关的政策措施，提高科学管理水平服务。

（4）重客观指标的评价

重客观指标的评价，是一种由项目建议者主导的，知识积累视角下的评价方式，倚重高精尖专家网络的经验与能力，一般在项目立项阶段由项目雇用的专家顾问或评估机构借助量化材料制定，预测特定地理政治区域的社会变化。[①] 这一评价方式基于两个前提假设：一是项目的独特性和事件的特殊性，它认为认识特定项目的影响比普遍的社会变化更重要；二是在地方或社区层面，大多数社会影响是可以被直接观察到的，是很容易被识别和量化的。

一方面，重客观指标的评价方式具有快速提取指标、逐步建构统一的结论；避免评价内容两极化，最大限度确保评价成果的客观性；能够汇集、整合多方信息，控制多元主体信息在时效性和可信度二者间的平衡等优点。另一方面，由于这一评价方式对评价对象的“客体性”假定，公众往往不被赋予意见表达的权利，这种对专家过度依赖、对受影响群体过度忽视的特点往往被诟病。

（5）重过程参与的评价

重过程参与的评价，也称“自主式决策模式”“当地成分要求”（local content requirements），“群体决策”“协商民主”等，是一种评价对象全面参与决策过程的评价方式。参与评价过程的主体是一个广泛的概念，包括受影响的民众、有关的团体、机构和单位等。这一评价方式基于两个假设：一是认为所有评价对象都是具备足够理解与行动能力的“智能体”，他们遵循市场“经济人”的行为；二是项目使用者才是了解项目实际效果和实践项目效益的群体，他们能够提供有

---

① ［美］伯基：《社会影响评价的概念、过程和方法》，杨云枫译，中国环境出版社2011 年版，第82 页。

用的当地信息，确保当地社区从项目中获得最大价值。一般来说，过程参与的方式包括媒体报道、社会调查（居民、当地政府、单位、专家调查）、举行各种会议、项目咨询等。[①]

重过程参与的评价方式具有如下优势：协商是充分的，评价者都在结论得出前进一步规范地表达头脑的知识与经验，使得最终结论为多方讨论下的最优解；帮助评价对象对普遍的社会变化保持敏感，能够更为全面把握自身竞争位置。此外，也有人认为这一方法过于狭隘，它使社会影响评价外在于而不是整合于环境影响评价（EIA），并且也不足以解决传统的权利不均的问题（O'Faircheallaigh，2010）。

2. 社会影响评价方式的发展趋势

（1）从偏重事前评价到事前—事中—事后的全过程评价的转变

在我国，大多数社会影响评价都偏重项目前期立项阶段的可行性评估。而在西方，社会影响评价已经有了从偏重事前评价到事前—事中—事后的全过程评价的转变趋势。社会影响评价不只是有计划性的干预，还可用以评估渐进的变化，也可以应用于事后评估。就时间跨度而言，社会评价应贯穿于项目周期的全过程，它是一种集"历史""现状""将来"为一体的新的"三维"或"立体"综合评价方法。在项目周期的不同阶段，社会影响评价的任务和内容应各有侧重。项目的过滤与筛查应作为项目设立初期阶段的工作重点；足够全面而细致地社会调研和分析是项目可行性论证阶段的工作要点；有效的社会监督与检测应贯彻项目实施阶段的全过程；周期性的项目效应分析与反馈机制建构是项目运作后的工作重点。这样一来，评价的结果不仅体现项目的历史工作业绩、运行现状的优劣，也体现了项目发展潜力的大小，这样的评价结果更具有实际意义和导向作用。[②]

必须强调的是，单一阶段的社会影响评价自身并不能保证实现可

---

① 董小林：《公路建设项目社会环境评价》，人民交通出版社 2000 年版，第 65—81 页。

② 郭亚军：《综合评价理论、方法及应用》，科学出版社 2007 年版，第 101 页。

持续的结果。目前的趋势表明，应更多地强调对于影响的事中评价与
监测。社会影响评价人员的工作范围应该超出仅对影响进行事前预
测。为确保获得社会的可持续性成果，社会影响评价人员必须积极地
投入项目的整个过程中。① 良性的评价过程是全过程的评价，对于已
有项目进行评估，甚至可以为将来的新机会和新项目提供有用的信
息，从而降低同类项目中个人、家庭和社区遭受的损害，从根本上影
响评估行业思维方式的转变，从而使可持续的思维方式深刻地烙印到
项目开发之中。

（2）从重客观指标评价到重过程参与式评价的转变

社会影响评价是通过技术统治论，还是通过受影响社区的参与，
才能最有成效？关于这一问题，理论人员与实践人员一直存在分歧。
近年来，倾向于接受一个融合这两种方法的模式（Pisani and
Sandham，2006；Lockie，et al.，2008）。尽管如此，如何使这一融合
的成效最大化，仍然是一个不小的挑战（Petts，2003）。

一个被普遍接受的观点是，社会影响评价过程作为一个连续的统
一体，是一个开始于项目使用者的需求，结束于社区共同商讨行动的
过程。它作用于使用者，服务于使用者。因此，社会影响评价的主体
必然需要纳入项目对象，参与式社会影响评价是公众参与和社会影响
评价的最好组合。② 项目决策者需要在更为平等的权利关系基础上，
将更广泛的社区包括在内，向整合的社会影响管理及合作式的治理规
范转换。③ 推行柔性协商视角的社会影响评价方式，"通过自由而平
等的公民的讨论而实现的决策"（Elster，1998），使得项目利益冲突
（但非对抗）的双方评价者可以在可协商区间范围内建立相应的协商
评价指标集，并达成一致。④

---

① ［荷］法兰克·范克莱、安娜·玛丽亚·艾斯特维丝编：《社会影响评价新趋势》，
谢燕、杨云枫译，中国环境出版社 2015 年版，第 44 页。

② ［美］伯基：《社会影响评价的概念、过程和方法》，杨云枫译，中国环境出版社
2011 年版，第 86 页。

③ ［荷］法兰克·范克莱、安娜·玛丽亚·艾斯特维丝编：《社会影响评价新趋势》，
谢燕、杨云枫译，中国环境出版社 2015 年版，第 205 页。

④ 郭亚军：《综合评价理论、方法及应用》，科学出版社 2007 年版，第 114 页。

（3）从单一评价方式到多种评价方式相结合的转变

每一种单一的评价方式都无法对项目进行完善的评价。受到来自多方的主客观条件的影响，单一客观评价始终无法（准确地）保证各指标占比数值的有效性，或者因为没有足够的信息量、没有十足的把握而选择折中方式，或者因为问题敏感、评价者主观偏好影响结论的公平性等。① 纯粹公众参与的评价方式容易形成低效的、缺乏规范的、偏离项目重心的讨论，公众参与形成的评价结果也容易由于缺乏主权支持而无法实践。在国家规划体系中，对于城镇、环境或资源分配规划报告通常要求进行社会影响评价。在企业规划系统中，最常见的情况，是社会影响评价成为保证项目获得通过的一门技术。② 单一事前评价无法将项目可持续性纳入评价过程，这样的评价往往沦为支持项目实施合法性的文件工具。单一事中/事后评价往往对项目的可行性前提评价不足，形成的评价结果无法更广泛地推广到其他同类项目中，不利于社会影响评价理论的建构。可见，从单一评价方式向多种评价方式相结合转变是社会影响评价发展的必然趋势。

（4）从单一评价主体到多元评价主体的转变

多元评价主体的评价方式得以推行的一个重要前提是，评价主体间的关系是非对抗性的意见分歧，而不是根本性的利益冲突。也就是说，参与评价的多方主体间不存在损害彼此根本性利益的意见对峙，仅由于各自对问题的意识、认知或表达不同，而暂时无法相互妥协，进而达成意见一致，然而协商与共建的空间始终存在。在这一前提下，提供可行的协商空间是重要的。另外，从降低决策难度的角度考虑，社会影响评价的方式应该尽量少涉及决策者的主观偏好③，因此其他评价主体需要被纳入社会影响评价体系。

以往的社会影响评价，往往由政府单一主导。在今天，尽管政府

---

① 郭亚军：《综合评价理论、方法及应用》，科学出版社 2007 年版，第 176 页。
② ［荷］法兰克·范克莱、安娜·玛丽亚·艾斯特维丝编：《社会影响评价新趋势》，谢燕、杨云枫译，中国环境出版社 2015 年版，第 63—65 页。
③ 郭亚军：《综合评价理论、方法及应用》，科学出版社 2007 年版，第 176 页。

很少用社区参与来要求开发商，但目前社区正成为开发过程的积极参与者。在这种"三级"治理模式中，政府是规则的制定者。过去，开发商与政府常常合谋，凌驾于社区利益之上。然而，这种状态在世界的大多数地方正逐渐改善。开发商有义务并且也必须面对当地政府和社区，因为在全球化、可持续发展、社会许可等理念增强的背景下，社区常常能获得一些交流与谈判方面的协助。同样，如果未得到受影响社区的同意，政府也不太愿意批准一个新项目。对于开发商来说，社会影响评价不是一项可有可无的开支，而是一项风险投资。一次足够务实的社会影响评价，能够有效甄别各类潜在危机，通过严格的风险管控来减少未来在处理控诉、审批滞后、名誉受损等方面的非必要支出，进而控制项目整体花销。面对三种力量相互制衡的转化，开发商正学习与受影响社区合作、与政府协商，以获得项目审批以及配套的基础设施。①

# 二 国内社会影响评价的经验总结

## （一）国内社会影响评价的经验总结

### 1. 大型工程项目

我国的社会影响评价自 20 世纪末，在水利工程、民航、铁路建设、油田开发等大型项目中，均得到了一定的应用和发展。1993 年《石油天然气项目社会评价规程》、1999 年《水利建设项目社会评价指南》《民用机场建设项目评价方法》、2001 年《铁路建设项目社会评价方法》等文件的颁布，使得各个行业大中型工程项目中的社会影响评价受到了不同程度的重视和发展。社会评价作为一项独立的内容，被纳入各大行业在各自领域范围内的项目评价中，并逐步扩展到其他如森林、公路、电力等部门的项目前期分析中，形成了一些相关的评价指标与方法。

---

① ［荷］法兰克·范克莱、安娜·玛丽亚·艾斯特维丝编：《社会影响评价新趋势》，谢燕、杨云枫译，中国环境出版社 2015 年版，第 14 页。

实际上在一些大型项目的建设过程中，虽然没有明确用到"社会影响评价"概念，但也在邀请专家进行社会层面的介入和咨询。不可忽视的一点在于，随着项目建设流程的日益成熟和同类别项目数量的日趋饱和，不论是投资方、建设方还是监管部门，都对项目的社会性分析和影响评价的重要性有了更深的了解，也提出了一些硬性要求。然而，总的来说，社会影响评价的践行范畴和实施效果还有很大的提升空间。①

2. 市政公共设施建设

近年来，随着城市化的发展和公民社会的崛起，人们对城市配套建设的要求越来越高，城市公共设施建设的社会影响评价日益受到重视。2011年，住房和城乡建设部发布了《市政公用设施建设项目社会评价导则》（以下简称《导则》），规定全国市政项目中涉及供水、排水、供热、燃气、生活垃圾处理、城市轨道交通、城市道路和桥梁、城市园林绿化的项目，都必须对整个项目周期进行系统性的社会评价，社会影响评价得以在市政建设项目中大范围铺开。同时，《导则》对市政公共设施建设项目中的社会评价范围、方法、过程等内容作出详细的规定，很大程度上规范了市政公共设施建设领域的社会影响评价的开展。近几年，对社区养老院、公共图书馆等基础设施的社会影响评价也逐渐开展，社会影响评价被逐渐纳入更普遍意义上的城市公共设施建设。

3. 企业投资项目

1988年，受国家原计委的委托，中国国际工程咨询公司承接并完成了20余个国家级重大建设项目（马鞍山钢铁公司高村铁矿项目、小浪底移民工程项目、华北平原农业项目蒙城项目区、景泰县引黄灌区生态经济型防护林体系示范区建设等）的后评价工作，为我国进行投资项目后评价的应用提供了可贵的经验。21世纪开始，部分投资项目指南中也逐步纳入了社会评价这一环节，其中最具代表性的当属

---

① 李强、史玲玲：《"社会影响评价"及其在我国的应用》，《学术界》（月刊）2011年第156/5期，第12—17页。

2004 年成功出版的《中国投资项目社会评价指南》①。2007 年，为进一步完善境内投资项目核准制，《国家发展改革委关于发布项目申请报告通用文本的通知》（发改投资〔2007〕1169 号）要求投资项目在编写、审核项目申请报告时，将社会影响分析也作为报告的一部分内容。投资项目的社会影响评价逐步从理论建设向制度建设过渡。

4. 城市居住区规划

当前我国对于社会影响评价的运用，多聚焦于上述大型工程项目、企业投资项目和市政公共设施建设项目。在 1997 年出版的《投资项目社会评价指南》中，社会影响评价的适用对象被界定为"农业、林业项目；水利项目；社会事业项目；能源、交通、大中型工业项目；多民族聚居区项目等"②，并没有将城市居住区规划项目纳入社会影响评价体系中。

然而，随着我国城乡建设的高速发展，尤其是城市化进程的不断加深，对城市居住区规划进行社会影响评价的诉求日益显现，社会效益和社会影响的重要性已经无法被忽视。从一开始的在城市规划过程中将社会性要素添加到环境影响评价过程中，到近几年的将社会评价与环境影响区别开，并设置了专项课题进行社会影响评价研究，但当前对于居住区规划的社会影响评价的研究成果和实际经验还非常少。同时，由于西方社会影响评价发源于工程项目，就算是理论和实践都已经较为成熟的西方，就城市居住区规划方面的社会影响评价经验也比较少，可供国内借鉴和学习的空间有限。因此，如何将其他项目的社会影响评价经验引入居住区规划的评价中，建构适用于我国城市居住区规划的社会影响评价机制和模式，是未来我国城市发展的关键。

## （二）国内社会影响评价的缺陷与不足

至今，我国社会影响评价经历了近 30 年的发展历史，在理论借

---

① 中国国际工程咨询公司：《中国投资项目社会评价指南》，中国计划出版社 2004 年版，第 115 页。

② 国家计委投资研究所、社会评价课题组：《投资项目社会评价指南》，经济管理出版社 1997 年版，第 192 页。

鉴、评价体系建构和实践经验上都有了不同程度的成果，涵盖的行业和范围越来越广，社会影响评价有了长足的进步。然而，在发展的背后，我国的社会影响评价依旧处于初始阶段，距离完善的社会影响评价体系还有很长一段路要走。当前的社会影响评价模式存在许多问题有待改善和解决，主要表现在以下几点。

1. 偏重西方经验借鉴，未充分考虑中国具体国情

在我国，社会影响评价模式的建构过程一直都有西方的影子。一方面，我国最先开始社会影响评价的项目是那些诸如世界银行等国际组织对我国的贷款或援助项目，基本照搬西方已有的评价标准进行评价和分析工作。另一方面，我国社会影响评价的理论研究也是在欧美国家的指导下开展的，尽管形成了《中国投资项目社会评价指南》等一系列本土化成果，但在评价方法、指标机制和模式等内容上还是以借鉴为主，很少有独创性的成果。

随着社会的发展和转型，尤其在全球化和老龄化的冲击下，中国社会产生了许多新问题和新矛盾，以往那一套以借鉴西方为主的社会影响评价模式越来越不适用于中国社会的发展。尽管长期经验表明，多数情况下，我们是能够从西方的社会发展历史中找到相对应或相类似的历史事件和解决方案的。然而，作为一个人口基数巨大、城市化发展迅速、国家政策特殊的国家，很多时候，中国社会的发展又是特殊的，新旧因素相互交织作用，矛盾成倍率地累积爆发，这些新问题和新矛盾的发展轨迹将如何，我们无法从西方借鉴到足够的经验。一个很大的难度在于，在我国发展社会影响评价，将面临时代大背景下更频繁的社会矛盾冲突和更复杂多变的社会关系。① 如果社会影响评价一味借鉴西方的经验和方法，缺乏本土化的土壤和足够具体的历史背景，不考虑中国具体国情，社会影响评价"西体中用"的过程中难免水土不服，沦为政府或企业的面子工程，甚至转变为阻碍项目实施和建设进程的负面因素。

---

① 李强、史玲玲：《"社会影响评价"及其在我国的应用》，《学术界》（月刊）2011年第1卷第156/5期，第12—17页。

2. 政治维稳和经济效益至上，居民幸福感让位

在中国，尽管许多建设项目涉及了社会影响评价，但在城市居住区规划中，还没对社会评价作硬性规定。因此，除非已知项目的社会风险极大，不得不提前开展社会影响评价以评估项目的可行性——比如大型水利工程项目的非自愿性移民问题、少数民族聚居地区的民族融合问题等——否则政府或企业往往不会"多此一举"地专门为某一项目进行社会影响评价。

至于那些进行了社会影响评价环节的项目，评价结果又往往流于表面，无法真正反映受影响群体的利益诉求。社会层面的影响分析不被重视，甚至沦为项目环境影响或经济效益评价的"牺牲品"。[1] 政治维稳、风险管控凌驾于居民幸福感之上，项目是否促进居民生活幸福、是否改善居民生活质量不被关心。目的在于项目的既得经济效益最大化凌驾于社区的活力和文化建设之上，项目是否具有可持续性的发展不被关心。

常见的结果是，外来的专家学者在项目背后管控着评估和分析，而项目内部真正的利益相关方特别是利益受损者的参与缺位，民众的需求没有得到满足，研究成果没有真正影响决策，也没有被纳入实际的项目执行中进行考量。[2] 各方利益无法得到协调，社会影响评价作用的发挥还要看其在政策决策过程中所处的位置，社会影响评价效果并不好。

3. 不对项目类型做评价等级划分，缺乏针对性和专业化

从行业划分来说，我国目前还缺乏各行业的社会评价操作规范。已有的社会影响评价操作手册内容往往大而全，力求涵盖农业、林业、水利、航空、铁路、基础设施等行业的社会评价内容，形成不同行业均适用的百科全书式的一般性操作手册，缺乏行业针对性和专业

---

[1] 宋永才、金广君：《城市建设项目前期社会影响评价及其应用》，《哈尔滨工业大学学报》（社会科学版）2008年第8卷第10/4期，第23—27页。

[2] Gramling, R., Freudenburg, W. R., "Opportunity-Threat, Development, and Adaptation: Toward a Comprehensive Framework for Social Impact Assessment", *Rural Sociology*, Vol. 57, No. 2, 1992, pp. 216–234.

性。尽管诸如水利、电力、铁路等行业已经具备了一定的社会评价方法和能力，但由于各行业间的具体操作模式与评价内容千差万别，且缺乏部门间的沟通协调，至今尚未有能够准确覆盖不同行业、不同项目的具体操作要求。①

从等级划分来说，我国对不同规模、不同地区的项目评价内容趋同，缺乏项目的分级评估。已有的项目划分，主要依据行业，不做等级划分。然而，同一行业不同类型的项目社会因素差异也很大。以城市居住区规划为例，大规模的建设项目涉及国家、省市、地方社区不同层面的发展目标，运作机制复杂，小规模项目可能只关乎当地社区的发展。因此，社会影响评价分析，针对不同行业、类别、规模的项目各有特点，格局不同，评价内容差异明显。总的来说，只能部分内容、指标统一，部分要结合项目自身的特点和背景②，"一刀切"的评价模式往往没有重点和针对性，只能泛泛而谈，不能解决具体项目的具体问题，趋于形式化。

社会影响评价的发展趋势必然是要从一般性走向专业化。当前全而大、不分等级的评价方式只能作为我国社会影响评价发展的过渡性方法，是经验积累不足对项目高效率追求的妥协，虽然在目标上增加了安全感，但实际的评价和实施都面临多目标的力量分散，难以有效。

4. 法律保障缺失，社会影响评价不规范、没保障

社会影响评价作用的发挥需要制度上的保障。然而，不论是2002年出台的《投资项目可行性研究指南》，还是2004年出版的《中国投资项目社会评价指南》，对社会影响评价的定位皆停留在建议、鼓励或纯理论研究环节，没有形成强有力的硬性规定。③一直到2007年4月，在《国家发展改革委关于发布项目申请报告通用文本的通知》

---

① 中国国际工程咨询公司：《中国投资项目社会评价指南》，中国计划出版社2004年版，第9页。

② 《投资项目可行性研究指南》编写组：《投资项目可行性研究指南》，中国电力出版社2002年版，第29页。

③ 宋永才、金广君：《城市建设项目前期社会影响评价及其应用》，《哈尔滨工业大学学报》（社会科学版）2008年第10/4期，第23—27页。

（发改投资〔2007〕1169号）（以下简称《通知》）中，才首次有章节涉及社会影响评价指标方面的运用。① 然而，此则《通知》仍然没有法律强制力的介入，在执行力度上十分薄弱。

因而，社会影响评价在社会发展建设中的重要性至今尚未获得认可，我国对投资项目和城市居住区规划项目的社会影响评价还是以鼓励为主。缺乏法律制度的保障，就缺乏执行的强制力和规范性，也就缺乏执行的力度和效力，当然也就没有独立的权威社会影响评价机构和专业团队。当前由项目建设方自行评价或由项目方委托第三方机构进行评价的做法，大大削弱了评价结果的约束力②，使得我国所开展的社会评价，主要局限于项目的前期准备阶段。出于通过项目审批的需求而编写的社会评价，一旦项目通过审查，前期形成的成果和建议措施也就不了了之了。

### （三）未来国内社会影响评价的前景和展望

经过近三十年的方法研究和推广工作，我国社会影响评价发展的体制性障碍正逐步消失，社会各界对社会评价重要性的认识逐步加深，社会评价方法体系逐步建立和完善，社会评价专家人才队伍逐步形成，在我国全面推动社会评价的条件已经日益成熟。③

在城市居住区规划领域，一些有利于社会影响评价发展的条件也在成熟。

首先，在城市居住区规划过程中进行社会影响评价的需求具有极大的迫切性。目前我国处在经济建设与城市化发展的高峰时期，城市化水平从1998年的30.4%提升到2017年的58.52%，城市建成区面积增加，居住区的建设在城市建设用地中占了近30%的比例。每一

---

① 《国家发展改革委关于发布项目申请报告通用文本的通知》（发改投资〔2007〕1169号），http://www.ndrc.gov.cn/gzdt/201705/t20170518_847743.html。

② 李强、史玲玲：《"社会影响评价"及其在我国的应用》，《学术界》（月刊）2011年第5卷第156期，第12—17页。

③ 中国国际工程咨询公司：《中国投资项目社会评价指南》，中国计划出版社2004年版，第11—13页。

年，我国都有数以万计的居住区规划项目处在实施运作阶段，这些项目的成功实施，一方面促进了经济的蓬勃发展，另一方面也引发了诸如移民安置、贫民就业、拆迁补偿款项、居民抗议等多种多样的"群体性事件"的发生，由居住区规划和建设直接引发的社会矛盾和社会冲突日益凸显。同时，不论是政府还是居民，对于居住环境、健康和生活质量都比以前有更高的追求，以人为本，全面、协调、可持续发展的发展目标要求政府和开发商更加关注社会中的弱势人群，了解他们的居住困难和需求。政府应加大力度，着力解决日益严重的居住分异现象，而开发商更应切实满足不同住户的居住需求，实现人人有房住，人人住好房的社会根本诉求。因此，社会现实告诉我们，推进并完善城市居住区规划中的社会影响评价已是刻不容缓。

其次，促进城市居住区规划的社会影响评价得以实施的各种条件逐步完备。政府更加重视民生，更愿意与居民互动，对于工程项目的公共性、安全性和社会公平和正义更加重视，支持项目的社会影响评价研究和实践。企业更加重视社会责任，注重规避项目的各类社会风险，愿意通过社会影响评价来有效甄别各类潜在危机，进而减少未来在处理控诉、审批滞后、名誉受损等方面的非必要支出，控制项目整体花销。[①] 社会影响评价的研究积累不断增加，人才队伍在不断壮大。有关社会评价的内容被逐步纳入咨询工程师的执业资格考试和业务技能培训中，工程咨询专家队伍中熟悉社会评价的人才队伍在壮大。社区自治组织和非营利组织的发展也壮大了公众的队伍，使得公众在社会影响评价过程中的主动性和能动性得到了很大的提升。

最后，经过近三十年的努力，我国社会影响评价的理论建设和实践经验都得到了一定的发展。尤其在大型工程项目如水利、铁路、航空等项目中取得的评价成果，为开展城市居住区规划的社会影响评价奠定了较为丰富的经验基础和可借鉴方法。

展望未来，有社会的需求，有三十多年的各方面积累，城市居住

---

① ［荷］法兰克·范克莱、安娜·玛丽亚·艾斯特维丝编：《社会影响评价新趋势》，谢燕、杨云枫译，中国环境出版社2015年版，第9页。

规划的社会影响评价将在中国逐步发展和成熟，为人们提供安定和谐的高质量生活服务。

# 三　城市居住区规划社会影响评价的原则

首先，一定的原则需要被界定，用以指导社会影响评价的开展。这些原则反映了社会影响评价之所以被广泛需要的本质精神和需要达成的目标，指导了评价过程中指标的建构和方法的选择。在城市规划领域，同样存在着一些规划原则，它指导规划师的价值取向，规范了企业的行为模式。因此，城市居住区规划的社会影响评价原则既涵盖社会影响评价的一般性原则，也涉及城市规划领域的重点原则。如何将二者进行有机融合，落实适用于城市居住区规划的评价原则，以指导具体评价任务的开展，是建构城市居住区规划社会影响评价模式不可避免和逃避的内容。

## （一）社会影响评价的一般性原则

通过对已有专著和研究文献的汇总整理发现，尽管在社会影响评价原则的具体划分上存在数量差别，东西方学者对于原则的讨论都很难离开以下四点：公众参与原则、社会公正原则、可持续原则和尊重人权原则（也有学者称作"以人为本"或"关注贫困和弱势群体"，在内容诠释上基本一致）。另外，由于社会影响评价常常被普通人、政府部门或企业理解为项目成本而非效益，双赢/多赢原则也作为常见的一般性原则被学者强调和阐释。

### 1. 公众参与原则

在社会影响评价过程中引入恰如其分的公众参与，能够迅速且准确地找出影响项目的主导社会因素并制定切实可行的对策。[1] "公众"是一个宽泛的概念，最主要的成分是原住民或当地居民，还涉及其他

---

① Burdge, R., *A Community Guide to Social Impact Assessment*, Middleton W. I Social Ecology Press, 1994, p. 54.

可能受项目影响的群体或组织，包括当地政府、社区组织、单位、专家意见、新闻媒体等。社会影响评价过程中的公众参与，被视为"集思广益"的过程，是为全球多数学者所公认的社会影响评价中枢思想。而社会影响评价永远无法对"在计划影响下的居民生活质量能否得到改善"这一根本性问题避而不答，使得公众参与原则的内容和重要性得以不断重申（不论评价项目从属哪一行业或领域），因此，如果没有利害方及社区的参与，社会影响评价将变得毫无意义。[①]

虽然各方对公众参与原则的重要性都有了一致意见，但在具体实施和实际成效上还存在争议。对于公众参与的最常见的批评，是其过程不充分——公众参与太少、太晚，关注过于狭隘，交流沟通单向，过于注重提出建议（Sarkissian, et al., 2009）。另一个主要的批评，是社区互动无法解决权力关系的基本问题（Stratford 和 Jaskolski, 2004）。社区在决策过程中的权力或影响的缺乏，使得公众倾向于认为社区的参与只是仪式性的和无效的，从而不再抱任何幻想（Rye, 2005）。而另一方面，对于社区互动的发动者，其公众参与的良好意愿，往往因参与者的观点分化和实施中的重重困难而倍感沮丧（Harz-Karp 和 Newman, 2006）。

尽管公众参与受到了一些学者的质疑，21 世纪以来，世界范围内的社会影响评价手法发展趋势仍旧还是以偏向公众参与为主的综合评估手法取代传统的纯技术型手法。由社区尤其是原住民社区引导的社会影响评价过程总是有可取之处的，社会影响评价过程必须包含并促进有效的公共参与。[②]

2. 社会公正原则

社会公正，有社会公平和程序正义两方面的意涵。所谓社会公平，即倡导协调地区间的平衡发展，改善社会和空间的不平等；所谓程序正义，即维护法律秩序，实现和完善程序民主，公众平等参与的

---

① 黄剑、毛媛媛、张凯：《西方社会影响评价的发展历程》，《城市问题》2009 年第 7 期，第 84—89 页。

② ［荷］法兰克·范克莱、安娜·玛丽亚·艾斯特维丝编：《社会影响评价新趋势》，谢燕、杨云枫译，中国环境出版社 2015 年版，第 10—14 页。

权利。① 在社会影响评价过程中，必须确保项目实施不会导致"弱者更弱，差者更差"的马太效应，而想要抑制或扭转项目当地的社会不平等或贫富差距现象，就必须将改善弱势群体和城市贫民的居住状况和需求纳入项目规划当中。在确保项目使目标受益人获益之外，项目的成本负担和社会影响应该被放到更大范围内考虑，尽可能穷尽评估同一项目之下的多种可操作方案及其风险，统筹多方利益，最小化群体损益。② 对于那些无法被避免的群体损益，应给予合理且适宜的损益补偿。

一直以来，项目建设和社会发展是公平优先还是效率优先的问题始终存在争论。在西方，公平先于效率，在社会影响评价过程中强调社会公正原则符合西方一贯的价值取向。而在我国，长期以来奉行的思路是"效率优先，兼顾公平"，社会公正原则在我国的社会影响评价过程中常常让位给对经济效益的追求，重视程度不足。在现代化和市场经济体制发展进程迅速的当今中国，传统的"效率优先，兼顾公平"原则的问题和局限性已经日益显现，历史和社会发展对这一说法提出了质疑和挑战，要求这一特定历史时期的产物作出符合时代发展的意涵变革。③ 可见，不论资本主义还是社会主义国家，不论是发达还是发展中国家，维护公平始终是社会可持续发展的先决条件，只有在社会公正、有序竞争的基础上，良性效率才得以维持，这与国家制度无关。

3. 可持续原则

世界环境与发展委员会（1987）将"可持续"界定为"既满足当代人的需求，又不对后代人满足其需要的能力构成危害的发展"。这一平衡建立在社会发展、经济发展和环境保护三个基石之上，涵盖

① 林勇刚：《城市规划的社会影响评价探讨》，《合作经济与科技》2010年第4卷第391期，第11—15页。
② 严荣、颜莉：《大型居住社区的社会影响评价研究——以上海三个大型居住社区为例》，《同济大学学报》（社会科学版）2017年第10卷第28/5期，第116—124页。
③ 孙立平：《断裂——20世纪90年代以来的中国社会》，社会科学文献出版社2003年版，第56页。

17 个可持续发展目标（Sustainable Development Goals），具体到社会影响评价上，其目标则是社会发展的可持续。

社会发展的意义并不局限于项目的建成提供了一些工作，或企业资助设立新学校及盖游泳池，开发行为需要与所在地区成为伙伴关系，形成一股推动正面社会变迁与带来益处的社会发展力量。① 社会发展应该是有规划的社会变迁参与过程，其目标在于促进社区整体福祉，尤其是针对区域中脆弱的、弱势的或边缘化的群体。社会发展不只对个人本身有益，也有助于促进制度与社会的变迁，减少社会排斥及社会分化，提倡社会包容性与民主化，提升制度及治理的能力。社会发展不只是着眼于问题及缺陷，而是更专注于强化民众及制度的能力。

理想状况而言，社会投资所提供的金钱与实物资源不应浪费于无法永续的项目或是不务实的愿景清单（wishlist items），而应为达成社会可持续性发展结果有所贡献。这意味着对于投资项目要有评估过程，依据项目对于可持续发展的实现程度对项目排定优先顺序。强制性的可持续应该被贯彻，也就是说，在针对任一项目进行社会影响评价时，讨论项目的实施是否促进当地社区和社会的可持续性发展将作为一项不可删除的评估内容被执行。

4. 尊重人权原则

联合国所定义的人权是"个人及群体的普遍性法律保护，避免侵犯基本自由及人格尊严的行为"。只要是人都享有人权，无差别待遇是人权论述的重点之一。在任何一个社会文明足够发达和宽容的国度或地区，国家利益、项目利益和当地人民利益这三者之间的关系是相互对等的。当三者的利益相互冲突时，首要的选择不应是强制要求人民让渡利益，而应该尽可能做到三者兼顾。甚至在涉及人民切身利益问题时，要把人民利益摆在首位。② 这意味着持有权力的特殊群体，

---

① Vanclay, F., Esteves, A. M., Aucamp, I., et al., "Social Impact Assessment: Guidance for Assessing and Managing the Social Impacts of Projects", *Project Appraisal*, Vol. 1, No. 1, 2015, pp. 23 – 29.

② 国家计委投资研究所、社会评价课题组：《投资项目社会评价指南》，经济管理出版社 1997 年版，第 35—36 页。

尤其是弱势的民众、妇女、小孩、原住民，及其他边缘化群体，需要受到特别关注，好让他们享有人权。

如若无法践行以人为本、尊重人权的原则，人在社会和社会关系中的主体性将不复存在，对项目的社会影响评价也就不再有现实意义。在社会影响评价过程中，人权主要体现在当事人对项目有知情权、有公开表达意见和申诉的权利、有寻求法律保护的权利、当利益受到项目侵害时有获得补偿的权利等。因此，在项目的社会影响评价过程中，企业或政府应该深入体会社会公众的切身需求，践行促进人民和社会发展的举措，帮助公众更深入地参与社会活动，进而协调项目与当地社区间的关系。主动识别出并处理项目涉及的任何负面人权影响，包括直接的和间接的影响。同时，在项目开发过程中，设置社区申诉机制，为社区成员提供反映意见的平台。①

5. 多赢原则

传统观点认为，社会影响评价对管理部门有益，它帮助管理部门更好地推行现有政策和项目实施。但是它同样有益于社区、政府的开发部门及商业市场。在由项目建议者主导的过程中，它还帮助公司与社区达成公平、诚信的有关影响与收益的协议；确保运作的社会许可证不中断；体现企业社会责任的最佳实践，并对所有的商业运作者产生影响（Esteves，2008）。进一步而言，社会影响评价还可以是一个由社区主导的过程，它帮助受影响社区透彻地了解与某一预计项目相关的社会与环境议题，而这是他们决定是否接受该项目，并就项目成果与开发商进行谈判需要了解的信息（Esteves 和 Vanclay，2011）。

同时，这是一个政府部门与社区居民双向互动的过程。它帮助社区居民更好地理解和接受项目的内容和进程，成为知情者、实践者甚至推动者，而不是无知者、被动接受者甚至反抗者。在国际上，它作为一个被广泛讨论的概念存在——"自由的、事前的和知情的同意"

① Vanclay, F., Esteves, A. M., Aucamp, I., et al., "Social Impact Assessment: Guidance for Assessing and Managing the Social Impacts of Projects", *Project Appraisal*, Vol. 1, No. 1, 2015, pp. 30 – 32.

(Free，Prior 和 Informed Consent，FPIC），是原住民的自决（self-de-termination）。在我国，它对应的是近年来不断推行的管理理念——社区自治。对于企业来说，社会影响评价并不是一项开支，而是一项风险投资——通过甄别潜在危机和严格的风险管控来削减非必要支出。[①]

我们认为，符合我国当前国情和社会现实的社会影响评价，应该从传统的"零和博弈"向"多赢博弈"的方向引导。换言之，社会影响评价从来不是一个将政府、开发商和公众的立场相互对立的否定性工具，而应该更多地发掘其肯定性作用，在项目投资、政策执行和相关利益方的利益主张之间寻找一个平衡点。[②] 只有全部利益相关方都确认了社会影响评价的价值，它才能在影响评价、项目开发与管理中得到全面、深化的践行（Esteves 和 Vanclay，2009）。正向的多赢局面意味着全部相关主体的权益都能够被维护和发展，不以局部牺牲促进项目整体发展。

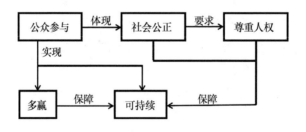

**图 10.1　一般性原则的关系与转化**

作为"共同原则"，在社会影响评价过程中，这五项原则缺一不可。它们既彼此独立，有各自的内涵和指向，同时又相互关联，相互作用。首先，公众参与原则是核心。充分的公众参与体现了社会公正原则，使得公众、政府和企业各自的权益都得到维护，三者的关系

① ［荷］法兰克·范克莱、安娜·玛丽亚·艾斯特维丝编：《社会影响评价新趋势》，谢燕、杨云枫译，中国环境出版社 2015 年版，第 9 页。
② 洪大用：《以社会影响评价推动双赢》，http://www.chnlsw.com/newsshow533567.html。

表 10.3

### 社会影响评价的一般性原则一览表

| 来源 | 时间 | 出版方 | 原则数 | 基本原则 | 具体表现 | 预期目标 |
|---|---|---|---|---|---|---|
| 《社会影响评价的概念、过程和方法》① | 2004 | 伯基 | 6 | 1. 充分理解受到预计行动、项目和政策影响的人群和环境 | | |
| | | | | 2. 关注与预计行动、政策和项目有关的人类环境的关键因素 | 利用社会影响评价的过程，可以确保社会和文化议题、价值观，对人类社区和人群的影响（成本）和利益，在政策过程中将被予以考虑 | |
| | | | | 3. 社会影响评价是建立在科学的（全面的和可推广的）概念和方法之上 | 社会影响评价赞成这一信条，即好的科学（学识）将促进更好的知情决策。为了确保使用最适当方法，社会影响评价应当采用受过训练、有资历的社会科学家。研究参与者的保密性是一个指导性的原则 | |
| | | | | 4. 为决策提供有质量的信息 | "资科学"要求，收集代表所有问题和视角的资料，以及对信息和备选方案进行分析、透明的分析。为了确保信息和分析的质量和完整性，社会影响评价在范围界定之后，公布之前应当进行同行审核 | |
| | | | | 5. 充分地描述和分析任何涉及环境公正的问题 | 社会影响评价的实践者，必须识别受到预计行动、项目和政策影响的弱势群体、面临风险的群体和少数群体（根据不同的种族、民族、血缘、性别、健康状况和宗教信仰），并且将这些群体的信息包含到社会影响评价的描述和分析中 | |
| | | | | 6. 对工程、项目和政策进行监测和评估，必要时，提出减缓措施 | 为影响评价进行研究设计并建立数据库，都是监测和评估的基础 | |

① [美] 伯基：《社会影响评价的概念、过程和方法》，杨云枫译，中国环境科学出版社 2011 年版，第 62—63 页。

续表

| 来源 | 时间 | 出版方 | 原则数 | 基本原则 | 具体表现 | 预期目标 |
|---|---|---|---|---|---|---|
| 《社会影响评价新趋势》① | 2011 | 法兰克·范克莱等 | 14 | 1. 社会影响评价应该吸纳并尊重人权，在操作上符合伦理；<br>2. 倡导FPIC原则，并被所有的项目建议者所遵守；<br>3. 在社区看来，由项目建议者主导的社会影响评价并非都合法，而由社区引导的社会影响评价过程总是有可取之处；<br>4. 应该更关注影响人群如何从项目中受益；<br>5. 应该有整体思路，并与人类的幸福和更广泛的社会—经济和生态的可持续性融合一致；<br>6. 必须建立在与社会变化有关的理论基础上；<br>7. 必须包含并建立有效的公共参与；<br>8. 意识到社会冲突，并在减少冲突中发挥主要作用；<br>9. 应该考虑到社会性别影响以及影响的分布差异；<br>10. 应该更为严肃地考虑影响中更多地考虑累积性影响；<br>11. 应在项目规划的范围内应用，而不只是传统的以项目为基础的事前评估；<br>12. 可在更广泛的应用中更多地考虑项目关闭的问题；<br>13. 应促进社会组织管理计划的制定；<br>14. 必须考虑到各类组织的现实情况，并内植于组织的程序与文化中 | | |
| 《社会影响评价：项目社会影响评价和管理的指南》② | 2015 | 国际影响评价协会（IAIA）② | 7 | 1. 开发行为的目标应为未续社会发展；<br>2. 应当考虑人权；<br>3. 应认可原住民的、传统的、部落形态的及其他与土地紧密连接的人民并给予特别关注；<br>4. 公共参与；<br>5. 本地成分可创造共享价值；<br>6. 在开发行为开始阶段就应有关闭的方案；<br>7. 移置与安置伤害受影响社区是开发案的主因，也是开发案的主要风险 | | |

---

① ［荷］法兰克·范克莱、安娜·玛丽亚·艾斯特丝编：《社会影响评价新趋势》，谢燕、杨云枫译，中国环境出版社2015年版，第10—14页。
② Vanclay, F., Esteves, A. M., Aucamp, I., et al., "Social Impact Assessment: Guidance for Assessing and Managing the Social Impacts of Projects", *Project Appraisal*, Vol. 1, No. 1, 2015, pp. 9-19.

续表

| 来源 | 时间 | 出版方 | 原则数 | 基本原则 | 具体表现 | 预期目标 |
|---|---|---|---|---|---|---|
| 《投资项目社会评价指南》① | 1997 | 原国家计委投资研究所和建设部 | 8 | 1. 贯彻既有社会发展方针政策，遵循法律及规章；<br>2. 兼顾近期和远期目标，兼顾环境和社会效益，促进项目与当地社区、人民相适应、共同发展；<br>3. 方法适用；<br>4. 可比；<br>5. 按目标的重要程度进行排序；<br>6. 以人为中心；<br>7. 科学性；<br>8. 公正、客观，求实反映客观实际 | | 力求反映客观实际，求实的工作态度 |
| 《城市规划的社会影响评价探讨》② | 2010 | 林勇刚 | 3 | 1. 社会公正原则 | ①维护法律秩序 | |
| | | | | | ②倡导社会公平 | 协调地区间的平衡发展，改善社会和空间的不平等；程序民主，公众公平等的权利 |
| | | | | | ③补偿原则 | 对失地农民和失房市民的房屋安置等来反映征地、拆迁补偿社会影响 |
| | | | | 2. 社会可持续原则 | ①多样性原则 | 保护文化多样性，追求文化领域的可持续发展 |
| | | | | | ②预防原则 | 尽可能通过修正规划方案避免影响的产生，如果影响不可避免，则应探讨可持续的缓解措施 |
| | | | | | ③保障原则 | 资源应对城市发展的可持续供应能力，特别是土地资源和水资源 |

① 国家计委投资研究所，社会评价课题组：《投资项目社会评价指南》，经济管理出版社1997年版，第35—36页。
② 林勇刚：《城市规划的社会影响评价探讨》，《合作经济与科技》2010年第4卷第391期，第11—15页。

续表

| 来源 | 时间 | 出版方 | 原则数 | 基本原则 | 具体表现 | 预期目标 |
|---|---|---|---|---|---|---|
| 《大型居住社区的社会影响评价研究——以上海三个大型居住社区为例》① | 2017 | 严荣、颜莉 | 3 | 3. 互适性原则 | ④协作原则 | 强调多部门间的协商与合作，用部门间协调度指标来体现 |
| | | | | | ①社会学习 | 考虑并尊重地方性知识、经历和文化价值观 |
| | | | | | ②民主原则 | 考虑社会群体对项目的意愿和接受程度，不侵犯社会群体人权 |
| | | | | 社会公正 | ①公平正义 | 确保项目实施不会加剧地区或者群体间的不平等现象，尤其关注弱势群体和失业群体的住房状况 |
| | | | | | ②成本负担 | 住房政策实施的社会成本 |
| | | | | | ③效益获取 | 确保政策受益目标人获益 |
| | | | | | ④损益补偿 | 努力评估多方案风险，尽可能避免或者减少群体损益 |
| | | | | 社会可持续 | ①多样性 | 充分认识和尽可能使住房发展体现地方社会、经济和文化等特征的多样性 |
| | | | | | ②有效预防 | 尽可能通过调整住房政策，避免产生负面影响；如果负面影响不可避免，应设定相应补救措施 |

① 严荣、颜莉：《大型居住社区的社会影响评价研究——以上海三个大型居住社区为例》，《同济大学学报》（社会科学版）2017 年第 10 卷第 28/5 期，第 116—124 页。

续表

| 来源 | 时间 | 出版方 | 原则数 | 基本原则 | 具体表现 | 预期目标 |
|---|---|---|---|---|---|---|
|  |  |  |  |  | ③方案优先 | 不仅权衡经济效益和社会成本，还应有助于形成更加优化的决策方案 |
|  |  |  |  |  | ④相互协作 | 注重推进多部门间的协调与合作 |
|  |  |  |  | 互适性 | ①社会学习 | 政策制定以及影响评价需要充分考虑并尊重当地历史、文化和习俗 |
|  |  |  |  |  | ②社会认可 | 公众的意愿和接受程度 |
|  |  |  |  |  | ③公众参与 | 住房政策应尽可能吸纳各类利益相关群体的参与 |

得以平衡，它的结果是产生可持续的、良性的多赢局面。其次，社会公正原则要求以人为本、尊重人权，尤其要关注弱势群体和社会边缘群体的权益。最后，社会公正、以人为本和多赢原则都是保障可持续发展的重要环节。如果公平为效率让步，弱势群体得不到发展，那么贫富差距和发达地区与欠发达地区之间的差距就会加剧，其结果将导致社会发展的不可持续。

### （二）城市居住区规划社会影响评价的原则

城市规划发展至今，早已不单单指代一项技艺或纯粹的学术知识，它以其高度的统筹性、融合性和前瞻性，无限趋近于一门科学、一项艺术，甚至构成特定的政治运动。通过对城市形体和事宜的妥善安排，它设计并指导空间的和谐发展，以满足社会和经济的发展需求。随着我国市场经济和城市化的发展，人们对居住的需求不再局限于空间供给，转而寻求一种更好的生活方式。日益丰富的大众生活对城市居住区的规划提出了更多的要求，社会影响评价逐渐被引入城市居住区规划过程中。

城市居住区规划的社会影响评价，除了应该遵守社会影响评价的一般性原则之外，还受到城市规划领域原则的约束。来自两个领域的原则相互呼应，相互碰撞，共同形成一套完整的评价原则体系，进而对城市居住区规划范围内的社会影响评价活动进行指导。

1. 关键原则

关键原则，即在城市居住区规划的社会影响评价过程中，要重点突出，涉及关键少数贫困群体和关键指标教育、就业、健康对居住区的支撑两方面内容。也就是说：（1）在评价对象的选择上，应该首先对那些贫困人口多的低收入社区进行社会影响评价，重点关注少数贫困群体的居住环境和生活状态。强调社会弱势群体的声音有表达的渠道和可能，充分体现科学发展观，落实以人为本的社会发展战略。（2）在评价指标和内容的选择上，应该从追求单一经济效益、风险管控的目标转向教育、就业、健康等民生指标对居住区的支撑效果评价。当社区经济发展和社区居民生活质量提升相互冲突时，应该以维持和提升居民的生活质量为首要目标。

优先关注贫困群体、边缘群体居住区，体现了社会公正和以人为本的原则。从中国社会的发展历史来看，"效率优先、兼顾公平""先富带动后富"等不均衡的发展模式长期以牺牲低收入群体的利益为代价，"圈地热""剥夺农民养肥城市""高品位全封闭住区"等现象使得城市中的贫富分化和居住分异不断加剧，优质的公共资源被垄断。在未来很长一段时间内，贫困群体的社会处境都无法依靠自身得到较大的改善，他们在城市居住区规划的过程中缺乏话语权、参与意识和参与渠道。因此，以促进社会平等发展为基本目标的社会影响评价应该在城市居住区规划中优先关注贫困群体的利益。

将社区的教育、就业和健康发展作为居住区规划社会影响评价的关键指标，与当前我国城市化发展水平相一致。"生活"取代"生存"，成为当下城市居住社区的主题，公众希望在社区中舒适地学习、工作和生活，形成积极向上的健康生活方式和生活状态。规划项目对居民生活状态改善的潜能和支撑能力是重要的社会影响评价指标。

2. 可持续发展原则

根据现有的相关设计规范和预期，居住区的使用周期是50—100年。但中国处于快速的转型发展时期，人们的居住需求随着社会发展不断提高，现在建设的居住区在未来的10—20年可能将无法满足居民的居住需求，甚至产生重大的社会问题。当前中国城市普遍存在的没有电梯的房屋、缺乏居家养老功能的住宅、配套无障碍设施不规范等问题，都是居住区规划阶段缺乏远视的后果。因此，在对城市居住区规划进行社会影响评价时，除了反馈当下的实时后果，还有必要秉承长期利益原则，对中国居住区规划的社会影响作前瞻性的研究，考虑项目在一段相当长的时间内可能的后果，保证社区持续性的活力、包容性和更新能力。

从空间维度来看，可持续发展原则要求城市居住区规划的全局观，将多个利益相关主体的诉求和效益整合到空间安排过程中。规划的后果整体上呈现多方满意的正面效应，力求使各项正效益实现最大化，而使负效益最低化。从时间维度来看，平衡项目各个阶段中的长远效益和短期利益同样也是一项关键性任务。尤其当短期经济利益对长远社会、生态效益造成威胁时，应充分考虑长远效益的实现，以满足后者为核心目标进行协调。

可持续发展原则的意涵，还涉及对"如果不……"设想的阐释，即在项目规划中更多地考虑项目关闭的问题。它要求项目开发者秉承一个相对悲观或客观的态度，在项目规划阶段尽可能早地做好最坏的打算，并针对可能的负面影响提出规避或者缓解的措施。

3. 空间规划与社区建设相结合原则

空间与社会相关联，空间问题和社会问题是互相影响、互相生产，并不断循环的过程。居住区的规划（包括居住区区位选择、密度设置、对不同收入群体的空间混合度预期等）将导致一系列的社会后果，影响居民的心理和行为，包括他们的社区认同、社区参与、邻里交往等。我们希望通过对空间的合理安排和规划，营造良好的社区交往模式和积极的文化氛围，使得规划建设的居住区不仅满足居民的居住需求，也能满足居民的社会交往和生活需求。

公共空间是社区交往的重要场所。良好的社会交往能够形成社区文化认同，使得社区保有持续性的活力和更新能力。作为人们社会生活重要载体的城市社区，是社区文化开端、繁荣、扩展的首要地域，而社区中的公共交往空间更是促成文化认同的关键性存在。社会关系建构的第一步来自人们在公共空间中的会集和往来，社会网络构筑的基础在于人们在同一公共空间下对不同文化背景的融合与互动，这是一个多元文化同化、濡化和涵化的过程。这一切都有赖于良好的城市居住区空间规划。因此，城市居住区规划的社会影响评价应该注重空间规划与社区建设两者的关系，考察居住区的空间规划是否有利于促进社区公共空间、社区交往、社区文化认同的构建。

### 4. 关切中国城市社会发展特点原则

中国城市居住区规划的社会影响评价需要关切中国的城市社会特点，在深入分析中国具体国情的基础上，借鉴西方已有经验和方法，形成一套切实有效的评价体系。从既有的社会发展趋势看，城市居住区规划应该注意到以下几方面的问题。一是居住分异趋势下的低收入群体社会融入问题。我国的低收入群体长期被排斥在城市优势区位以外，有郊区化、边缘化、隔离化居住的趋势，缺乏社区参与的渠道和机会，这是居住区规划和建设过程中引发居民矛盾和社会负面舆论的重要因素，低收入群体的权益保护和社区文化认同构建在社会影响评价时要高度关注。二是老龄化和家庭小型化趋势下的居家养老问题。老式居住区普遍没有电梯，居住区老式大户型结构不适宜独居老人居家养老，社区无障碍设施建设不适用于老年人日常出行等问题应该在城市居住区规划前期就被注意到。三是居住区公共空间的规划和变更问题。公共空间设置不当，再次变更，是引发社区居民矛盾的因素。社区公共空间封闭、公共设备不齐全、停车位规划不当挤占公共空间、邻里关系恶化等现象应在社会影响评价过程中被纳入评价指标体系。四是居住区的区位规划和周边规划的问题。居住区的区位和周边规划往往与教育资源、医疗质量、通行便利度、身体健康等生活问题高度相关，当居住区区位不佳、周边有变电站、垃圾焚烧场等邻避设施时，会损害到哪些人的利益，应该如何变更规划或弥补损失，都是社会影响评价必须协调的议题。

表 10.4　　　　　**城市居住区规划的社会影响评价原则**

| 社会影响评价的一般原则 | 城市居住区规划的社会影响评价原则 | 具体表现 |
|---|---|---|
| 公众参与原则 | 空间规划与社区建设相结合原则 | 1）居住区规划有利于社区公共空间构建 |
| | | 2）居住区规划有利于社区交往的形成 |
| 多赢原则 | | 3）居住区规划有利于社区文化认同的形成 |

| 社会影响评价的一般原则 | 城市居住区规划的社会影响评价原则 | 具体表现 |
|---|---|---|
| 社会公正原则 | 关键原则 | 1）在评价对象的选择上，优先评价贫困人口多的低收入社区，重点关注少数贫困群体 |
| 尊重人权原则 | | 2）在评价指标和内容的选择上，从追求单一经济效益、风险管控的目标转向教育、就业、健康等民生指标对居住区的支撑效果评价 |
| 可持续原则 | 可持续发展原则 | 1）从时间维度来看，居住区在未来的10—20年时间内可能出现的后果 |
| | | 2）从空间维度来看，规划的后果整体上呈现多方满意的正面效应，各项正效益实现最大化，而使负效益最低化 |
| | | 3）"如果不……"的设想，即在项目规划中更多地考虑项目关闭的问题 |
| | 关切中国城市社会发展特点原则 | 1）居住分异趋势下的低收入群体社会融入问题 |
| | | 2）老龄化和家庭小型化趋势下的居家养老问题 |
| | | 3）居住区公共空间的规划和变更问题 |
| | | 4）居住区的区位规划和周边规划的问题 |

# 四　城市居住区规划社会影响评价的程序

　　要建构城市居住区规划社会影响评价的系统性程序，既要了解社会影响评价的一般程序，又要知道城市居住区规划的一般步骤。一个可行的思路是，通过比较研究，寻找社会影响评价和城市居住区规划二者在程序步骤上的亲和性，集二者之所长，进而形成城市居住区规划社会影响评价的一般程序。这种亲和性，表现在将社会影响评价覆盖到居住区规划的全周期中，形成"事前—事中—事后"全过程评价程序。同时，在评价过程中通过建构城市居住区类型学，形成以问题为导向的多渠道公众参与模式，发展基于"在地文化"

的社区微更新等方式，贯彻社会影响评价的原则和方法，保证评价程序的科学性和可持续性。另外，在建构一般性程序的同时，不能忽视实际应用的特殊性。也就是说，针对不同居住区规划的具体情况和社区特征，应该有侧重、有突出地灵活进行评价，因地制宜，因人制宜。

### （一）社会影响评价的一般程序

依据不同项目的现实条件，尽管其社会影响评价的过程和程序不尽相同，但在具体操作过程中还是逐渐形成了一套较为普遍的程序步骤和过程（见表10.5）。已有的评价程序一般分为三类：第一类常见于政府文件、企业规划书等文本中，此类评价程序建构方式直接将社会影响评价作为项目建设周期的前期阶段中的一部分工作（一般为项目规划阶段的可行性分析），将其作为论证项目可行性与合法性的前期调研过程，与拟建项目的情况介绍、资源开发情况、生态环境影响、经济影响分析等内容放在一起，作为项目申报书或计划书的一部分内容。评价程序一般包括社会影响效果分析、社会适应性分析、社会稳定风险分析等内容。第二类程序建构方式不涉及项目周期的阶段性划分，仅讨论社会影响评价自身的一般工作步骤和评价要点。此类方式下的社会影响评价程序主要是确定评价目标、原则、指标、方法、结论等过程。第三类社会影响评价程序常见于专业书籍的理论研究和专业机构出版的评价指南中，此类程序建构方式将项目建设周期贯穿到社会影响评价程序中，讨论的主要问题是：如何将社会影响评价插入项目开发的不同阶段甚至是全周期中。在此类方式看来，项目的社会影响是一个持续性的累积过程，项目一经提出，就产生了社会影响，二者同步进行，不存在谁先谁后的问题。因此，从构想一直到关闭，社会影响评价可运用于开发行为周期的所有阶段，且每一阶段侧重的评价内容和指标是不同的（见图10.2）。而持续进行的公众参与，以适当的、利益相关者能理解的方式向其回应和反馈，是每一阶段都要强调和执行的事情。

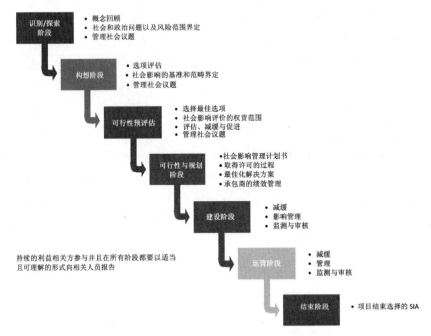

**图 10.2 社会影响评价可运用于开发行为周期的所有阶段①**

从社会影响评价程序建构的发展趋势来看，项目周期与评价程序相结合的模式是当前西方学界普遍推崇的发展目标，且取得了较为丰富的案例经验。尽管我国在法律政策和政府文本中尚未将社会影响评价贯彻到项目的各个阶段中，但在理论研究层面已经形成了与项目"可行性研究—动工—建成"相对应的"事前—事中—事后"社会评价程序的雏形。可见，项目周期与评价程序相结合是东西方社会影响评价程序建构的必然发展趋势。未来我国社会影响评价程序建构的核心任务，一是在于持续发展评价工作的强制力，扩大应用范围，建构法律层面的强有力的制度保障；二是对"事前—事中—事后"三段论式评价程序进行进一步的解读，形成操作性强的、可普遍运用于开发项目各个阶段的社会影

---

① Vanclay, F., Estcvcs, A. M., Aucamp, I., et al., "Social Impact Assessment: Guidance for Assessing and Managing the Social Impacts of Projects", *Project Appraisal*, Vol. 1, No. 1, 2015, p. 13.

表 10.5

## 社会影响评价程序一览表

| 来源 | 程序数量 | 程序 | 具体内容和步骤 |
|---|---|---|---|
| 《投资项目社会评价指南》[①] | 9 | 筹备计划 | |
| | | 确定并选择项目目标与评价范围 | |
| | | 选择评价指标 | |
| | | 调查预测确定评价基准 | |
| | | 制定备选方案 | |
| | | 进行分析评价 | 1. 在初步社会评价的基础上，对项目影响区域和目标群体或当地社区群体受影响的群体的各子群体，进行详细、深入、系统的社会调查；2. 将目标群体或当地社区直接受影响的群体的需求、迫切需要及其社会文化特征等因素，在项目方案设计中加以考虑，以优化项目设计方案；3. 鉴别主要社会风险，提出减免措施建议；4. 提出项目目标人口或受影响的社区人口参与项目活动的规划；5. 针对不利影响，提出减免和补偿措施方案；6. 提出适宜的项目实施战略；7. 在上述各项基础上对项目进行详细的社会评价，提出评价结论，并进行分析论证 |
| | | 选出最优方案 | |
| | | 专家论证 | |
| | | 总结报告 | |

[①] 国家计委投资研究所、社会评价课题组：《投资项目社会评价指南》，经济管理出版社 1997 年版，第 78—79 页。

续表

| 来源 | 程序数量 | 程序 | 具体内容和步骤 |
|---|---|---|---|
| 《社会影响评价的概念、过程和方法》[1] | 10 | 形成公众参与项目 | 制定有效的公众参与计划，将所有潜在的受影响群体包括在内 |
| | | 描述预计行动和备选方案 | 从项目建议者获取资料，进行初步评估 |
| | | 描述人类环境和影响区域 | 预计行动发生地的人类环境的现状和历史，形成社区概况图/基线研究。包括：项目与自然环境的关系，历史背景，政治和金融背景，经济背景，人口特征。包括：社会资源，文化，态度和社会心理状况 |
| | | 识别可能的影响（范围界定） | 借助访问和讨论，穷尽识别可能出现的社会影响 |
| | | 调查可能的影响 | 取决于对无行动状况（基线状况）和有行动状况之预测。运用对比差异，预测可能出现的社会影响 |
| | | 确定受影响群体可能的反应 | 确定社会影响的意义，借助比较情形和访问，评估受影响公众的态度和行为 |
| | | 评估次级和累积影响 | 包括评估后续影响和累积影响 |
| | | 推荐修改预计行动或备选方案 | 提出新方案或改进原有方案，并且评估或预测它们的后果 |
| | | 减缓、补救和增强计划 | 提出减缓不利影响的方法 |
| | | 开发和实施监测项目 | 制定、跟踪、比较与应对 |

① ［美］伯基：《社会影响评价的概念、过程和方法》，杨云枫译，中国环境科学出版社 2011 年版，第 71—80 页。

续表

| 来源 | 程序数量 | 程序 | 具体内容和步骤 |
|---|---|---|---|
| 《中国投资项目社会评价指南》① | 3 | 项目鉴别阶段：初步社会筛选 | 1. 利益相关者；2. 关键社会因素；3. 关键社会问题；4. 论证必要性；5. 负面社会影响；6. 判断是否进一步分析评价 |
| | | 项目准备阶段：详细社会评价 | 1. 当地信息；2. 兼容程度；3. 社会资源情况；4. 参与框架；5. 参与机制框架；6. 具体责任和项目活动；7. 实施方案；8. 收益和风险；9. 减缓措施 |
| | | 项目实施阶段：社会监测与评价 | 1. 监测与评价程序；2. 监测与评价指标；3. 需求满足程度；4. 减缓方案中的监测与评价程序；5. 调整方案 |
| 《综合评价理论、方法及应用》② | 5 | 建立评价指标 | |
| | | 获取评价指标的观测值（即原始数据），并进行相应的有关预处理（即指标类型的一致化、无量纲化等） | |
| | | 确定权重系数 | |
| | | 选用（或建立）适宜的综合评价模型 | |
| | | 计算各被评价对象的综合评价值，并按值的大小由大到小（或由小到大）对被评价对象进行排序或分类 | |
| 《城市建设项目前期社会影响评价及其应用》③ | 5 | 项目概况或工程描述 | |
| | | 项目社会状况描述 | 包括社会背景，明确利益相关者，社会描述常用指标体系 |
| | | 分析社会影响 | 包括项目构建制定所需数据清单，查询当地有关资料，设计访谈问卷，访谈利益相关者 |

① 中国国际工程咨询公司：《中国投资项目社会评价指南》，中国计划出版社2004年版，第24页。
② 郭亚军：《综合评价理论、方法及应用》，科学出版社2007年版，第157页。
③ 宋永才、金广君：《城市建设项目前期社会影响评价及其应用》（社会科学版），《哈尔滨工业大学学报》2008年第10/4期，第23—27页。

续表

| 来源 | 程序数量 | 程序 | 具体内容和步骤 |
|---|---|---|---|
| | | 社会影响评价 | ①内容：针对不同的利益相关者，分析评估项目的正面、负面、潜在影响；②步骤：确定评价原则和目标评价要素—设计社会影响评价指标体系—问卷调研—构建模型与计算评价—结论与建议 |
| | | 政策建议 | |
| 《社会影响评价：项目社会影响评价和管理的指南》① | 4 | 了解议题 | 1. 了解提出的开发行为；2. 澄清角色与责任；3. 影响的社会领域；4. 建立社区基本资料；5. 告知社区；6. 包容性的参与过程；7 规范界定的问题；8. 收集准备资料 |
| | | 预测、分析及评估可能的影响路径 | 1. 社会变迁及影响；2. 间接影响；3. 累积性影响；4. 受影响者的回应；5. 变迁的重大程度；6. 开发行为的替代方案 |
| | | 规划与执行策略 | 1. 回应负面影响；2. 提升效益及机会；3. 支持面临变迁的社区；4. 建立申诉机制；5. 协商影响与回馈的协议；6. 提出社会影响管理计划书；7. 建立伙伴关系及落实社会影响管理计划书；8. 持续执行社会绩效计划 |
| | | 拟定与执行监测方案 | 1. 监测变迁的指标；2. 参与式的监测计划；3. 落实可调适的管理；4. 评估与定期审查 |

① Vanclay, F., Esteves, A. M., Aucamp, I., et al., "Social Impact Assessment: Guidance for Assessing and Managing the Social Impacts of Projects", *Project Appraisal*, Vol. 1, No. 1, 2015, p. 15.

续表

| 来源 | 程序数量 | 程序 | 具体内容和步骤 |
|---|---|---|---|
| 《国家发展改革委关于发布项目申请报告通用文本的通知》（发改投资〔2017〕684号）① | 4 | 社会影响效果 | 阐述拟建项目的建设及运营活动对项目所在地可能产生的社会影响和社会效益。其中要对就业效果进行重点分析 |
| | | 社会适应性 | 项目与当地社会环境、人文条件的互适性及改进方案 |
| | | 社会稳定风险 | 讨论重点社会稳定问题，划分风险等级，识别、评估和防控，进行多维度（合法、合理、可行、可控）分析 |
| | | 其他 | 其他社会风险分析，并提出协调关系、规避风险、促进实施的方案 |

① 《国家发展改革委关于发布项目申请报告通用文本的通知》（发改投资〔2017〕684号），http：//www. ndrc. gov. cn/gzdt/201705/t20170518_847743. html。

响评价程序执行手册,将项目周期与评价程序更紧密地结合在一起。

### (二) 城市居住区规划的一般程序

大到一个城市,小到一栋楼房,每一座建筑都有自己的生命周期。根据现有的相关设计规范和预期,我国居住区的使用周期是50—100年。在过去,城市居住区规划往往奉行"效率优先"的原则,着眼于从项目拿地、提出规划构想、项目可行性评估、确定建设方案、工程施工到项目建成的1—5年时间。这样规划出来的住宅缺乏可变的空间和成长的可能,只能满足居住者当下的需求,而难以满足居住需求的更新。近年来,随着家庭结构居住人口变化与老龄化社会不断加剧,以往短视的城市居住区规划导致了许多严重的问题,处理起来也很困难。这些大范围发生的问题对城市居住区规划提出了新的要求,要求将居住区建成后长期的社区居住时间纳入城市居住区规划中,将社区居住甚至社区关闭也作为城市居住区规划的一项程序来考虑,居住区规划所涵盖的时间和内容得到了极大的拓展。

从我国居住历史的变迁来看,将社区居住甚至社区关闭也作为城市居住区规划的一项程序来考虑是必然趋势。纵观中国居住时代的变迁,主要历经了四种模式的演变,从最初的生理需求住房到物业管理的资源型住宅,再逐步过渡到对安全、对服务的需求住房阶段,家居科技的出现推动人们进入智能化的居住模式。而今,全生命周期住房越来越成为趋势。什么叫作"全生命周期住房"呢?在不考虑人口迁徙和突发事件的前提下,一种理想的居住区模式是,居住区的使用周期能够覆盖大部分居住者的大部分生命周期,这就是所谓的"全生命周期居住系统"。全生命周期居住以人的生命周期为主线,涵盖人们婴儿—孩童—青年—成年—老年等不同成长阶段的居住诉求。城市居住区规划的一般程序基于这一理念,应该涵盖居住区从项目拿地到住区建成再到居住区拆迁的整个周期,考虑的时间跨度至少应该有10—20年之久。

对比来看可以发现,社会影响评价与城市居住区规划的程序有着极大的重叠率和同步性(见表10.6)。一方面,城市居住区规划将社区居住与社区关闭纳入程序中，直接反映了社会影响评价的可持续发展原则和更多考虑关闭情况的要求；另一方面，社会影响评价程序要求与项目周期相结合的发展趋势，使得社会影响评价有了很大的亲和性，很容易能够将社会影响评价全覆盖到居住区规划的程序中，实现二者的结合。

表10.6　　居住区规划程序与社会影响评价的亲和性

| 居住区规划程序 | 社会影响评价各阶段侧重点 |
|---|---|
| 城市整体规划方案 | 居住区建设的目标及理念<br>社会与政治议题及风险范围界定<br>管理社会议题 |
| 政府出让/建设某块居住用地<br>企业招投标拿地/政府委托建设 | 目标回顾、理念贯彻<br>企业的社会绩效管理 |
| 提出规划与建设构想 | 选项评估<br>基准研究及社会影响的范畴界定<br>管理社会议题 |
| 方案可行性评估 | 选择最佳选项<br>社会影响评价的权责范围<br>评价、减缓与促进<br>管理社会议题 |
| 确定居住区建设方案 | 社会影响管理计划书<br>取得许可的过程<br>最优化解决方案<br>承包商的社会绩效管理 |
| 工程施工 | 减缓不利影响<br>影响管理<br>监测与稽核 |
| 项目建成——房屋出售、居民入住 | 社区冲突与社会风险管控 |
| 住区居住——房屋老化、社区更新 | 减缓不利影响<br>管理<br>监测与稽核 |
| 房屋拆迁、居民迁出 | 关闭选项的社会影响评价 |

### （三）城市居住区规划社会影响评价的程序：全过程评价

综合上述社会影响评价程序与项目周期相结合的发展趋势与居住

区规划程序的全周期覆盖要求，可建构城市居住区规划社会影响评价的一般程序。这一程序最重要的特点是将社会影响评价覆盖到居住区规划的全周期过程中，形成系统性的"事前—事中—事后"全过程评价程序体系。其中，事前评价重指标、重经验，通过对以往居住区规划的失败案例总结和成功案例借鉴，形成城市居住区谱系，引导城市居住区前期规划规避负面预警式评价模式，尽量向正面引导式评价模式靠近；事中评价重公众参与，通过多种途径和形式鼓励项目利益相关者加入城市居住区规划项目中，关注项目的实施、监督和维护工作，充分践行"主人翁"的角色定位，听取并满足大众的切实居住需求，并监督项目公正、平稳推进；事后评价既重指标也重公众参与，要求社区随着居民的生命周期和居住需求的变更，不断调整自身定位，形成良好的居民互动和社区认同，保持社区持续性的活力和更新能力，实现社区与居民、社会与人的和谐发展。

1. 事前评价

事前评价，即针对居住区正式开工建设之前各阶段进行的社会影响评价。我国开展事前评价的优势在于，此类评价是西方常见的评价阶段，也是我国最多进行的阶段，可借鉴的经验丰富。一次成功的事前评价能够大大提高居住区在区位选择、人口组合、发展方向等宏观定位上的科学性，并降低不必要的社区冲突与社会风险。需要强调的是，事前评价并不简单等同于项目可行性评估或项目报告中的社会影响分析，它包含居住区的区位规划、周边规划、居住区定位、方案可行性评估、居住区建设方案、开发商绩效评估、项目风险、累积性影响和关闭的措施等丰富的内容。

（1）操作原则：重指标、重经验

事前评价应该重视评价指标的建构和成功经验的借鉴，其目的在于保证评价主体的参与性和评价方式的科学性。以往我们讲社会影响评价，往往将评价的主体和方式给隐身了。但评价主体和方式的确立，也是社会影响评价模式的关键。评价主体是企业、政府、科研机构还是受影响群体？到底是项目主体自评、以市场的方式还是以购买第三方服务的方式进行评价？这些重要的问题往往被忽视。

我国居住区的规划和建设的主体是政府和开发商，如果由政府和开发商自评，事前评价的科学性和公正性难以保证；而新的城市居住区规划，未来的居住主体是谁，多数情况下并不清楚，所以居民参与的可能性小，实施起来也很困难。因此，事前评价还是指标评价和经验评价，由政府或开发商委托专家和第三方评价机构，通过对以往居住区规划的经验总结和建构科学的评价指标来进行，防止居住区造成的类似贫困再生产等不可逆社会问题的发生。

（2）操作内容：城市居住区规划的类型学

已有研究表明，居住区规划对城市居住融合还是分异、社区认同还是不认同、社区参与还是社区冲突等问题有很重要的影响作用。而居住分异、社区认同度低和社区冲突又是导致社区贫困再生产、社会贫富差距拉大和社会不和谐发展等问题的重要因素。因此，对于城市居住区规划的事前评价，应重点关注居住区对居住融合、社区认同和社区参与的影响，研究其影响的方式、中间因素和影响权重等内容。然而，这些影响的产生往往要在居住区建设完毕、居民入住相当长一段时间后才能显现，特定居住区规划项目的事前评价无法根据项目自身的建设后果来实施。

因此，事前评价需要对已有的居住区规划进行经验总结，形成城市居住区规划的类型学（见表10.7），通过失败案例规避和成功案例借鉴，引导城市居住区前期规划尽量避免负面预警式评价模式，尽量向正面引导式评价模式靠近。从目前来看，一些绝对不利的空间组合形式应尽量避免（比如郊区贫困人口集中居住区、郊区老龄人口集中居住区、郊区高居住流动居住区等极端居住情况），如果不能避免，必须要在居住区规划前期形成相应的社会治理措施，尽量减小或弥补对受影响群体造成的损失。同时，从目前的经验总结来看，一些有效的空间经验可以推荐和推广（比如居住区开放式的公共绿地、公共文化活动中心等积极的公共空间，大杂居、小聚居的混合居住模式等），如果这些经验基于现有的发展阶段、经济等多重因素的制约，不能在空间上实现，需要一些补救性社会治理措施和社区配套建设的推荐。

表 10.7　　　　　　基于社会影响评价的居住区规划类型学

| 组合模式 | 模式评价 | 居住区类型学 | | 是否推荐 | 推荐的配套措施/未来管理的关键 |
|---|---|---|---|---|---|
| | | 居住区定位 | 典型社区 | | |
| 融合×认同×参与 | 正面引导式评价（模式） | 高收入社区 | 占地面积不大或位于中产阶级社区内的高档别墅 | 推荐 | 避免物理性隔栏的出现 |
| | | 中等收入社区 | 处于高档小区与贫困小区过渡带的中产阶级社区 | 推荐 | 完善社区参与渠道 |
| | | 低收入社区 | 传统里弄 | 推荐 | 多样性、基础设施更新 |
| 融合×不认同×冲突 | 正面预警式评价（模式） | 高收入社区 | 贫富差距过大的混合社区 | 改良 | 建设过渡中等收入社区 |
| | | 中等收入社区 | 利益冲突的混合社区 | 改良 | 开放式公共空间、公众参与渠道 |
| | | 低收入社区 | 贫富差距过大的混合社区 | 改良 | 建设过渡中等收入社区 |
| 分异×认同×参与 | 负面引导式评价（模式） | 高收入社区 | 大容量的高档封闭社区群 | 改良 | 插入过渡中产阶级社区、人才公寓 |
| | | 中等收入社区 | 资源便捷的中产阶级社区群、社区带 | 改良 | 插入过渡中低收入社区 |
| | | 低收入社区 | 郊区贫困人口集中居住区 | 改良 | 完善周边配套设施、插入建设商业区、高科技开发区 |
| 分异×不认同×冲突 | 负面预警式评价（模式） | 高收入社区 | 呈片状分布的别墅区与"贫民窟" | 避免 | 插入过渡中产阶级社区、人才公寓 |
| | | 中等收入社区 | 流动率高、缺乏管理的出租式小区 | 避免 | 改善物业管理、细化住户 |
| | | 低收入社区 | 郊区高居住流动居住区 | 避免 | 提升基础设施密度、周边产业升级 |

2. 事中评价

事中评价，即居住区规划方案确定后的施工建设过程中进行的社会影响评价，它涵盖居住区开始兴建到居民正式入住的一整段时间。事中评价不仅仅是对建设进度的把控，更重要的是对建设质量、建设实用性和建设可持续性的监测。涉及评价小组的成立，对开发商、建筑设计单位、工程承建商和物业管理等公司的绩效评估，公共空间的选址和呈现形式，停车位的选址和分配，小区内部配套设施的增减，小区周边学校、医院、交通、娱乐设施、文化活动、商户选择、就业机会等内容的全面评价。一次充分的事中评价能够最大限度地调动公众的参与热情，在公众、政府、开发商等主体的良性沟通和互动过程中稳步推进居住区的建设进程，为居住区未来的社区认同、社区参与和社区文化建设奠定良好的基础。

（1）操作原则：重公众参与

如果说以往的事前评价给予了评价主体（政府、开发商）过多的自主权，那么事中评价则是给予了评价主体（公众）过少的自主权。反对者认为公众参与不足以解决传统的权利不均的问题，然而参与过程本身就已经体现和实践了公众的权利。公众参与并不是牺牲评估和决策的科学性，也绝不意味着冲突、低效和无序，不论是从什么角度出发——政府、开发商、公众、居住区建设、社区——公众参与的意义和价值都是不可忽视的（见表10.8）。

当然，"公众参与"中的"公众"是一个宽泛的词，不仅指社区内部的住户，还包括其他受影响的群体、个人、团体、组织和机构等。在居住区规划过程中引入公众参与，需要协调多方主体的时间和需求，进行多次的协商甚至争论，它的存在不一定是最高效便捷的，然而，它的缺乏一定是对居住区规划最致命的打击——无法切实满足公众尤其是居民居住需求的社区注定短命且充满隐患。

试想，如果在重大城市规划与居住区项目建设过程中，都能建立一定的社会制度和利益表达机制，让项目的受影响群体、利益相关者和社区的弱势群体能够有表达话语的渠道，那么我们的社会是否会更加和谐、更加稳定呢？因此，在事中评价过程中始终应该强调公众参与的重要性，持续而良好的公众参与是事中评价的关键内容和根本意义。

表10.8　　　　　在事中评价中引入公众参与的意义和价值

| 对公众 | ➢ 维护公众义务和权利<br>➢ 受影响者的利益和意见被考虑、被补偿<br>➢ 加强人们对项目的所有感<br>➢ 帮助处于不利条件下的群体<br>➢ 更为全面地把握自身在竞争中的位置<br>➢ 通过体验来理解社会变化，帮助受影响群众适应不断发生的变化<br>➢ 参与者可以意识到并理解社区是如何发挥作用的 |
|---|---|
| 对政府 | ➢ 获得当地人民的支持与合作<br>➢ 更好地推行现有政策和项目实施<br>➢ 社区治理、居民自治模式提高政府管理效率<br>➢ 体现政府以人为本、为人民服务的善治理念 |
| 对开发商 | ➢ 获得当地人民的支持与合作<br>➢ 确保运作的社会许可证不中断<br>➢ 体现企业社会责任的最佳实践<br>➢ 风险投资：减少未来在诉讼、延期审批、抗议行动、声誉影响等方面的损失和可能的开销，降低成本，从而带来股值的增加<br>➢ 当地价值的反应和利用，降低企业因不正确的选址而造成的损失 |
| 对项目本身 | ➢ 提高整个评价的质量<br>➢ 改进项目的实施<br>➢ 改变决策中过分依赖专家的情形<br>➢ 突出决策的"民主性"特点<br>➢ 更加充分地利用评价对象本身的信息<br>➢ 使评估者对普遍的社会变化保持敏感 |
| 对社区 | ➢ 最大限度发挥社区基础设施和公共空间的使用价值<br>➢ 为当地就业与供应打下基础<br>➢ 确保当地社区从机会中获得最大价值<br>➢ 社区互动、社区参与、社区认同、社区文化建设的良好开端和平台 |

（2）操作内容：建构以问题为导向的多渠道公众参与模式

在其他国家，通行惯例是先建好房子后才准许售卖，而我国长期采取的是先卖房后建房的预售模式，这是我国商品房建设的一个特点。开发商只要完成建筑工程投资的 25% 就可以拿到商品房的预售许可证，设立售楼处并开始销售房屋，因此商品房社区确定入住居民的时间是远早于居住区建设完成时间的。同时，我国多数由政府主持兴建的保障房社区，由于供不应求，也是早早挂在官方网站上，有了符合条件的居住对象挂号排队买房/租房。因此，这一购房与入住的时间差的特点，使得我国在居住区规划的事中评价过程中进行公众参与有了很强的可行性和操作性。一来基本能够确立并找到参与项目事中评价的对应主体，二来进行事中评价的平台和渠道也容易打通——通过售楼处或保障房申请官方网站进行前期宣传和评价小组的组建。

接下来就是如何进行公众参与的问题了，这涉及公众参与的有效性和科学性，最重要的是能建构一个以问题为导向的多渠道公众参与模式。这一模式的建构有以下几个要点。

①以问题为导向，以社区为中心，以协商为手段，以制度为支撑。公众参与的根本性目的在于解决问题，满足公众的需求，进而推动项目平稳建设，实现社区和社会的和谐发展。因此，那些脱离具体问题的、脱离具体社区的、以无序争论或冲突代替有序协商的、缺乏透明制度和公开程序的"伪参与"都应该被废除。

②参与形式多样，渠道灵活变通，互动有问有答。通过定期的、有组织的、有回应的地方报道、社会调查、代表会议、协商论坛、项目咨询、专线电话等形式，尽量将项目的利益相关者都囊括在内，并保证各种参与渠道的畅通，使不同的受影响群体都获得参与的可达性。

③拓宽"公众"的界定范畴，不排斥专业机构和专业团队。由于居民的职业和经历五花八门，尤其是低收入社区的居民常常缺乏必要的专业知识，如果公众参与只是一味地听取居民的意见，而将专业评估组织排除在外，这样的公众参与是无序且低效的。其实，受影响群体（包括受益群体和受害群体）、当地政府、社会组织、居委会、居民组建的社团、业主委员会、外聘的专家和咨询机构等，都应该被纳入"公众"的范畴。他们的加入使得评估制度更加完善，评估团队

更加专业，评估结果更加真实。

④关注影响参与的各种社会因素，保障弱势群体和贫困群体的利益。"公众"是一个很大的概念，具体到不同的群体和个人又有区别。由于社会文化、宗教、政治、性别等因素的影响，一些群体/个人比另一些群体/个人更愿意参与，更容易参与，更多地获取参与的渠道和资源，他们的诉求更容易被听见、被解决。因此，在进行事中评价时，尤其在组建评价小组和建构评价渠道时，必须确保不同群体/个人参与的公平性，将老人、儿童、残障人士、女性等弱势群体和体力劳动者、农民、低保户等贫困群体也纳入公众参与的队伍中，并确保一定的参与比例。

3. 事后评价：空间更新

事后评价，即指在居住区建设完成后，进行的一次或多次系统性、总结性评价，评价内容包括项目的决策、执行、效益、影响和管理等，它是项目决策管理的反馈环节。在居住区规划领域，事后评价有三个内涵。第一类狭义的事后评价，是由项目投资单位组织写出的"项目完成报告"中的后评价。第二类广义的事后评价，是指居住区建成、居民入住后若干年（一般为五年）由决策部门组织进行的一次较为系统的社会影响评价，评价内容主要涉及影响评价、互适性和持续性三项分析。此类事后评价的主要目的在于完善事前评价工作，发现事前预测未料到、未发现的影响，研究采取补救措施，消除或减轻不利影响，以利项目持续实施，并促进社会稳定与进步。

最后一类更为宽泛意义上的事后评价，是第二类事后评价的延伸，指的是从居住区建成一直到居住区寿命终了的 50—100 年间针对社区空间更新所进行的社会影响评价。由于社会发展、居民年龄结构变迁、社区设备累积性老化等原因，随着时间的演变，小到社区公共设备的修缮，大到批量增建电梯、兴建养老院、拆除小区围墙，社区对空间更新有不同程度的诉求。它要求从中长期的角度去理解居住区规划的潜在社会影响，关注社区的空间更新能力和持续性活力。本部分重点讨论第三类事后评价。

（1）操作原则：重指标，重参与

事后评价应该重视客观指标的建构，也不能忽视公众参与和社会互动。如前所述，居住区规划的社会影响更多的是在规划项目建成后的多年才发生，事后的长期跟踪评估能够发现一些深入的社会矛盾和问题。因此，对中国居住区规划的事后评价应以大量建成区的实地调查为基础，总结经验教训，形成有普遍适用性的经验指标体系，为今后建设同类项目提供经验。同时，以居民为代表的公众由于长期居住在当地，频繁使用社区空间，他们是最了解社区问题和潜在需求的群体，充分听取公众意见，利用当地价值，能够迅速把握空间更新的工作要点，大大提升事后评价的实效性。

（2）操作内容：发展基于"在地文化"的社区微更新模式

我国城市发展正从传统的增量空间扩张向存量空间优化与重构转型[1]，城市空间发展由"量"转向对"质"的诉求。过往的经验说明，大规模的自上而下空间更新模式和居住区"大拆大建"的更新模式，难以取得良好的成效。[2] 2012 年，强调"小规模、有温度"的社区微更新模式被提出。

作为城市微更新的特定类型，社区微更新是预防社区衰败的重要举措[3]，能够节约大量投放在严重衰败社区的社会经济成本。应该强调的是，除去对"物"的建设和经济发展目标，社区微更新具有更加深远的意涵——一项全新的"共建、共治、共享"社会运动[4]，它以当地多维特性所凝练的"在地文化"为内生动力和重要触媒，深刻影响着地方的意识形态、价值观念与行动方式。[5] 因此，对于居住

---

① 晨曦：《全国土地利用总体规划纲要（2006—2020 年）调整方案》，《农业工程》2016 年第 4 期，第 127 页。

② 叶原源、刘玉亭、黄幸：《"在地文化"导向下的社区多元与自主微更新》，《规划师》2018 年第 2 期，第 24—30 页。

③ 王承慧：《走向善治的社区微更新机制》，《规划师》2018 年第 2 期，第 65—71 页。

④ 马宏、应孔晋：《社区空间微更新：上海城市有机更新背景下社区营造路径的探索》，《时代建筑》2016 年第 4 期，第 10—17 页。

⑤ 黄瓴、王思佳、林森：《"区域联动＋触媒营造"总体思路下的城市社区更新实证研究——以重庆渝中区学田湾片区为例》，《住区》2017 年第 2 期，第 140—147 页。

区规划的事后评价，必须将发展基于"在地文化"的社区微更新模式作为评价工作的要点和目标，逐步展开由政府引导、社区公众参与、管理者协调沟通、专业者提供技术支持的多元参与式居住区规划模式。①

这一模式要求：

①充分调动社区主体的积极性，创新社区治理模式。认可居民的主体性、自主性和创新性，鼓励社区居民参与自治。

②扩大社区组织和非营利组织的力量，培养社会组织参与空间更新的能力和影响力。

③以"在地文化"为动力，尊重当地文化的禀赋特征，维护社区认同，复兴邻里文化。

④多元包容，维护弱势群体与贫困群体的权利。尊重当地居民的居住权、知情权、参与权和发展权，兼顾社区居住功能和文化传承功能，不以牺牲居民居住满意度为代价。

4. 全过程评价

本书建构的居住区规划社会影响评价程序（见表10.9），是包含"事前—事中—事后"三大阶段在内的全过程评价，涵盖了居住区规划从构想到项目关闭的全周期。需要强调的是，在实际应用过程中，并非所有阶段的社会影响评价都能够被应用到某一居住区项目，对于居住区规划的社会影响评价也不是越全面、内容越多越好。灵活变通的评价理念应该被贯彻，结合某一居住区的具体情况和自身需求，对这一程序不同阶段进行删减或侧重，灵活进行评价，如对于上海市老式里弄的改建项目评价，主要参考事后评价的程序即可。

---

① 徐磊青、宋海娜、黄舒晴等：《创新社会治理背景下的社区微更新实践与思考——以408研究小组的两则实践案例为例》，《城乡规划》2017年第4期，第4—10页。

**居住区规划社会影响评价的程序**

表 10.9

| 评价阶段 | 操作原则 | 规划周期 | 评价重点 | 评价内容 |
|---|---|---|---|---|
| | | 城市整体规划方案、政策方案的形成 | ➤ 居住区建设的目标及理念<br>➤ 贯彻居住区规划的原则<br>➤ 社会与政治议题及风险范围界定<br>➤ 管理社会议题 | • 项目拟建地点的现状与社区基本情况；<br>• 项目目标及其功能对本地的适应性；<br>• 项目区各群体与当地干部群意愿接受、参与拟建项目的可能性和程度； |
| | | 政府出让/建设某块居住用地<br>企业招投标拿地/政府委托建设 | ➤ 目标回顾、理念贯彻<br>➤ 企业的社会绩效管理 | • 估计项目持续实施是否可能有社会风险；<br>• 作详细社会评价的中心问题；<br>• 从初步分析看，建议项目是否可以批准立项 |
| 事前评价 | 重指标、重经验 | 提出居住区规划与建设构想 | ➤ 备选选项的评估<br>➤ 基准研究<br>➤ 社会影响的范畴界定<br>➤ 管理社会议题 | • 组建项目可行性研究小组（专家、经过培训的评价人员）；<br>• 对受影响群体进行详细、深入、系统的社会调查；<br>• 将目标群体的需求及其社会文化特征等因素纳入规划设计中，优化方案；<br>• 提出适宜的项目实施战略 |
| | | 方案可行性评估 | ➤ 选择最佳选项<br>➤ 社会影响评价<br>➤ 评价、减缓社会议题<br>➤ 管理社会议题 | |

续表

| 评价阶段 | 操作原则 | 规划周期 | 评价重点 | 评价内容 |
|---|---|---|---|---|
|  |  | 确定居住区规划方案、详细的建设方案 | ➤ 社会影响管理计划书<br>➤ 取得许可的过程<br>➤ 最优化解决方案<br>➤ 承包商的社会绩效管理 | • 划定居住区类型（参考表4.3）；<br>• 借鉴、加强、补偿成功经验（有利影响最大化）；<br>• 减避、补偿失败风险（不利影响最小化）；<br>• 鉴别影响项目持续性影响的社会风险，提出应对措施；<br>• 预期累积性影响的关闭的措施（包括承包商管理、公众参与的项目建设方案）<br>• 提出详细的项目建设方案（包括承包商管理、公众参与的规划等） |
| 事中评价 | 重公众参与 | 工程施工 | ➤ 减缓不利影响<br>➤ 影响管理<br>➤ 监测与稽核<br>➤ 社区冲突与风险管控 | • 建立多元的监测评价小组；<br>• 设立社会评价规章制度与程序手册；<br>• 提出公众参与的规划，形成实施办法与操作手册；<br>• 建设公众参与平台与渠道；<br>• 定期监测评价和状况反馈，信息公示（包括项目进展，公众实际参与状况，投入与产出，分配情况，问题解决情况等） |
|  |  | 项目建成——房屋出售，居民入住 |  |  |
| 事后评价 | 重指标、重参与 | 居民入住5年后评价 | ➤ 居住满意度调查<br>➤ 对比分析<br>➤ 经验总结<br>➤ 变化预测 | • 重新明确项目的目标与实际影响范围；<br>• 居民实际居住情况调查，居住满意度与问题反馈；<br>• 项目预测影响与实际影响对比分析，应对变化的措施；<br>• 项目经验与教训总结，减轻或补偿不利影响的措施 |

续表

| 评价阶段 | 操作原则 | 规划周期 | 评价重点 | 评价内容 |
|---|---|---|---|---|
| | | 住区居住、运作维护、房屋老化、社区更新 | ➤ 减缓不利影响<br>➤ 管理<br>➤ 监测与稽核 | • 项目适应性分析、项目持续性分析、社区更新能力分析；<br>• 更新事项基本情况及可行性分析；<br>• 多元评价小组、监督小组操作介入；<br>• 建立评价小组、监督小组操作手册、公众参与平台建设；<br>• 定期更新成效反馈、更新工作总结；<br>• 更新事项完成、问题解决、经验总结 |
| | | 房屋废弃、拆迁、居民迁出 | ➤ 关闭选项的社会影响评价 | • 识别受影响群体；<br>• 列举正面、负面影响；<br>• 问题解决措施 |

### （四）几类典型的居住区规划社会影响评价

1. 低收入居住区规划的社会影响评价

在我国，建成的城市居住区已经很多了，新建住宅是少数。在这些已建成的住宅中，低收入社区所占的比例不小，除了规模化建设的廉租房、经适房、公租房等，还包括老旧建筑、城中村、棚户区等多种类型。针对这些居住区的社会影响评价，多属于事后评价阶段，主要是居住区的拆、改、建问题。在我国，居住分异现象日益严重，贫困社区有集中化、郊区化、边缘化、流动率高等趋势。因此，在对贫困社区进行社会影响评价过程中，以下内容应该重点考虑。

（1）市中心低收入社区评价焦点：提升社区内部公共服务设施水平（公共空间、停车位、无障碍设施等），促进新阶层人口的导入，实现社区居民多元性。

（2）郊区低收入社区评价焦点：提高外部公共基础设施（交通、教育、医疗）密度，促进社区周边就业机会的引入。

（3）社区居民的社会融入阻碍、社会流动停滞、贫困再生产问题的改善。

（4）流动人口集中，社区治安差及用电安全问题的管理。

（5）贫困老人的居住及养老需求的满足（如配套电梯、社区养老院等需求）。

（6）老旧居住区的社区更新需求大，要提高社区空间更新的能力与活力。

（7）历史建筑保护、在地文化延续、居民居住条件改善间的矛盾（如上海传统里弄更新过程中，把原有的邻里关系文化破坏了，导致社区冲突反而加深了）。

（8）贫困群体无权参与规划与更新，参与上限明显。

2. 中产阶级居住区规划的社会影响评价

在我国，中产阶级的界定和划分还没有统一的标准。这里说的中产阶级居住区，是相对贫困社区和高档别墅社区而言的，一般意义的高层建筑商品房。不同的商品房，因其所在省市、区位、人口密度、绿化率等参数的不同，又能划分出多个等级。因此，针对中产社区的社会影响评价，需要结合具体社区的具体情况进行定位和工作。同时，相对于贫困社区和高档别墅区，城市商品房住宅又有一些共同的特性，以下内容需要在评估过程中被重视。

（1）社区认同感的维护。

（2）中产社区居民的社区参与意愿最强，应提供充足有效的参与渠道与平台。

（3）公共空间的建设与维护。

（4）阶层不稳定性。

（5）围绕停车位、公共资源（医疗、教育、交通等）、社区周边设施建设的社区冲突。

3. 高档居住区规划的社会影响评价

高档住宅区本身没有具体标准，一般是指建筑造价平方米价格超过上年度商品住房平均价格一倍以上的住宅区，内部常建有联排、双拼以及 Town House 等低密度住宅。近几年来，中国的高端住宅层出不穷，在停车位、绿化率、容积率、层高、配套基础设施和交通等方面的条件都明显优于贫困社区与普通商品房社区。高档住宅往往挤占城市中心优势区位，通过严格的封闭式管理占用大面积的公共空间和绿地，进而挤占城市公共资源。市中心的贫困社区渐渐消失，商品房社区的居住密度越来越大，居住分异现象日益严重，社会矛盾不断恶化。可见，针对高档住宅区的社会影响评价，应该早在居住区前期规划阶段进行，通过事前评价，前瞻性地避免极端分异现象的发生。以下内容需要被重点讨论。

（1）封闭式管理下的公共空间占用问题。

（2）中心化、规模化的高档居住区对社会融合的恶性影响。

（3）投资行为导致的高档居住区空置，社会资源浪费问题。

（4）当住房与公共资源（医疗、教育等）捆绑在一起的时候，怎样维护和弥补贫困群体的受损利益。

# 五　城市居住区规划社会影响评价的方法

本节将分为三部分进行阐述。首先，介绍社会影响评价的一些常用方法，包括技术定位方法、实证性方法和参与式方法等，当前评价方法正处于从科学到混合，从技术定位到参与的发展趋势中。其次，介绍城市居住区规划的一些常用方法和设计手法，包括可持续居住区、"新城市主义"设计手法、"实用主义"设计手法和活力型社区等，当前居住区规划方法呈现从关注"规范"回归"人"的需求，从宏大叙事回归居住细节的发展态势。最后，从评价方法与规划方法二者间的亲和力，本节探讨一种更富开放性的居住区规划评价方法体系。在这一累积学习型方法体系中，模式和指标不再是评价焦点，正当合理的程序被凸显，方法的开源与可升级被重视。

## （一）社会影响评价的方法

一般情况下，我们将社会影响评价的方法分为技术定位和实证性两大类。其中，技术定位方法强调"客观指标"的重要性，它基于"评价内容可被穷尽地量化为若干层级子指标"的假设，通过统计学、模糊数学、运筹学等原理确定不同评价指标的权重，进而完成社会影响评价；实证性方法则强调"人"的重要性，鼓励通过前后对比、逻辑框架等方式进行社会影响评价，能够很大程度上弥补量化方法的缺陷。随着以人为本、尊重在地文化等理念的崛起，社会影响评价的方法也逐渐从科学转向了混合，从技术定位转向了实证。公众参与，尤其是当地人的参与成为未来社会影响评价方法发展的重要趋势。

### 1. 技术定位方法

技术定位方法是一种重指标、重经验的社会影响评价方法，盛行于20世纪70年代早期。技术定位法十分重视专家的经验和意见，它的依据就是指标。其目的在于，通过各种科学的、规律的量化方法，将评价指标的数量、次序、权重等内容量化，使得社会影响评价最终成为一套可操作性强的指标体系。

（1）层次分析法

层次分析法是诸多量化方法中的基础性方法，与其称其为一种方法，不如说它提供了一种问题分析的量化思路：层层分解。根据这一思路，层次分析法依据目标问题的性质与内容，将目标问题层层细化，最终分解为一个阶梯结构的多等级问题层级。在这一结构中，最高层为总目标层；第二层通过对总目标的一次分解，形成若干准则，为准则层；第三层为子准则层，是对准则层的二次分解……以此类推，直到形成可操作的最终方案。一一对应的从属关系存在于相邻上下层级之间，通过将彼此有逻辑关联的层级元素一一连接，就构成了阶梯层次结构（见图10.3）。

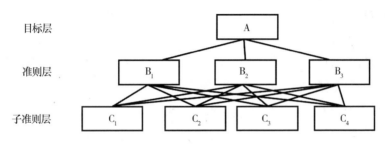

目标层　准则层　子准则层

图10.3　阶梯层次结构示意

（2）专家评价法

专家评价法，也称为德尔菲（Delphi）法、专家法，是一种基于专家个人的经验和意见，对指标权重的数值进行主观赋权的方法。这一方法的基本思路是：第一步，由项目方建立初步指标体系，并选取项目领域内经验丰富或技术过硬的专家学者，由他们共同对初步的指标模型展开分析讨论和具体指标的修改；第二步，由这些不与项目有直接利害关系的专家学者对既有指标进行投票和删选，个体意见通过一人一票的投票机制和过半数通过的选取原则得到汇总，最终形成一个系统的、完整的、具有层次结构的评价指标体系；第三步，是指标权重的确立，这一步骤要求专家学者彼此独立，互不干扰，各自对指标体系进行详细的赋值工作。通过多次的反馈和修改，统一各专家的意见成果，指标权重的确立以各专家形成的指标权数的均值为主要依据。

（3）综合评价方法

我们知道，一个现象的形成往往是诸多因素共同作用的结果。因此，对项目的社会影响评价是对综合问题进行的综合评价。在综合评价的过程中形成的一系列方法，就是综合评价方法。比如，运用加权算术平均、加权几何平均等方法计算不同指标在总指标中所占的权重；运用主成分方法和因子分析法将指标进行主次排序；通过聚类分析法、判别分析法等方法对总体样本进行类别划分。随着综合评价方法的不断发展成熟，还出现了距离综合评价方法、灰色关联度评价法、DEA方法、模糊综合评价方法等，用于处理各类不同情况下的综合评价问题。

2. 实证性方法

强调实证的评价方法可以分为三种情况：第一种是针对影响效果设计评价体系；第二种是强调过程对比的跨时期比较分析；第三种是逻辑框架评价，逻辑框架包括纵向逻辑和横向逻辑，前者侧重因素分析，后者聚焦资源与结果。参与式方法的引入使得实证评价方法的内涵得到了极大的扩充。

（1）有无对比法（前后对比法）

有无对比法是将项目实施后的实际情况与假定无干预情形进行对照和比较，以衡量项目实施所产生的效益和意义的一种比较型方法。对比工作若想顺利实施，需要两大支撑性材料：当前最新的同类型项目研究经验和项目开展前与开展后的详细材料与对比分析，关键在于如何将非本项目所产生的效益剔除掉。由于有无对比法所依据的信息需要较长时间周期和较大评价范围的资料累积，还需非常精准地剔除不对等的效益，如此巨大的时间和空间跨度，使得有无对比法的践行困难重重，其形成的最终效果也往往不够准确。[1]

---

[1] ［美］伯基：《社会影响评价的概念、过程和方法》，杨云枫译，中国环境出版社2011年版，第78—79页。

（2）逻辑框架分析法

在整个分析中，为弄清有关项目的内外部关系，并明确项目的目标，应采用逻辑框架分析法。按照维度划分，逻辑框架分析可分为侧重因素分析的纵向逻辑和聚焦资源与结果的横向逻辑两大类别；按照方法划分，可分为贯彻简单直线逻辑的分析方法和利用想象与推演泛化而形成的矩阵逻辑分析方法两大类别。①

3. 参与方法及其变式

参与方法的兴起源于技术定位方法的式微。由于过分强调客观指标的建构和专家的经验意见，传统的技术定位方法所形成的评价指标在实际评价过程中常常缺乏针对性，无法契合具体项目的需求，评价结果偏差，常被指责为"冷漠""无视当地文化与知识"的与人的需求相背离的方法。1981 年，在一份关于《社区社会影响评价》的论文中，Audrey Armour 等人第一次明确了参与式方法的关键。她指出"首先，应该从受影响人群的角度来评估影响，然后，才是从更大利益的角度来评估"。这篇论文隐含的理念是：社会影响评价应该从一味追求宏观利益中抽身，转而关注切实的具体利益——社区应该参与关于他们未来的决策中。②

（1）参与方法

参与方法的引入使如何识别项目的利益相关者，并分析他们的利益诉求成为社会影响评价的主要内容。项目所在地区的利益群体，按照不同的标准有不同的划分。如按照"是否利益受损"这一依据，可形成受损、损益均衡和受益三类群体；按照"群体势力强弱"这一依据，可形成强势和弱势两类群体；按照"是否与项目有直接关系"这一依据，又可形成直接相关和间接相关两类利益群体。基于上述类型学的划分方法，在社会影响评价过程中应始终维护受损、弱势和直接相关利益群体的利益，评估他们的利益受到了多大范围和程度

---

① ［美］伯基：《社会影响评价的概念、过程和方法》，杨云枫译，中国环境出版社2011 年版，第79—81 页。

② 同上书，第83 页。

的损害，重点考虑他们的利益诉求是否得到了切实有效的满足。

（2）利用当地和传统知识

评估者在评估过程中必须理解并采用当地和传统知识。对于当地和传统知识的接受和利用，可以促进受影响群体参与项目，进而促进好的项目产出。

当地知识指的是"一个特定项目或工程区的社区居民所专有的信息"。也就是说，只有当项目方和调查者与当地居民进行了足够深入的交互和沟通，他们才能获取与项目相关的当地知识。这些知识能够帮助项目方理解和内化当地人对项目的真实态度，而不是专家们给出的当地人的反应。传统知识，是"通过口述或直接观察而得的，用以世代传承的信仰和知识。它是累积性的，也是动态的"。传统知识很难与外人分享，因为不亲历传统文化就很难理解传统知识。它是一种社区内部决策，并与外来者协商的方式。因此，评估者应与原住民一起生活，从受影响人群的角度，来理解当地的传统和知识。

（3）社会性别分析

作为一项评估工具，社会性别分析的作用在于帮助分析项目实施对男女两性造成的影响差异。如若不特别关注，在评估中，女性视角和女性需求常常让渡于男性，长期被忽视，这一社会性别盲点是萦绕许多开发项目和影响评价的弊病。一些多边金融和发展机构，例如世界银行和亚洲开发银行等，都要求在提交项目建议书时，一并提交社会性别分析。最简单的方法，就是按性别将资料分类。大多数方法都是用一个简单的矩阵，记录下一些与变量相应的男性、女性活动和统计数据，将其作为一个指南。

（4）交互式社区论坛

交互式社区论坛是社会影响评估的另一种方法，它要求社区成员对环境影响评估中的替代项目方案产生的社会影响作出判断。该方法采用参与者驱动的社会系统描述，以及一套社区结构来指导预期社会影响的识别。不同领域的社区参与者参与到一个结构化的小群体的过程，在这种过程中分享信息，并审议社区一级的影响。在小组讨论的基础上，与会者对社会影响进行了预测，并确定缓解社会影响所需的对策。交互式社区论坛从而提供了一种手段，将当地知识纳入环境影响声明，并通过修改后的公众参与进程，向环境决策提出建议。①

4. 社会影响评价方法的发展趋势：从科学到混合，从技术定位到参与

由于社会问题的复杂性和社会因素的混同性，我们往往很难准确而及时地预测人们对变化的反应，这导致实践与研究的差距日益扩大，社会影响评价研究越来越多地从技术定位方法转向利用定性对话方法，鼓励多方参与。非技术定位方法得以被认可的关键优势在于，它承认社会现象和社会问题具有主观性和模糊性的特点，因此对研究人员的价值判断持认可态度，认为项目相关各方主体的积极参与十分必要。社会影响最终的评价不是来自形式化的数据计算，而是来自群体之间就发展计划的冲突和合作。

另一个明显的趋势是，社会影响评价的方法从技术定位和参与之间走向混合。使用单一评价方法是难以准确而全面地衡量项目的。为了克服单一方法的弱势，一方面，技术定位方法在寻求定性方法的优势，形成了基于多视角、多评价的组合评价方法，强调社会影响评价的时序动态性，承认柔性协商、知识积累、参与决策等理念的重要性。另一方面，参与方法也通过优化参与程序、量化参与准则等方式提高了参与的科学性和技术性。

### （二）城市居住区规划的方法

城市规划领域所谈论的居住区规划方法，指代内涵较为宽泛的居住区规划理念和设计手法，而不是某一单一的规划技术或工具。一般来说，包括可持续居住区、新城市主义设计手法、实用主义设计手法、活力型社区等类型。与社会影响评价的方法相似，城市居住区规划方法的发展同样经历了从关注"规范""体系"到回归"人"的需求，从宏大叙事到追求居住细节和质量的过程。

---

① ［美］伯基：《社会影响评价的概念、过程和方法》，杨云枫译，中国环境出版社2011年版，第83页。

1. 可持续居住区

所谓可持续居住区，是指通过规划，创建更持久、更能保持活力的城市居住区，实现社区的可持续性发展，涉及对居住区的保护、利用、再利用和改善。从物质空间来看，就是通过一系列绿化配置、环保配套、能源利用和社区人文支援等一流手段，贯彻科学、长远的规划和管理模式，实现社区设备的良性可持续循环。[①] 从精神空间来看，一个可持续发展的居住区的首要条件就是和谐的邻里关系[②]，即社区居民对社区形成的认同感和归属感。只有当居民愿意参与社区事务、认同社区价值，有长期居住的意愿时，社区才有可能持续发展。根本来说，对物质空间的良性规划，是为了实现居住在空间中的"人"的良性发展。可见，可持续居住区的根本在"人"——社区认同、社区参与和良好的邻里关系。

2. "新城市主义"设计手法

20世纪90年代初，出于对美国郊区无序蔓延带来的城市问题的抗议和反思，学者们逐渐创立出一类全新的城市规划设计理论——新城市主义设计手法。这一设计手法反对无序扩散的郊区，主张复兴"二战"前美国小城镇规划的优秀传统，进而塑造出具有城镇生活氛围、紧凑的社区。它提倡创造和重建，是一个形式多样、对步行者友好的、紧凑的、多功能混合使用的社区，通过对现存建筑环境的重新利用和整合，形成完善的都市、城镇、乡村和邻里单元序列。这一设计手法是欧美国家20世纪最成功的住宅开发模式。

然而，在中国，这一设计手法的推行却不容易。在美国，新城市主义针对的是中产阶级，居住区造价昂贵。从容积率、居住密度来看，很多设计原则并不适合当前中国人多地少的城市居住格局。因此，我们需要借鉴的是这一方法背后体现的以人为本的思想，在

① 周继红：《居住区规划设计方法初探》，《中外建筑》2008年第7期，第96—99页。
② 刘树森：《可持续居住区规划设计方法》，《城市住宅》2009年第2期，第114—115页。

充分尊重我国城市高居住密度的国情的基础上，探讨如何设计出紧凑的、功能混合的、步行友好的邻里社区。以下设计原则值得借鉴。

（1）反对围墙，提倡利用建筑设计来增强居住的私密性与安全性。

（2）反对贵族化，主张不同阶层混居，促进居住者的多元性和良性沟通。

（3）以步行、自行车、公共交通替代小汽车，发展以公共交通为导向（TOD）、传统邻里建造方式（TND）的社区。

（4）具有归属感的社区公共空间：从传统片状中心绿地转向以街道、街角、公园的点线面结合的空间景观设计。①

（5）鼓励社区参与，设计方法是项目方与民众、开发商与业主、建筑师与规划部门之间多次沟通的结果。

3."实用主义"设计手法

实用主义是北美20世纪居于主导地位的哲学流派，"它是一种确定方向的态度……只是去看最后的收获、效果和事实"。落实到城市居住区规划，实用主义设计手法在三个方面具有巨大的现实意义：（1）以解决人的问题为导向；（2）注重经验、活动与实行；（3）坚持事物的价值在于实效。因此，实用主义走向的城市居住区设计的特点在于其实践性与可操作性。②

实用主义设计手法之所以能够在城市居住区规划中占有一席之地，根本原因还是在于它倡导以人为本，以解决人的问题为导向的价值取向。尽管由于真理观的薄弱，实用主义常常被极端曲解为"功利主义""工具理性"而受人诟病，但从积极立场来看，只要实用主义设计手法能够坚持居住区规划的原则，不失为一种好的规划方法和理念。必须强调的是，实用主义走向只是城市居住区规划的一种方法，

---

① 张宏：《新都市主义及其与现代居住区规划设计方法的比较》，《南方建筑》2006年第9期，第82—85页。

② 唐燕：《"实用主义"哲学影响下的城市设计》，《中国城市规划年会论文集》，2007年。

其本身没有好坏之分，只有是否使用恰当之分。因此，实用主义不能凌驾于规划原则之上，不能违背可持续发展原则，而是要促发居住区规划通过探索可持续发展的设计途径拓展人本主义理念。

在我国，基于功能主义取向的实用主义设计手法具有很强的生命力和创造力。它注重行动与实效的特点使得居住区规划得以因地制宜地落地实施，在已有的限制条件之上去激发设计空间。如若要充分发挥实用主义的创造力和生命力，就必须在居住区规划过程中，鼓励公众参与，激发居民的创造性。极端看来，屡禁不止的违章建筑也是居民需求取向和创造力的体现，比如上海多层集合住宅"平改坡"工程的推广，就是居民自下而上形成的充满创造性和实用性的智慧成果。

### 4. 活力型社区

富有远见的居住区规划，能够通过前期规划形成具有足够动态更新空间的社区布局，进而为后期居民居住和社区建设奠定良好的空间基础，使得社区常保活力。这要求规划师和专家做到以下几点：（1）采用多元混合功能的设计，避免复制的、定式的、僵化的社区布局和功能分区，倡导空间的复合和混合使用；（2）在居住区类型布局上避免成片单一住宅的出现，防止居住分异的进一步恶化，转而在同一居住区内创造多样化的住宅类型，满足不同年龄、收入、职业、家庭结构、身体状况、生活习惯的居民的不同需求，提供多元选择或变迁的可能性；（3）从空间布局上提供分散的、多元的、足够密度的公共交往空间，利用在步行可及范围内的相对分散的商铺、绿化、校园等基础设施，增加住区交往的多样性，发展健康的邻里关系；（4）定期的社区维护和设施检修是必要的，一方面能够及时发现老化设备及时修护，延长设备使用寿命；另一方面能够保持居住区的品质，防止居住区整体环境的老化和破败；（5）活力型社区的关键还在于及时的、定期的事后评价工作，在专家的指导和帮助下，形成广泛的公众参与，保持居住区的社会生态平衡，维持长期的社区运作活力与空间更新活力。

**（三）城市居住区规划社会影响评价的方法：开放性下的高操作性**

综合上述社会影响评价方法与城市居住区规划方法，能够发现二者间显著的亲和性。这种亲和性体现在两方面：一是从方法的内涵上来看，每一类方法，尤其是后期形成的方法，都将社会影响评价的几项原则包含在内，尤其关注方法的运用是否实现了可持续发展原则与公众参与原则；二是从方法的发展趋势来看，不论是评价方法的"从科学到混合，从技术定位到参与"，还是居住区规划的"从规范、体系到回归'人'的需求，从宏大叙事到追求居住细节和质量"，二者都试图通过多元整合，通过人文主义的引入，来提升自身的开放性，进而确保方法在运用上的高度弹性和可操作性。

从当前学术界的整体走向来看，不论在理论还是实践上，都正在经历宏观到微观，二元对立到多元发展，简单到复杂，抽象到具体的深刻变迁，传统的"规范""范式"和"模式"再也无法准确地描述多变而日益复杂的社会现象。我们不再崇拜那些宏观的、高度抽象的、放之四海皆准的定式，甚至警惕新模式的诞生，因为一套定式的诞生同时意味着限制与偏差的出现。

在这样的背景之下，居住区规划与社会影响评价二者在方法上的亲和性，无疑为城市居住区规划领域的社会影响评价方法的建构提供了更大的发展空间。模式和指标不再是评价的焦点，正当合理的程序被凸显，方法的开放与可升级被重视。具有高度弹性、可操作性强的评价方法是实证性的、是人文的、是鼓励参与的、是可持续发展的。方法的描述方式基于条件的学习而非条件的限定，基于实在和具体事务的多元混合（见表10.10）。

本书希望建构的城市居住区规划社会影响评价方法，是具有高度可操作性的开放性方法体系。在我们看来，具体的方法作为评价工具，可以选择，可以使用，也可以剔除，落伍的方法被自然淘汰，更好的方法不断被引入，这是一个无法穷尽描述的过程。因此，某一方法的具体技巧和内容不再是阐述的要点，对方法进行定位是重要的。

表 10.10 城市居住区规划社会影响评价的方法定位

| 内涵（评价原则） | 应用范畴（评价程序） | 基于学习与实在的方法混合 |
|---|---|---|
| ➤ 公众参与原则<br>➤ 多赢原则<br>➤ 社会公正原则<br>➤ 可持续发展原则<br>➤ 尊重人权原则 | 事前评价 | • 技术定位方法：基于经验总结的指标体系<br>• 实证性方法：充分的社会调查、"人"的需求<br>• 方法升级：类型学划分、最优化全过程规划方案<br>• 可持续居住区、活力型社区 |
| | 事中评价 | • 参与方法及其变式：以问题为导向的多渠道公众参与<br>• 方法开源：新城市主义、实用主义 |
| | 事后评价 | • 实证性方法：居民满意度调查、规划经验总结<br>• 技术定位方法：规划经验总结、评价指标完善<br>• 参与方法及其变式：基于"在地文化"的社区微更新、活力型社区、"实用主义"设计手法 |

1. 重程序轻指标

在方法建构上，必然会提出这样一个问题：方法的重心是什么？是重在设置判定指标还是强调操作者在遵守操作程序后的自由裁量？我们认为，在保证基本程序的前提下，应该给予操作者一定的自由裁量权。硬性指标体系的建构是必需的，但不再是最重要的，程序取代指标，评价程序的完整覆盖取代标准指标体系的建构，成为评价方法的工作重心。

这样的转变基于以下事实。

（1）贯彻评价原则和价值观的需要

具体到每一次评价工作，居住区规划的具体内容会变，但评价的基本原则和价值观具有长期的稳定性。若硬性指标的建构成为评价方法的重心，则专家或操作者的地位必然高于项目受影响群体，公众参与原则无法得到充足践行，低密度、浅层公众意见的纳入往往无法保证指标建构的科学性与可持续性，弱势群体表达受限，社会公正与尊重人权的原则无法彰显。而若将程序作为评价方法的重心，就是将评价的基本原则与价值观覆盖到评价工作的"事前—事中—事后"全过程中，专家与受影响群体的意见都能够充足表达，并被科学地分配到不同阶段中，参与的重要性被不断提及，参与的科学性得到保障。深入而持续的多方参与使得评价原则完整覆盖评价程序，在评价方法中保持对极端不利居住条件组合的一票否决制，坚持促进居住公平、关注弱势群体居住的价值观。

（2）符合社会影响评价方法的发展趋势

对居住区规划的评价，是社会影响评价在具体领域的内容呈现，其方法的运用和选择也必须顺应社会影响评价方法的发展趋势。目前学界对于理论方法的研究强调"柔性"，指在信息表达上放松某种严格性（精确性），以改善评价者（或专家）决策环境并提高决策质量。[1] 可见，从科学到混合，从技术定位到参与的方法走向，必然导致指标建构从评价中心转而成为整体评价工作的一小部分。深入的社会调查和参与式方法被引入，并要求延展评价的过程和内涵，在程序正当中发挥更重要的影响，成为评价工作的重要内容。

（3）促进评价成果和建议转化为项目实践

在评价过程中，指标建构服务于更关键的环节——如何将评价成果成功转化为项目实践。在这里把它称为"实施"，尽管还有其他一系列的提法，如内植、使用、内化、建立等。要关注的是，在评价过程的不同阶段（如最初的评估阶段或后来的监测阶段），社会影响评价的研究成果和建议被转化为居住区规划政策和实践的程度。如果说指标的量化影响成果转化的难易程度，程序的完善则直接决定了成果转化的可能性和深度。重指标的评价方法无疑使得成果转化过程简单易懂，但缺乏程序建构意识的评价方法却使得成果转化不再可能发生，尽管它是通俗易懂的。重要的是，指标能够在多大程度上转变为实践，公众能够在多大程度上参与实践，这些都需要将多主体、多阶段、多内容整合在一起，形成完整的评价程序。

---

① 郭亚军：《综合评价理论、方法及应用》，科学出版社 2007 年版，第 264 页。

2. 开源

所谓"开源"，即具体内容具体分析。居住区规划，在不同地区、不同省市、不同区位、不同时间点、不同政策下有不同的特点，评价的细节内容必须是可变的。针对某一具体的城市居住区规划项目，以其项目特点，可在具体评价方法的选择、程序步骤的增删、评价要点的侧重等内容上进行调整。不必面面俱到，但求切合实际需求。比如，对于建成多年的老旧工人新村进行社会影响评价，评价方法兼顾技术定位与参与式方法的使用，删去项目事前及事中评价，整合已有经验与居民意见，重点评价社区居民的居住满意度及需求，并调动可用资源，提出空间更新措施，在维持居民的社区认同感的同时，提高居民居住满意度。再比如，对市中心一处在建的商品房小区进行社会影响评价，评价方法应侧重参与式方法的使用，兼顾居住区规划的设计理念，适度简化事前和事后评价，重点进行事中评价，促成评价小组的设立，探索出以问题为导向的多渠道公众参与模式，使得居住区最终呈现的空间布局能够切实满足公众的生活需求，并在评价过程中激发公众的社区认同感和参与社区建设的热情。

评价方法的可操作性恰恰在于它的开源程度。具体到方法的选择和使用上，同样可以有很多的变式，对某一方法在哪一评价阶段使用、如何使用、成果的展示方式等具体内容，可依项目具体需求而定，以结果为导向，多元混合，不必百分百遵循标准定式。比如，对于参与式方法的选择，在低收入社区，了解社区的当地知识和文化十分重要，它直接影响居民的参与程度与深度；在老年人居多的社区，图表形式的项目信息宣传效果好于文字材料，上门座谈或电话沟通的效果好于网络问卷或微信沟通；在中产阶级社区，业主微信群作为自下而上形成的平台，能够在组建社区评价小组和社区未来空间更新小组过程中成为很好的来源平台；而在高档社区，居民十分重视个人隐私，取得业委会而非居委会的支持将大大增加工作的效率。

3. 可升级

所谓"可升级"，即事前评价的依据来源于事后评价的经验总结，整个评价程序的内在逻辑是连贯的，形成一个可升级的良性循环。从时间纵向来看，可能有些经验、判断不一定长期有效，但得益于连贯的程序，我们可以不断地积累、修正和优化。方法的可升级性，既体现在同一居住区项目内在逻辑的连贯性上，又体现在多个居住区项目累积下的方法修正与优化升级上（见图10.4）。

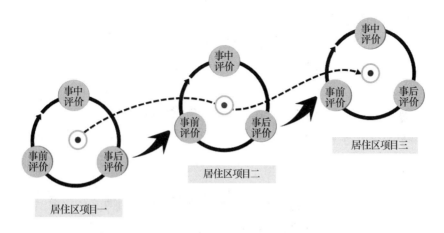

**图10.4 城市居住区规划社会影响评价的可升级方法**

（1）同一项目内部：逻辑连贯的良性循环程序

在同一居住区规划项目中，社会影响评价的"事前—事中—事后"三大程序彼此间逻辑连贯，形成项目内部的程序循环。首先，事前评价的基础既来源于以往的项目经验，也来源于对本项目的初步调查；其次，事中评价是在充分事前评价工作的基础上开展的，并为事后评价的可持续性空间更新奠定了良好的社区认同与参与意识；最后，事后评价一方面是居住区项目维护工作的延续，另一方面是对事前及事中评价工作的总结和反馈，让评估者能够再次反思之前的评价工作，并对前期评价过程中考虑不周的内容进行弥补。

虽然一般常将项目开发当成线性发展的过程，然而事实上并非如此简单直观。居住区规划不见得都从一个阶段顺利过渡到下个阶段，如果社会影响评价显示不过关，规划有可能停滞在某一个阶段，甚至被迫回到先前阶段。[1]

（2）多个项目之间：累积修正与优化升级

在多个项目之间，当前项目事前评价的依据来源于对上一项目事后评价的经验总结，经验通过项目评价次数的增加得以累积，并形成一个可升级、修正和优化的方法循环。在此过程中，历史留存的评价信息不断累积，早期关于范畴、影响地区、利害关系人的决定，有可能需要根据新发现的信息而重新评估。[2] 因此，这是一种动态升级的状态过程，已有资讯随时会被新的项目纳入评价，不断被界定、使用并二次界定、二次使用，通过无限累积学习的形式有效地处理不精确、不一致、不完全的经验信息，并从中发现隐含的知识，加入新的视角或评价框架，在"界定—修正—优化"的循环过程中反复操作、持续改善。

# 六　城市居住区规划社会影响评价模式的评估

至此，本书建构了包含评价原则、程序与方法等内容在内的城市居住区规划社会影响评价模式。与以往的模式不同，本评价模式具有轻指标重程序、开源、可升级等主要特征，并重视在评价全过程中贯彻评价原则。为进一步阐释此评价模式，下文选取4个上海市已建成的居住区项目进行以事后评价为主的程序性评估，并基于类型学的划分，对不同类型的居住区进行针对性的侧重式评价。

## （一）市中心的低收入社区：春阳里里弄

"春阳里"位于上海市虹口区，建于1928—1932年间，是一处

---

① Vanclay, F., Esteves, A. M., Aucamp, I., et al., "Social Impact Assessment: Guidance for Assessing and Managing the Social Impacts of Projects", *Project Appraisal*, Vol. 1, No. 1, 2015, p. 13.

② Ibid., p. 15.

较为标准的后期老式石库门里弄社区。目前春阳里内有住户1181
户，每单元最少2户，最多8户（厢房部分最多10户），折算居住
面积最小2.2平方米，最大67平方米，且存在40余种部位混搭。
优势区位、房屋破旧、历史建筑、居住空间狭小和老年人居多的人
口结构，这几个关键标签下的春阳里，亟须进行社区空间的更新和
改造。

**图10.5 春阳里社区全貌**

1. "春阳里"风貌保护街坊更新改造项目

"春阳里"风貌保护街坊更新改造项目开始于2016年，改造目标
一是要保护春阳里的特色旧里风貌，二是要做到居民户内厨卫独用。
项目采用分期改造方式：一期项目自2017年初启动，2018年初居民
回迁，改造以2—24号作试点，共12个单元，46户居民；二期项目
计176户居民，自2018年初开始，预计2019年初居民回迁；第三期
项目于2018年10月启动，计216户居民。

从第一、二期项目的实施效果来看，居民的居住条件得到了很大
的改善，传统厨卫混用格局被厨卫独用布局替代，里弄整体风貌也从
以往的脏乱差变为兼具传统旧里风貌的新式居住区，违章建筑被拆
除，居民的居住环境更加安全。

**图10.6 从手拎马桶到独立卫浴**

2. 对"春阳里"改造项目的社会影响评价

作为一项典型的城市居住区社区空间更新,对"春阳里"改造项目主要进行事后评价。

（1）改造项目的目标是否合理

事后评价的一项重要工作,是要评估更新项目的目标是否得到实现。然而,由于春阳里项目的实施方并未在开展更新活动前期进行事后评价,这里我们还需要对已设立的目标本身进行评价,讨论改造项目的目标是否合理。

基于文本收集和实地调研,我们认为,已有的两项改造目标过于简单。

①历史建筑保护优于居住条件改善。在日本用语中,"城市"一词有"在此居住"的意思,是居住者居住的空间。在中国,"城市"是与"农村"对立的空间实体,是华丽的象征。春阳里改造项目从一开始就将项目定位为"风貌街区保护"项目,对于项目执行者来说,"美化的空间"在此次社区空间更新活动中被置于中心地位,历史建筑保护的目标是优于居住条件改善目标的,当二者出现矛盾时,"适度"让渡居住者的诉求是被允许的。

②脱离类型学划分的项目目标偏差。社区,是一个可大可小的词。作为一个生活场域,社区从来不只是指代房子的物理空间,它同时是一个社会空间,受其所处的区位、人口密度、人口结构等因素共

同作用。就社区自身来说，春阳里改造项目是一次比较成功的空间更新，既保护了特色旧里风貌，又兼顾了居民户内厨卫独用。然而，从类型学的划分来看，春阳里作为一个典型的市中心低收入社区，其改造项目目标出现了偏差。

市中心低收入社区的空间更新要点包括：（1）内部人口密度与人口结构的改善：通过空间更新，导入新阶层人口，降低人口密度，改善居住区环境；（2）内部基本设施的完善：增加有时代趋势性提高品质的服务设施，如公共空间、停车设施、无障碍设施等，满足居民的养老、健康、交往需求。在春阳里改造项目的目标陈述中，没有涉及以上两项重要内容，而是在原有格局中进行简单而短视的改造，这是一次不充分的、无法提升社区更新能力与活力的社区更新。

（2）改造过程中是否贯彻了应遵循的原则

在居住区规划社会影响评价模式中，原则的贯彻应该作为项目实施的根本性方针而被不断提及。违背原则的居住区改造，往往意味着短命和不可持续。

①不充分的公众参与：新闻报道里的公众参与 VS 实地调研下的居民参与。在有关春阳里改造项目的新闻报道中，春阳里社区常常与"幸福""满意""尊重居民意愿""记忆延续"等美好的词语联系在一起。从改造方案沟通、居民意见征询，到签约、搬场，当地居民都能够与相关职能部门相互信任、相互配合，充分而和谐的公众参与使得改造项目有条不紊地进行。

在实地调研过程中，我们却听到了来自居民的不同的声音。他们对于改造项目的描述，常常与"矛盾""打压""抗争"和"无力"等负面词语联系在一起。公众参与了春阳里改造项目吗？参与了，他们签了约、开了会、领取了过渡费。公众的声音都被听到了吗？他们的需求都被满足了吗？不知道。我们看到的是，居民没有足够的时间和信息去权衡签约的利弊，参会的居民构成无从得知，参与的渠道简单，参与的效果无人评估……这些没有回馈的参与是缺乏互动、不深入的体现。

②不可持续的项目成果：出租 VS 自住。春阳里社区的改造，并

没有优化社区人口结构和人口密度的考虑，因此，改造后的居住区虽然在布局上趋于合理，却仍然面临着居住空间狭小、人口密度大等问题。也就是说，改造没解决三代同堂问题、没考虑老人养老问题，改造的只是解决房子结构，没解决人的尊严问题。

春阳里社区的改造成果存在很严重的不可持续性，这一不可持续尤其体现在社区人口老龄化、社区年轻人口外迁和社区的高出租率、低自住率上。春阳里住宅中有六成是出租的，四成原住民中多数老人愿意留下，可他们的子女不愿意在此居住，究其原因还是居住面积不允许大家庭共同居住。那么，在愿意留下的老人们逐渐逝世后，他们的子女愿意回到春阳里居住吗？当前缺乏公共空间和停车位的春阳里能满足未来年轻人的居住需求吗？如果里弄的外来住户越来越多，传统的弄堂风貌是否在一定程度上遭受破坏，沪语文化是否难以续存？

③不关切社区具体情况：不被善待的老人。首先，我们必须认识到，春阳里社区的人口结构以老年人为主，在空间更新中，必须重点考虑老年群体的诉求。然而，在实地调研过程中，我们发现春阳里改造项目中的一些改造，不仅没有很好地保留传统石库门建筑的优点，建设出来的整齐划一的样板房甚至抹杀了部分居民的个人诉求，降低了他们的生活质量。

一是高低不一的地面。有居民指出，一期建设完成的新房，其一楼地面存在断层，前厅是平的，到了卧室却降了15—20厘米。对于那些行动不便的老人或患有眼疾的人来说，同一高度的地面是非常重要的，否则他将不得不减少行走的范围与频率来保障自身安全，这将进一步限制他的生活空间，而这种存在断层的居所，对老人非常的不友善。

二是改造后的新房，取消了传统石库门的前后门布局，仅保留一扇前门。过去，由于空间较为狭小，兼之上海多梅雨，空气潮湿，石库门的前后门设计能够保证室内通风换气。如今，改造后的住房取消了后门，室内通风变得困难，到了夏季更加闷热。一位长期患有哮喘病的老人指出，这样通风困难的房屋并不适合自己居住。

这些对社区具体情况缺乏考量的改造，将大大降低居民的居住满

**图 10.7　高低不一的地面与陡梯**

意度。这些原本应该作为改造项目中心的、未来将长期居住在此的老人们——这些家庭结构、身体状况、生活习惯都不一样的一个个个体——他们的诉求被排除在整个项目之外。长此以往，对实体居住空间的不满将降低居住者的生活幸福感与社区认同感，与建设和谐社区的社区更新目标背道而驰。

### （二）郊区的低收入社区：馨佳园八街坊

馨佳园八街坊建成于 2012 年，位于上海宝山区顾村，隶属于顾村大型居住区规划项目，是上海示范性保障房基地。社区内房屋皆为经济适用房，居民主要是来自上海北广场和杨浦区的动迁户。住宅建筑以多层、小高层为主，单套建筑面积均低于 100 平方米，小区容积率 1.8，绿化率 35%，住宅套数 2044。

1. 评价要点

从类型学的划分来看，馨佳园八街坊属于位于郊区的低收入社区。对位于城市外围的低收入居住区进行社会影响评价，评价的要点在于提高居住区外部保障性基础设施（交通、教育、医疗）的密度，尤其对于那些位于郊区的大型保障房居住区，要在居住区周边布局适当的就业场所，引入尽可能多的工作机会，以满足居住区居民的就业、出行、就医和受教育等基本生活需求。

2. 周边基础设施评价：种类齐全，密度稀疏

对馨佳园八街坊周边配套基础设施进行汇总发现，社区周边的交通、教育、医疗、养老、购物、邮政储蓄、文化休闲等各类基础性设施种类齐全，基本能够覆盖社区居民的日常生活需求。然而，各类设施在密度上较为稀疏，还不能很好地辐射到全社区。比如，社区周边的购物中心、文化休闲中心距离八街坊还有一段距离，可达性较差；公交网点与班次较少，公共出行形式较为单一；社区周边医院与养老院的数量不足以满足日益增多的老年居民的需求；银行网点与种类过少，不能满足有不同储蓄要求的居民；社区休闲活动缺乏，社区公共活动空间形式单一。总体来看，未来馨佳园八街坊社区更新的发展方向，应基于居民实际生活需求，增加社区周边基础设施的数量，提高保障性设施的密度，优化已有设施的质量，改善社区居民在出行、教育、医疗、养老等基本层面的生活质量。

表10.11 馨佳园八街坊周边基础设施一览表

| | | |
|---|---|---|
| 交通 | 公交站 | 1605 路、527 路、528 路 |
| | 地铁站 | 地铁 7 号线（刘行站）、地铁 7 号线（潘广路站） |
| 教育 | 幼儿园 | 刘行中心幼儿园等 4 所 |
| | 中小学 | 刘行中学等 2 所九年制学校 |
| | 大学 | 上海大学 |
| 医疗 | 社区内部 | 社区卫生中心 |
| | 社区外部 | 华山医院（北院） |
| 购物 | 社区内部 | 小卖部、超市 |
| | 社区外部 | 菊泉文化街（在建）、龙湖北城天街、正大绿地缤纷 |
| 邮政储蓄 | 中国邮政、农商银行、工商银行 | |
| 文化休闲 | 龙现代艺术馆、顾村民族文化展示馆、体育活动中心 | |

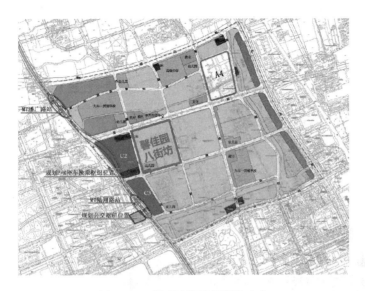

**图 10.8 小区周边配套设施分布**

3. 就业机会评价：产业单一，就业等级偏低

馨佳园八街坊周边的产业多为物流中心、钢铁厂、木材厂、电子加工厂等工业园区，属于第一、二产业，且规模不大，科技园区、金融贸易、医疗服务等中高端产业匮乏，能够提供的就业机会较少，产业单一，就业等级偏低。未来社区建设的要点，在于引进中高端产业，同时通过优惠政策吸引、技术改革等手段优化周边产业结构，实现区域产业升级，为社区居民提供多元、多等级的就业方向和就业机会，在满足居民就业需求的同时，改善居民的生活条件。

**（三）市中心的中产阶级社区：象屿·大宁悦府**

象屿·大宁悦府于 2014 年建成，位于上海市静安区，社区容积率 2.00，绿化率 35%，居住密度较高。社区属于纯商品房小区，商品房住户计 809 户，居民基本是自主购房入住，社区流动率低，人口结构稳定。社区设有门禁和围墙，但物业管理不是非常严格，社区门禁容易进出。另外，此社区在地块出让时，有配建 5% 保障房的硬性要求，因此社区内的 1 号楼属于配建公租房，共计 88 户，居民都是

"上海市北高新"园区的高新技术人才。商品房与公租房之间无物理隔离，但公租房的管理较为混乱，楼面环境较差。

**图 10.9　大宁悦府社区全貌**

1. 评价要点：社区参与与社区冲突

根据类型学的划分，大宁悦府是位于市中心的中产阶级居住区。此类居住区的评价要点在于形成良好的社区认同和社区参与。相较于贫困社区，中产阶级社区的居民多数受过一定教育，关注社区居住品质和升值空间，具有维护自身利益的意识和能力；相较于高档社区，中产阶级社区居民有日常交往和社区活动参与的需求和意愿，是最愿意参与社区公共事务的阶层。因此，在社区运营上，应该建构顺畅的公众参与渠道，让居民就社区事务充分表达个人意见，避免由于信息缺失和制度不健全导致的社区冲突。

2. 社区冲突实例：闸北垃圾压缩中转站的建设

2015 年 11 月 11 日，《晨报》刊发了《大型垃圾站要"安家"大宁 引发不解》一文，指出汶水路以南、平型关路以东要建一个大型生活垃圾中转站，面积达到 23000 平方米。突如其来的消息引发大宁地区居民的广泛关注。

在大宁悦府业主论坛，居民普遍表达了对地产商隐瞒垃圾中转站建设事实的不满，并展开了形式多样的"保卫战"——有科普垃圾站危害的、有提供投诉热线的、有组织集体上访人民政府的、有要求重新进行环评的、有罗列质疑材料的、有联系新闻媒体进行报道的……随着居民抗议势头的加剧，为了获得当地居民的理解和支持，2015年12月初，闸北区（现静安区）绿化市容局、环保局、规划局、建设单位等十多个部门与居民代表，在大宁街道进行了一次面对面的沟通，对于居民提出的各种疑问进行了解答，并达成"在未有正式的公告公示之前，承建单位承诺不打桩开工"的共识。尽管最后垃圾中转站还是建设起来了，但大宁悦府已购房的业主纷纷表示了失望和愤怒情绪，认为地产商和相关部门未尽知会和参考公众意见的职责，对社区的认同感直线下降，部分未办完购房手续的业主甚至直接退了房。

3. 避免社区冲突：社区参与渠道的建构

在大宁悦府业主关于垃圾中转站建设问题而开展的一系列抗争行动中，可以看出：一方面，社区居民参与社区公共事务的渠道是缺失的，由于居民还未全部入住，业委会力量薄弱，社区也没有提供任何的参与热线或参与渠道；另一方面，业主通过业主论坛、微信群等平台，自发建构了参与社区事务的渠道，展开了一系列集体抗争活动，并最终引起了相关部门的重视，促成了见面会的召开。

原本合法合规的垃圾中转站建设项目，之所以遭到居民抗争，进而引发了不可逆的社区冲突，根本原因在于地产商和相关部门没有重视社区居民对社区事务的知情权和参与权。大宁悦府未来运营的方向，应该以此次社区冲突为鉴，依托已有的业主论坛、业主微信群等平台，建构沟通及时、信息顺畅、制度健全的社区参与渠道，满足居民对于社区事务的参与诉求，通过及时的信息沟通，避免类似社区矛盾的激化和社区冲突的发生，促进社区居民逐步形成正向的社区认同，实现社区和谐发展。

**（四）郊区的高档社区：和记黄埔·泷湾**

和记黄埔·泷湾建成于2015年，位于上海市青浦区，社区容积率1.02，绿化率35%，建筑密度低于30%，建筑高度低于16米，房屋类型为联排别墅，部分住宅在售中。作为高档社区，泷湾依托河水与道路，形成了相对隐秘的空间布局。在地块出让时，居住区有配建5%保障房的硬性规定，原则上保障房不应与原有住宅进行隔离。然而，建成的配建公租房最终以独立社区（泷湾苑）呈现，与泷湾社区用围墙和门禁隔离，彼此独立。

图 10.10　泷湾别墅居住区全貌

图 10.11　配建公租房前的隔离门

1. 评价要点：居住分异与社会排斥

根据类型学的划分，泷湾社区是位于城市中心区外围的郊区高档住宅。对郊区的高收入居住区进行社会影响评价，评价要点在于避免形成大面积的封闭社区，一是为了防止公共资源的私人占用；二是为了促进不同阶层的混居，防止居住分异与社会排斥的恶化。因此，居住区规划应该通过合理的区位选择和物理空间布局，不设置封闭的围墙，并在成片的高档社区中，逐步穿插过渡性中产阶级居住区，促进居住融合。

2. 隔离式空间布局：社区交往的限制

观察泷湾社区的空间布局，我们发现，原本为促进居住融合而建设的保障房并没有发挥应有的功能。社区配建房与别墅区在建筑外形、空间布局和物业管理等方面，都形成了鲜明的差异。两类住宅甚至被冠上了不同的社区名称，分属于不同社区，彼此间运用社区围墙和门禁等隔离意味明确的空间布局，形成了居住空间的封闭，居民间的社区交往在一开始的居住区空间规划上就受到了限制和禁止。

3. 别墅群：不断加剧的居住分异格局

上海享誉盛名的四大富豪区分别位于古北、陆家嘴、碧云及松江佘山，其中松江佘山被誉为隐形富豪区，是唯一一位于上海市外环外的富人区。与此相对的，在上海郊区的部分地区还有不少低收入聚集区，离佘山不远，也有拆迁安置社区。虽然佘山与周边的安置社区相比，有明显的贫富差距和居住分异，但佘山别墅群不仅没有得到有效的遏止和分解，甚至有不断扩张的趋势。

泷湾社区是佘山呈片状、面状分布的别墅群中一个不太起眼的居住区，它的周边分布着包括古北国际别墅、圣安德鲁斯庄园、虹桥湖畔艺墅、绿地国际山庄等在内的众多高档社区和独栋别墅，公共瓜分了佘山周边地区的公共绿地与资源，居住分异现象严重。未来泷湾社区或佘山别墅群的社区运营方向，应该通过过渡性人才公寓、中产阶级居住区的引入，逐渐将面状、片状分布的高档社区分解，促进居住融合和资源开放，以避免更多富人区或"贫民窟"的形成，缓解周边居住区居民的社会排斥，促进当地和谐发展。

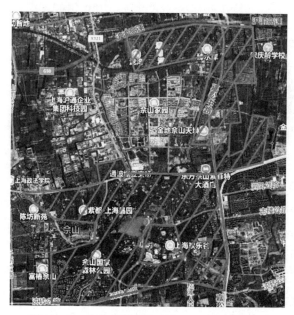

**图 10.12　上海顶级富人区之一：佘山别墅群**

在对选取的居住区项目进行以事后评价为主的程序性评估中，居住区的类型学划分有指导性的作用。通过对不同类型的居住区进行针对性的侧重式评价，大大提高了评价模式的针对性和可操作性（见表 10.12）。

表 10.12　　　基于类型学划分的居住区规划社会影响评价对比

| 社区<br>评估 | 春阳里 | 馨佳园八街坊 | 象屿·大宁悦府 | 和记黄埔·泷湾 |
|---|---|---|---|---|
| 居住区定位 | 低收入社区 | 低收入社区 | 中产阶级社区 | 高档别墅区 |
| 区位 | 市中心 | 郊区 | 市中心 | 郊区 |
| 社区密度 | 高密度 | 密度适中 | 高密度 | 低密度 |
| 事后评价要点 | 降低人口密度；<br>改善人口结构；<br>社区内部基础设施完善 | 提高住区外部保障性设施密度；<br>工作机会的引入 | 社区参与与社区冲突 | 居住分异与社会排斥 |

续表

| 社区<br>评估 | 春阳里 | 馨佳园八街坊 | 象屿·大宁悦府 | 和记黄埔·泷湾 |
|---|---|---|---|---|
| 更新措施 | 吸引年轻人口；<br>社区内部更新 | 社区周边基建；<br>产业密度与产业<br>升级 | 建构公众参与渠<br>道 | 引入过渡性社<br>区；<br>避免社区围墙 |

试评估过程中的案例分析，之所以运用这种阶段/部分/重点式的评价，而不采用大/全/多种的评价，有以下几个原因。

其一，面向实践，删除才能聚焦。所谓"不尽知用兵之害者，则不能尽知用兵之利也"。通过这种类型学划分，把评价的要点聚焦在"排除负面因素"上。如果各种可能的负面因素都被排除掉，剩下的岂不就是值得借鉴的正面模式了？建构最优模式的唯一方法就是排除失败。因此，我们不应该过多去追求所谓的全面、完美、通用的评价模式，而应该更多地去考量如何避免失败的经验，如何累积正面经验。同时，通过对具体居住区规划的项目描述，有选择性地删除不必要的评价内容和步骤，才能聚焦真正重要的评价要点，最大限度保证评价过程的可操作性。

其二，重点式评价更适合分析案例。其实，不论是重点式评价，还是全面式评价，不论是评价原则、指标、程序还是方法，居住区规划社会影响评价模式的唯一存在理由在于为社会居住环境的完善作出服务和贡献。建构有温度的、与人共同成长的可持续居住环境是评价模式的所有成果显现。因此，一种更加接近目标的方式是协同发展：在理论论述时，侧重全面式评价模式的建构；在案例分析时，则侧重重点式评价模式的建构。

# 七　本章小结

至此，本章完成了对城市居住区规划社会影响评价模式的建构过程。通过对国内外相关研究资料的整理，本章对居住区规划社会影响评价的指标、方式、原则、程序和方法等内容进行了系统性梳理，并在综合考量我国（尤其是上海市）当前社会发展实际情况和需求的基础上，对评价模式进行了一定程度的修改与创新，力求最大程度上保证社会影响评价过程的针对性、可操作性、建设性和开放性。需要强调的是，基于居住区规划类型学划分的程序性评估是重要的，对评价程序框架的贯彻使得真正落地的、有工作要点的评价过程变得可能。我们始终希望，社会影响评价能够尽可能地脱离其工具性作用，而更接近于它之必然存在的根本性价值——维护低收入群体的利益和促进社会和谐发展。本章最后试评估了几个居住区项目，希望能够引起相关讨论，为规划设计、管理部门和居民开展相关评价工作提供参考。

# 第十一章　研究结论与讨论

## 一　城市低层次居住空间的分异
## 加速并呈现高分异状态

1992 年中国走向市场经济，1998 年推行城市住房制度改革。在二十多年的城市建设和住房发展中，一方面，城镇人口增加，人均居住面积增加；另一方面，居住的分化和分异也随之明显。本书采用大数据方法收集了 2018 年上海近 7000 个小区的住房价格、户数、面积、容积率等指标。首先，对 7000 多个小区的户均总价进行了分析，小区户均总价的平均数为 634.55 万元/户，中位数为 445.84 万元/户，平均数高于中位数说明高价小区拉高了整体的平均水平。60% 的小区户均总价在 550 万元以下，80% 的小区的户均总价在 200 万—800 万元之间。其次，分析了 7000 多个小区的户均面积，平均值为 105.30 平方米/户，中位数为 90.36 平方米/户，同样是平均数高于中位数，说明户均面积大的小区拉高了整体的平均水平。60% 的小区户均面积在 101.4 平方米以下，户均面积在 60—100 平方米的小区占 37.6%；100—140 平方米的小区占 26.5%；40—60 平方米的小区占 18.3%。然后测量了上海的居住空间分异，采用分段分异指数，从最低到最高每隔 10% 选取一个二分点，户均总价最低的 10% 小区的分段分异指数是 0.623，户均总价最高的 10% 小区的分段分异指数是 0.5252；户均面积最低的 10% 小区的分段分异指数是 0.7195，户均面积最高的 10% 小区的分段分异指数是 0.5235。研究结果显示，上海低层次居住空间的分异程度高于高层次居住空间。对比 2008 年孙斌栋等人的研究结果发现，十年间上海的居住空间分异发生了很大改变。2008 年上海住宅价格的空间分异度呈现两端高，中间低的 U 形结构，也即高档与低档住宅分异度高，中档住宅分异度低，但高档住宅的分异程度高过低档住宅。[1] 本书的结果也是两端高，中间低，但低层次住宅的分异程度高过高层次住宅。U 形结构从右偏变成了左偏。（见图 11.1、图 11.2）

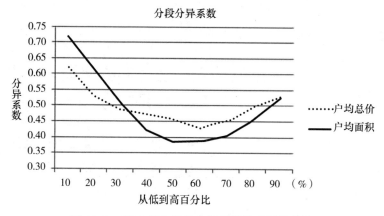

图11.1　2008 年上海住宅租赁价格分异指数[2]

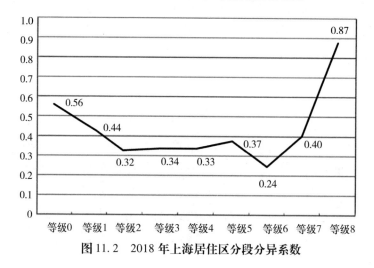

图11.2　2018 年上海居住区分段分异系数

①　孙斌栋、吴雅菲：《上海居住空间分异的实证分析与城市规划应对策略》，《上海经济研究》2008 年第 12 期，第 3—10 页。
②　同上。

本书的贡献是，发现了近十年上海低层次居住空间的分异速度快于高层次居住空间，上海的低层次居住空间分异程度从低于高层次居住空间的分异程度到高于高层次居住空间的分异程度的转变，上海高层次居住空间的分异程度有所下降。上海城市居住空间的社会分异是一个重要的研究领域，有不少学者在此方面做出了贡献。李志刚等根据 2000 年上海人口普查数据所完成的研究表明，当时上海在社会经济属性方面的社会空间分异并不明显，但在住房上存在严重的分异。[①] 陈杰、王春兰等先后利用 2010 年的人口普查数据分析了基于户籍的居住隔离和基于职业的居住隔离，发现居住隔离程度快速攀升的现象。[②] 廖邦固等根据土地遥感数据对上海长时间跨度的居住空间分异做了分析。上述的研究多采用人口普查的数据，限于数据的特点，一般分析户籍、职业等分类数据的居住分异现象。孙斌栋等人的研究有很强的开拓意义，但十年前的大数据收集受到很多条件的限制。本书数据采集面广，直接采用上海最新的居住小区的房价和面积等数据，因为这些数据是连续数据，就可以采用分段分异指数的方法，分析从最低到最高不同居住层次的分异状况。就分异指数来看，根据西方的经验，在 0.3—0.6 之间属于中等程度，超过 0.6 就属于高分异现象了。上海住房均价和住房面积最低的 10% 的居住区的居住分异程度均超过了 0.6。对城市中最低层次居住空间的关注是城市社会学的天然职责，低收入居住空间的快速聚集，分异程度的快速提高，尤其是最低层次居住空间的高分异现象更给我们警醒。

## 二 需预防城市居住贫困集中和居住社会排斥及其后果

社区认同的重要性已经被多数研究所证实。伴随城市化的步

---

① 李志刚、吴缚龙：《转型期上海社会空间分异研究》，《地理学报》2006 年第 61 卷第 2 期，第 199—211 页。

② 陈杰、郝前进：《快速城市化进程中的居住隔离——来自上海的实证研究》，《学术月刊》2014 年第 5 期，第 17—28 页；王春兰、杨上广、何骏等：《上海城市社会空间演化研究——基于户籍与职业双维度》，《地理研究》2018 年第 11 期，第 2236—2248 页。

伐，在城市郊区新建的居住区增加，人们担心郊区居住区由于远离市中心，生活有诸多不方便，居民的社区认同会比较低。但本次研究对上海社区认同的测量显示，郊区低层次居住区的社区认同并不低，一些低层次居住区的社区认同还比较高。本书发现，虽然是同样的居住区认同水平，但认同的组成和结构并不一样，低层次居住空间更多的是被动的社区认同，而非主动选择的社区认同。高层次居住空间的社区认同是居民在更大的城市网络，更多的社会交往互动的背景下选择的社区认同。而郊区低层次居住区的居民对城市交往空间的选择有限，居民的活动范围退回到居住区后，居民彼此间有较多的社会互动，增加了对社区的了解和喜爱。被动的社区认同虽然在情感、社会支持方面有正面的作用，但这样的社区认同是居民在选择有限，无法与更大城市空间的社会充分联系的基础下的结果。

本书提出，对于低层次居住区的高社区认同要有清醒的认识，需要预防具有高社区认同的低层次居住区的居住隔离。与国外社区意识下降比较明显不同，国内的许多调查都显示中国城市居民的社区感处于中等偏上的水平，因此给予中国的社区认同一种乐观的判断。但我们认为，仅分析社区认同的水平是不够的，还需关注不同居住区社区认同的结构，以及社区认同背后的城市结构和因素。因为，社区及社区认同本来就具有两面性，尤其是对于低层次居住区，这些居住区高社区认同的背后，有可能是与更大的城市社会结构的脱节，结合前面居住分异的结论，我们更应该提前对此问题给予足够的重视。怀特在其经典的城市社会学著作《街角社会：一个意大利人贫民区的社会结构》中已经指出，科纳维尔并不是人们通常所认为的没有社会组织，恰恰相反，科纳维尔有很好的社会组织，但那里的人很少有能从底层走出去，原因在于当地的价值观、行为规则与更大的社会是不一致的，当地人很难融入更大的社会结构①。《真

---

① ［美］威廉·富特·怀特：《街角社会：一个意大利人贫民区的社会结构》，黄育馥译，商务印书馆 2011 年版。

正的穷人：内城区、底层阶级和公共政策》①《伟大的美国城市：芝加哥和持久的邻里效应》② 等著作中都强调了居住空间环境对贫困再生产的作用。处于城市边缘区位的居住区，其区位和其社会关系一样，有被更大的城市空间和社会结构边缘化的趋势。因此，在城市居住区规划时，对于低层次的居住空间区位的选择上应注重其社会后果和影响的评价，防止这些居住区在空间、社会等多重因素的叠加下产生不利的社会后果组合和发酵。

本书研究发现上海高层次居住区分异程度有所下降，背景是随着上海城市空间结构扩展，城市中心城区的优势区位有限，一些高收入居住区重新在城市发现了新的优势居住区位，比如上海的新江湾城、佘山、花木等居住片区都是在近十多年崛起的高层次居住片区。由于高收入群体从原有居住区（里弄、工人新村）搬迁，原有的里弄、工人新村的社会地位相对下降。一些里弄周边虽然有相当好的城市配套设施，但是里弄区内的配套设施缺乏、建筑老旧、居住拥挤、人口老龄化，少有上海本地的年轻人口主动迁入，更多的是外来的务工人员。这些居住区也有较高的社区认同水平，邻里关系和互助水平也较好，但是其与周边的城市景观和城市氛围是脱节的。居民虽然可以自由穿梭于周边的繁华，但走进里弄就到了另外一个世界。市中心老旧居住区若不能有效地更新，导入多元的人口结构，其地位会更加边缘化，建筑空间问题和社会问题将叠加产生更多的不利影响。

## 三　面向参与、和谐、认同、充满机会的居住空间规划

基于居住区公共空间使用的社区参与和社区冲突是相伴随的。社区参与和社区冲突的差异与居住区的区位、密度和公共空间的差异相

① ［美］威尔逊：《真正的穷人：内城区、底层阶级和公共政策》，成伯清、鲍磊等译，上海人民出版社2007年版。
② ［美］罗伯特·桑普森：《伟大的美国城市：芝加哥和持久的邻里效应》，陈广渝、梁玉成译，社会科学文献出版社2018年版。

关。总体来看，上海市基于居住区公共空间使用的社区冲突处于中低程度，中心城区居住区停车位缺口较大，停车位纠纷更为突出。居住区的密度与社区冲突呈现显著的正相关。鉴于中国的人口密度和房价现状，大城市居住区的规划布局一般是紧凑和高密度的，研究显示上海居住区的容积率平均值为1.95，中位数为1.8，平均数高于中位数。上海容积率最低的10%的居住区分布在外环以外的占70.6%，显示密度小的低容积率居住小区主要分布在外环以外的郊区。在容积率最高的10%小区中，位于内环以内的占68.9%，内环至中环间的占19.7%，中环至外环间的占7.6%，外环以外的占3.8%。可见，密度高的高容积率小区绝大多数分布在市中心的核心区，且高容积率小区数量从内向外逐渐减少。从分异角度来看，上海居住区容积率空间分异程度较低，高层次居住区和低层次居住区的密度（容积率）并无显著差异。

已有的研究一般分析居住区的密度与社区冲突、社区参与的关系，本书采用了三层次居住密度的分析方法，即住宅内人口密度、居住小区居住密度、居住小区周边设施密度。通过此三层次的空间密度分析方法，发现同样的一般意义上的居住区密度，其社区参与和社区冲突呈现不一样的状态。高层次的居住区，因为其优良的区位，其居住区密度即容积率可能较高，但是每户的面积普遍较大，户均人口较少，在住宅内有充裕的空间满足家庭的居住需要。另外，高层次居住区的外部公共服务设施，比如公园、医院、学校、图书馆、商业中心、地铁等的密度一般较高，因此，居民可以非常便利地使用城市的公共空间和设施。反观低层次居住区，如果与高层次居住区有同样的容积率，其户均面积则要小很多（上海户均面积最高的10%小区，户均面积是162.64平方米，最低的10%小区，户均面积是48.75平方米），而且居住区周边公共服务设施的密度一般较小，居民在自己的住宅内和城市外部的活动空间都不够充裕，因此居民对居住区本身公共空间的使用频率和强度都会增加。一方面，居民参与了社区的交往和互动；另一方面，有限的公共空间和高强度的公共空间使用容易引发社区冲突。根据实地调查，郊区的低层次居住区的居民，尤其是老年居民希望居住区内有更多的室内或半室内的公共空间。本书主张，在居住区规划空间安排时，对于密度等规划指标的考量要结合居住区的区位和居住区的层次。

城市空间是非均衡的，城市社会是分层的，在市场经济时代，城市居住区的分层现象更是不可避免。城市的底层居民在选择居住空间时受限于自身的经济条件，只能选择区位、密度等条件相对较差的地方居住，当这些地方聚集起社会阶层类似的群体，较低的居住条件和低收入群体的结合，使空间与社会的互相影响加大。如果说，低层次居住区必然面对区位、密度等相对不利的居住条件，本书认为，在评价低层次居住区规划时应关注以下四个方面的问题。（1）居住区周边要有便捷的交通条件。低收入者的收入与劳动时间密切相关，而过偏的居住区位增加了通勤的交通时间，减少了工作和闲暇时间。便捷的交通既有利于居民的就业、增加生活和闲暇时间，也有利于居民与城市的交往和融合。（2）居住区周边应有相对较好的教育、医疗和绿化等支撑条件。低层次居住区内的儿童、青少年和老年人对居住区及周边的公共设施依赖程度较高。相对较好的教育条件可以促进阶层的向上流动，防止青少年问题的发生，同时，好的教育资源可以吸引年轻有小孩家庭的入住，丰富居民的人口结构。较好的医疗条件对于老年人的身体和心理健康都有帮助。居住区外部较好的绿化空间既可促进居民与其他社区的居民交往和融合，也可适度减少居住区内有限的公共空间使用所引发的社区冲突。（3）略微降低居住区的容积率，适当增加室内、半室内的公共空间。公共空间是培育社区参与的重要场所，而且公共空间的增加可以在一定程度上缓解基于公共空间争夺的社区冲突。（4）适当降低居住区的规模。过大的居住区规模使居民在享受城市设施时面临更长的距离和更多的时间。国外有研究表明，过大的居住区规模会增加救护车到达的时间，加大抢救的风险和难度。在实地调查时，外迁郊区的老年居民最担心的也是在救命关头，抢救的救护车也无法到达。此外，过大的居住区规模不利于居民社区认同的形成。

在规划上保障居住区居民就业、交往、融入城市的机会，居民的社区认同就更可能是主动的认同而不是被动的选择，社区的参与就会有充裕的场所，经过居民互动参与构建的社区和谐会化解一般的社区冲突。

## 四　分类、开放、关键的居住区规划社会影响评价模式

　　城市居住分化的现实已经形成，不论是新建居住区还是现有居住区，不论是城市居住区本身的空间形式，还是居住区里人口的社会构成，都已经形成了分化。城市居住区规划必须直面这样的现实，不仅关注传统的规模、密度、容积率等技术指标，还应关注居住区使用者的收入、教育、职业等信息。城市居住区规划的社会影响评价应建立在城市居住空间社会分化的基础上进行分类评价。

　　根据居住区的区位、地价、规划设计指标可以推测居住区未来居住人口的收入层次，区分为低收入居住区、中等收入居住区、高收入居住区三种类型。针对每种类型居住区的空间和社会特征，可能的社会后果——社区融合、社区认同、社区参与、社区冲突的不同组合形式，进行有针对性的评价。（1）郊区低收入居住区的社会影响评价，外部分析周边交通、教育、医疗、绿化等公共服务设施的分布及社会影响，内部分析居住区的规模、密度和公共空间及其社会影响。市中心低收入居住区的评价，外部看周边菜市场、街头公园等日常生活设施的分布及社会影响，内部看无障碍设施等基本生活设施是否齐备。（2）高收入居住区的社会影响评价主要看是否占用城市公共空间和绿地形成封闭社区，并产生社会排斥。（3）中等收入居住区的社会影响评价，主要看居住区公共空间的设计是否能够引导居民参与和对社区的情感认同，是否有充足的公共空间满足中等收入群体生活层级的提升，比如停车位是否充足，是否有有效的隔音措施，使各场所的娱乐活动不影响其他居民。是否提供有充足的休闲锻炼空间满足中等收入群体兴趣和爱好的培养，比如步行道等休闲运动场所。

　　社会影响评价的评价方法按阶段可以划分为事前、事中、事

后。本书基于上海居住区的数据和调查，评价建成居住区的社会后果和影响，属于事后评价。对于春阳里等更新中的居住区规划也进行了评价，这是事中评价。本书将相关评价的原则、程序和方法整理成了《城市居住区规划社会影响评价手册》（见附录）。这个评价手册是在研究和案例试评价基础上提出的。本书将此评价手册作为1.0版本，通过各种学术和实践交流的渠道将它传播出去，希望有不同地区、不同城市的人员使用它，并不断地修正它，形成一个可升级的良性循环。从时间纵向来看，可能有些经验、判断不一定长期有效，但得益于连贯的程序，我们可以不断地积累、修正和优化。从地域分布来看，可能有些经验，在某类型的城市有效，但放到其他城市就没有效果，通过各方经验反馈，可以形成有丰富类型、案例的手册；从形式来看，提出的评价手册的经验依据更多来自偏客观指标的评价方法，而偏参与互动的评价方法还缺少更多的经验支撑，通过开放，可以不断地丰富互动参与的案例、经验和评价方式。

　　一方面，社会影响评价的工具、方法、指标已经有很多积累；另一方面，社会影响评价的效果还没有被社会充分认识。因此，本书认为，推进城市居住区规划的社会影响评价时，应抓住评价的关键方面、关键问题评价，而不是面面俱到。很显然，居住区规划的社会影响是长期、多向的，而且随着时间推移，影响会不断变化，要做全面的评价势必需要花费更多的时间、精力，但预测的准确性，措施的有效性等都有一个概率问题。在社会影响评价的权威性影响和地位没有建立起来之前，更多的投入和不确定的收益必然会影响评价方法的传播。因此，本书建议城市居住区规划的社会影响评价方法首先应用于低收入居住区、拆迁安置区、老旧居住区更新等类型的项目，并选择这些项目推进时可能遇到的关键社会问题，比如贫困集中及再生产、社区冲突、居住隔离等。目前，城市居住区规划的社会影响评价将以更简单的形式、更低的投入提出更有效的成果来获得社会的认可。

# 五　研究局限及将来的研究方向

## （一）研究局限

### 1. 样本的局限

本书只采用了上海的样本，虽然研究既用了上海的大数据，又进行了问卷调查和实地访谈调研，但毕竟只是上海的数据。上海在中国城市中有非常重要的地位，许多指标都领先全国，本书结果只能够对其他城市有所启发，不一定能有相同的结论。本书的问卷调查分别于2014 年、2016 年两次调查完成，在分析一些问题时，将两年的数据合并在一起使用，虽然多数问题的时间敏感性不强，但对于一些时间敏感性比较强的问题，可能会存在偏误。

### 2. 指标的局限

对上海居住分异的测度使用了大数据，但数据只有居住区空间层面的，而缺少居住区人口社会结构等方面的大数据。因此，对上海居住分异的测量是通过居住空间来完成的。如有相对应的人口大数据，测量结果可以互相比较。

### 3. 综合分析的局限

居住区的区位、规模、密度、混合度等任何一个空间指标都会对社区认同、社区参与、社区冲突产生影响，理论上都可以以居住区的空间特征以及居民的个人特征为自变量，社会后果为因变量做多层线性分析。多层线性分析需要较大的居住区样本量，因为调查数据分别在两年取得，时间不一致，研究只就社区冲突进行了多层线性分析。

## （二）未来的研究方向

### 1. 大数据和案例的紧密结合

不论是大数据的收集、处理和 GIS 的应用，还是问卷调查的数据收集和处理都花了课题组成员大量的时间和精力。大数据的分析结果，问卷数据的分析结果，还有很多对应、磨合、深入研究的空间。将利用大数据概括出的空间类型，对应问卷调查的人口、社会数据，分析空间类型与社区结构类型的关系。在居住空间分异与社区治理之间找到适当的关联。

2. 多种组合关系的分析

对社区认同、社区参与等社会后果进一步完成多层线性分析，区分个人层次和社区层次方面的差异。另外，还需探讨社区认同、社区参与、社区冲突在不同类型社区的组合关系，是否存在一些规律。对于居住空间的分类方法，还需要结合社会后果再深入分析。

3. 居住区规划与居民健康的关系

居住区对身体和精神健康的影响越来越受到大家的关注，社会影响评价（SIA）与健康影响评价（HIA）有很多交叉的空间。可以利用大数据的类型分析，问卷调查的相关健康信息，分析居住区规划对居民的出行、健康等的影响。随着生活水平的提高，健康是居民非常关心的一个问题，西方的研究显示肥胖、高血压等常见疾病都与居住环境相关。下一步，在居住区规划社会影响评价的基础上补上健康影响评价的内容。

# 参考文献

**中文文献**

［法］埃米尔·涂尔干:《社会分工论》,渠东译,生活·读书·新知三联书店 2000 年版。

［法］埃米尔·涂尔干:《自杀论》,冯韵文译,商务印书馆 2008 年版。

鲍振洪、李朝奎:《城市建筑容积率研究进展》,《地理科学进展》2010 年第 29 卷第 4 期。

边燕杰、刘勇利:《社会分层、住房产权与居住质量——对中国"五普"数据的分析》,《社会学研究》2005 年第 3 期,第 82—98 页。

边燕杰、芦强:《阶层再生产与代际资源传递》,《人民论坛》2014 年第 1 期。

［美］伯基:《社会影响评价的概念、过程和方法》,杨云枫译,中国环境出版社 2011 年版。

卜长莉:《当前中国城市社区矛盾冲突的新特点》,《河北学刊》2009 年第 1 期。

［美］布莱克利、斯奈德:《美利坚围城——美国封闭式社区调查》,刘畅等译,中国建筑工业出版社 2017 年版。

蔡禾:《城市社会学:理论与视野》,中山大学出版社 2005 年版。

蔡禾、贺霞旭:《城市社区异质性与社区凝聚力——以邻里关系为研究对象》,《中山大学学报》(社会科学版) 2005 年第 2 期。

蔡晓晗、姜晓帆、陶亮亮:《以规划需求为导向的参与式规划新模式——以大数据、信息平台为例》，《2018 城市发展与规划论文集》，2018 年。

蔡杨：《日本社区参与式治理的经验及启示——基于诹访市"社区营造"活动的考察》，《中共杭州市委党校学报》2018 年第 6 期。

曾文：《转型期城市居民生活空间研究——以南京市为例》，南京师范大学，2015 年。

曾文慧：《社区自治：冲突与回应——一个业主委员会的成长历程》，《城市问题》2002 年第 4 期。

［美］查尔斯·詹克斯：《后现代建筑语言》，李大夏译，中国建筑工业出版社 1986 年版。

陈兵：《冲突与调和："广场舞"纠纷的法理探析》，《法制与社会》2016 年第 13 期。

陈鸿：《成都多层居住小区户外邻里交往空间探讨》，《四川建筑》2005 年第 3 期。

陈杰、郝前进：《快速城市化进程中的居住隔离——来自上海的实证研究》，《学术月刊》2014 年第 46 卷第 5 期。

陈立周：《从"协调冲突"到"源头治理"——城市化进程中的社区治理与社会工作介入》，《社会工作与管理》2017 年第 17 卷第 1 期。

陈鹏：《城市治理困境的生成与消解——基于城市空间的视角》，《安徽师范大学学报》（人文社会科学版）2018 年第 46 卷第 4 期。

陈潇潇、朱传耿：《我国城市社区研究综述及展望》，《重庆社会科学》2007 年第 9 期。

陈燕：《基于定量分析的南京市城市居住空间分异研究》，《工业技术经济》2009 年第 10 期。

陈燕：《我国大城市主城—郊区居住空间分异比较研究——基于 GIS 的南京实证分析》，《技术经济与管理研究》2014 年第 9 期。

陈幽泓、刘洪霞：《社区治理过程中的冲突分析》，《现代物业》2003 年第 6 期。

陈云：《居住空间分异：结构动力与文化动力的双重推进》，《武汉大学学报》（哲学社会科学版）2008 年第 5 期。

晨曦：《全国土地利用总体规划纲要（2006—2020 年）调整方案》，《农业工程》2016 年第 4 期。

程玉申、周敏：《国外有关城市社区的研究述评》，《社会学研究》1998 年第 4 期。

崔晶：《中国城市化进程中的邻避抗争：公民在区域治理中的集体行动与社会学习》，《经济社会体制比较》2013 年第 3 期。

笪玲、张述林：《都市近郊乡村旅游社区参与策略研究——以重庆市璧山县为例》，《改革与战略》2009 年第 6 期。

[美] 大卫·哈维：《希望的空间》，胡大平译，南京大学出版社 2006 年版。

单菁菁：《从社区归属感看中国城市社区建设》，《中国社会科学院研究生院学报》2006 年第 6 期。

单文慧：《不同收入阶层混合居住模式——价值评判与实施策略》，《城市规划》2001 年第 2 期。

董小林：《公路建设项目社会环境评价》，人民交通出版社 2000 年版。

[荷] 法兰克·范克莱、安娜·玛丽亚·艾斯特维丝编：《社会影响评价新趋势》，谢燕、杨云枫译，中国环境出版社 2015 年版。

樊胜军、蒋红妍、钟兴润：《旧工业建筑再利用社会影响后评价研究》，《工业建筑》2013 年第 43 卷第 10 期。

范佳来：《上海打响"留改拆"攻坚战！"多策并举"让老房子焕发新生命》，《上观新闻》2018 年 8 月 29 日。

方可：《西方城市更新的发展历程及其启示》，《城市规划汇刊》1998 年第 1 期。

方长春：《中国城市居住空间的变迁及其内在逻辑》，《学术月刊》2014 年第 46 卷第 1 期。

[德] 斐迪南·滕尼斯：《共同体与社会》，林荣远译，商务印书馆 1999 年版。

封丹、Werner Breitung、朱竑：《住宅郊区化背景下门禁社区与周边邻里关系——以广州丽江花园为例》，《地理研究》2011 年第 30 卷第 1 期。

冯健、吴芳芳、周佩玲：《郊区大型居住区邻里关系与社会空间再生——以北京回龙观为例》，《地理科学进展》2017 年第 36 卷第 3 期。

冯婧萱：《旧建筑改造中的表皮更新》，硕士学位论文，天津大学，2007 年。

高喜珍、王莎：《公共项目的社会影响后评价——基于利益相关者理论》，《哈尔滨商业大学学报》（社会科学版）2009 年第 3 期。

高新宇、秦华：《"中国式"邻避运动结果的影响因素研究——对 22 个邻避案例的多值集定性比较分析》，《河海大学学报》（哲学社会科学版）2017 年第 19 卷第 4 期。

龚海钢：《从"分异"走向"融合"——"大混居、小聚居"居住模式的思考》，《消费导刊》2007 年第 14 期。

谷鲁奇：《面向老年人的旧住宅区公共活动空间更新方法研究》，硕士学位论文，重庆大学，2010 年。

顾朝林、王法辉、刘贵利：《北京城市社会区分析》，《地理学报》2003 年第 6 期。

桂勇、黄荣贵：《社区社会资本测量：一项基于经验数据的研究》，《社会学研究》2008 年第 3 期。

郭菂、李进、王正：《南京市保障性住房空间布局特征及优化策略研究》，《现代城市研究》2011 年第 26 卷第 3 期。

郭亚军：《综合评价理论、方法及应用》，科学出版社 2007 年版。

郭于华、沈原、陈鹏：《居住的政治》，广西师范大学出版社 2014 年版。

国家计委投资研究所、社会评价课题组：《投资项目社会评价指南》，经济管理出版社 1997 年版。

韩超：《我国 20 世纪 50—80 年代所建城市住宅改造更新研究》，硕士学位论文，湖南大学，2006 年。

何海兵：《我国城市基层社会管理体制的变迁：从单位制、街居制到社区制》,《管理世界》2003 年第 6 期。

何深静、刘玉亭、吴缚龙等:《中国大城市低收入邻里及其居民的贫困集聚度和贫困决定因素》,《地理学报》2010 年第 12 期。

何深静、于涛方、方澜:《城市更新中社会网络的保存和发展》,《人文地理》2001 年第 6 期。

何舒文、邹军:《基于居住空间正义价值观的城市更新评述》,《国际城市规划》2010 年第 4 期。

何艳玲、汪广龙、高红红:《从破碎城市到重整城市:隔离社区、社会分化与城市治理转型》,《公共行政评论》2011 年第 4 卷第 1 期。

贺霞旭、刘鹏飞:《中国城市社区的异质性社会结构与街坊/邻里关系研究》,《人文地理》2016 年第 6 期。

洪大用、何蓓琦、刘蔚:《以社会影响评价推动双赢》,《中国环境报》2012 年 9 月 10 日第 2 版。

华羽雯、熊万胜:《城郊"二元社区"的边界冲突与秩序整合——以沪郊南村为个案的调查与思考》,《上海城市管理》2013 年第 3 期。

黄广智:《社区建设中居民参与的社会学分析框架》,《广东青年干部学院学报》2003 年第 4 期。

黄华实:《既有住区适应老年人建筑更新改造设计研究》,硕士学位论文,湖南大学,2012 年。

黄剑、毛媛媛、张凯:《西方社会影响评价的发展历程》,《城市问题》2009 年第 7 期。

黄景勇、黄婷、杨林:《农村拆迁安置小区户外空间环境设计研究——以江苏省泰州市高港区庆丰村为例》,《安徽农业科学》2009 年第 37 卷第 10 期。

黄静晗:《混合社区与居住融合探析》,《现代经济》(现代物业下半月刊)2008 年第 6 期。

黄瓴、王思佳、林森:《"区域联动 + 触媒营造"总体思路下的城市社区更新实证研究——以重庆渝中区学田湾片区为例》,《住区》2017 年第 2 期。

黄荣贵、桂勇:《集体性社会资本对社区参与的影响——基于多层次数据的分析》，《社会》2011 年第 6 期。

姬璐璐、覃斌：《新时期城市居住社区邻里关系的影响因子分析》，《山西建筑》2018 年第 28 期。

贾志强：《旧城改造过程中的地块容积率合理值研究》，《山西建筑》2018 年第 18 期。

姜华、张京祥：《从回忆到回归——城市更新中的文化解读与传承》，《城市规划》2005 年第 5 期。

蒋德超、何浪：《我国城市居住空间分异研究进展及方法评述》，《福建建筑》2015 年第 6 期。

蒋亮、冯长春：《基于社会—空间视角的长沙市居住空间分异研究》，《经济地理》2015 年第 35 卷第 6 期。

焦华富、吕祯婷：《芜湖市城市居住区位研究》，《地理研究》2010 年第 3 期。

焦怡雪：《促进居住融和的保障性住房混合建设方式探讨》，《城市发展研究》2007 年第 5 期。

金世斌、郁超：《社区冲突多极化趋势下构建合作治理机制的实践维度》，《上海城市管理》2013 年第 6 期。

静嘉：《上海保障房社区管理发展研究》，《上海房地》2018 年第 12 期。

［美］兰德尔·柯林斯：《互动仪式链》，林聚任等译，商务印书馆 2016 年版。

冷炳荣、杨永春、韦玲霞等：《转型期中国城市容积率与地价关系研究——以兰州市为例》，《城市发展研究》2010 年第 17 卷第 4 期。

黎甫：《浅谈邻里关系与社区建设》，《现代物业》2007 年第 12 期。

李斌、王凯：《中国社会分层研究的新视角——城市住房权利的转移》，《探索与争鸣》2010 年第 1 卷第 4 期。

李道增：《环境行为学概论》，清华大学出版社 1999 年版。

李东泉、李贤：《街区尺度的居住空间分异现象研究——以北京三里河四个居住小区为例》，《新建筑》2014 年第 4 期。

李斐然、冯健、刘杰等：《基于活动类型的郊区大型居住区居民生活空间重构——以回龙观为例》，《人文地理》2013 年第 28 卷第 3 期。

李芬：《城市居民邻里关系的现状与影响因素——基于武汉城区的实证研究》，硕士学位论文，华中科技大学，2004 年。

李高翔：《高容积率下住宅社区品质营造探讨——以武汉雄楚 1 号项目为例》，《规划师》2014 年第 S4 期。

李昊、王鹏：《智慧城市发展与参与式规划研究》，《北京规划建设》2017 年第 6 期。

李菁怡：《城市社区异质性与邻里社会资本研究——以江苏为例》，《中共南京市委党校学报》2016 年第 3 期。

李莉琴：《试论哈贝马斯合法性理论》，《前沿》2005 年第 10 期。

李梦玄、周义：《保障房社区的空间分异及其形成机制——以武汉市为例》，《城市问题》2018 年第 10 期。

李鹏：《高层住宅内部交通系统中邻里交往空间的研究》，《房材与应用》2003 年第 1 期。

李强、王美琴：《住房体制改革与基于财产的社会分层秩序之建立》，《学术界》2009 年第 4 期。

李强、葛天任：《社区的碎片化——Y 市社区建设与城市社会治理的实证研究》，《学术界》2013 年第 12 期。

李强、李洋：《居住分异与社会距离》，《北京社会科学》2010 年第 1 期。

李强、刘蔚：《如何推动建立社会影响评价制度?》，《中国环境报》2012 年 10 月 8 日第 2 版。

李强、史玲玲、叶鹏飞、李卓蒙：《探索适合中国国情的"社会影响评价"指标体系》，《河北学刊》2010 年第 1 期。

李强、史玲玲：《"社会影响评价"及其在我国的应用》，《学术界》2011 年第 5 期。

李强：《转型时期城市"住房地位群体"》，《江苏社会科学》2009 年第 4 期。

李少英、吴志峰、李碧莹等：《基于互联网房产数据的住宅容积率多尺度时空特征——以广州市为例》，《地理研究》2016 年第 35 卷第 4 期。

李晟晖：《对缓解上海中心城区"停车难"问题的建议》，《科学发展》2013 年第 9 期。

李松、张小雷、李寿山、杜宏茹、张凌云：《乌鲁木齐市天山区居住分异测度及变化分析——基于 1982—2010 年人口普查数据》，《干旱区资源与环境》2015 年第 10 期。

李素华：《对认同概念的理论述评》，《兰州学刊》2005 年第 4 期。

李婷婷、李亚：《调解社区公共冲突：基于 3 个案例的分析》，《北京理工大学学报》（社会科学版）2015 年第 17 卷第 2 期。

李雪铭、张大昊、田深圳：《城市住宅小区容积率时空分异研究——以大连市内四区为例》，《地理科学》2018 年第 38 卷第 4 期。

李雪铭、朱健亮、王勇：《居住小区容积率空间差异——以大连市为例》，《地理科学进展》2015 年第 34 卷第 6 期。

李郇、刘敏、黄耀福：《社区参与的新模式——以厦门曾厝垵共同缔造工作坊为例》，《城市规划》2018 年第 42 卷第 9 期。

李郇、彭惠雯、黄耀福：《参与式规划：美好环境与和谐社会共同缔造》，《城市规划学刊》2018 年第 1 期。

李友梅：《社区治理：公民社会的微观基础》，《社会》2007 年第 27 卷第 2 期。

李玉华：《西方社区发展进程、理论模式及其启示》，《天中学刊》2009 年第 24 卷第 1 期。

李正东：《城市社区冲突：强弱支配与行动困境——以上海 P 区 M 风波事件为例》，《社会主义研究》2012 年第 6 期。

李志刚、吴缚龙、卢汉龙：《当代我国大都市的社会空间分异——对上海三个社区的实证研究》，《城市规划》2004 年第 6 期。

李志刚、吴缚龙、肖扬：《基于全国第六次人口普查数据的广州新移民居住分异研究》，《地理研究》2014 年第 33 卷第 11 期。

李志刚、吴缚龙：《转型期上海社会空间分异研究》，《地理学报》2006 年第 2 期。

李志刚、薛德升、魏立华：《欧美城市居住混居的理论、实践与启示》，《城市规划》2007 年第 31 卷第 2 期。

梁翠玲、赵晔琴：《融入与区隔：农民工的住房消费与阶层认同——基于 CGSS 2010 的数据分析》，《人口与发展》2014 年第 2 期。

梁海祥：《双层劳动力市场下的居住隔离——以上海市居住分异实证研究为例》，《山东社会科学》2015 年第 8 期。

廖邦固、徐建刚、梅安新：《1947—2007 年上海中心城区居住空间分异变化——基于居住用地类型视角》，《地理研究》2012 年第 31 卷第 6 期。

廖常君：《城市邻里关系淡漠的现状、原因及对策》，《城市问题》1997 年第 2 期。

林霖：《延续邻里环境的上海里弄街区适应性更新》，硕士学位论文，重庆大学，2014 年。

林勇刚：《城市规划的社会影响评价探讨》，《合作经济与科技》2010 年第 4 卷第 391 期。

凌莉：《从"空间失配"走向"空间适配"——上海市保障性住房规划选址影响要素评析》，《上海城市规划》2011 年第 3 期。

刘冰、张晋庆：《城市居住空间分异的规划对策研究》，《城市规划》2002 年第 26 卷第 12 期。

刘海珍、丁凤琴：《社区参与研究综述》，《咸宁学院学报》2010 年第 6 期。

刘佳燕：《关系·网络·邻里——城市社区社会网络研究评述与展望》，《城市规划》2014 年第 2 期。

刘静雅、林耕：《北京旧工业地段更新项目社会影响后评价调查与分析》，《天津城建大学学报》2018 年。

刘树森：《可持续居住区规划设计方法》，《城市住宅》2009 年第 2 期。

刘思思、徐磊青：《社区规划师推进下的社区更新及工作框架》，《上海城市规划》2018 年第 4 期。

刘欣、夏彧：《中国城镇社区的邻里效应与少儿学业成就》，《青年研究》2018 年第 420 卷第 3 期。

刘雪梅：《社区营造：公共治理的基层实践》，《四川行政学院学报》
2017 年第 6 期。

刘亦乐、刘双芹：《东道国政治风险对我国在亚洲国家对外直接投资
的影响——基于区位选择分析视角》，《商业研究》2015 年第 60 卷
第 8 期。

刘勇：《旧住宅区更新改造中居民意愿研究》，博士学位论文，同济
大学，2006 年。

刘悦来、尹科娈、葛佳佳：《公众参与协同共享日臻完善——上海社
区花园系列空间微更新实验》，《西部人居环境学刊》2018 年第
4 期。

刘争光、张志斌：《兰州城市居住空间分异研究》，《干旱区地理》
2014 年第 37 卷第 4 期。

柳森：《"第一个吃螃蟹"的社区规划师》，《上观新闻》2018 年 1 月
20 日。

柳泽、邢海峰：《基于规划管理视角的保障性住房空间选址研究》，
《城市规划》2013 年第 37 卷第 7 期。

芦恒：《房地产与阶层定型化社会：读〈房地产阶级社会〉》，《社会》
2014 年第 4 期。

路易斯·沃斯、赵宝海、魏霞：《作为一种生活方式的都市生活》，
《都市文化研究》2007 年第 1 期。

[美] 罗伯特·J. 桑普森：《伟大的美国城市：芝加哥和持久的邻里
效应》，陈广渝、梁玉成译，社会科学文献出版社 2018 年版。

罗琦炜：《社区建设中的社区认同问题研究》，硕士学位论文，复旦
大学，2009 年。

吕露光：《从分异隔离走向和谐交往——城市社会交往研究》，《学术
界》2005 年第 3 期。

吕露光：《城市居住空间分异及贫困人口分布状况研究——以合肥市
为例》，《城市规划》2004 年第 28 卷第 6 期。

马丹丹：《中产阶层社区的涌现——从中国住房改革的角度梳理》，

《社会科学论坛》2015 年第 6 期。

马丁、罗述勇：《论权威——兼论 M. 韦伯的 "权威三类型说"》，《国外社会科学》1987 年第 2 期。

马宏、应孔晋：《社区空间微更新：上海城市有机更新背景下社区营造路径的探索》，《时代建筑》2016 年第 4 期。

马静、胡雪松、李志民：《我国增进住区交往理论的评析》，《建筑学报》2006 年第 10 期。

马静、施维克、李志民：《城市住区邻里交往衰落的社会历史根源》，《城市问题》2007 年第 3 期。

［德］马克斯·韦伯：《非正当性的支配——城市的类型学》，康乐等译，广西师范大学出版社 2005 年版。

［德］马克斯·韦伯：《经济与社会》，阎克文译，上海世纪出版集团 2018 年版。

马纾：《建设社会，还是建设政权？——从政权合法性角度看当前的社区建设》，《学海》2006 年第 3 期。

闵学勤：《社区冲突：公民性建构的路径依赖——以五大城市为例》，《社会科学》2010 年第 11 期。

牟丽霞：《城市居民的社区感：概念、结构与测量》，硕士学位论文，浙江师范大学，2007 年。

倪赤丹：《基层社区治理体系与治理能力现代化的路径选择》，《特区实践与理论》2015 年第 3 期。

聂洪辉：《业主维权、公民精神与公民社会》，《宜宾学院学报》2015 年第 15 卷第 9 期。

欧阳安蛟：《容积率影响地价的作用机制和规律研究》，《城市规划》1996 年第 2 期。

［美］帕克、伯吉斯、麦肯齐：《城市社会学：芝加哥学派城市研究》，宋俊岭、郑也夫译，华夏出版社 1987 年版。

潘金棵：《电梯维护保养与安全运行的实现思考》，《城市建设理论研究》（电子版）2017 年第 30 期。

［法］皮埃尔·布尔迪厄：《区分：判断力的社会批判》，刘晖译，商

务印书馆 2015 年版。

蒲蔚然、刘骏：《探索促进社区关系的居住小区模式》，《城市规划汇刊》1997 年第 4 期。

强欢欢、吴晓、王慧：《2000 年以来南京市主城区居住空间的分异探讨》，《城市发展研究》2014 年第 1 期。

［美］乔纳森·特纳：《社会学理论的结构》，邱泽奇等译，华夏出版社 2001 年版。

秦瀚波：《论新市民社区冲突及化解路径》，《中国管理信息化》2015 年第 18 卷第 16 期。

秦红岭：《如何认识居住空间分异？》，《人类居住》2017 年第 3 期。

丘海雄：《社区归属感——香港与广州的个案比较研究》，《中山大学学报》（哲学社会科学版）1989 年第 2 期。

邱梦华：《中国城市居住分异研究》，《城市问题》2007 年第 3 期。

茹伊丽、李莉、李贵才：《空间正义观下的杭州公租房居住空间优化研究》，《城市发展研究》2016 年第 23 卷第 4 期。

［美］桑德斯：《社区论》，徐震译，黎明文化事业股份有限公司 1982 年版。

上海市城乡建设和交通发展研究院：《上海市第五次综合交通调查主要成果》，《交通与运输》2015 年第 31 卷第 6 期。

上海市规划和国土资源管理局：《上海市控制性详细规划技术准则（2016 年修订版）》，2016 年。

申语顺、刘大宇：《瑞典"学习圈"模式在中国社区治理中的应用——基于制度变迁的视角》，《管理观察》2014 年第 24 期。

沈洁：《当代中国城市移民的居住区位与社会排斥——对上海的实证研究》，《城市发展研究》2016 年第 9 期。

盛明洁：《欧美邻里效应研究进展及对我国的启示》，《国际城市规划》2017 年第 6 期。

施国庆、董铭：《投资项目社会评价研究》，《河海大学学报》（哲学社会科学版）2003 年第 2 期。

石楠：《城市规划政策与政策性规划》，博士学位论文，北京大学，

2005 年。

宋若尘、张向宁：《口袋公园在城市旧社区公共空间微更新中的应用策略研究》，《建筑与文化》2018 年第 11 期。

宋伟轩：《大城市保障性住房空间布局的社会问题与治理途径》，《城市发展研究》2011 年第 18 卷第 8 期。

宋永才、金广君：《城市建设项目前期社会影响评价及其应用》，《哈尔滨工业大学学报》（社会科学版）2008 年第 4 期。

苏振民、林炳耀：《城市居住空间分异控制：居住模式与公共政策》，《城市规划》2007 年第 2 期。

孙柏瑛、游祥斌、彭磊：《社区民主参与：任重道远——北京市区居民参与社区决策情况的调查与评析》，《中共杭州市委党校》2001 年第 2 期。

孙斌栋、吴雅菲：《上海居住空间分异的实证分析与城市规划应对策略》，《上海经济研究》2008 年第 12 期。

孙斌栋、吴雅菲：《中国城市居住空间分异研究的进展与展望》，《城市规划》2009 年第 6 期。

孙斌栋、刘学良：《美国混合居住政策及其效应的研究述评——兼论对我国经济适用房和廉租房规划建设的启示》，《城市规划学刊》2009 年第 1 期。

孙斌栋、刘学良：《欧洲混合居住政策效应的研究述评及启示》，《国际城市规划》2010 年第 5 期。

孙立平：《断裂——20 世纪 90 年代以来的中国社会》，社会科学文献出版社 2003 年版。

孙立平：《我们在开始面对一个断裂的社会?》，《经济管理文摘》2004 年第 7 期。

孙立平：《"大混居与小聚居"与阶层融合》（2006 - 06 - 14），[2019 -01 -10]，http：//www. aisixiang. com/data/9867. html。

孙龙、雷弢：《北京老城区居民邻里关系调查分析》，《城市问题》2007 年第 2 期。

孙伦轩：《中国城镇青少年成长的邻里效应——基于"中国教育追踪

调查"的实证研究》,《青年研究》2018 年第 11 期。

［韩］孙洛龟:《房地产阶级社会》,芦恒译,译林出版社 2007 年版。

孙荣、汤金金:《上海市大型居住社区精细化治理机制研究》,《上海房地》2017 年第 3 期。

孙施文:《城市规划哲学》,中国建筑工业出版社 1997 年版。

孙卓:《居住与公共服务设施空间分异研究——以合肥市滨湖新区为例》,硕士学位论文,合肥工业大学,2016 年。

［美］泰勒、布赖恩、古德里奇等:《社会评估:理论、过程与技术》,葛道顺译,重庆大学出版社 2009 年版。

唐亚林:《"房权政治"开启中国人"心有所安"的新时代——评吴晓林新作〈房权政治:中国城市社区的业主维权〉》,《经济社会体制比较》2016 年第 6 期。

唐燕:《"实用主义"哲学影响下的城市设计》,《中国城市规划年会论文集》,2007 年。

滕方炜:《基层社会治理现代化:时代逻辑与路径选择——基于社区治理的文本分析》,《传播力研究》2018 年第 18 期。

滕敏敏、韩传峰、刘兴华:《中国大型基础设施项目社会影响评价指标体系构建》,《中国人口·资源与环境》2014 年第 24 卷第 9 期。

田野、栗德祥、毕向阳:《不同阶层居民混合居住及其可行性分析》,《建筑学报》2006 年第 4 期。

托马斯·海贝勒:《中国的社会政治参与:以社区为例》,《马克思主义与现实》2005 年第 3 期。

王刚、罗峰:《社区参与:社会进步和政治发展的新驱动力和生长点——以五里桥街道为案例的研究报告》,《浙江学刊》1999 年第 12 期。

万筠、王佃利:《中国邻避冲突结果的影响因素研究——基于 40 个案例的模糊集定性比较分析》,《公共管理学报》。

万勇、王玲慧:《城市居住空间分异与住区规划应对策略》,《城市问题》2003 年第 6 期。

万征:《城市居住区空间环境与邻里交往研究》,硕士学位论文,四川大学，2006年。

汪芳、郝小斐：《基于层次分析法的乡村旅游地社区参与状况评价——以北京市平谷区黄松峪乡雕窝村为例》，《旅游学刊》2008年第8期。

汪光焘：《认真研究改进城乡规划工作》，《小城镇建设》2004年第28卷第11期。

汪思慧、冉凌风：《居住分异条件下的和谐社区规划策略研究》，《规划师》2008年第24卷第S1期。

汪毅：《欧美邻里效应的作用机制及政策响应》，《城市问题》2013年第5期。

王彬彬：《浅析科塞的社会冲突理论》，《辽宁行政学院学报》2006年第8卷第8期。

王承慧：《走向善治的社区微更新机制》，《规划师》2018年第2期。

王春兰、杨上广：《大城市人口空间重构及其区位冲突问题初探——以上海为例》，《华东师范大学学报》（哲学社会科学版）2007年第39卷第1期。

王春兰、杨上广：《上海社会空间结构演化：二元社会与二元空间》，《华东师范大学学报》（哲学社会科学版）2015年第47卷第6期。

王芳：《公民社会发展与我国城市社区治理模式选择》，《学术研究》2008年第11期。

王刚、宋锴业：《基于邻避运动视域的中产阶层功能重新审视——以R市的"核邻避运动"为例》，《河海大学学报》（哲学社会科学版）2017年第19卷第4期。

王骥洲：《社区参与主客体界说》，《山东行政学院—山东省经济管理干部学院学报》2002年第5期。

王建祥：《夯实基层政权基石努力构建和谐社区》，《甘肃理论学刊》2005年第10期。

王敬尧：《"互动合作"的制度变迁模型——以武汉市江汉区社区建设为例》，《华东师范大学学报》（哲学社会科学版）2005年第37卷第5期。

王敬尧：《参与式治理》，中国社会科学出版社 2006 年版。

王莉彬：《论和谐社区建设中邻里关系的重建》，《吉林省社会主义学院学报》2006 年第 3 期。

王天夫、崔晓雄：《行业是如何影响收入的——基于多层线性模型的分析》，《中国社会科学》2010 年第 5 期。

王五英、于守法、张汉亚：《投资项目社会评价方法》，经济管理出版社 1993 年版。

王星：《利益分化与居民参与——转型期中国城市基层社会管理的困境及其理论转向》，《社会学研究》2012 年第 2 期。

王颖：《公民社会在草根社区中崛起》，《唯实》2006 年第 10 期。

王珍宝：《当前我国城市社区参与研究评述》，《社会》2003 年第 9 期。

［美］威廉·富特·怀特：《街角社会：一个意大利人贫民区的社会结构》，黄育馥译，商务印书馆 2011 年版。

［美］威廉·朱利叶斯·威尔逊：《真正的穷人：内城区、底层阶级和公共政策》，成伯清、鲍磊、张戌凡译，上海人民出版社 2007 年版。

魏华、朱喜钢、周强：《沟通空间变革与人本的邻里场所体系架构——西方绅士化对中国大城市社会空间的启示》，《人文地理》2005 年第 3 期。

文军、高艺多：《社区情感治理：何以可能，何以可为?》，《华东师范大学学报》（哲学社会科学版）2017 年第 6 期。

吴丹、王卫城：《深圳社区规划师制度的模式研究》，《规划师》2013 年第 29 卷第 9 期。

吴昊琪：《迈向垂直社区——城市高密度地区高层居住建筑内部公共空间设计研究》，硕士学位论文，重庆大学，2014 年。

吴理财：《农村社区认同与农民行为逻辑——对新农村建设的一些思考》，《经济社会体制比较》2011 年第 3 期。

吴莉萍、黄茜、周尚意：《北京中心城区不同社会阶层混合居住利弊评价——对北太平庄和北新桥两个街道辖区的调查》，《北京社会科学》2011 年第 3 期。

吴启焰、吴小慧、Chen Guo、J. D. Hammel、刘咏梅、刘丹：《基于小尺度五普数据的南京旧城区社会空间分异研究》，《地理科学》2013 年第 33 卷第 10 期。

吴晓林：《台湾地区社区建设政策的制度变迁》，《南京师范大学学报》（社会科学版）2015 年第 1 期。

吴晓林：《中国城市社区的业主维权冲突及其治理：基于全国 9 大城市的调查研究》，《中国行政管理》2016 年第 10 期。

吴宇：《上海将保留 730 万平方米传统里弄住宅》，http：//www. xinhuanet. com/local/2017 – 09/17/c_ 1121677816. htm。

肖洪未：《基于"文化线路"思想的城市老旧居住社区更新策略研究》，硕士学位论文，重庆大学，2012 年。

肖群忠：《论中国古代邻里关系及其道德调节传统》，《孔子研究》2009 年第 4 期。

谢富胜、巩潇然：《城市居住空间的三种理论分析脉络》，《马克思主义与现实》2017 年第 4 期。

徐建：《社会排斥视角的城市更新与弱势群体》，博士学位论文，复旦大学，2008 年。

徐磊青、宋海娜、黄舒晴等：《创新社会治理背景下的社区微更新实践与思考——以 408 研究小组的两则实践案例为例》，《城乡规划》2017 年第 4 期。

徐迁、祝锦霞：《城市征收拆迁冲突的空间区位条件影响机制研究》，《特区经济》2017 年第 1 期。

徐妍斐：《抢车位大战，"特勤安保"进驻全天巡逻》，《新闻晨报》2015 年 3 月 11 日。

许加明、曹殷杰：《淮安市城市老年人社区参与现状及影响因素》，《中国老年学杂志》2018 年第 22 期。

许坤红：《社区变迁与地域身份认同》，硕士学位论文，华中师范大学，2009 年。

许学强、胡华颖、叶嘉安：《广州市社会空间结构的因子生态分析》，

《地理学报》1989 年第 4 期。

轩明飞：《"大政府与小社会"——街区权力组织建构解析》，《贵州社会科学》2002 年第 2 期；《浙江学刊》1999 年第 12 期。

［加拿大］雅各布斯：《美国大城市的死与生》，金衡山译，译林出版社 2006 年版。

闫臻：《从社区的利益冲突看社区治理中的制度缺失问题——以 BJ 市 L 社区为例》，《兰州学刊》2009 年第 8 期。

严惠兰：《论城市中社区参与的功能及其实现》，《中共福建省委党校学报》2004 年第 12 期。

严荣、颜莉：《大型居住社区的社会影响评价研究——以上海三个大型居住社区为例》，《同济大学学报》（社会科学版）2017 年第 28 卷第 5 期。

［丹麦］扬·盖尔：《交往与空间》，何人可译，中国建筑工业出版社 2002 年版。

杨芙蓉、黄应霖：《我国台湾地区社区规划师制度的形成与发展历程探究》，《规划师》2013 年第 29 卷第 9 期。

杨光斌：《诺斯制度变迁理论的贡献与问题》，《华中师范大学学报》（人文社会科学版）2007 年第 46 卷第 3 期。

杨继星：《个体化时代的集体行动：社区草根体育组织的动机诉求与矛盾冲突——以广场舞为例》，《体育与科学》2016 年第 3 期。

杨珺丽、谷人旭：《1949—2015 年上海居住空间扩张演化特征及驱动因素——基于新增住宅小区数据的实证分析》，《内蒙古师范大学学报》（自然科学汉文版）2018 年第 47 卷第 4 期。

杨丽梅、靳永雷：《基层治理能力现代化的实践和展望——以攀枝花市东区大渡口街道社区为例》，《四川行政学院学报》2016 年第 4 期。

杨敏：《作为国家治理单元的社区——对城市社区建设运动过程中居民社区参与和社区认知的个案研究》，《社会学研究》2007 年第 4 期。

杨荣：《论我国城市社区参与》，《探索》2003 年第 1 期。

杨淑琴：《从业主委员会的自治冲突看社区冲突的成因与化解——对
    上海市某社区冲突事件的案例分析》，《学术交流》2010 年第 8 期。

杨涛：《柏林与上海旧住区城市更新机制比较研究》，硕士学位论文，
    同济大学，2008 年。

姚尚建：《作为公共政策的城市规划——政治嵌入与利益整合》，《行
    政论坛》2015 年第 5 期。

叶原源、刘玉亭、黄幸：《"在地文化"导向下的社区多元与自主微
    更新》，《规划师》2018 年第 2 期。

于海、邹华华：《上海的空间故事，从毛泽东时代到邓小平时代》，
    《绿叶》2009 年第 9 期。

于海利：《互助与博弈：试论台湾社区营造中多元主体的互动机制》，
    《湖北社会科学》2018 年第 6 期。

俞可平、李景鹏、毛寿龙等：《中国离"善治"有多远——"治理与
    善治"学术笔谈》，《中国行政管理》2001 年第 9 期。

虞薇：《城市社会空间的研究与规划》，《城市规划》1986 年第 6 期。

原珂：《城市社区冲突的扩散与升级过程探究》，《理论探索》2017 年
    第 2 期。

原珂：《治理与解决：中国城市社区冲突治理主体及现行解决方法》，
    《北京理工大学学报》（社会科学版）2017 年第 19 卷第 4 期。

原珂：《中国城市社区冲突及化解路径探析》，《中国行政管理》2015
    年第 11 期。

张宝锋：《城市社区参与动力缺失原因探源》，《河南社会科学》2005
    年第 7 期。

张程：《浅析居住区邻里交往空间设计的要点》，《山西建筑》2006 年
    第 9 期。

张飞涟、张涛：《城镇市政设施投资项目社会影响后评价内容及指标
    体系的构建》，《改革与战略》2006 年第 11 期。

张凤娟：《解读马克思与达伦多夫的社会冲突理论》，《法制与社会》
    2016 年第 27 期。

张海东、杨城晨：《住房与城市居民的阶层认同——基于北京、上海、

广州的研究》,《社会学研究》2017 年第 5 期。

张宏:《新都市主义及其与现代居住区规划设计方法的比较》,《南方建筑》2006 年第 9 期。

张舰:《中外大城市建设用地容积率比较》,《城市问题》2015 年第 4 期。

张菊枝、夏建中:《城市社区冲突:西方的研究取向及其中国价值》,《探索与争鸣》2011 年第 12 期。

张菊枝:《社区冲突再生产及其应对策略——以北京市某回迁社区房屋质量冲突为例》,《晋阳学刊》2014 年第 2 期。

张俊:《都市生活与城市空间关系的研究》,《同济大学学报》(社会科学版)2009 年第 20 卷第 4 期。

张俊:《多元与包容——上海里弄居住功能更新方式探索》,《同济大学学报》(社会科学版)2018 年第 29 卷第 3 期。

张俊:《老城区旧里弄的文化功能转化与再造——以上海为例》,《上海城市管理》2016 年第 25 年第 4 期。

张俊:《上海里弄风貌传承与居住满意度提升》,《上海城市管理》2018 年第 27 卷第 5 期。

张俊:《上海里弄认同的多层线性分析与政策建议》,《住宅科技》2018 年第 4 期。

张俊:《缘于小区公共空间引发的邻里冲突及其解决途径——以上海市 83 个小区为例》,《城市问题》2018 年第 3 期。

张敏杰:《住房改革进程中的公民社会发育——以杭州 F 社区为例》,《浙江社会科学》2008 年第 5 期。

张萍、杨东援:《上海外围大型社区居民属性和出行行为——基于嘉定江桥金鹤新城的实证研究》,《城市规划》2012 年第 8 期。

张群:《建立上海市居住区环境影响评价指标体系的研究》,硕士学位论文,同济大学,2004 年。

张汤亚:《我国大中城市实行混合居住的必要性及其规划模式探讨》,《住宅科技》2012 年第 32 卷第 3 期。

张文宏、刘琳:《城市移民与本地居民的居住隔离及其对社会融合度评价的影响》，《江海学刊》2015 年第 6 期。

张文宏、刘琳：《住房问题与阶层认同研究》，《江海学刊》2013 年第 4 期。

张文忠、刘旺、李业锦：《北京城市内部居住空间分布与居民居住区位偏好》，《地理研究》2003 年第 6 期。

张小玉、张志斌：《兰州市居民居住区位偏好研究》，《干旱区资源与环境》2015 年第 5 期。

张晓霞：《城市新型社区中权利冲突的根源分析》，《城市发展研究》2007 年第 14 卷第 1 期。

张伊娜、王桂新：《旧城改造的社会性思考》，《城市问题》2007 年第 7 期。

张昱：《高速转型期城市居住空间分异的调控策略研究》，硕士学位论文，华中科技大学，2004 年。

赵鼎新：《解释传统还是解读传统？——当代人文社会科学出路何在》，《社会科学文摘》2004 年第 6 期。

赵鼎新：《社会与政治运动讲义》，社会科学文献出版社 2018 年版。

赵凤：《城市居住空间分异现状及分析》，《经济与社会发展》2007 年第 8 期。

赵捷、吴昊、高思航：《基于房地产视角的大城市保障性住房经济空间环境研究——以武汉市为例》，《城市建筑》2018 年第 23 期。

赵民、孙忆敏、杜宁等：《我国城市旧住区渐进式更新研究——理论、实践与策略》，《国际城市规划》2010 年第 1 期。

赵民、赵蔚：《社区发展规划：理论与实践》，中国建筑工业出版社 2003 年版。

赵守飞、陈伟东：《公民社区建设和中国现代化之路——兼评〈建构中国的市民社会〉》，《甘肃社会科学》2013 年第 2 期。

郑辉、李路路：《中国城市的精英代际转化与阶层再生产》，《社会学研究》2009 年第 6 期。

郑思齐、符育明、刘洪玉：《城市居民对居住区位的偏好及其区位选择的实证研究》，《经济地理》2005 年第 2 期。

郑思齐、张英杰:《保障性住房的空间选址:理论基础、国际经验与中国现实》,《现代城市研究》2010年第25卷第9期。

《中共中央 国务院关于进一步加强城市规划建设管理工作的若干意见》,《人民日报》2016年2月22日第6版。

中国国际工程咨询公司:《中国投资项目社会评价指南》,中国计划出版社2004年版。

周国艳:《纳撒尼尔·利奇菲尔德及其社会影响规划评价理论》,《城市规划》2010年第8期。

周继红:《居住区规划设计方法初探》,《中外建筑》2008年第7期。

周俭、蒋丹鸿、刘煜:《住宅区用地规模及规划设计问题探讨》,《城市规划》1999年第1期。

周建国:《人际交往、社会冲突、理性与社会发展——齐美尔社会发展理论述评》,《社会》2003年第4期。

周健:《人际互动与城市社区公共空间冲突的消解——上海市24个社区调研的启示》,《河南大学学报》(社会科学版)2011年第51卷第2期。

周忠科、王立杰:《大型煤化工项目的社会影响分析与评价》,《辽宁工程技术大学学报》(自然科学版)2011年第5期。

朱静宜:《居住分异与社会分层的相互作用研究——以上海为例》,《城市观察》2015年第39卷第5期。

朱怿:《从居住小区到居住街区——城市内部住区规划设计模式探析》,清华大学,2006年。

祝锦霞、鲍海君、徐保根:《开发商区位选择行为模拟与征收拆迁冲突区域的识别——以杭州市萧山区为例》,《中国土地科学》2013年第11期。

邹德慈:《容积率研究》,《城市规划》1994年第1期。

邹静琴、谢俊平:《现代性获取危机与社会稳定:亨廷顿"差距理论"及对当代中国的启示》,《社会科学家》2009年第6期。

佐斌、张莹瑞:《社会认同理论及其发展》,《心理科学进展》2006年第14卷第3期。

**英文文献**

Alexiou, A. S., *Jane Jacobs: Urban Visionary*, New Brunswick, N. J: Rutgers University Press, 2006.

Allaire, J., "Neighborhood Boundaries", Information Report No. 141, published online by the American Society of Planning Officials, 1313 East 60th St. Chicago Illinois 60637, 1960.

Armour, A., "Integrating Impact Assessment into the Planning Process", *Impact Assess Bull*, Vol. 8, No. 1/2, 1990.

Atkinson, R., Flint, J., "Fortress UK? Gated Communities, the Spatial Revolt of the Elites and Time-space Trajectories of Segregation", *Housing Studies*, Vol. 19, No. 6, 2004.

Baldassare, M., "Suburban Communities", *Annual Review of Sociology*, Vol. 18, 1992.

Banerjee, T., Baer, W., *"Chapter 1: Introduction" in Beyond the Neighborhood Unit: Residential Environments and Public Policy*, Plenum Press, New York, 1984.

Barton, H., Grant, M., "Urban Planning for Healthy Cities", *Journal of Urban Health*, Vol. 90, No. 1, 2013.

Barton, H., "Land Use Planning and Health and Well-being", *Land Use Policy*, Vol. 26, No. S1, 2009.

Bauder, H., "Neighbourhood Effects and Cultural Exclusion", *Urban Studies*, Vol. 39, No. 1, 2002.

Becker, Dennis, R., Harris, et al., "A Participatory Approach to Social Impact Assessment: the Interactive Community Forum", *Environmental Impact Assessment Review*, Vol. 23, No. 3, 2003.

Becker, D. R., Harris, C. C., Mclaughlin, W. J., et al., "A Participatory Approach to Social Impact Assessment: the Interactive Community Forum", *Environmental Impact Assessment Review*, Vol. 23, No. 3, 2003.

Becker, H. A. , "Social Impact Assessment", *European Journal of Operational Research*, Vol. 128, No. 2, 2001.

Bian Yanjie, John Logan, Hanlong Lu, Yunkang Pan & Ying Guan, "Work Units and Housing Reform in Two Chinese Cities in Danwei", In Xiaobu Lu & Elizabeth Perry (eds. ), *Danwei, The Chinese Work Unit in Historical and Comparative Perspective*, New York: M. E. Sharpe, 1997.

Blakely, E. J. , Snyder, M. G. , "Fortress America: Gated Communities in the United States", *Contemporary Sociology*, Vol. 65, No. 4, 1998.

Bothwell, S. E. , Gindroz, R. , Lang, R. E. , "Restoring Community Through Traditional Neighborhood Design: A Case Study of Diggs Town Public Housing", *Housing Policy Debate*, Vol. 9, No. 1, 1998.

Bramley, G. , Power, Sinéad, "Urban form and Social Sustainability: the Role of Density and Housing Type", *Environment and Planning B: Planning and Design*, Vol. 36, No. 1, 2009.

Briggs, X. , "Moving Up Versus Moving Out: Neighborhood Effects in Housing Mobility Programs", *Housing Policy Debate*, Vol. 1, 1997.

Brown, G. , Brown, B. B. , Perkins, D. D. , "New Housing as Neighborhood Revitalization: Place Attachment and Confidence among Residents", *Environment and Behavior*, Vol. 36, No. 6, 2004.

Buck, N. , "Identifying Neighbourhood Effects on Social Exclusion", *Urban Studies*, Vol. 38, No. 12, 2001.

Burdge, R. , *A Community Guide to Social Impact Assessment*, Middleton W. I Social Ecology Press, 1994.

Burdge, R. J. , "A Community Guide to Social Impact Assessment", Social Ecology Press, 1995.

Burdge, R. J. , Fricke, P. , Finsterbusch, K. , "Guidelines and Principles for Social Impact Assessment", *Environmental Impact Assessment Review*, Vol. 12, No. 2, 1995.

Burdge, R. J. , Vanclay, F. , "Social Impact Assessment: A Contribution to the State of the Art Series", *Impact Assessment*, Vol. 14, No. 1, 1996.

Burdge, R., "Why is Social Impact Assessment the Orphan of the Assessment Process?", *Impact Assessment and Project Appraisal*, Vol. 20, No. 1, 2002.

Carmon, N., "Three Generations of Urban Renewal Policies-analysis and Policy Implications", *Geoforum*, Vol. 30, No. 2, 1999.

Carvalho, S., "Analyzing the Effects of Policy Reforms on the Poor: an Evaluation of the Effectiveness of World Bank Support to Poverty and Social Impact Analyses", *World Bank Publications*, 2010.

Coleman, J. S., *Community Conflict*, Glencoe: The Free Press, 1957.

Comey, J., Popkin, S. J., Franks, K., "MTO: A Successful Housing Intervention", *Cityscape*, Vol. 14, No. 2, 2012.

Condron, D. & Roscigno, V., "Disparities Within: Unequal Spending and Achievement in an Urban School District", *Sociology of Education*, Vol. 76, No. 1, 2003.

Coulton, C., Theodos, B., Turner, M. A., *Family Mobility and Neighborhood Change: New Evidence and Implications for Community Initiatives*, Urban Institute, 2009.

Coulton, C., Theodos, B., Turner, M. A., "Residential Mobility and Neighborhood Change: Real Neighborhoods Under the Microscope", *Cityscape*, 2012.

Damm, A. P., "Ethnic Enclaves and Immigrant Labor Market Outcomes: Quasi Experimental Evidence", *Journal of Labor Economics*, Vol. 27, No. 2, 2009.

Dassopoulos, A., Batson, C. D., Futrell, R., et al., "Neighborhood Connections, Physical Disorder, and Neighborhood Satisfaction in Las Vegas", *Urban Affairs Review*, Vol. 48, No. 4, 2012.

Davidson, W. B., Cotter, P. R., "The Relationship between Sense of Community and Subjective Well-being: A First Look", *Journal of Com-*

*munity Psychology*, Vol. 19, No. 3, 1991.

De Filippis, J. , "The Myth of Social Capital in Community Development", *Housing Policy Debate*, Vol. 12, No. 4, 2001.

Dempsey, N. , "Does Quality of the Built Environment Affect Social Cohesion?", *Proceedings of the ICE-Urban Design and Planning*, Vol. 161, No. 3, 2008.

Doyle, P. , Fenwick, I. , Savage, G. P. , "Management Planning and Control in Multi-branch Banking", *The Journal of the Operational Research Society*, Vol. 30, No. 2, 1979.

Duncan, O. D. & Duncan, B. , "Residential Distribution and Occupational Stratification", *American Journal of Sociology*, Vol. 60, No. 5, 1955.

Ekstam, H. , "Residential Crowding in a 'Distressed' and a 'Gentrified' Neighbourhood-Towards an Understanding of Crowding in 'Gentrified' Neighbourhoods", *Housing Theory & Society*, Vol. 32, No. 4, 2015.

Esteves A. M. , Franks D. , Vanclay F. , "Social Impact Assessment: The State of the Art", *Impact Assessment & Project Appraisal*, Vol. 30, No. 1, 2012.

Farahani, L. M. , Lozanovska, M. , "A Framework for Exploring the Sense of Community and Social Life in Residential Environments", *Arch-Net-IJAR*, Vol. 8, No. 3, 2014.

Farahani, L. M. , "The Value of the Sense of Community and Neighbouring", *Housing, Theory and Society*, Vol. 33, No. 3, 2016.

Fischer, C. S. , "Toward a Subcultural Theory of Urbanism", *American Journal of Sociology*, Vol. 80, No. 6, 1975.

Flowerdew, R. , Manley, D. J. , Sabel, C. E. , "Neighbourhood Effects on Health: Does it Matter Where You Draw the Boundaries?", *Social Science and Medicine*, Vol. 66, No. 6, 2008.

Form, W. H. , "The Place of Social Structure in the Determination of Land Use: Some Implications for A Theory of Urban Ecology", *Social Forces*,

Vol. 32, No. 4, 1954.

Francis, J., Giles-corti, B., Wood, L., et al., "Creating Sense of Community: The Role of Public Space", *Journal of Environmental Psychology*, Vol. 32, No. 4, 2012.

French, S., Wood, L., Foster, S. A., et al., "Sense of Community and Its Association with the Neighborhood Built Environment", *Environment and Behavior*, Vol. 46, No. 6, 2014.

Freudenburg, W. R., "Social Impact Assessment", *Annual Review of Sociology*, Vol. 12, No. 1, 1986.

Friedrichs, J., Galster, G., Musterd, S., "Editorial: Neighbourhood Effects on Social Opportunities: the European and American Research and Policy Context. Housing Studies", *Housing Studies*, Vol. 18, No. 6, 2003.

Fussell, P., *Class: A Guide Through the American Status System*, New York: Summit, 1983.

Galster, G., "The Mechanisms of Neighborhood Effects: Theory, Evidence, and Policy Implications", In M. van Ham, D. Manley, N. Bailey, L. Simpson and D. Maclennan (Eds.), *Neighborhood Effects Research: New Perspectives*, Dordrecht: Springer, 2011.

Gans, H. J., "Planning and Social Life: Friendship and Neighbor Relations in Suburban Communities", *Journal of the American Institute of Planners*, Vol. 27, No. 2, 1961.

Gans, H. J., "The Balanced Community: Homogeneity or Heterogeneity in Residential Areas?", *Journal of the American Institute of Planners*, Vol. 27, No. 3, 1961.

Gans, H. J., "Urbanism and Suburbanism as Ways of Life", *Readings in Urban Sociology*, 1968.

Gilbert, P., "Social Stakes of Urban Renewal: Recent French Housing Policy", *Building Research & Information*, Vol. 37, No. 5 – 6, 2009.

Goix, L., Renaud, "Gated Communities: Sprawl and Social Segregation in Southern California", *Housing Studies*, Vol. 20, No. 2, 2005.

Gramling, R., Freudenburg, W. R., "Opportunity-Threat, Development, and Adaptation: Toward a Comprehensive Framework for Social Impact Assessment", *Rural Sociology*, Vol. 57, No. 2, 1992.

Grant, J. L., Perrott, K., "Producing Diversity in a New Urbanism Community: Policy and Practice", *Town Planning Review*, Vol. 80, No. 3, 2009.

Graves, E. M., "The Structuring of Urban Life in a Mixed-Income Housing 'Community'", *City & Community*, Vol. 9, No. 1, 2010.

Greenberg, M. T., Lengua, L. J., Coie, J. D., et al., "Predicting Developmental Outcomes at School Entry Using a Multiple-risk Model: Four American Communities", *Developmental Psychology*, Vol. 35, No. 2, 1999.

Harris, C. D., Ullman, E. L., "The Nature of Cities", *Annals of the American Academy of Political & Social Science*, Vol. 242, No. 1, 1945.

Heathcott Joseph, "Planning Note: Pruitt-lgoe and the Critique of Public Housing", *Journal of the American Planning Association*, Vol. 78, No. 4, 2012.

Hoffman, V. Alexander, "The Lost History of Urban Renewal", *Journal of Urbanism: International Research on Placemaking and Urban Sustainability*, Vol. 1, No. 3, 2008.

Hoyt Homer, *The Structure and Growth of Residential Neighborhoods in American Cities*, U. S. Government Printing Office, 1939.

Huang, S. C. L., "A Study of Outdoor Interactional Spaces in High-rise Housing", *Landscape and Urban Planning*, Vol. 78, No. 3, 2006.

Jackson, L. E., "The Relationship of Urban Design to Human Health and Condition", *Landscape and Urban Planning*, Vol. 64, No. 4, 2003.

Jalaludin, B., Maxwell, M., Saddik, B., et al., "A Pre-and-post Study of an Urban Renewal Program in a Socially Disadvantaged Neighbourhood in Sydney, Australia.", *Bmc Public Health*, Vol. 12, No. 1,

2012.

Janowitz, M. , *The Community Press in an Urban Setting*: *The Social Elements of Urbanism*, University of Chicago Press, 1967.

Jason Corburn, Rajiv Bhatia, "Health Impact Assessment in San Francisco: Incorporating the Social Determinants of Health into Environmental Planning", *Journal of Environmental Planning & Management*, Vol. 50, No. 3, 2007.

Jenks, M. , Dempsey, N. , "Defining the Neighbourhood: Challenges for Empirical Research", *Town Planning Review*, Vol. 78, No. 2, 2007.

Juslen, J. , "Social Impact Assessment: a Book at Finnish Experiences", Proj Appraisal, Vol. 10, No. 3, 1995.

Kasarda, J. D. , Janowitz, M. , "Community Attachment in Mass Society", *American Sociological Review*, 1974.

Kearns, A. , Mason, P. , "Mixed Tenure Communities and Neighbourhood Quality", *Housing Studies*, Vol. 22, No. 5, 2007.

Kelling, G. and Wilson, J. Q. , "Broken Windows: The Police and Neighborhood Safety", *Atlantic Monthly*, Vol. 1, 1982.

Kim, J. , Kaplan, R. , Physical and Psychological Factors in Sense of Community: New Urbanist Kentlands and Nearby Orchard Village, *Environment and Behavior*, Vol. 36, No. 3, 2004.

Kleinhans, R. , "Social Implications of Housing Diversification in Urban Renewal: A Review of Recent Literature", *Journal of Housing and the Built Environment*, Vol. 19, No. 4, 2004.

Krivo, L. J. , Peterson, R. D. , Kuhl, D. C. , "Segregation, Racial Structure, and Neighborhood Violent Crime 1", *American Journal of Sociology*, Vol. 114, No. 6, 2009.

Lloyd, K. , Fullagar, S. , Reid, S. , "Where is the 'Social' in Constructions of 'Liveability'? Exploring Community, Social Interaction and Social Cohesion in Changing Urban Environments", *Urban Policy and Research*, 2016.

Logan, J. R. , Bian, Y. , "Inequalities in Access to Community Resources in a Chinese City", *Social Forces*, Vol. 72, No. 2, 1993.

Low, S. M. , "The Edge and the Center: Gated Communities and the Discourse of Urban Fear", *American Anthropologist*, Vol. 103, No. 1, 2010.

Mahmoudi Farahani, L. , "The Value of the Sense of Community and Neighbouring", *Housing, Theory and Society*, Vol. 33, No. 3, 2016.

Manski, C. F. , *Identification Problems in the Social Sciences*, Cambridge: Harvard University Press, 1995.

Manzi, T. , Smith-Bowers, B. , "Gated Communities as Club Goods: Segregation or Social Cohesion?", *Housing Studies*, Vol. 20, No. 2, 2005.

Manzo, L. C. , Perkins, D. D. , "Finding Common Ground: The Importance of Place Attachment to Community Participation and Planning", *Journal of Planning Literature*, Vol. 20, No. 4, 2006.

Massey, D. S. & Denton, N. A. , "The Dimensions of Residential Segregation", *Social Forces*, Vol. 67, No. 2, 1988.

Mckenzie, E. , "Constructing the Pomerium in Las Vegas: A Case Study of Emerging Trends in American Gated Communities", *Housing Studies*, Vol. 20, No. 2, 2005.

Mcmillan, D. W. , Chavis, D. M. , "Sense of Community: A Definition and Theory", *Journal of Community Psychology*, Vol. 14, No. 1, 1986.

Melia, S. , "Neighbourhoods Should be Made Permeable for Walking and Cycling-but not for Cars", *Local Transport Today*, 2008.

Mills, W. C. , "The Power Elite", *Political Science Quarterly*, Vol. 71, No. 4, 1957.

Owens, A. , "Neighborhoods and Schools as Competing and Reinforcing Contexts for Educational Attainment", *Sociology of Education*, Vol. 83, No. 4, 2010.

Popkin, S. , et al. , "A Decade of HOPE VI", *The Urban Institute*, 2004.

Popkin, S. , Harris, L. and Cunningham, M. , *Families in Transition: A Qualitative Analysis of the MTO Experience*, Washington, DC: Urban Institute Report Prepared for the U. S. Department of Housing and Urban Development, 2002.

Puddifoot, J. E. , "Dimensions of Community Identity", *Journal of Community & Applied Social Psychology*, Vol. 5, No. 5, 1995.

Puddifoot, J. E. , "Some Initial Considerations in the Measurement of Community Identity", *Journal of Community Psychology*, Vol. 24, No. 4, 1996.

Rogers, G. O. , Sukolratanametee, S. , "Neighborhood Design and Sense of Community: Comparing Suburban Neighborhoods in Houston Texas", *Landscape and Urban Planning*, Vol. 92, No. 3, 2009.

Ross, C. E. , Pribesh, M. S. , "Powerlessness and the Amplification of Threat: Neighborhood Disadvantage, Disorder, and Mistrust", *American Sociological Review*, Vol. 66, No. 4, 2001.

Sampson R. J. , Morenoff, J. D. , Gannon-Rowley, T. , "Assessing 'Neighborhood Effects': Social Processes and New Directions in Research", *Annual Review of Sociology*, Vol. 28, No. 1, 2002.

Sampson R. J. , "Neighbourhood Effects and Beyond: Explaining the Paradoxes of Inequality in the Changing American Metropolis", *Urban Studies*, Vol. 56, No. 1, 2019.

Saunders, P. , "Beyond Housing Classes: the Sociological Significance of Private Property Rights in Means of Consumption?", *International Journal of Urban & Regional Research*, Vol. 8, No. 2, 2010.

Saunders, P. , *Social Theory and the Urban Question*, New York, N. Y. : Holmes & Meier Pub. , Inc, 1986.

Sharkey, P. , *Stuck in Place: Urban Neighborhoods and the End of Progress toward Racial Equality*, Chicago: University of Chicago Press, 2013.

Smith, N. , "Toward a Theory of Gentrification A Back to the City Movement by Capital, not People", *Journal of the American Planning Association*, Vol. 45, No. 4, 1979.

Spaapen, J., Van Drooge, L., "Introducing 'Productive Interactions' in Social Impact Assessment", *Research Evaluation*, Vol. 20, No. 3, 2011.

Talen, E., "Sense of Community and Neighbourhood Form: An Assessment of the Social Doctrine of New Urbanism", *Urban Studies*, Vol. 36, No. 8, 1999.

Talen, E., "Social Science and the Planned Neighbourhood", *Town Planning Review*, Vol. 88, No. 3, 2017.

Talen, E., "The Problem with Community in Planning", *Journal of Planning Literature*, Vol. 15, No. 2, 2000.

Tang, B. S., Wong, S. W., Lau, C. H., "Social Impact Assessment and Public Participation in China: A Case Study of Land Requisition in Guangzhou", *Environmental Impact Assessment Review*, Vol. 28, No. 1, 2008.

Tiggs, L. M., Browne, I., & Green, G. P., "Social Isolation of the Urban Poor", *The Sociological Quarterly*, Vol. 1, 1998.

Us Department of Housing & Urban Development. Moving to Opportunity for Fair Housing Demonstration Program: Final Impacts Evaluation Summary, Us Department of Housing & Urban Development Pd & R, 2011.

Vaisey, S., "Structure, Culture, and Community: The Search for Belonging in 50 Urban Communes", *American Sociological Review*, Vol. 72, No. 6, 2007.

Vanclay, F., "Changes in the Impact Assessment Family 2003 – 2014: Implications for Considering Achievements, Gaps and Future Directions", *Journal of Environmental Assessment Policy & Management*, Vol. 17, No. 1, 2015.

Vanclay, F., Esteves, A. M., Aucamp, I., et al., "Social Impact Assessment: Guidance for Assessing and Managing the Social Impacts of

Projects", *Project Appraisal*, Vol. 1, No. 1, 2015.

Vanclay, F., Fonte, M. D., *New Directions in Social Impact Assessment: Conceptual and Methodological Advances*, John Wiley & Sons, Ltd., 2012.

Vanclay, F., *Handbook of Environmental Impact Assessment*, Oxford: Blackwell Publishing, 1999.

Vanclay, F., "International Principles for Social Impact Assessment", *Impact Assessment and Project Appraisal*, Vol. 21, No. 1, 2003.

Vanclay, F., "Principles for Social Impact Assessment: A Critical Comparison between the International and US Documents", *Environmental Impact Assessment Review*, Vol. 26, No. 1, 2006.

Vanclay, F., "The Potential Application of Social Impact Assessment in Integrated Coastal Zone Management", *Ocean & Coastal Management*, Vol. 68, No. 1, 2012.

Van Ham, M., Manley, D., "Neighbourhood Effects Research at a Crossroads, Ten Challenges for Future Research", *Environment and Planning A*, Vol. 44, No. 12, 2012.

Veldboer L., Kleinhans R. and Duyvendak J. W., "The diversified neighbourhood in westernEurope and the United states: How do countries deal with the spatial distribution of economic and cultural differences?" *Journal of International Migration and Integration / Revue de l'integration et de la migration internationale*, Vol. 3, No. 1, 2002.

Wallace, A., "New Neighbourhoods, New Citizens? Challenging 'Community' as a Framework for Social and Moral Regeneration under New Labour in the UK", *International Journal of Urban & Regional Research*, Vol. 34, No. 4, 2010.

Wang, Z., Zhang, F., Wu, F., "Intergroup Neighbouring in Urban China: Implications for the Social Integration of Migrants", *Urban Studies*, Vol. 53, No. 4, 2016.

Webler, T., Kastenholz, H., Renn, O., "Public Participation in Impact Assessment: A Social Learning Perspective", *Environmental Impact Assessment Review*, Vol. 15, No. 5, 1995.

Webster, C. , G. Glasze and K. Frantz, "The Global Spread of Gated Communities", *Environment and Planning B: Planning and Design*, Vol. 29, No. 3, 2002.

Wilson-Doenges, G. , "An Exploration of Sense of Community and Fear of Crime in Gated Communities", *Environment and Behavior*, Vol. 32, No. 5, 2000.

Wilson, G. , Baldassare, M. , "Overall 'Sense of Community' in a Suburban Region: The Effects of Localism, Privacy, and Urbanization", *Environment and Behavior*, Vol. 28, No. 1, 1996.

Wirth, L. , "Urbanism as a Way of Life", *American Journal of Sociology*, Vol. 44, No. 1, 1938.

Wodtke, G. T. , M. Parbst, "Neighborhoods, Schools, and Academic Achievement: A Formal Mediation Analysis of Contextual Effects on Reading and Mathematics Abilities", *Demography*, Vol. 54, No. 5, 2017.

Wood, L. , Frank, L. D. , Giles-corti, B. , "Sense of Community and Its Relationship with Walking and Neighborhood Design", *Social Science & Medicine*, Vol. 70, No. 9, 2010.

Yiftachel, O. , Mandelbaum, R. , "Doing the Just City: Social Impact Assessment and the Planning of Beersheba, Israel", *Planning Theory & Practice*, Vol. 18, No. 4, 2017.

Young, K. , *Essays on the Study of Urban Politics*, Palgrave Macmillan UK, 1975.

Zhao Wei & Xueguang Zhou, "From Institutional Segmentation to Market Fragmentation: Institutional Transformation and the Shifting Stratification Order in Urban China", *Social Science Research*, Vol. 1, 2016.

# 附录一　城市居住区规划的社会影响评价手册

## 1.0 版本

## 前　言

近二十多年中国进行了大量的城市居住区规划和建设，有效地改善了居民的居住环境，但也产生了居住分异等一系列社会问题。理论界对中国城市居住空间分异进行了描述和分析，认为中国城市居住空间的阶层分化已经初现端倪，贫富两个阶层居住隔离显著。鉴于中国居住区巨大的建设量，以及西方城市居住区发展中出现的问题，有必要对中国居住区规划的社会影响作前瞻性的研究，防止重大社会问题的发生，并为社区建设提供良好的物质空间基础。本手册依据社会影响评价的基本研究框架，以社会公平为导向，提出了城市居住区规划社会影响评价的原则、程序和方法，不仅预防居住区规划建设中的社会风险，而且正面引导城市居住区建设成具有宜居性和社会可持续性的社区。

**致谢**

IAIA（International Association for Impact Assessment）

上海同济城市规划设计研究院　同济大学社会学系　上海浦东新区规划设计研究院

**免责声明**

本手册提供了城市居住区规划社会影响评估当前良好做法的一般

指导。它仅作为一般公共服务提供给专业团体，并不构成提供法律或技术建议。由于各地区城市经济社会发展差异很大，从业者需要在自己工作的环境中去验证，在手册中提及的案例经验并不一定认可或支持。希望使用者及时向编者提供反馈意见，补充相关案例和经验，以支持手册不断完善和升级。任何使用人员因遵循此手册产生的任何的可能后果由使用者承担。

**手册编辑成员**

张俊　李晨阳　罗安娜　高健　肖斌文　汤金金

# 1　总则

**1.0.1**　城市居住区规划影响城市居住空间的分异，是居住分异的重要影响因素之一，不当的规划可能会导致居住隔离。在城市居住区规划领域实施社会影响评价，预防居住空间阶层极化的风险。

**1.0.2**　评价新建城市居住区规划的区位、规模、密度、空间混合度等空间因素与社区融合、社区认同、社区参与、社区冲突等社会后果的关系，缓解社会冲突，促进社会和谐。

**1.0.3**　评价城市居住区的更新规划，识别社区空间格局和利益结构的调整可能带来的社会效益、潜在的社会风险。

**1.0.4**　评价已建成城市居住区规划，分析居住区的空间特征和小区的人文社会环境如何影响小区居民的社区认同、社区参与和社会流动。在规划设计、政策评价和居民利益表达间建立沟通渠道。

# 2　术语

**2.0.1**　社会影响评价 social impact assessment

包括分析、监测和管理计划的干预措施（政策、方案、计划、项目）和任何社会变化进程的预期和无意的社会后果的过程。它的目的是创造一个更可持续和公平的生物、物理和人类环境。

**2.0.2** 城市居住区 urban residential area

城市中住宅建筑相对布局集中的地区，简称居住区。

**2.0.3** 城市居住区规划 urban residential area planning

城市各层次规划编制中涉及的居住区空间布局以及专门针对城市居住区的空间安排和布局。

**2.0.4** 居住分异 residential differentiation

居住空间在区位、环境、公共服务设施配套等方面存在差异，居民的居住空间选择与其社会地位和声望相匹配的过程。

**2.0.5** 社区认同 community identity

同一居住环境中成员之间的归属情谊，包括成员之间以及对居住地的感情联系，对社区的参与、支持、归属和认同感。

**2.0.6** 社区参与 community participation

居民主动自愿地参与社区各种活动或事务决策、管理和运作的行为及过程；居民出于情感交流和社会交往的需要，同其他个体建立的联系网络、互动关系或非正式团体的过程及行为。

**2.0.7** 社区冲突 community conflict

社区内不同利益主体围绕社区中具有公共属性的事件而展开的显性的、激烈的、对抗性的冲突，一旦没有妥善解决冲突的矛盾，就可能造成严重的社会后果。

# 3　评价原则

**3.0.1** 评价原则根本指导方向，是理念和价值所在。

**1** 评价原则应贯彻整个社会影响评价过程；

**2** 任何违背原则的做法都应避免，任何遵循原则的做法都应执行。

**3.0.2** 坚持空间规划与社区建设相结合的原则。其具体表现应坚持以下规定：

**1** 居住区规划应促进社区公共空间构建；

**2** 居住区规划应促进社区交往形成；

**3** 居住区规划应促进社区文化认同形成；

**4** 评价过程应坚持公众广泛参与，促进多方利益群体达成多赢局面。

**3.0.3** 坚持关键原则。其具体表现应坚持以下规定：

**1** 贫困群体优先：应优先评价贫困人口多的低收入社区，重点关注少数贫困群体利益；

**2** 民生指标优先：反对单一经济效益和风险管控指标，重点关注教育、就业、健康等民生指标对居住区的支撑效果评价；

**3** 评价过程应坚持社会公正，尊重人权，以人为本。

**3.0.4** 坚持可持续发展原则。其具体表现应坚持以下规定：

**1** 居住时间可持续：列出居住区在未来的 10—20 年时间内的可能后果，并提供应对措施；

**2** 居住空间可持续：规划后果整体上呈现正面效应，实现正效益最大化，负效益最小化；

**3** 居住关闭的设想：列出项目关闭的风险和问题，并提供应对措施。

**3.0.5** 坚持关切中国城市社会发展特点原则。其具体表现应坚持以下规定：

**1** 居住区规划应促进低收入群体的社会融入；

**2** 居住区规划应促进解决独居和失独老人的居家养老问题；

**3** 居住区规划应形成空间充足、形式多样的社区公共交往空间；

**4** 居住区规划的组合模式应符合表 4.0.2 的规定。

# 4 评价程序

**4.0.1** 居住区规划社会影响评价程序，应符合本手册表 4.0.1 的要求，进行全过程式的评价。

**4.0.2** 事前评价

**1** 成功标准：能够大大提高居住区在区位选择、人口组合、发展方向等宏观定位上的科学性，降低不必要的社区冲突与社会风险。

**2** 操作原则：重指标、重经验。应该由政府或开发商委托专家和第三方评价机构，通过对以往居住区规划的经验总结和建构科学的评价指标来进行，防止居住区造成的类似贫困再生产等不可逆社会问题的发生。

**3** 操作内容：划分居住区类型应符合表4.0.2的规定，推荐正面引导式评价模式，改良正面预警式评价和负面引导式评价模式，禁止负面预警式评价模式。

**4.0.3** 事中评价

**1** 成功标准：能够最大限度地调动公众的参与热情，在公众、政府、开发商等主体的良性沟通和互动过程中稳步推进居住区的建设进程，为居住区未来的社区认同、社区参与和社区文化建设奠定良好的基础。

**2** 操作原则：重公众参与。应始终坚持持续而良好的公众参与。

**3** 操作内容：建构以问题为导向的多渠道公众参与模式。

　　◇ 以问题为导向，以社区为中心，以协商为手段，以制度为支撑；

　　◇ 参与形式多样，渠道灵活变通，互动有问有答；

　　◇ 拓宽"公众"的界定范畴，纳入专业机构和专业团队；

　　◇ 关注影响参与的各种社会因素，保障弱势群体和贫困群体的利益。

**4.0.4** 事后评价

**1** 成功标准：随着时间的演变，能够满足社区对空间更新不同程度的诉求，保持社区空间更新能力和持续性活力。

**2** 操作原则：重指标，重参与。

**3** 操作内容：发展基于"在地文化"的社区微更新模式。

　　◇ 应充分调动社区主体的积极性，创新社区治理模式；

◇ 应认可居民的主体性、自主性和创新性，鼓励社区居民参与自治；

◇ 应扩大社区组织和非营利组织的力量，培养组织参与更新的能力和影响力；

◇ 应尊重当地文化的禀赋特征，维护社区认同，复兴邻里文化；

◇ 坚持多元包容，维护弱势群体与贫困群体的权利。

表4.0.1

## 居住区规划社会影响评价的程序

| 评价阶段 | 操作原则 | 规划周期 | 评价重点 | 评价内容 |
|---|---|---|---|---|
| 事前评价 | 重指标，重经验 | 城市整体规划方案、政策方案的形成 | ▶ 居住区建设的目标及理念<br>▶ 贯彻居住区规划的原则<br>▶ 社会与政治议题及风险范围界定<br>▶ 管理社会议题 | |
| | | 政府出让/建设用地<br>居住用地<br>企业招投标拿地/政府委托建设 | ▶ 目标回顾、理念贯彻<br>▶ 企业的社会绩效管理 | |
| | | 提出居住区规划与建设构想 | ▶ 备选方案的评估<br>▶ 基准研究<br>▶ 社会影响的范畴界定<br>▶ 管理社会议题 | • 项目拟建地点的现状与社区基本情况；<br>• 项目目标及其群体对本地的适应性；<br>• 项目区各群体与当地干部能否能直接接受，参与拟建项目的可行性和程度；<br>• 估计项目持续实施的中心问题；<br>• 作详细社会评价是否会有社会风险；<br>• 从初步分析来看，建议项目是否可以批准立项 |
| | | 方案可行性评估 | ▶ 选择最佳选项<br>▶ 社会影响评价的权责范围<br>▶ 评价、减缓与促进<br>▶ 管理社会议题 | • 组建项目可行性研究小组（专家，经过培训的评价人员）；<br>• 对受影响群体进行详细、深入、系统的社会调查；<br>• 将目标群体的需求及其社会文化特征等因素纳入规划设计中，优化方案；<br>• 提出适宜的项目实施战略 |

续表

| 评价阶段 | 操作原则 | 规划周期 | 评价重点 | 评价内容 |
|---|---|---|---|---|
| | | 确定居住区规划方案、详细的建设方案 | ➤社会影响管理计划书<br>➤取得许可的过程<br>➤最优化解决方案<br>➤承包商的社会绩效管理 | ◇ **划定居住区类型（参考表 4.0.2）；**<br>• 借鉴、加强、补偿成功经验（有利影响最大化）；<br>• 减轻、规避、补偿失败风险（不利影响最小化）；<br>• 鉴别影响项目持续性的社会风险，提出应对措施；<br>• 预期累积性影响和相关的措施<br>• 提出详细的项目建设方案（包括承包商管理、公众参与的规划等） |
| 事中评价 | 重公众参与 | 工程施工 | ➤减缓不利影响<br>➤影响管理 | • 建立多元的监测规章制度与操作手册；<br>• 设立社会评价规章制度的规划，形成操作手册；<br>• 提出公众参与的规划、实施办法与操作手册； |
| | | 项目建成——房屋出售、居民入住 | ➤监测与稽核<br>➤社区冲突与风险管控 | ◇ **建设公众参与平台和渠道；**<br>• 定期监测评价和状况反馈，信息公示，投入与产出、分配情况、公众实际参与状况等）<br>问题解决情况等） |
| 事后评价 | 重指标、重参与 | 居民入住 5 年后评价 | ➤居住满意度调查<br>➤对比分析<br>➤经验总结<br>➤变化预测 | • 重新明确项目的目标与实际影响范围；<br>◇ **居民实际居住情况调查，居住满意度与问题反馈；**<br>• 项目预测影响与实际影响对比分析，应对变化的措施；<br>• 项目经验总结、教训总结，减轻或补偿不利影响的措施 |

续表

| 评价阶段 | 操作原则 | 规划周期 | 评价重点 | 评价内容 |
|---|---|---|---|---|
| | | 住区居住、运作和维护——房屋老化、社区更新 | ➤ 减缓不利影响<br>➤ 管理<br>➤ 监测与稽核 | ◇ **项目适应性分析、项目持续性分析、社区更新能力分析；**<br>● 更新事项基本情况及可行性分析；<br>● 多元评价小组、监督小组介入；<br>● 建立更新计划及操作手册、公众参与平台建设；<br>● 定期更新成效反馈、问题解决、经验总结<br>● 更新事项完成、问题解决、经验总结 |
| | | 房屋废弃、拆迁、居民迁出 | ➤ 关闭选项的社会影响评价 | ◇ **识别受影响群体**<br>● 列举正面、负面影响<br>● 问题解决措施 |

注: 1. 必须坚持将社会影响评价覆盖到居住区规划全周期过程中，形成系统性的"事前—事中—事后"全过程评价程序体系。

2. 在既有程序体系下，适当增删。灵活变通的评价理念应该被贯彻，要求结合居住区具体情况与自身需求，删除不涉及的步骤，增加独有的步骤。如对于上海市老式里弄有的改建项目评价，应在兼顾事前、事中评价步骤下，侧重事后评价程序的建构。

3. 类型学划分的步骤不可省略。对居住区进行类型学的划分是有针对性的社会影响评价开展的基础。不论在哪一阶段，都需要对居住区进行类型学划分，并基于社区类型，具体问题和评价阶段制定对应的措施。

表4.0.2 **基于社会影响评价的居住区规划类型学**

| 组合模式 | 模式评价 | 居住区类型学 | | 是否推荐 | 推荐的配套措施/未来管理的关键 |
|---|---|---|---|---|---|
| | | 居住区定位 | 典型社区 | | |
| 融合×认同×参与 | 正面引导式评价（模式） | 高收入社区 | 占地面积不大或位于中产阶级社区内的高档别墅 | 推荐 | 避免物理性隔栏的出现 |
| | | 中等收入社区 | 处于高档小区与贫困小区过渡带的中产阶级社区 | 推荐 | 完善社区参与渠道 |
| | | 低收入社区 | 传统里弄 | 推荐 | 多样性、基础设施更新 |
| 融合×不认同×冲突 | 正面预警式评价（模式） | 高收入社区 | 贫富差距过大的混合社区 | 改良 | 建设过渡中等收入社区 |
| | | 中等收入社区 | 利益冲突的混合社区 | 改良 | 开放式公共空间、公众参与渠道 |
| | | 低收入社区 | 贫富差距过大的混合社区 | 改良 | 建设过渡中等收入社区 |
| 分异×认同×参与 | 负面引导式评价（模式） | 高收入社区 | 大容量的高档封闭社区群 | 改良 | 插入过渡中产阶级社区、人才公寓 |
| | | 中等收入社区 | 资源便捷的中产阶级社区群、社区带 | 改良 | 插入过渡中低收入社区 |
| | | 低收入社区 | 郊区贫困人口集中居住区 | 改良 | 完善周边配套设施，插入建设商业区、高科技开发区 |
| 分异×不认同×冲突 | 负面预警式评价（模式） | 高收入社区 | 成片状分布的别墅区与"贫民窟" | 避免 | 插入过渡中产阶级社区、人才公寓 |
| | | 中等收入社区 | 流动率高、缺乏管理的出租式小区 | 避免 | 改善物业管理、细化住户 |
| | | 低收入社区 | 郊区高居住流动居住区 | 避免 | 提升基础设施密度、周边产业升级 |

# 5 评价方法

**5.0.1** 坚持评价方法的开放性和高操作性，方法的选择应符合表5.0.1的规定。

表5.0.1 **城市居住区规划社会影响评价的方法选择**

| 内涵（评价原则） | 应用范畴（评价程序） | 基于学习与实在的方法混合 |
|---|---|---|
| ∨∨∨∨<br>空间规划与社区建设相结合原则 关键原则 可持续发展原则 关切中国城市社会发展特点原则 | 事前评价 | • 技术定位方法：基于经验总结的指标体系<br>• 实证性方法：充分的社会调查、"人"的需求<br>• 方法升级：类型学划分、最优化全过程规划方案<br>• 可持续居住区、活力型社区 |
| | 事中评价 | • 参与方法及其变式：以问题为导向的多渠道公众参与<br>• 方法开源：新城市主义、实用主义 |
| | 事后评价 | • 实证性方法：居民满意度调查、规划经验总结<br>• 技术定位方法：规划经验总结、评价指标完善<br>• 参与方法及其变式：基于"在地文化"的社区微更新、活力型社区、"实用主义"设计手法 |

注：1. 具体的方法作为评价工具，应该根据实际需求选择，可以使用，也可以剔除。

2. 特定方法的具体技巧和内容无法穷尽描述，而对方法进行定位是重要的。

3. 具有高度可操作性的开放性方法体系是基于学习的实在和具体事务的多元混合。

**5.0.2** 重程序轻指标

**1** 在保证基本程序的前提下，应该给予操作者一定的自由裁量权。

**2** 应坚持程序取代指标，坚持评价程序的完整覆盖取代标准指标体系的建构，成为评价方法的工作重心。

**5.0.3** 开源

**1** 居住区规划，评价的细节内容必须是可变的。

**2** 具体情况具体分析，居住区规划在不同地区、不同省市、不同区位、不同时间点、不同政策下，应该有不同的特点，形成不同的评价细节，禁止评价方法的格式化、书面化。

**5.0.4** 可升级

**1** 应从结束的那一边去寻找开始的方法，事前评价的依据来源于事后评价的经验总结。

**2** 整个社会影响评价程序的内在逻辑应该是连贯的，符合图5.0.4所示的良性递进循环。

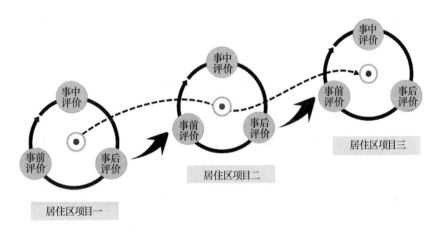

**图**5.0.4 **可循环升级的评价过程：以终为始、以始为终**

# 6　目标人群

**6.0.1** 社会影响评价的委托实施单位为政府、银行、房地产开发企业、城市规划设计机构、建筑设计人员、社区等。

**6.0.2** 社会影响评价的研究机构为大学、科研机构、投资机构、民间社会组织、规划设计人员、一切关注居住区规划的社会后果并愿意投入研究的人员。

**6.0.3** 社会影响评价的使用者为政府、规划设计单位、社区、社区居民等。

**6.0.4** 使用者可以配合《城市居住区规划的社会影响评价研究》使用本手册。

# 7　开放升级

**7.0.1** 本手册是居住区规划社会影响评价的 1.0 版本，有充分研究、实践支撑的相关评价成果可以不断向本课题组申请，课题组评估后将新的条款补充进去升级成更高阶的版本。

**7.0.2** 本手册将不断补充实际评价案例，欢迎居住区规划社会影响评价的委托者、研究者、使用者向本课题组提供评价案例。

# 附录二　各章分工情况

第一章　张　俊

第二章　张　俊

第三章　张　俊

第四章　张　俊

第五章　张　俊　李晨阳

第六章　张　俊

第七章　张　俊　肖斌文

第八章　张　俊　高　健

第九章　张　俊　汤金金

第十章　张　俊　罗安娜

第十一章　张　俊

# 致　　谢

本书的完成来源于众多的助力和支持：

感谢全国哲学社会科学工作办公室对研究的资助。

感谢引用文献对本书的启发和支撑。

感谢同济大学社会学系师生在调研中的支持。

感谢上海同济城市规划设计研究院有限公司在调研中的支持。

感谢上海浦东新区规划设计研究院在调研中的支持。

感谢链家、百度等公司的大数据。

感谢同济大学对本书出版的资助。

感谢上海同济城市规划设计研究院有限公司对本书出版的资助。

感谢中国社会科学出版社在本书出版中的支持。

张　俊

# 后　记

改革开放 40 多年来，中国市民的衣食住行等基本生活条件有了很大的改善，但相较之下，改善居住是更为迫切和困难的一件事。一方面，居住与教育、健康、交通、绿化、公共社会服务资源等相关联，居民日益增长的美好生活需求对居住的改善有多方面的期待；另一方面，房价的高昂，置换的高代价等因素的作用又使居民的居住选择受到诸多的限制。既有的居住空间对居民的生活产生了持续的社会影响。鉴于本人的专业背景和相关工作经历，笔者一直对居住空间的社会影响抱有浓厚的兴趣，2013 年有幸申请到国家社会科学基金课题《城市居住区规划的社会影响评价研究》，于是，认真从事此项工作就不仅是兴趣，更是责任了。

孟母三迁的故事在中国妇孺皆知，居住环境对儿童成长的重要性也深入人心。今天学区房更是城市中的热门话题。显然，城市居住空间是有差异的，如果有条件的话，也可学习孟母，迁居到自己满意的地方，但今天城市中的居住迁移并不容易。当迁居受限时，如何评价居住区空间的社会影响，如何防止不利影响的发生就显得十分重要了。社会影响评价在国外是一个较成熟的研究实践领域，国内在大型工程项目等方面也有应用，但在居住区规划方面的研究却较少。刚开始着手时，文献的面比较多，调查比较分散，研究在不断探索中推进，由于受到了众多力量的支持，才能够克服一个个看似不能克服的困难，迎来了一个个转机，解决了一个个看似不能解决的问题。因此，笔者要对研究的支持者、助力者表示感谢。

首先，感谢城市居住区规划和社会影响评价的经典文献及其作者。当静下心来梳理文献时，看到了前人在多方面的探索和积累，启发了自己的研究思路，加深了对居住空间社会问题的认识。其次，感谢链家、百度等公司的大数据，感谢笔者的研究生李晨阳在数据收集和处理上的辛勤付出。最后，感谢同济大学社会学系、同济城市与社会研究中心、上海同济城市规划设计研究院有限公司、上海浦东新区规划设计研究院以及调查的各个居住区的居民、社区工作者对调查的支持。

课题从申请到立项，从立项到完成经历了较长的过程，同济大学文科办、上海市哲学社会科学规划办公室、全国哲学社会科学工作办公室的老师们在背后默默地支持课题的顺利进行，感谢老师们的默默付出。特别要感谢同济大学文科办的刘琳老师，她是一位经验丰富的科研管理工作者，不仅认真负责，而且给予了课题很多无私的帮助。

课题的研究过程也是人才培养的过程，同学们的加入支撑了研究。笔者的研究生李晨阳、高健、罗安娜、汤金金、肖斌文等参与了课题的调研及部分章节的写作，其他一些研究生也参与了课题的前期调研，他们的毕业论文也与课题相关。感谢同学们的努力和付出。

课题以良好的成绩顺利结项后，本书的出版得到了同济大学、上海同济城市规划设计研究院有限公司的资助。感谢同济大学政治与国际关系学院、同济城市与社会研究中心在出版过程中的帮助。感谢中国社会科学出版社对本书出版的支持，感谢出版社编辑白天舒女士认真细致的编辑工作。

中国城市居住建设是一个长期过程，如何降低居住空间的不利社会影响也是一个长期的研究课题，本书做了一些尝试性的努力，希望得到各方的指正，共同推动城市居住建设。

张　俊

2020 年 8 月 2 日于上海